U0275530

国家科学技术学术著作出版基金
NFAPST

国家科学技术学术著作出版基金资助出版

现代化学专著系列·典藏版　19

颗粒流体复杂系统的多尺度模拟

李静海　欧阳洁　高士秋
葛　蔚　杨　宁　宋文立　著

科学出版社
北　京

内 容 简 介

本书概述了颗粒流体系统的基本概念以及颗粒流体系统模拟的基础知识，阐述了颗粒流体系统的复杂性及其多尺度结构，总结了作者多年来在颗粒流体复杂系统多尺度模拟方面的工作，展望了颗粒流体系统多尺度模拟研究的发展趋势。详细介绍了颗粒流体系统多尺度模拟的能量最小多尺度模型、双流体模型、确定性颗粒轨道模型以及拟颗粒模拟的基本原理、基本方法以及相应的数值计算技术，并给出了上述多尺度模拟方法在工业应用中的一些成果。

本书可供化工、冶金、能源、材料、环保等过程工程相关领域从事颗粒流体系统计算的科研人员、工程技术人员，以及高等院校相关专业的研究生和高年级本科生参考。

图书在版编目(CIP)数据

现代化学专著系列：典藏版 / 江明，李静海，沈家骢，等编著. —北京：科学出版社，2017.1

ISBN 978-7-03-051504-9

Ⅰ.①现… Ⅱ.①江… ②李… ③沈… Ⅲ. ①化学 Ⅳ.①O6

中国版本图书馆 CIP 数据核字(2017)第 013428 号

责任编辑：李 锋 朱 丽 吴伶伶 王国华/责任校对：包志虹

责任印制：张 伟 /封面设计：铭轩堂

科学出版社 出版

北京东黄城根北街 16 号

邮政编码：100717

http://www.sciencep.com

北京厚诚则铭印刷科技有限公司印刷

科学出版社发行 各地新华书店经销

*

2017 年 1 月第 一 版 开本：720 × 1000 B5

2017 年 1 月第一次印刷 印张：21 3/4

字数：420 000

定价：7980.00 元（全 45 册）

(如有印装质量问题，我社负责调换)

序

20世纪50年代，我初来中国科学院化工冶金研究所（中国科学院过程工程研究所前身）工作，从事含铜铁矿的硫酸化流态化焙烧和贫铁矿的磁化流态化焙烧的研究。这两种流态化焙烧都需要预热大量矿石并从中回收热量。传统的鼓泡流态化中气固接触差、其浓相床压降大、需要鼓风能耗高，又不易建立温度梯度，于是我们都采用稀相换热。虽然，稀相流态化中固体颗粒分布不匀为众所观察到的现象，我们也为此设计了多种颗粒分布装置，但是，人们对稀相中存在的浓相聚团的科技涵义认识不足，而且在繁忙的工业化试验中无暇顾及摆在面前的这一科技新方向。

60年代，德国的Reh教授在他的学位论文中，以细粉中能通过远大于颗粒自由沉降速度的气流为契机，开发了现代的循环流态化技术。同时，美国的Squires教授也进行了循环流态化的试验研究。70年代，我们考虑将这一技术用于钒钛铁矿的先提铁后提钒钛的工艺，先将铁矿还原到金属，再通过熔化分离，富集钒钛。当时中国科学院已开始考虑科学院的工作与产业研究分工，多从事基础性的工作。我们提出了循环流态化中快速床的一维空间孔隙率分布模型，颇受业界重视。

循环流态化和稀相流态化同属无气泡流态化体系。在中国科学院加强基础研究的形势下，我们决定优先从事无气泡气固接触的研究。无气泡气固系统中，固体颗粒既可单体分散存在，也能聚团，两者迅速交替，提高了气固接触，其特征是聚团。80年代，该书作者之一李静海来到了中国科学院化工冶金研究所，从事无气泡气固接触的研究，在通常考虑的颗粒和设备之间插入了颗粒聚团，对这三个尺度的有关属性及其关系写出了一组公式，发现制约条件少于列出的参数；经过长久考虑，提出了某种能耗——稳定的气固系统要求这种能耗趋于最小。

李静海的研究以三篇论文的形式发表于1988年在法国召开的第二届国际循环流态化会议，引起了业界莫大兴趣，后来又于1994年出版了专著：*Particle-Fluid Two-Phase Flow— the Energy-Minimization Multi-Scale Method*。书中所提出的EMMS方法，已用于设备和工艺设计，并对颗粒流体系统的研究提供了有用的概念，特别是将现象悬殊的、以气固为主的聚式流态化和以液固为主的散式流态化统一到同一模型基础中。

该书可看作上述专著的后续，着重模型和模拟。本书第1～4章集中叙述EMMS模型及有关的基础知识，第5～7章将双流体模型、颗粒轨道模型、拟颗粒模拟归并到多尺度范畴，第8章介绍了多尺度模拟方法的工业应用，第9章阐述了作者的回顾与体会。

多尺度现象普遍存在于工业，甚至自然界。作为展望，第9章试图将颗粒流体复杂系统多尺度模拟与其他工业和自然科学界的复杂系统沟通，以利于汲取有用的类似研究成果和输出颗粒流体复杂系统多尺度的研究成果。

经过20年的工作，作者对颗粒流体复杂系统的研究已初具自己的体系，并形成了团队，实属可喜。希望继续努力，对应用科学和复杂系统做出进一步的贡献。

郭慕孙

2004年12月

前　言

颗粒流体系统渗透在人们的日常生活、工业过程、生态环境等各个方面，它与提高人类生活水平、发展国民经济密切相关。颗粒流体系统的多尺度研究涉及与物质转化过程相关的所有工程领域以及数学、力学、物理等诸多领域，属于跨学科、跨领域的研究范畴。然而，鉴于颗粒流体系统的复杂性及其实验手段的局限性，目前计算机模拟已成为颗粒流体系统多尺度研究的有力工具，并在相关工业过程的模拟仿真研究中发挥着举足轻重的作用。

本书遵循多尺度方法研究复杂系统的基本思路，以时空多尺度结构与稳定性条件为核心，介绍了颗粒流体系统的一般知识以及复杂性与多尺度研究的基本概念，阐述了多尺度模拟的各类模型以及模拟计算的基本方法，总结了作者在颗粒流体系统多尺度模拟方面的研究成果，并结合最近这一领域出现的一些新动态，讨论了颗粒流体系统模拟计算的发展趋势以及现有方法的不足和缺陷。

全书共分为 9 章，第 1 章和第 9 章分别为本书的导论和回顾与体会；第 2 章和第 3 章分别介绍了颗粒流体系统的基本概念以及颗粒流体系统数值模拟的基础知识；第 4 章至第 7 章分别介绍了基于不同尺度、不同原理的能量最小多尺度模型、双流体模型与 EMMS 模型的结合、确定性颗粒轨道模型和拟颗粒模拟；第 8 章介绍了若干多尺度模拟方法的工业应用。其中第 1 章、第 2 章和第 9 章由李静海撰写，第 3 章和第 6 章由欧阳洁撰写，第 4 章由高士秋撰写，第 5 章由杨宁撰写，第 7 章由葛蔚撰写，第 8 章由宋文立撰写。书稿的组织、统稿以及出版基金的申请等工作由欧阳洁和高士秋完成。

本书反映了作者所在的课题组多年来的研究成果。从 1984 年李静海师从郭慕孙院士开始，已整整 20 年。在这些年的研究过程中，郭先生指导了我们的研究工作，董元吉、钱贵华、许光文、陈爱华、白蕴如、袁捷、张忠东、别如山、阎周琳、文利雄、张余勇、张思军、孙国刚、崔和平、李杰、郭有良、任金强、孙其诚、徐有宁、韩龙、程从礼、刘明言、王琳娜、张家元、赵辉、麻景森、李廷华等同志先后参加过本书所涉及的研究工作。王京平、陈燕和练子丹同志在课题组工作过。赵晓力同志协助完成了部分书稿的文字输入及图形绘制工作，侯超锋、鲁波娜以及孟凡勇等同学仔细阅读了本书的全部初稿并提出了宝贵意见。赵凤茹、赵兰英同志长期在课题组承担文秘工作。因此，本书是集体智慧和艰辛劳动的结果。值本书出版之际，我们对为本书出版而做出贡献的所有同志表示诚挚的谢意。

最后，我们由衷地感谢郭慕孙院士，他在指导这一研究工作的同时，还在百忙中对全书进行了审阅，并提出了许多宝贵的意见。瑞士联邦理工学院 Lothar Reh 教授多年来一直支持这方面的工作，并为实验验证工作提供了良好的条件。我们也衷心感谢国家自然科学基金委员会对我们工作持续多年的资助，感谢国家科学技术学术著作出版基金对本书出版的支持。

本书在总结作者多年科研工作的基础上，提出了一些值得探索的问题，并展望了颗粒流体系统多尺度研究的发展趋势。作者希望本书的出版能对颗粒流体系统多尺度的模拟研究向纵深发展起到积极的促进作用。由于作者水平有限，特别是对一些问题的研究尚属探索阶段，因此本书难免有一些不准确、不全面甚至错误的地方，在敬请读者原谅的同时，我们非常希望读者能将本书不足之处反馈给我们，以便今后更正。

作　者
2004 年 12 月

目　录

第1章 导 论

本章介绍了颗粒流体系统在自然界中的普遍性和在国民经济中的重要性，并以时空多尺度结构为核心，从复杂性科学的角度讨论了颗粒流体系统的复杂性。结合最近这一领域出现的一些新动态，本章还讨论了颗粒流体系统模拟计算的发展趋势及现有方法的不足和缺陷，介绍了多尺度方法研究的必要性和优势，归纳了本书的指导思想。

1.1 颗粒流体系统的重要性

自然界的物质呈气体、液体和固体三种状态：气体和液体统称为流体；固体一般都以颗粒的形态存在，并与流体发生相互作用。因而，颗粒流体系统是自然界和工业过程中最普遍的一种现象，无形中影响着人类的生存和生活环境。大到工业生产、气候变化、河流运动和大气污染，小到人的呼吸和血液流动，无不与颗粒流体系统密切相关。

颗粒流体系统与工业过程的关系就更加明显。根据我国工业分类，整个工业体系由37个行业构成。如按其技术特点归类，可分为两大类：一类是以物质的化学和物理转化为核心的过程工业，其产品一般计量不计件，其产值约占GDP的16%；另一类是以改变物质形状大小为核心的装备产品制造业，其产品一般计件不计量。过程工业的技术特征是物质在发生物理和化学转化过程中物质的运动、传递和反应，而颗粒流体系统是物质运动、传递、反应的基础，因此颗粒流体系统是过程工业的核心。另外，装备制造业也涉及很多颗粒流体系统的问题。煤的利用、石油和天然气的加工、炼钢炼铁、水泥、化肥和各种粉末材料的生产过程，都是在颗粒流体系统中完成的。事实上，各种资源利用、能源转换和环境保护都涉及各种各样的颗粒流体系统。化工过程中存在的放大效应，多数也与颗粒流体系统密切相关。

与此同时，高新技术的发展，也扩展了颗粒流体系统研究的范畴，如纳米材料的制备和加工、微化工系统、电子元器件的生产、生物的代谢过程、自组装等，都涉及非传统的颗粒流体系统。

由此可见，颗粒流体系统渗透在人们的日常生活、工业过程、生态环境等各个方面。它与提高人类生活水平、发展国民经济密切相关。

颗粒流体系统的研究不仅具有重大的应用背景，同时也具有潜在的科学意义。湍流是大家公认的20世纪没有解决的科学难题之一。颗粒流体系统中除存在湍流现象外，还增加了颗粒与流体的相互作用，更加复杂。加深对颗粒流体系统的认识不仅对于提升传统产业、发展高新技术，而且对于发展复杂性科学均具有重要意义。

1.2 颗粒流体系统的复杂性及其多尺度结构

自然界中多数现象都具有非线性非平衡特征。一般来讲，这些现象均受两种以上作用机理共同控制，并常常呈现非均匀的耗散结构。非线性非平衡系统不存在普适单一的极值条件[1]，因而这类系统的量化很难实现，并逐步成为工程界和学术界研究的焦点，从而出现了复杂系统这一概念，导致复杂性科学的产生。颗粒流体系统是一种典型的复杂系统，表现出非线性系统的所有共同特征，如颗粒和流体的自组织、分岔现象和混沌行为等。像所有耗散结构[2]一样，通过流体输入系统的能量大部分用于维持系统内非均匀的两相耗散结构，只有一小部分用于输送颗粒的可逆过程。流动结构由于自组织而表现为流体富集的稀相和颗粒聚集的密相共存，伴有非常复杂的动态变化，并随操作条件的改变在某些临界条件下会发生突变或转折性变化。为了认识这一过程，首先必须确认：什么因素对系统行为起控制作用？如何用简单的方法来描述复杂的现象？既然是非线性过程，那么除上述一些非线性系统共性的特征外，控制这一过程的特殊机理是什么？

事实上，颗粒流体系统中所有现象都是流体和颗粒这两种独立介质相互作用的结果。两介质必然各有其独立的运动趋势，直接用统一的规律描述两种介质不同的趋势难度很大；另外，耗散结构中存在多尺度相互作用和多种过程的耦合，用平均参数难以反映系统的内在机理。可行的途径是先分析各过程及某一尺度的、独立的变化规律，然后综合考虑不同过程之间的耦合和不同尺度之间的关联，构成对系统的总体认识。

颗粒流体系统还有一个突出特征是存在放大效应，表面上表现为设备规模改变导致过程行为剧变。然而，其内在机理却是规模变化导致流动结构改变，从而引起过程行为的剧变。因而，认识其结构特征十分重要，尽管产生结构的根源在于基本单元之间的相互作用，但在不同尺度上表现的现象及其控制机理却截然不同。因而，任何基于基本单元尺度（如颗粒尺度）以上的平均都会掩盖系统内某一方面的机制。

对物质转化过程的认识，可分为如图 1-1 所示的三个层次：①分子与超分子层次，包括原子、分子、分子簇、自组织结构和催化剂颗粒，化学和物理主要研究这一层次。②反应器层次，包括化学工程研究的单颗粒、聚团、设备单元和不同设备构成的反应系统，一个化工多相反应系统，在系统尺度上存在物料、温度、压力、流速等参数的分布；在设备内各反应物及产物可能存在复杂的轴向和径向分布；在更小的尺度上则存在颗粒聚团和反应器局部浓度、温度梯度；在聚团内部的介观尺度上颗粒浓度以及反应物、产物浓度会与聚团外有很大的不同；而颗粒本身则有可能是由具有高度自组织微观结构的微小单元组成。过程工程主要在这一层次上开展工作。③生态环境层次，包括工厂、环境生态、大气等，系统生态学主要研究这一层次。目前，这三个层次有融合交叉的趋势，化学和物理与化工的交叉出现了产品工程，化工与系统科学的交叉出现了过程系统工程。尽管这三个层次相对独立，但其共性的难题是结构，这些结构均具有如下特征：

（1）由许多单元构成，并相互作用；

（2）热力学意义上，系统是开放的，并通过与外界交换能量、物质和信息以维持稳定；

（3）每一层次上都具有多尺度特征；

（4）由两个以上控制机制控制，表现出很强的非线性非平衡性。

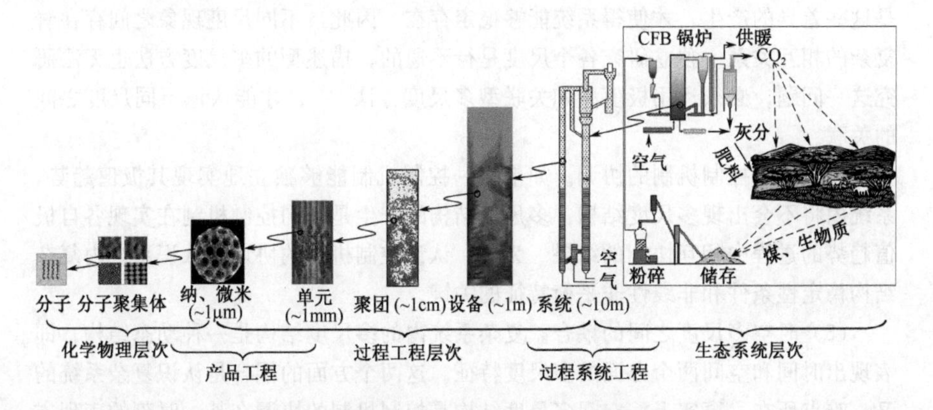

图 1-1　物质转化多层次的时空多尺度结构

此外，这些结构表现出非常复杂的变化，比如：反应器层次上的结构随时间发生动态变化；在某一临界条件下，结构发生突变；随设备尺寸的变化，会发生放大效应等。多尺度结构的出现，尤其是径向分布，会使反应器内各局部的工艺条件偏离物质转化所需的最佳工艺条件，导致反应效率下降和副反应的发生。另外，结构的产生也对某些过程具有正面的促进作用，如能加速混合、促进温度均匀等。因此，认识多尺度结构的形成及其变化规律，并建立对多尺度结构进行定向调控的方法，是过程工程科学的核心问题，也是解决实验室成果向产业化过渡的关键。一般认为，复杂性科学的发展，将打破各学科和领域的界线，实现科学的集成，还原论的研究将与整体论结合，实现不同领域和学科的统一。

从图 1-1 可以看出，贯穿整个物质转化工艺（化学和物理）、过程和生态系统三个层次的复杂性均为多尺度结构，并且，这三个层次尽管具有各自独立结构产生的机制，但三层次之间又相互耦合和关联。因此，结构及其不同层次之间的关联是21世纪挑战性的前沿课题之一。对结构及其多层次多尺度特征的认识，必将引起各学科和各领域的革命性进步。

随着复杂性科学的兴起以及计算机模拟方法和技术的发展，出现了两个方面的进步：一方面，人们逐步认识到颗粒流体系统是自然界一种典型的复杂系统，其中颗粒/流体、颗粒/颗粒等非线性非平衡相互作用，导致了复杂的耗散结构。这种结构无法用通常的理论来认识，也不像平衡结构和线性非平衡过程那样存在普适的稳定性判据。因而这类系统的研究逐步纳入了复杂系统或复杂性科学的范畴。另一方面，人们建立了各种各样的模拟方法，用计算机模拟复现、研究颗粒流体系统中的复杂结构。这些进展都预示着在不久的将来，会有一个突破性的飞跃，但必须解决以下难题：

(1) 不同尺度之间的关联。非线性非平衡作用导致不同尺度现象的差异。正是这些差异的产生，才使得系统能够稳定存在。因此，不同尺度现象之间存在着复杂的相互关系。独立研究各个尺度是行不通的，描述型的多尺度方法也无法研究这一问题。必须运用极值型和关联型多尺度方法[3,4]，才能认识不同尺度之间的关联。

(2) 不同控制机制的协调。如果某一控制机制能够独立地实现其极值趋势，系统内将不会出现多尺度结构；多尺度结构的产生是不同控制机制在实现各自极值趋势的过程中相互协调的结果。为此，认识控制机制的协调是认识系统内复杂结构稳定性条件和非线性非平衡特征的关键。

(3) 时空多尺度之间的耦合。复杂系统内的多尺度结构是一种动态结构，即表现出时间和空间两个方面的多尺度特征。这两个方面的耦合是认识复杂系统的又一难点所在。事实上，空间多尺度结构是控制机制的协调在某一时刻的表现方式，而结构的时间多尺度变化则是这种协调表现出来的一种过程。

(4) 结构突变。控制机制的协调导致结构的产生，而这种协调的破坏，即某一控制机制对其他控制机制的遏制，则会导致结构的消失。在工程中，结构的突变可能会导致灾难性的后果。因此，认识结构突变是重要的研究内容之一。

总之，颗粒流体系统中的复杂性（表现为耗散结构）及其多尺度特征是当代化学工程研究的前沿性问题之一。这方面的任何进步，都将有效推动化学工程的发展，并对复杂性科学做出示例性贡献。

1.3 现有模拟方法的不足

分析颗粒流体系统中复杂的多尺度结构有以下三种可能的途径：

(1) 简单平均。假设该体积内没有结构形成，即颗粒均匀分布在这一体积当中并与流体作用均等。

(2) 多尺度结构分析。考虑这一体积内必然存在的非均匀结构及其多尺度特征，但由于结构的多态性（即使两个颗粒，也有多种可能的排布），必须考虑选择稳定结构的问题，从而需要极值判据。

(3) 单颗粒跟踪。跟踪每一颗粒与流体作用的细节，对某一体积内非均匀结构进行完整的描述。

这三种处理方法中，单颗粒跟踪是最理想的途径，如能对整个装置中的全部颗粒同时进行跟踪，则可得到全部细节，复现真实现象，但目前由于计算和测量技术的限制以及微观作用机理认识的局限，实现起来还有困难；简单平均是目前最常用的处理非均匀结构的方法，控制体积越小，精度越高，当所有控制体内都只有一个颗粒并可以表述其周围微观现象时，就相当于单颗粒跟踪，但是，目前所用的平均体积都很大，从而导致平均后结构信息丢失，无法反映内部真实过程，并成为影响放大效应的根本原因；多尺度结构分析考虑了结构的属性，是真实系统的一个最简单而足够精确的描述，无疑是一种有前景的方法，但关联不同尺度的现象却是一个十分复杂的问题。

时空多尺度结构及其变化是认识颗粒流体系统的难点所在。因此，多尺度结构应是计算模拟的焦点和核心。

由图 1-2[5]可以发现，当气体以相同流率通过气固系统某一控制体时，空隙率相同（$\bar{\varepsilon}_a = \bar{\varepsilon}_b = \bar{\varepsilon}_c$）、但结构不同的微元内由其曳力系数 $\bar{C}_d$ 所反映的传递速率也有大的差异。这是由于传递速率很大程度上取决于结构的变化。尽管这些微元内的平均参数相同，但不同局部结构产生的 $\bar{C}_d$ 都逐渐减少，这反映了环核结构的形成将导致整体传递速率降低，并也将影响整个反应系统的性能。关于结构动态变化对传质的影响则可用实验证明[6]。

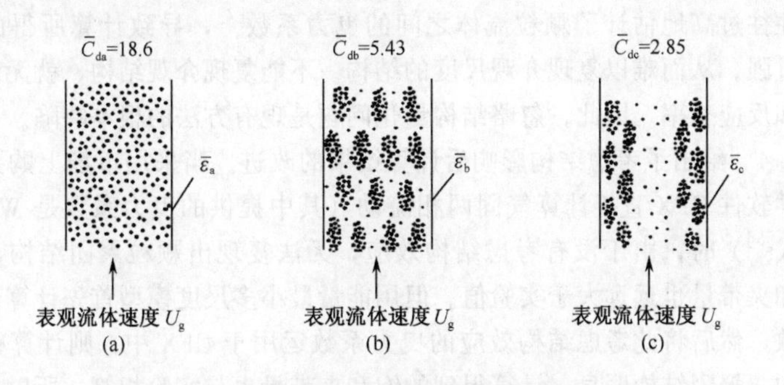

图 1-2　传递现象对结构的强依赖性

(a) 均匀结构；(b) 局部非均匀结构；(c) 局部与整体非均匀结构

事实上，传统的平均方法无法解决时空多尺度结构量化问题。图 1-3[5]是说明平均方法局限性的一个例子。图 1-3(a)的结构中存在颗粒尺度的颗粒控制（密相中）和流体控制（稀相中）以及聚团尺度的颗粒流体协调三种完全不同的作用机制，曳力系数为 2.85；如用图 1-3(b)的平均方法处理，三种机制无法表达，曳力系数也歪曲为 18.6。

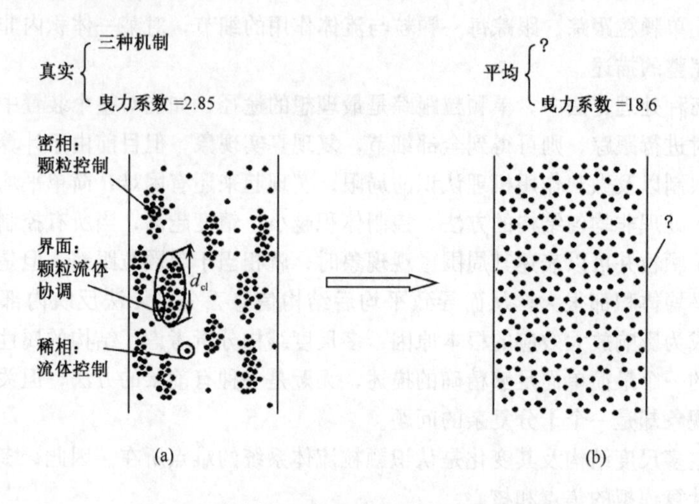

图 1-3　平均方法的局限：歪曲机理，造成误差

在颗粒流体系统的模拟中，双流体模型无法考虑单个微元内的结构效应，确定性颗粒轨道模型尽管能单独跟踪颗粒，但计算曳力时仍使用微元平均值。如能在双流体模型、确定性颗粒轨道模型中考虑微元内的结构效应，则计算结果会明显改进。

现有计算流体力学软件应用于颗粒流体系统的计算时，由于未考虑微元内的结构，往往过高地估计了颗粒流体之间的曳力系数[7]，导致计算所得的流体夹带能力过强，从而难以复现介观尺度的结构。不能复现介观结构，就无法预测传递速率和反应速率。因此，忽略结构量化问题是现有方法的根本缺陷。

图 1-4[7]给出了考虑结构影响后计算结果的改进。当采用市场上购买的计算流体力学软件 CFX 直接计算气固两相流动（其中提供的曳力系数是 Wen 和 Yu 的关联式[8]）时，由于没有考虑结构效应，无法复现出颗粒聚团结构，并且计算的饱和夹带量也远远大于实验值。但用能量最小多尺度模型首先计算微观中的曳力系数，然后将此考虑结构效应的曳力系数运用于 CFX 中，则计算得到的流动结构中，聚团结构明显，计算得到的饱和夹带量也与实验相符。所以，考虑介观结构对于正确描述系统的复杂性具有举足轻重的影响。

总之，现有平均方法具有很大的局限性，寻找新的方法解决结构量化问题势在必行，其中多尺度方法就是引起广泛重视的、有发展前景的方法。

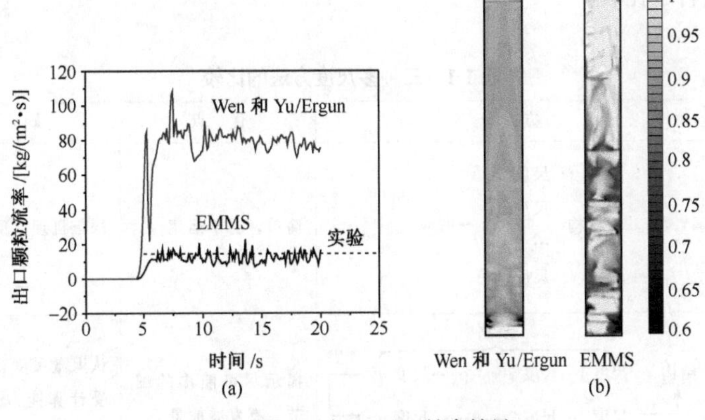

图 1-4 CFX 与 EMMS 结合结果

1.4 多尺度方法介绍

不同研究领域中多尺度方法有不同的含义，通常用的多尺度方法可分为描述型多尺度方法、关联型多尺度方法以及极值型多尺度方法。

描述型多尺度方法并不考虑结构形成的机理，而主要用以识别不同尺度的各种结构。这种方法目前已用于图像分析、材料表征、数值计算、形态学等领域。尽管它主要用于静态结构，但它也涉及诸如植物、人体等系统中慢变的动态结构。最近与多尺度方法相关的文献，大多涉及描述型多尺度方法。

人们往往试图从低尺度机理来了解更高尺度上的复杂系统，这就产生了关联型多尺度方法。例如：宏观尺度的 Darcy 定律能够从介观尺度的 Navier-Stokes 方程导出，而 N-S 方程可由微观尺度的 Boltzmann 方程导出[9]。事实上，离散方法也属于关联型多尺度方法。然而，如果最低尺度的机理不十分清楚，这个尺度上的任何偏差在更高的尺度上将被放大，并且，当低尺度作用对高尺度行为影响不大时，低尺度的作用也可以忽略不计。例如：我们能够计算气固两相流的系统行为而不考虑固体颗粒内的分子结构。

极值型多尺度方法致力于关联形成多尺度结构的不同尺度，该方法主要基于以下两个原理：①多尺度结构由给定系统中的稳定性条件约束；②不同尺度的现象由控制机理间的关系进行协调。所以，极值型多尺度方法通过稳定性条件、控制机理以及结构间的耦合分析微观现象与宏观结构的关系。

在多尺度结构的描述中，涉及的参数常常多于可获得的方程，这时方程的解并不唯一。为了寻找定态解，必须考虑稳定性条件，而该稳定性条件通常是多参数函数的极值。极值型多尺度方法可以研究多尺度结构的多值性，但由于确定稳定性条件十分困难，极值多尺度方法还有待于进一步完善。表 1-1[5] 对三种多尺度方法进行了比较。

表 1-1 三种多尺度方法的比较

类 型	方 法	优 点	缺 点
描述型	结构{尺度 1 尺度 2 …… 尺度 n}→模型	简单，易于运用	缺乏机理，预测性低
关联型	观察 结构 尺度 1→尺度 2→……→尺度 n 尺度 1←尺度 2←……←尺度 n 模型	揭示尽可能多的细节，有发展前景	认识微尺度行为困难，受计算能力与测量技术的限制
极值型	结构{作用{尺度 1 ↕ 尺度 2 ↕ 尺度 n}→模型 机理{机理 1 …… 机理 k}}	揭示复杂结构的机理及结构的主要特征	模型的近似，极值条件难以定义

显然，描述型多尺度方法无法揭示不同尺度之间相关互联的机制；而关联型多尺度方法尽管前景广阔，但仍然受到计算能力和对微观机理认识的限制；极值型多尺度方法则考虑了各尺度之间的关联，用简化方法分析了不同尺度的机制。因此，极值型多尺度方法不仅在工业应用中有重要价值，也为认识复杂系统提供了一条有效的研究途径。

在工业应用中，对设备内部所有的微观细节进行实验测量还不可能，但多尺度结构作为过程工业中众多现象的共同特征已逐步引起人们的关注[10~13]。近年来，涉及多尺度研究的文章快速增多。《多尺度模型和模拟》期刊近年在美国创刊[14]，*Science* 杂志也多次发表多尺度和复杂性科学的专刊[15,16]。目前，多尺度分析已被列为复杂性科学研究的重要问题[17]，以“多尺度方法”为标题的文章、书籍也很多[4,18~22]。然而，目前的多尺度研究多数还是描述型的，它仅局限于描述不同尺度的差异。真正涉及多尺度现象之间的关联、多尺度结构形成机理的工作还不多[11]。

我国化工界多尺度方法研究始于 20 世纪 80 年代早期[23]，研究思路是通过分析不同尺度之间的关系，认识结构形成机理及其稳定性条件，并对结构进行量化，即极值型多尺度方法。1994年出版了“多尺度方法”方面的专著[18]，近年来也组织过两次香山科学会议[19,24]和一次中美研讨会[25]。

复杂系统由于其非线性非平衡的特性而无法建立普适的理论[1]。然而，越来越多的例子显示，通过对系统内不同尺度和过程的分析，有望找到一些系统的稳定性条件[26]。例如：单相湍流速度分布、气固两相流动结构的稳定条件都可通过分析控制机制的协调得到[11,27]。这预示着多尺度方法在复杂性科学方面具有重要作用。与此同时，不同领域的专家都认识到复杂系统的普遍存在，但自上而下、广而推之的研究思路越来越艰难，致使这方面的工作进展不大。在这种背景下，学科交叉显得极为重要。解决具体问题，从而归纳共性规律，成为复杂性科学研究的正确可行的研究思路[11,15,16,28,29]。

计算机模拟在工业中的应用已有很长的历史，它在飞机设计、核爆炸等问题中，发挥了重要的作用。然而，对多相复杂系统而言，真正能实现过程定量预测的例子还很少见。原因之一就是现有模拟方法主要还是基于单一尺度的平均化方法，这种方法无法表达和模拟介观尺度的结构。随着计算机技术的发展，分子模拟近年来发展迅速[30]，基于单一颗粒的全流场模拟取得进展[31]，并行计算也得到重视。在这方面，由我们提出的离散模拟通用平台的思想[32]已体现在上海宝山钢铁集团的矿料分级工业设备的计算中。用多尺度方法对不同尺度的计算进行集成，可望解决计算精度和计算规模的矛盾，而这已成为必然的发展趋势。

作者所在课题组1984年开始极值多尺度方法的研究。在后续的研究中，又逐步将多尺度研究与复杂性科学和计算机模拟结合。本书总结了这方面的研究工作和一些进展。

1.5 本书的结构和指导思想

本书以多尺度结构量化为核心，以极值多尺度方法为主线，针对如图1-5[5]所示的颗粒流体系统中的结构非均匀性、状态多值性和结构突变（放大效应），介绍作者所在课题组围绕这些问题开展研究所取得的一些进展。

本书的指导思想是将颗粒流体系统作为复杂系统来研究，关注系统的非线性非平衡特征，重视离散化方法、多尺度方法和常规双流体方法的互补和结合。一方面，以求计算精度深入到单颗粒尺度；另一方面，力求计算规模达到工业规模。

本书是以工程师的观点去认识和模拟复杂的颗粒流体系统的，因此注重的是用简化方法解决工程中存在的一些问题，而在计算方法、数学表达和理论分析方面做了诸多假设和近似。第2章介绍颗粒流体系统中的一些基本现象和概念，说明要解决的主要问题；第3章介绍颗粒流体系统模拟的一些基本知识；第4章介绍本书的核心——能量最小多尺度模型；第5章介绍双流体模型与EMMS模型

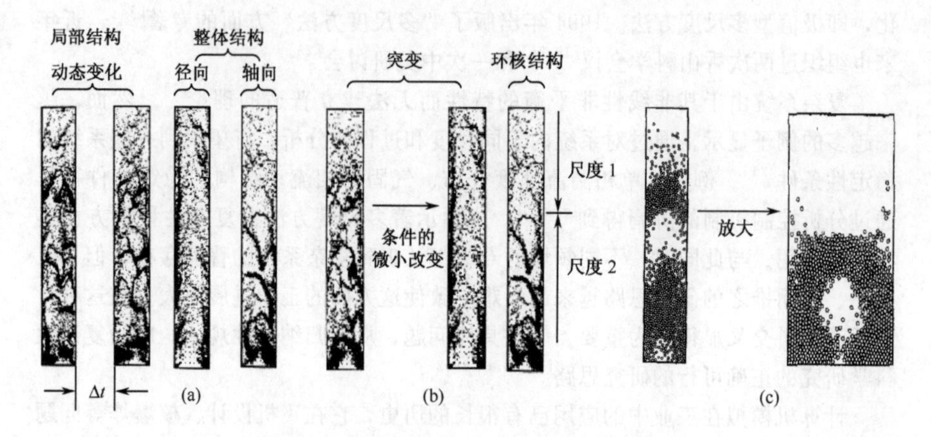

图 1-5 颗粒流体系统中复杂结构的变化

（a）非均匀性；（b）多值性；（c）放大→结构改变

的结合；第 6 章介绍确定性颗粒轨道模型；第 7 章介绍拟颗粒模拟；第 8 章介绍一些应用性成果，第 9 章总结开展这些工作的体会，并对多尺度方法研究复杂系统的发展趋势进行展望。

当前世界经济处于一个关键的发展时期，科学技术的发展也处于一个交叉融合的转折期。在这种背景下，科学研究要注重学科交叉和各领域共性问题的解决。这是挑战，又是机遇。相信计算机仿真和复杂系统将是这一挑战和机遇都聚焦的领域，值得有志者探索。本书是我们课题组在该领域探索工作的总结，希望起到抛砖引玉的作用。

参 考 文 献

1 Gage D H, Schiffer M, Kline S J, Reynolds W C. The non-existence of a general thermodynamic variational principle. In: Donnelly R J, Herman R, Prigogine I, ed. Non-equilibrium thermodynamics variational techniques and stability. Chicago: the University of Chicago Press, 1966. 283～286

2 Prigogine I. Introduction to thermodynamics of irreversible processes, 3rd edition. New York: Interscience Publication, 1967

3 Costanga R. A vision of the future of science: reintegrating the study of humans and the rest of nature. Future, 2003, 35: 651～671

4 Karsch F, Monien B, Satz H. Multi-scale phenomena and their simulation—proceedings of international conference. Singapore: World Scientific, 1997

5 Li J, Kwauk M. Exploring complex systems in chemical engineering—the multi-scale methodology. Chem. Eng. Sci, 2003, 58: 521～535

6 Li J, Zhang X, Zhu J, Li J. Effect of cluster behavior on gas-solid mass transfer in circulating fluidized beds.

In: Fan L S, Knowlton T M, ed. FLUIDIZATION Ⅸ. New York: Engineering Foundation, 1998. 405～412

7 Yang N, Wang W, Ge W, Li J. Choosing structure-dependent drag coefficient in modeling gas-solid two-phase flow. China Particuology, 2003, 1 (1): 38～41

8 Wen C Y, Yu Y H. Mechanics of fluidization. Chem. Eng. Prog. Symp. Ser., 1966, 62 (62): 100～111

9 Glimm J, Sharp D H. Multi-scale science: A challenge for the twenty-first century. SIAM News, 1997, 30 (8): 1～7

10 Charpentier J C. The Triplet "Molecular Processes-Product-Process" Engineering: the Future of Chemical Engineering? Chem. Eng. Sci, 2002, 57: 4667～4690

11 Li J, Zhang J, Ge W, Liu X. Multi-scale methodology for complex systems. Chem. Eng. Sci, 2004, 59: 1687～1700

12 Villermaux J. New horizons in chemical engineering. In: 5th World Congress of Chemical Engineering. San Diego, 1996. 16～23

13 Li J. Compromise and resolution—exploring the multi-scale nature of gas-solid fluidization. Powder Technol, 2000, 111: 50～59

14 www. siam. org

15 Service R F, Szuromi P, Uppenbrink J. Supramolecular chemistry and self-assembly. Science, 2002, 295: 2395～2396

16 Gallagher R, Appenzeller T. Beyond reductionism. Science, 1999, 284: 79～109

17 Yam Y B. Dynamics of complex systems. Massachusetts: Addison-Wesley, 2002

18 Li J, Kwauk M. Particle-fluid two -phase flow —The energy-minimization multi-scale method. Beijing: Metallurgical Industry Press, 1994

19 郭慕孙,胡英,王夔,李静海. 物质转化过程中的多尺度效应. 哈尔滨:黑龙江教育出版社, 2002

20 Rank E, Krause R. A multiscale finite-element method. Computer & Structures, 1997, 64 (1～4): 139～144

21 Hughes T J R, Feijóo G R, Mazzei L, Quincy J B. The variational multiscale method—a paradigm for computational mechanics. Comput. Methods Appl. Mech. Energ, 1998, 166: 3～24

22 Liu W K, Hao S, Belytschko T et al. Multi-scale methods. Int. J. Numer. Meth. Eng, 2000, 47: 1343～1361

23 李静海. 颗粒流体两相流多尺度方法和能量最小模型(博士学位论文). 北京:中国科学院化工冶金研究所,1987

24 香山会议办公室. 过程工程中的复杂系统. 见:第 190 次香山科学会议简报. 北京, 2002

25 Guo L, Kepler T. International Symposium on Intervention and Adaptation in Complex Systems(复杂系统的干预和适应). Beijing,2002,21～25

26 Sieniutycz S, Salamon P. Nonequilibrium theory and extremum principles. New York: Taylor & Francis, 1990

27 Li J, Zhang Z, Ge W et al. A simple variational criterion for turbulent flow in pipe. Chem. Eng. Sci, 1999, 54 (8): 1151～1154

28 Ottino J M. Complex systems. AIChE J, 2003, 49 (2): 292～299

29 郝柏林. 复杂性的刻画与"复杂性科学". 科学, 1999, 51 (3): 3～8

30 Frenkel D, Smit B. Understanding Molecular Simulation. San Diego: Academic Press, 1996

31 Tsuji Y, Kawaguchi T, Tanaka T. Discrete particle simulation of two dimensional fluidized beds. Powder Technology, 1993, 77 (1): 79～87

32 葛蔚,李静海. 复杂系统离散模拟的通用化.科学通报,2002,47(5):353～356

第2章 颗粒流体系统的基本概念

本章介绍颗粒流体系统中的一些基本现象以及这些现象的非线性非平衡特征。主要内容包括结构非均匀性、状态多值性、结构突变和结构的多尺度特征。对这些现象的合理描述是模拟颗粒流体系统的难点所在，也是复杂性科学研究的重要内容，本书以后各章均聚焦在这些问题的研究上。

2.1 基本现象

随着气体速度的增加，颗粒流体系统中的流动结构会发生一系列的转折变化。膨胀、鼓泡、节涌、湍动、快速流化、稀相输送以其各自的特征而使得流域变化形成了一个“流域谱”。由于颗粒/流体相互作用对流动结构的影响相当敏感。因此，某些流域转变过程中的流动结构具有突变特征。

图 2-1[1]给出操作条件变化时，颗粒流体系统中流动结构的演化过程。在很低的流体速度下，其曳力作用难以悬浮颗粒。所以，此时的流动结构独立于流体速度而保持固定床。流体速度增加到最小流化速度 U_{mf}时，系统达到最小流化状态，床层中的颗粒均匀膨胀。随着流体速度的继续增加，对于液固系统，床层中的颗粒将继续均匀膨胀。大多数气固系统，则将出现气泡，形成非均匀结构（对有些细粉末的气固系统，鼓泡的形成略有滞后）。在最小流化速度之后，液固系统显然没有转折的变化，但气固系统却将经历一系列复杂的变化。鼓泡的发生是颗粒聚集的密相和气体聚集的稀相共存的非均匀结构的典型代表。在气体速度增加的过程中，气泡数目增加，尺寸加大，非均匀结构更加明显。当气泡体积份额随流体速度的增加达到一定限度后，原本离散的气泡变为连续的稀相，而原来连续的乳化相变为离散的颗粒团。这一连续相和离散相的倒置过程是逐渐变化的过程。在这一过程中，系统由具有大份额的气泡与由密相逐渐分解的零星团聚物组合而成为湍动流化状态。随着流速的继续增加，稀相演变成连续相，系统内颗粒团聚行为更加明显，即系统进入快速流化状态。当流速增加到稀相输送发生的临界值 U_{pt}时，系统内部两相流动结构突然破坏，导致系统跃迁为均匀的稀相输送。这种突变行为在工程上称为“噎塞”，对应的颗粒流率称为气固系统的饱和夹带量 K^*。在“噎塞”发生的临界点，对于一定的外部条件，系统可能呈现两种状态——稀相输送的均匀状态与上稀下浓的两相状态。

在不同流化区域中，空隙率变化的时间序列如图 2-2[2]所示。由自相关系数、概率密度和功率谱的变化，我们可以看出不同流域具有不同的变化特征，且

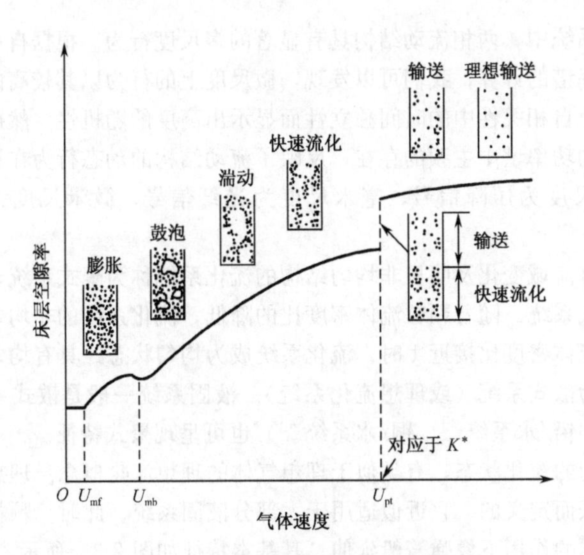

图 2-1　聚式气固两相流的演化过程

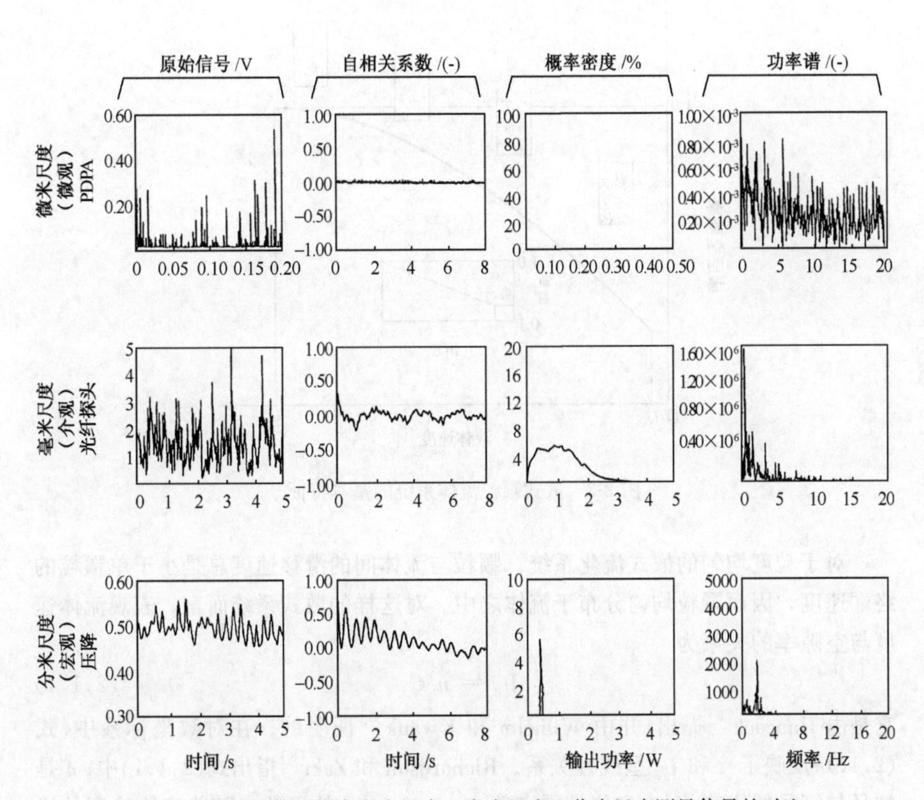

图 2-2　颗粒流体系统中微米尺度、毫米尺度、分米尺度测量信号的对比

在颗粒流体系统中，两相流动结构具有显著的多尺度行为。根据自相关系数、概率密度和功率谱的计算，我们可以发现，微尺度上的行为以其较高的频率、较密的能谱频带及自相关性中的时间独立性而显示出高度的随机性。然而毫米尺度和分米尺度上的功率谱中主频的存在，反映了流动结构的动态行为在该尺度上的有序性（分米尺度为压降信号，毫米尺度为光纤信号，微米尺度为激光 PDPA 信号）。

具有显著流域变化及明显非均匀结构的流化系统称为聚式系统，大部分气固系统属于聚式系统。随着颗粒流体密度比的降低，流化系统的非均匀特性逐渐减弱，当颗粒流体密度比接近 1 时，流化系统成为均匀状态。具有均匀流动结构的流化系统称为散式系统（或理想流化系统）。液固系统一般是散式系统，但在一定条件下（如铅/水系统[3]、铜/水系统[4]）也可呈现聚式特征。

对于均匀的流化状态，有类似于理想气体的理想流化概念。理想流化是通过床层均匀膨胀而定义的，它近似适用于大部分液固系统。此时，颗粒流体作为一个整体在流体的作用下像弹簧般延伸，其基本特征如图 2-3[1]所示。

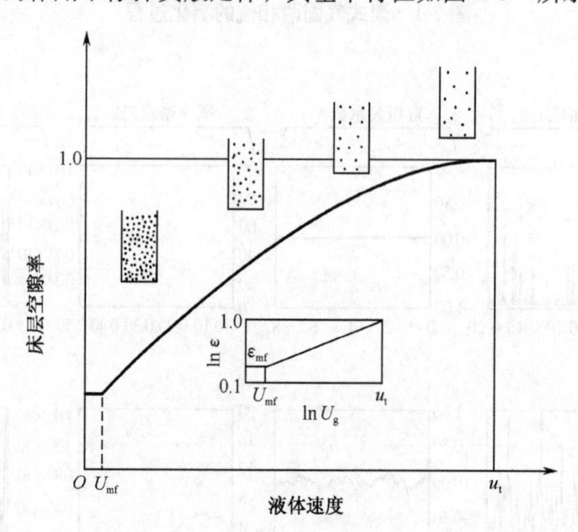

图 2-3　散式颗粒流体系统的基本特征

对于粒度均匀的散式流化系统，颗粒与流体间的滑移速度总是小于单颗粒的终端速度，因而颗粒均匀分布于流体之中。对这样的散式系统而言，表观流体速度与空隙率的关系为

$$U_g = u_t \varepsilon^n \tag{2.1.1}$$

它是由 Hancock[5]提出，并由 Wilhelm 和 Kwauk[3]证明的。在对数坐标系中，式(2.1.1)反映了 ε 和 U_g 呈线性关系。Richardson 和 Zaki[6]指出式(2.1.1)中，n 是粒径与管径的比值 d/D 和终端雷诺数 $Re_p = d_p u_t / \nu_f$ 的函数。随着流体速度的增

加，该系统如同单一介质般从 $\varepsilon=\varepsilon_{mf}$开始均匀膨胀，当气速 U_g从 U_{mf}增加到终端速度 u_t时，全部颗粒被流体夹带流出系统，此时对应的空隙率 $\varepsilon=1$。ε 及 U_g的关系式(2.1.1)仅能近似用于粒度均匀的球形颗粒且 ρ_p/ρ_f不太大的系统，否则该关系式需要修正。

散式流化系统没有流域变化，流体速度与空隙率能够用解析函数表示，其研究也比较成熟。本书将主要研究聚式流化系统。由于聚式流化系统能被近似分解为理想的子系统——密相子系统、稀相子系统及稀密相子系统。所以，理想流化仍是理解聚式流化中复杂动态行为的基础。

2.2 流动结构中的非均匀性

流化系统中的流动结构不仅呈现局部非均匀性，而且呈现整体非均匀性。局部非均匀性表现为稀相和密相在同一点交替出现，即局部状态具有时间相依性；整体非均匀性表现为系统内部不同空间位置可以出现稀相或密相两种完全不同的结构，即整体状态具有空间相依性。与此同时，设备的壁面也导致这种两相结构在系统中的非均匀分布。非均匀结构的存在使得系统在不同尺度上表现出不同的动力学行为和传递特性。

2.2.1 局部非均匀性

图 2-4[1] 给出光纤探针测量体中局部空隙率变化的时间序列。由图 2-4可见，稀、密相分别对应空隙率的两个极值，即密相中的空隙率趋于最小流化状态时的最小值，而稀相中的空隙率则几乎达到稀相输送时的最大值。所以，稀密两相在气速增大的过程中相互耦合，其系统的动态行为由于稀密相的相互作用而呈现为如图 2-4 所示的既有序又无序的状态。这种无序行为中的有序行为对于传递和反

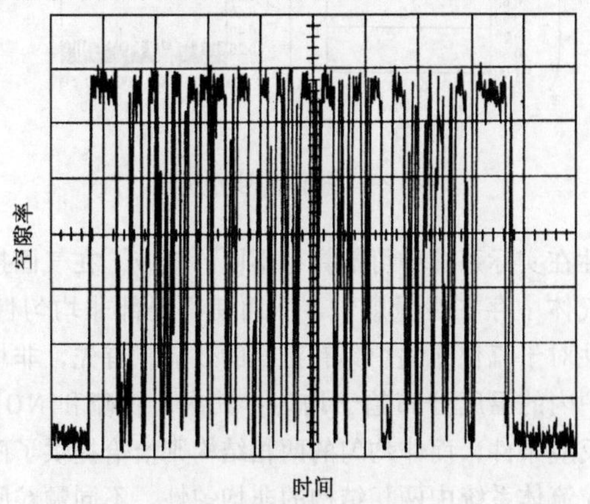

图 2-4　用光纤探针测量的局部空隙率时间序列

应有着很重要的影响。

局部两相结构的交替变化相当复杂，信号分解的方法正是从复杂的动态变化过程中提取基本特征的一种做法。如图 2-5[7] 所示，整体信号由有序分量与无规则分量构成，颗粒聚集行为的原始时间序列能被分解为一个周期分量和四个反映无序行为的非规则分量[7]。显然，只有了解两相结构的非均匀性和其中的动态变化，才能精确预测局部的动力学行为。尤其是与静态两相结构中的质量传递相比，真实系统中的动力学行为对于传递和反应过程的预测更为重要，这一点如图 2-6[8] 所示。

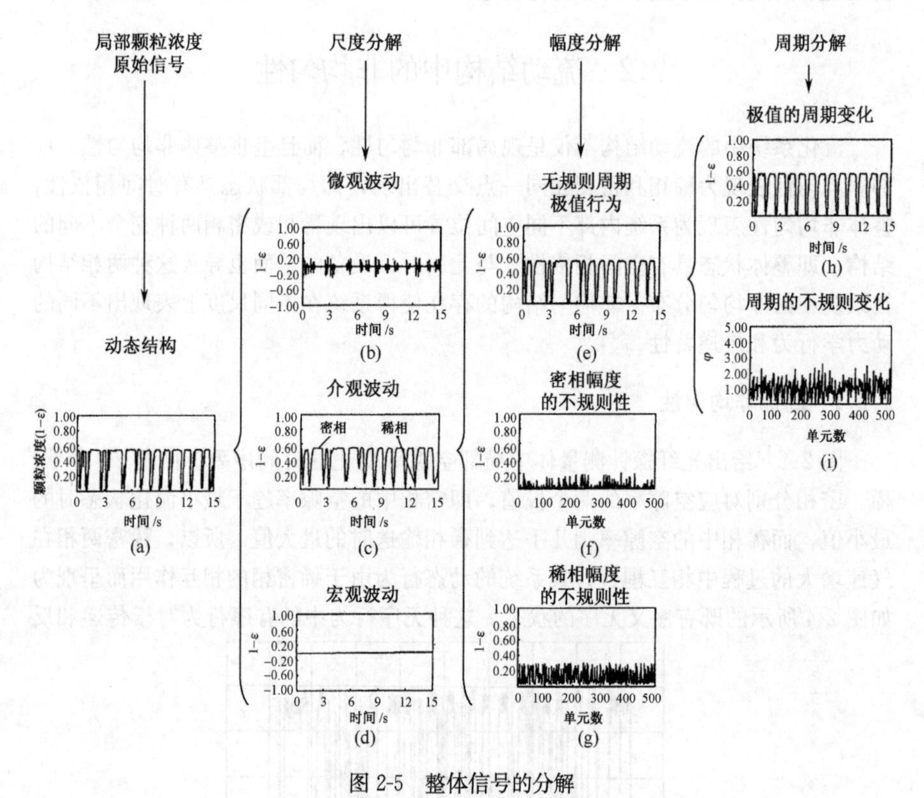

图 2-5　整体信号的分解

局部非均匀性在实际系统中可能具有不同的效应。在气固接触过程中，因为此时作为稀相的气体中存在少量颗粒，从而使得局部非均匀性具有负效应。但是，局部非均匀性对于流化床锅炉具有正面的效应。首先，非均匀性导致了固体的返混，使得锅炉内的温度分布趋于均匀；其次，脱硫和 NO_x（氮氧化物）的控制要求不同的反应条件，而非均匀的两相结构则恰恰提供了两个不同条件交替的变化。由于颗粒流体系统中两相结构的非均匀性，不同颗粒间的气固相互作用不同，它与颗粒周围的流动结构息息相关。所以，用局部平均参数描述气固间相

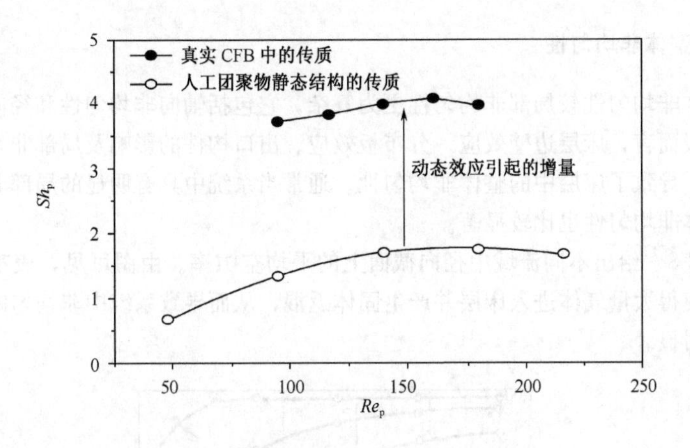

图 2-6　真实系统与静态系统中传质的对比

互作用的本质机理是不合理的。图 2-7[1] 是颗粒中气固相互作用差异的一个例子。

由图 2-7 可见，在具有较高固体分率的密相中，曳力系数可以达到较高的量级。例如：对于由 $d_p = 54\mu m$ 的 FCC（fluid catalytic cracking）催化剂和空气组成的气固系统，曳力系数能够达到 10^5。然而，在固体分率较低的稀相中，同一个气固系统中的曳力系数却仅能达到 10^2。所以，具有两相结构的颗粒流体系统的研究不应建立于体积平均与空间平均的基础上。至少这种平均近似中引入的参数应该采用与两相结构相关的参数进行修正。

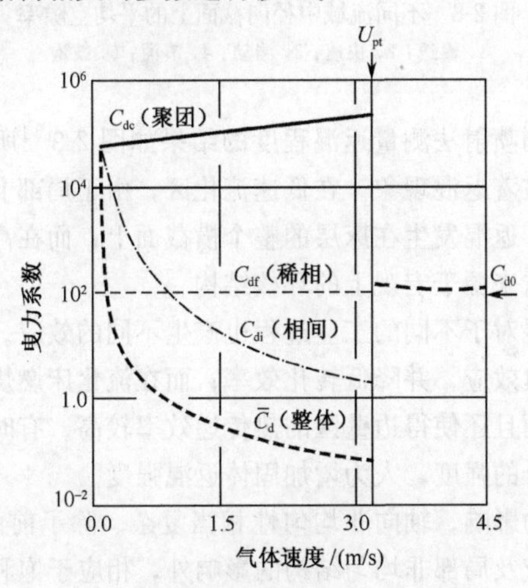

图 2-7　不同流域中滑移速度、曳力系数与气速的关系

2.2.2 整体非均匀性

整体非均匀性较局部非均匀性更为复杂，它包括轴向非均匀性和径向非均匀性。一般而言，床层边壁效应、分布板效应、出口构件的影响及局部非均匀结构的存在，导致了床层中的整体非均匀性。通常当系统中具有明显的局部非均匀性时，整体非均匀性也比较显著。

图 2-8[1]给出不同流域中径向截面上的平均空隙率。由图可见，表观气速的增加，使得大量气体进入床层并产生固体返混，从而导致系统中非均匀的环核结构愈趋明显。

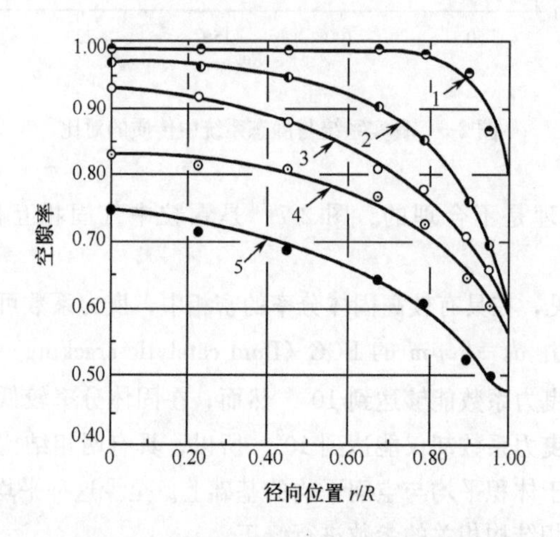

图 2-8　不同流域中径向截面上的平均空隙率

1. 输送；2. 快速；3. 湍动；4. 节涌；5. 鼓泡

采用下游示踪剂喷射法测量返混程度的结果如图 2-9[1]所示。由图可见，整个流化床中普遍存在着返混现象。在低速流化区，由于局部非均匀性及局部区域中固体颗粒的下行，返混发生在床层的整个横截面上；而在高速区，返混仅发生在边壁环形区内，这来源于宏观上的环核结构。

如前所述，返混对于不同的工业过程也产生不同的效应。在流体催化裂化的过程中，返混产生负效应，并降低转化效率；而在流化床燃烧器中，返混不仅使得温度均匀分布，而且还使得边壁区的热传递效率较高。有时，人们为了提高热交换效率和固体混合的强度，人为增加固体返混强度。

由于若干因素的影响，轴向非均匀性相当复杂。除了前面提到的入口效应、出口效应、边壁效应及局部非均匀结构的影响外，相应于饱和夹带量下发生的突变现象，则是导致轴向非均匀结构复杂性的关键因素。

在突变发生的临界点处，颗粒浓度的轴向分布通常呈 S 形分布。轴向分布的

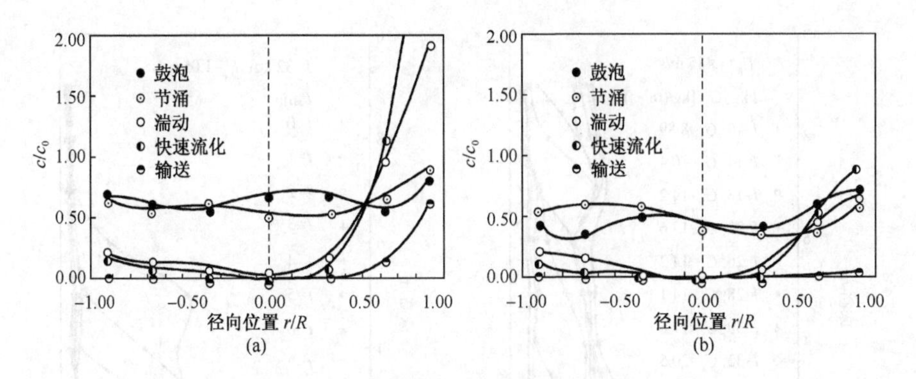

图 2-9　不同流域中返混程度的比较

(a) 光纤位置 1；(b) 光纤位置 2

S 形曲线也可退化为密相型曲线或稀相型曲线。图 2-10[2] 给出 90mm 床径的循环床中 FCC 在空气中流化的实验结果。当气速 $U_g=1.485\text{m/s}$、固体存料量 $I=18\text{kg}$、固体循环速度 $G_s=14\text{kg/(m}^2\cdot\text{s)}$ 时，床层中的轴向空隙率呈 S 形分布。如果在相同的操作气速下，增加存料量(相当于增加 Δp_{imp})，我们可以看见在颗粒流率不变的条件下，S 形曲线的拐点上移。即系统在一定的操作条件下，存料量的增加可以使得空隙率仍然呈顶部稀相段与底部密相段共存的 S 形分布。注意此时系统的操作条件仍处于临界条件[$U_g=1.485\text{m/s}$，$G_s=K^*=14\text{kg/(m}^2\cdot\text{s)}$]，故 S 形分布不变。

从图 2-10 中我们还可看到当存料量从 18kg 增加到 28kg 时，空隙率轴向分布不仅受 U_g 与 G_s 的影响，而且还受到存料量的影响。但是，此时的颗粒流率独立于存料量。在这个范围以外，颗粒流率则依赖于存料量，存料量的微小变化，将使得颗粒流率发生大的变化。所以，当 $I<15\text{kg}$ 时，系统处于稀相输送状态；而当 $I>30\text{kg}$ 时，系统处于密相流化状态。

这种现象也能在 S 形曲线存在时，由停止供给物料来证明。在图 2-11[2] 中，气速 $U_g=1.05\text{m/s}$，存料量 $I=32\text{kg}$。如果我们停止供料，此时相应于 $t=0$ 的轴向空隙率分布曲线连续变化为图中 $t=1$、$t=2$、$t=3$…的曲线。从中我们可以看出，这些曲线的唯一区别就是代表稀密相分界的曲线拐点发生变化。它表明停止供料后，在恒定的颗粒流率条件下，稀相段将向密相段扩散，直到密相区完全消失为止，即随着颗粒的逐渐带出，床内的颗粒浓度越来越稀，并最终形成空床。图 2-10与图 2-11 表明：在临界状态下，仅仅通过 U_g 与 G_s 不足以确定空隙率的轴向分布，此时必须给定压降 Δp_{imp}。很遗憾，这一问题没有引起工程界和学术界的重视，因此，在计算模拟中存在很多问题，例如，一般人们总是先给定 U_g 和 G_s 来计算轴、径向分布。事实上，给定 U_g 后，G_s 应当是由计算确定，人为指定是不正

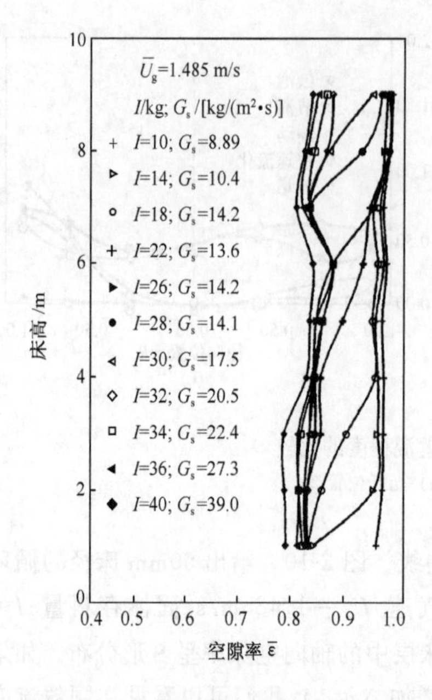

图 2-10　存料量对轴向空隙率的影响

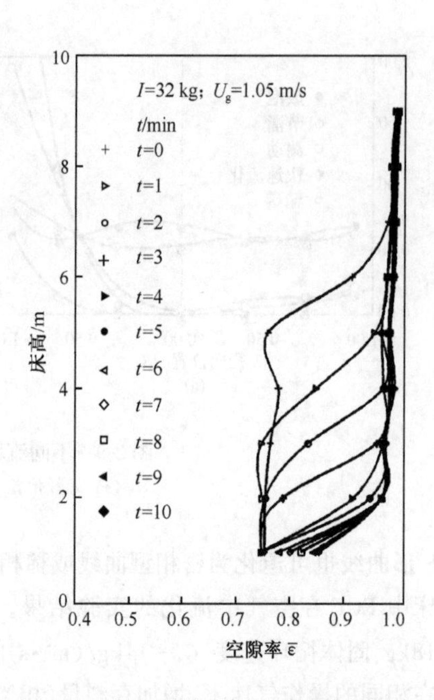

图 2-11　停止供料时,轴向空隙率的变化

确的。

图 2-12[1]显示了颗粒流率不变时,轴向空隙率分布与气速的关系。如果我们在具有 S 形分布的状态中,减小气体速度,则曲线的拐点将立即消失。它表明 U_g 和 K^* 之间具有特定的关系,模拟计算前应该确定临界条件。遗憾的是,这一点在气固两相流计算中始终未能引起人们的重视,即模拟计算中往往并未考虑临界条件。这一问题在 Li 等[9]的文献中有详细的说明,有兴趣的读者可以参阅这一文献。

图 2-13[2]以另一种方式展示了这种相关性。在 U_g、G_s 和 Δp_{imp} 这三个变量的基础上,颗粒/流体系统的整体流动状态随操作条件的变化可能为 PFC/FD(particle-fluid compromising/fluid dominating)、PFC 及 FD 三种不同的操作模式。图 2-13 中的楔形 PFC/FD 区域表明:当 $G_s = K^*$ 时,两个稳态共存,此时气速等于常数。右边的 PFC 区表明,当 $G_s > K^*$ 时,系统呈密相结构;而左边的 FD 区则表示 $G_s < K^*$ 时系统呈稀相结构。点 I_{min} 代表两相结构变化过程中的最小存料量,点 D 为 S 形轴向空隙率曲线的临界点。如果 U_g 大于该点的气速,轴向空隙率的 S 形分布曲线将退化为稀相型曲线;如果 G_s 大于 D 点的颗粒流率,则 S 形曲线被密相型曲线所取代。

显而易见,图 2-13 中 $U_g = U_{pt}$、$G_s = K^*$ 的 PFC/FD 操作区域与"噎塞"发生的临界点相对应;而 $U_g < U_{pt}$、$G_s > K^*$ 则对应于右边的 PFC 区;$U_g > U_{pt}$、$G_s <$

K^*则对应左边的 FD 区。在图 2-13 中 PFC/FD 区的楔形边界说明：当气速不变时，S 形轴向分布仅能在一定的存料量之下形成。所以，为了得到特定的操作模式，需要根据操作条件分析操作模式的存在条件。顶部的稀相段需要一定的高度才能达到稳定状态，因此床高也是影响轴向空隙率分布的因素之一。床的高度越矮，图 2-13中 $G_s=f(U_g, I)$的水平段越短，这样 S 形曲线则难以形成。

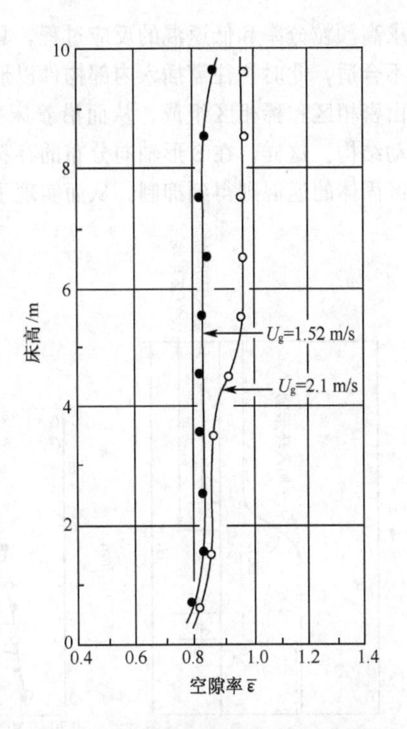

图 2-12　颗粒流率不变时轴向空隙率与气速的关系

从上述实验结果可知：在同样的气速和颗粒流率下，稀密两区可以不同的比例同时存在。因此，气速与颗粒流率不足以确定颗粒的轴向分布，突变发生的临界条件及稀相区、密相区存在的稳定性条件都需要考虑。事实上，S 形轴向空隙率曲线代表了突变发生的临界状态。利用 S 形空隙率分布，可以方便地确立突变发生的条件。

轴向非均匀结构的形成涉及临界现象，且其微小的变化会导致反应器行为的巨大差异。所以，轴向非均匀性的研究对于了解流化床动力学行为及流化床反应器的设计具有重要意义。例如：对于要

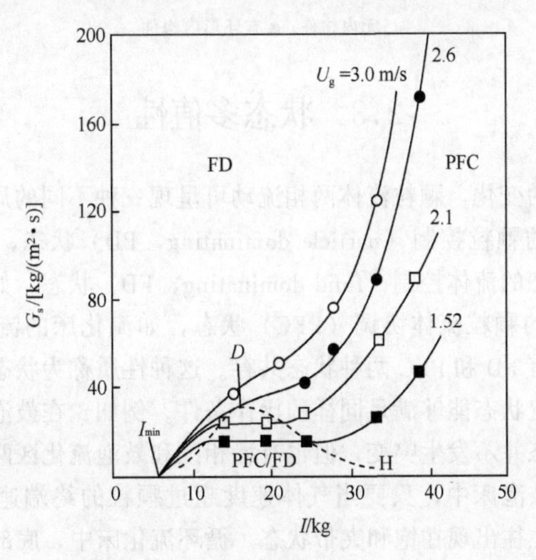

图 2-13　颗粒流率 G_s 与颗粒存料量 I、气速 U_g 的相关性

求高颗粒分率和低返混的反应过程，具有顶部稀相段与底部密相段的S形分布并不合适，此时往往需插入内部构件以形成多层结构来改变这种分布。这时每层均由密相区和稀相区组成，从而沿着床高形成如图2-14[1]所示的稀密相交替的流动结构。这样，在S形轴向分布的存料量下，密相区有较高的固体分率，而稀相区固体的返混则得到抑制，从而实现了高颗粒分率、低返混的操作过程。

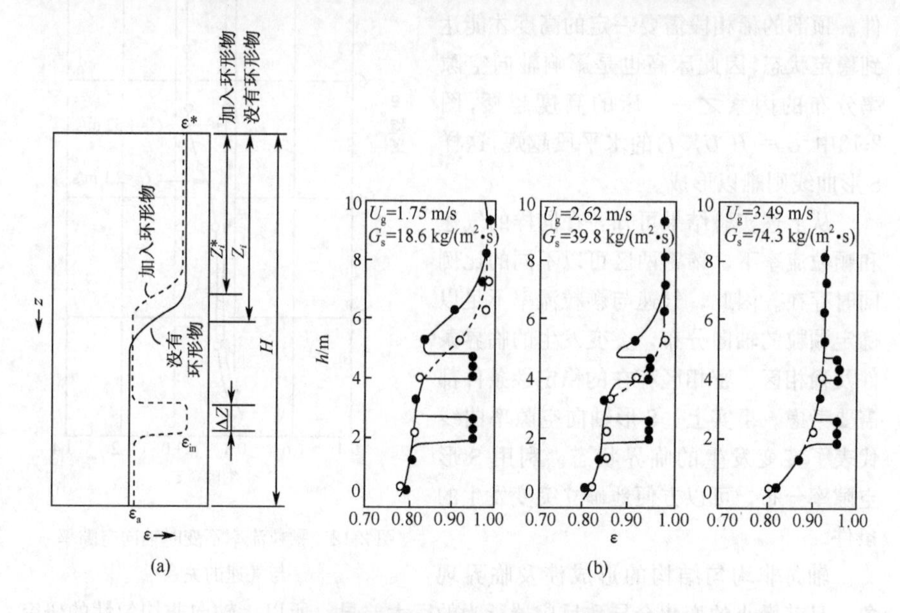

图2-14　快速流化中内部构件对轴向空隙率的影响

(a) 概念分析；(b) 具有两个环形物的实验

○无内构件；●有环形内构件

2.3　状态多值性

随操作条件的变化，颗粒流体两相流动可呈现三种不同的局部状态：颗粒状态决定流体流动的颗粒控制（particle dominating，PD）状态，如固定床；流体流动控制颗粒状态的流体控制（fluid dominating，FD）状态，如稀相输送；流体与颗粒相互协调的颗粒流体协调（PFC）状态，如流化床的流动。在一定条件下，系统内可以有FD和PFC两种状态共存。这种性质称为状态的多值性，即有时两个不同的稳定状态能够满足同样的操作条件。例如：在鼓泡流化床中，尽管通常认为系统状态并不发生突变，但也有稀相区和鼓泡流化区两种状态共存的现象。事实上，在鼓泡床中，只要当气体速度超过颗粒的终端速度，就有夹带颗粒。所以，稀相往往出现在饱和夹带状态。循环流化床中，底部密相区与顶部稀相区的S形分布则是两种状态共存的典型例子，这时状态多值性与突变行为密切相关。在两种状态共存的突变点处，操作条件的细微变化将导致流化系统从一个稳定态跃迁到性质完全不同的另一个稳定态。状态的多值性可用图 2-15[9] 表示。其中局部的状态多值性指夹带颗粒的稀相状态和接近最小流化的密相状态共存，而整体的状态多值性是指顶部稳定的稀相段与底部稳定的密相段共存。

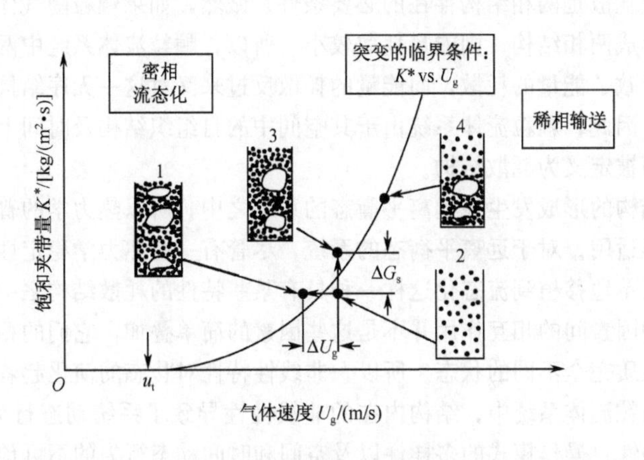

图 2-15　临界条件的突变

由于状态的多值性，单独运用传统的质量守恒、动量守恒关系难以确定流态化中系统的状态。所以为确定流化系统的状态，需要给出稳定性条件。然而流化系统中的非线性性和非平衡性始终困扰着人们寻找简单而通用的稳定性条件。所以，建立判断流化系统的稳定性条件必须从颗粒流体相互作用的机理着手。本书第 4 章将以此作为核心，给出判断流化状态的稳定性条件。

迄今为止，流化床中的状态多值性并未引起人们足够的重视，以至于流化系统模拟计算过程中出现了一些误区。例如：在同样的气速和同样的颗粒流率下，S 形轴向分布能以不同的形式存在，它与存料量有关。但实际计算中，气速及颗粒流率往往作为确定流动结构的两个关键的独立变量。另外，在计算过程中事先给定颗粒流率也是不合理的，因为实际过程中颗粒流率与气体速度相关。忽视稳定性条件对模拟计算又带来一个问题：对同一操作条件下两种状态共存的结构，无法知道它们以何种比例共存于系统之中，而对以一种状态存在的结构，也无法知道该状态在什么样的特定条件下将向另一种状态转化。

2.4　耗散结构的性质

从颗粒流体系统的基本现象与结构特征，我们可以看出颗粒流体系统是具有两相结构的系统，它在动态变化的过程中，消耗气体提供的大量能量用于颗粒的返混、加速以及颗粒间的碰撞。例如：在鼓泡流化床中，如果气体速度低于颗粒的终端速度，则气体的总能量消耗于颗粒的悬浮过程。此时，出口处的颗粒通量为零，气体提供的能量全部耗散而没有用于输送。通常，流化系统中输送颗粒的能量仅是气体提供的总能量的一小部分，而耗散能量往往大于输送能量。并且，巨大的能量耗散是两相结构存在的必要条件。诚然，如果颗粒随气体均匀带出床层而并不形成两相结构，则能量耗散较小。所以，颗粒流体系统中两相非均匀结构的形成导致了能量的耗散，而能量的耗散反过来又对这一无序结构的稳定性产生了影响。因此，颗粒流体系统由于其空间中的自组织结构及时间上外界能量的连续供给而被定义为耗散结构。

耗散结构的形成发生在远离平衡态的系统之中，所以热力学的普适定理对耗散结构并不适用。对于远离平衡态的系统，尽管有一些热力学稳定性判据，但它们并不能简单地移植到流态化这样一种具有某些特性的耗散结构之中。在耗散结构中，各种因素间的相互作用并不是这些因素的简单叠加，它们的相互耦合可能导致一个性质完全不同的状态。所以，非线性特性对状态的演化起着举足轻重的作用。在颗粒流体系统中，结构内在的非线性性导致了系统动态行为的突变性、流域的历经性、操作模式的多样性以及空间和时间动态行为的不可预测性。由于这些典型的非线性现象，对于流态化的研究必须采用非线性方法。

图 2-16[10]给出了 90mm 床径的床中，FCC 催化剂在空气中流化时，$\Delta p/\Delta L$ 随气速的变化趋势（$\rho_p=930\text{kg/m}^3$，$d_p=54\mu\text{m}$）。它反映了流化床中的耗散结构具有明显的非线性行为。

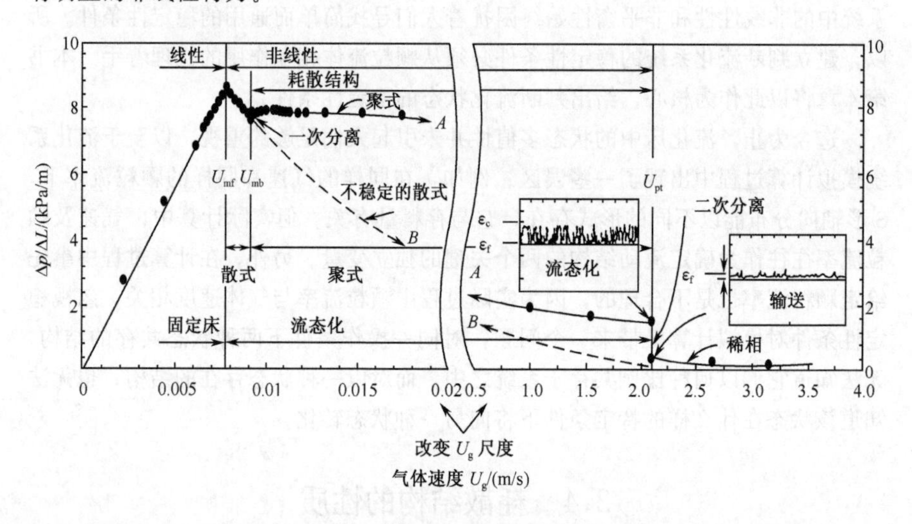

图 2-16　颗粒流体系统的分岔行为

颗粒流体系统中的非线性特征分为两类：一类来源于颗粒流体相互作用的内

在非线性性;另一类则起因于外界和非规则因素,称为次生非线性性。内在非线性性导致系统内部复杂的流动结构,是理论研究成果实用化的难点所在。

内在非线性性源于颗粒和流体的相互作用,因此它必然反映在颗粒和流体的相互作用过程中。以 $Re_p = d_p U_g / \nu_f < 2$ 为例,当流体垂直向上通过颗粒料层时,流体流率与压力梯度之间的关系为

$$U_g = \frac{d_p^2 \varepsilon^{4.7}}{18(1-\varepsilon)\mu_f} \cdot \frac{\Delta p}{\Delta L} \tag{2.4.1}$$

当气速较小时,系统处于固定床阶段,流速与压力梯度之间呈线性关系。所以,这一流域是线性非平衡过程,它具有能量耗散和最小熵产率。当气速达到最小流化速度时,颗粒层的总压降等于颗粒的质量。随着气速的进一步增加,空隙率开始增加,方程(2.4.1)中的线性关系不再成立。随着床层的不断膨胀,非线性因素逐渐增强。当气速达到最小鼓泡速度时,系统内部的自组织结构、均匀的床层结构突然破坏,导致系统中以耗散结构为特征的鼓泡状态形成,此时系统的动力学行为具有混沌、随机的无序行为。从均匀膨胀到鼓泡流化的突变点与热力学中的非平衡相变对应,它是系统的第一分支点。根据 Li 和 Kwauk[1] 的研究结果,在这一分支点,能量耗散将突然增加以维持所形成的耗散结构。

随着气速的不断增加,连续的密相(乳化相)转化为离散相(团聚物),不连续的稀相转化为连续的稀乳相,即耗散结构始终存在。并且,当气速增加到临界气速 U_{pt}时,空隙率又有一个突变,即颗粒自组织形成的非均匀结构瓦解,系统状态突变为由气体完全控制的具有均匀结构的稀相输送。这个突变是系统的第二个分支点,在工程上也称为“噎塞”。

根据上面的分析,颗粒流体系统中两相耗散结构的形成和消失与分岔行为及能量(或熵产率)的突变行为有关。Li 等[10] 的研究已经表明:状态的多值性导致分岔,分岔导致耗散结构的形成,而耗散结构的稳定性条件又制约着耗散结构的变化与消亡。

2.5 流化系统中的术语

图 2-17[1] 给出了两相流中各种可能的结构及它们随操作条件及物料性质的状态变化。为了描述图 2-17 中这种复杂现象的结构特点,Kwauk 等[11] 根据流化系统中的基本现象,给出了下述赋有特定内涵的术语。

(1) 两相结构:因颗粒流体系统内部固有的不稳定性而产生的由颗粒分率较高的密相与气体分率较高的稀相组成的结构。

(2) 流域过渡:两相结构随操作条件的变化会发生一系列的转折性变化。均匀膨胀、鼓泡(节涌)、湍动、快速流化、稀相输送这一系列变化称为流域过渡。

(3) 操作模式:流域过渡受到材料物性及设备操作条件的影响,并非所有物质

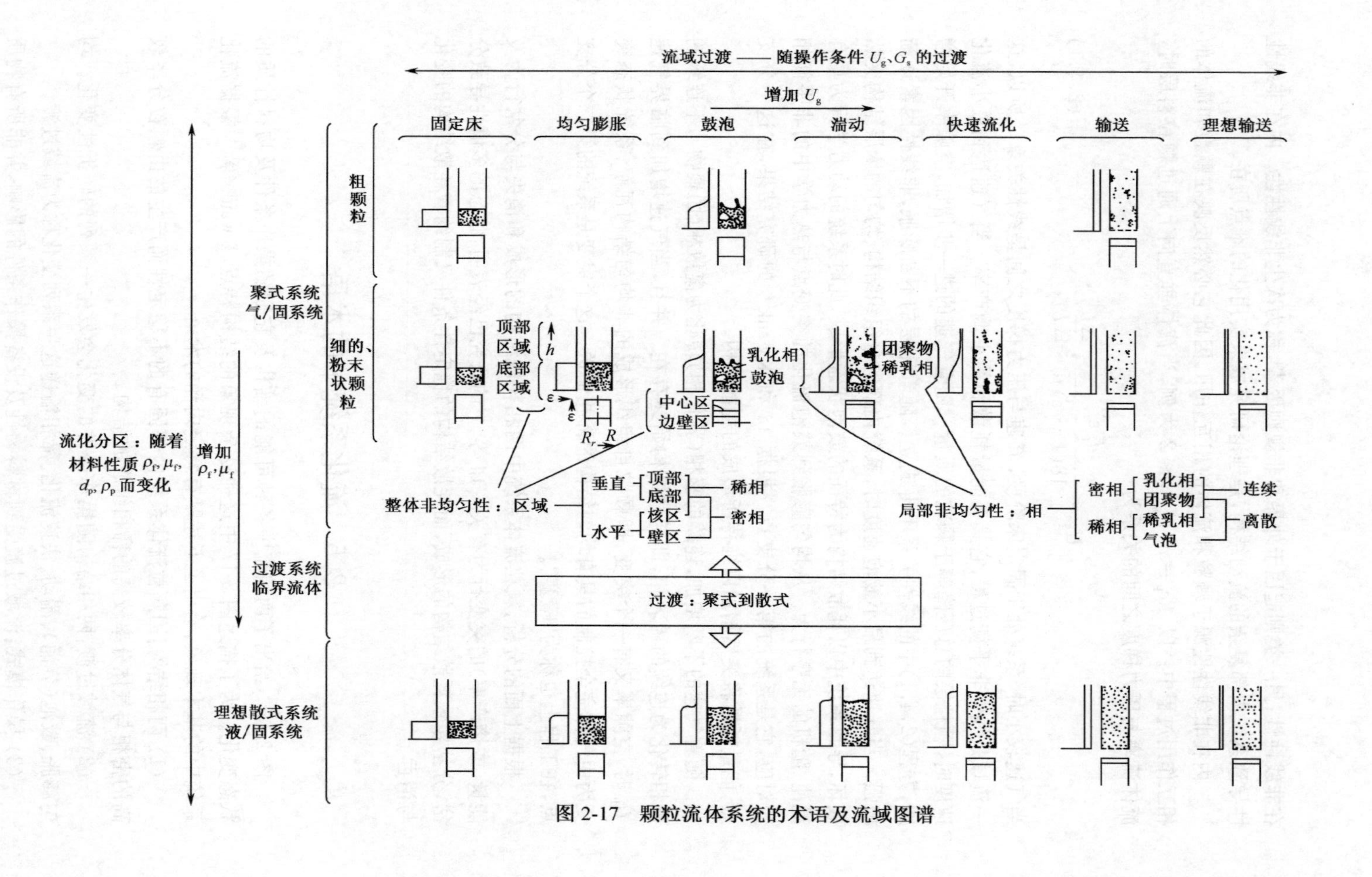

图 2-17　颗粒流体系统的术语及流域图谱

在气速增大的过程中都经历上述流域变化。如对粒径较大的颗粒流体系统及液固系统，几乎不存在颗粒膨胀的流域变化。与材料物性及设备操作条件相关的流域变化称为操作模式。

(4) 流区分布：随操作条件的不同，两相结构在系统内不同区域差别很大，这种差别称为流区分布。

(5) 局部非均匀性：指由局部范围内存在的两相结构形成的非均匀性。一般而言，局部非均匀性指稀密相共存的流动结构。

(6) 整体非均匀性：指由床层中不同部位的流动结构形成的非均匀性。一般而言，对并流向上的流化床，整体非均匀性指上稀下浓的流动结构及核稀边密的流动结构。

图 2-17 总结了这四种概念之间的联系及操作参数、物料性质及边界条件对其的影响。颗粒流体两相流研究的目的就是认识“相”结构、“域”过渡、“型”演变和“区”分布的规律。

上述概念也可概括为图 2-18。

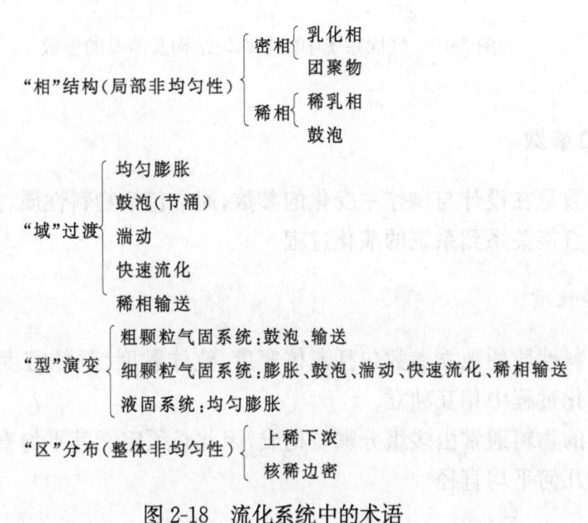

图 2-18 流化系统中的术语

2.6 颗粒流体两相流中的参数

为了描述颗粒流体的两相结构及其流动状态，图 2-19[1] 给出了颗粒流体系统的各种两相结构及本节将介绍的各种参数，这些参数被分为以下四类：独立参数、相关参数、定性参数及导出参数。

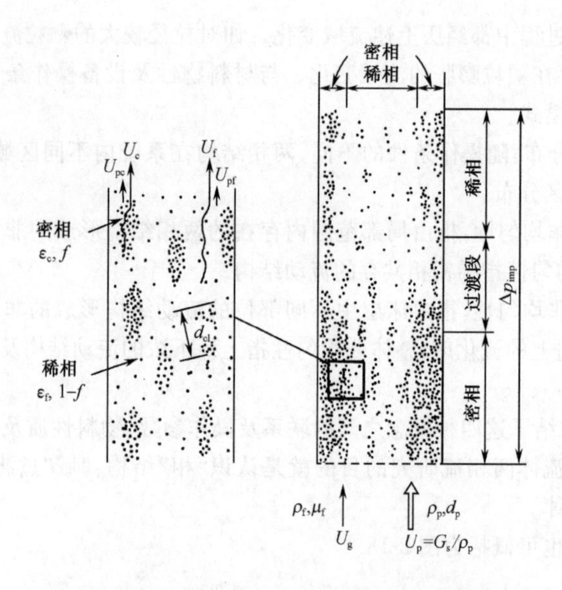

图 2-19　气固系统中的非均匀结构及涉及的参数

2.6.1　独立参数

独立参数是在设计与操作中变化的参数，通常包括物料性质、操作条件和边界条件。它们直接关系到系统的演化过程。

1. 物料性质

描述物料性质的独立参数包括流体密度、流体黏度、颗粒密度及颗粒直径，它们在系统演化过程中相互独立。

工程中的物料通常由多组分颗粒构成，因此必须定义其平均直径，通常使用的平均直径为几何平均直径

$$\bar{d}_p = \left[\sum_{i=1}^{n} x_i / d_i \right]^{-1} \tag{2.6.1}$$

该定义中并未考虑颗粒与流体间的相互作用，所以它的引入会对流动计算产生误差。为了合理地反映多组分颗粒与单组分颗粒之间的等价性，并考虑颗粒/流体间的相互作用及几何形状的影响，多组分颗粒的动力平均直径 $\bar{d}$ 可根据自由下落中颗粒的力平衡方程给出

$$g(\rho_p - \rho_f) \frac{\pi \bar{d}^3}{6} = \bar{C}_d \frac{\pi \bar{d}^2}{4} \frac{\rho_f U_g^2}{2} \tag{2.6.2}$$

如果方程中考虑重力、曳力对动力平均直径的影响，方程(2.6.2)可表示为

$$g(\rho_p - \rho_f)\frac{\pi \bar{d}_g^3}{6} = \bar{C}_d^d \frac{\pi \bar{d}_d^2}{4}\frac{\rho_f U_g^2}{2} \tag{2.6.3}$$

式中：$\bar{d}_g$ 是考虑重力计算的平均直径；$\bar{d}_d$ 是考虑曳力计算的平均直径；$\bar{C}_d^d$ 与 $\bar{d}_d$ 有关。联立方程(2.6.2)与方程(2.6.3)，我们能够得到

$$\bar{d} = \frac{\bar{C}_d \bar{d}_g^3}{\bar{C}_d^d \bar{d}_d^2} \tag{2.6.4}$$

由重力平衡方程，对多组分颗粒，有

$$\frac{\pi \bar{d}_g^3}{6}\rho_p g \sum_{i=1}^n n_i = \sum_{i=1}^n n_i \rho_p g \frac{\pi d_i^3}{6} \tag{2.6.5}$$

由此可得

$$\bar{d}_g^3 = \left(\sum_{i=1}^n n_i d_i^3\right) \Big/ \sum_{i=1}^n n_i \tag{2.6.6}$$

由曳力平衡方程，对多组分颗粒，有

$$\bar{C}_d^d \frac{\pi \bar{d}_d^2}{4}\frac{\rho_f U_g^2}{2}\sum_{i=1}^n n_i = \sum_{i=1}^n C_{d\,i} n_i \frac{\pi d_i^2}{4}\frac{\rho_f U_g^2}{2} \tag{2.6.7}$$

由此可得

$$\bar{d}_d^2 = \left(\sum_{i=1}^n C_{d\,i} d_i^2 n_i\right) \Big/ \left(\bar{C}_d^d \sum_{i=1}^n n_i\right) \tag{2.6.8}$$

将 $\bar{d}_d^2$、$\bar{d}_g^3$ 代入 $\bar{d}$ 的表达式，则可得到多组分颗粒的动力平均直径为

$$\bar{d} = \bar{C}_d \Big/ \left(\sum_{i=1}^n C_{d\,i} x_i / d_i\right) \tag{2.6.9}$$

根据上述定义得到的多组分颗粒的平均动力直径并非常数，它随流动参数变化而变化。当 Reynolds 数很小时(所有颗粒的 Reynolds 数 $Re_p<2$)，动力平均直径取最小值

$$\bar{d}_{\min} = \left[\sum_{i=1}^n \frac{x_i}{d_i^2}\right]^{-0.5} \tag{2.6.10}$$

随着 Reynolds 数的增大，它逐渐增大到最大值，即有

$$\bar{d}_{\max} = \left[\sum_{i=1}^n \frac{x_i}{d_i}\right]^{-1} \tag{2.6.11}$$

所以在高 Reynolds 数时，动力平均直径等于几何平均直径。多组分颗粒动力平均直径由 $\bar{d}_{\min}$ 到 $\bar{d}_{\max}$ 的变化趋势如图 2-20[10] 所示。其计算结果是由玻璃珠在水中流化得到的($d_1=7.255$mm，$d_2=4.255$mm，$d_3=1.480$mm，$x_1=22\%$，$x_2=33\%$，$x_3=45\%$)。由此可见，颗粒的几何直径仅对大粒径颗粒流体系统及高气速($Re_p>2000$)流动状态具有动力系统的等效性。

除此之外，考虑流体、颗粒物性综合效应的 Archimedes 数 Ar 也是常用的物性

参数，它的定义如下[12]

$$Ar = \frac{d_p^3 g\rho_f(\rho_p - \rho_f)}{\mu_f^2} \tag{2.6.12}$$

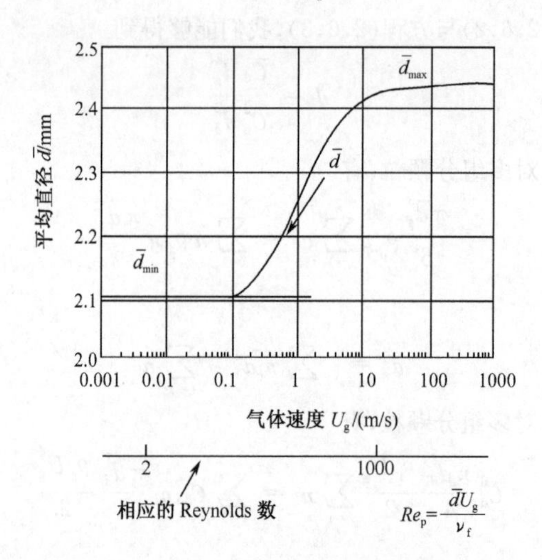

图 2-20　多组分颗粒平均直径的变化

2. 操作条件

影响颗粒流体两相流动结构形成的操作条件主要有流体表观速度 U_g 及颗粒表观速度 U_p，其定义分别为

$$U_g = \frac{\text{整个横截面上流体的总质量流率}}{\text{横截面积} \times \text{流体密度}} \tag{2.6.13}$$

$$U_p = \frac{\text{整个横截面上颗粒的总质量流率}}{\text{横截面积} \times \text{颗粒密度}} \tag{2.6.14}$$

流体表观速度和颗粒表观速度相互独立，而相应的真实流体速度为 U_g/ε，真实颗粒速度为 $U_p/(1-\varepsilon)$，它们均是空隙率 ε 的函数。

3. 边界条件

影响空间流动结构的边界条件通常涉及床层的外部设备，一般包括边壁效应、进出口构件以及压降对系统的影响。流动结构的径向非均匀性往往来自于边壁效应。尽管研究边壁效应已有各种模型[13～15]，但边壁附近的流速、颗粒速度、空隙率等参数往往需要测量，而对影响流动结构的入口效应、出口效应，其认识还停留在定性的水平上。床层压降则是涉及固体存料量、颗粒循环阻力和系统结构的全局参数，它对于流动结构的轴向分布起着很重要的作用。

随着设备、边界条件的变化,颗粒流体两相流动可呈现稀相、密相和稀密相三种不同的局部状态。本书将在第 4 章进一步对此进行讨论。

2.6.2 相关参数

图 2-19 给出了气固两相流动系统中共存的 8 个主要参数。根据 8 个相关参数的函数

$$x(r) = [\varepsilon_f(r), \varepsilon_c(r), f(r), U_f(r), U_c(r), d_{cl}(r), U_{pf}(r), U_{pc}(r)] \tag{2.6.15}$$

局部流动状态即可得以描述。下面介绍这 8 个相关参数。

1. 颗粒和流体的速度

局部平均流体速度为

$$U_g(r) = U_f(r)[1 - f(r)] + U_c(r)f(r) \tag{2.6.16}$$

式中:$U_f(r)$是稀相中的表观流体速度;$U_c(r)$是密相中的表观流体速度;$f(r)$是密相的体积分率。

局部平均颗粒速度为

$$U_p(r) = U_{pf}(r)[1 - f(r)] + U_{pc}(r)f(r) \tag{2.6.17}$$

式中:$U_{pf}(r)$是稀相中的表观颗粒速度;$U_{pc}(r)$是密相中的表观颗粒速度。

横截面上的平均速度为

$$\overline{U}_g = \frac{2}{R^2}\int_0^R U_g(r)r\mathrm{d}r \tag{2.6.18a}$$

$$\overline{U}_p = \frac{2}{R^2}\int_0^R U_p(r)r\mathrm{d}r \tag{2.6.18b}$$

通常由时均信号测量的空隙率是床层平均空隙率。但是由于稀相与密相中速度及空隙率的不同,由时均信号测量的速度并非 $U_g(r)$或 $U_p(r)$,所以信号分析时,必须考虑流动结构。这一问题我们还将在第 4 章中进一步讨论。

2. 空隙率

空隙率反映了颗粒流体系统中物料的膨胀程度,其定义为

$$\text{空隙率} = \frac{\text{总体积} - \text{颗粒占据的体积}}{\text{总体积}} \tag{2.6.19}$$

对于非均匀的颗粒流体系统,空隙率随两相结构的变化及流域的变化而变化,它是反映结构变化特点的重要参量。我们定义密相中的局部空隙率为 $\varepsilon_c(r)$,稀相中的局部空隙率为 $\varepsilon_f(r)$,由此可导出下述各类空隙率:

局部平均空隙率为

$$\varepsilon(r) = \varepsilon_f(r)[1 - f(r)] + \varepsilon_c(r)f(r) \tag{2.6.20}$$

截面平均空隙率为

$$\bar{\varepsilon}=\frac{2}{R^2}\int_0^R \varepsilon(r)r\mathrm{d}r \tag{2.6.21}$$

整体平均空隙率为

$$\bar{\bar{\varepsilon}}=\frac{1}{H}\int_0^H \bar{\varepsilon}(h)\mathrm{d}h \tag{2.6.22}$$

通常 $\bar{\varepsilon}$、$\bar{\bar{\varepsilon}}$ 直接通过测量压降来计算，而 $\varepsilon(r)$、$\varepsilon_c(r)$、$\varepsilon_f(r)$则由于其对结构的敏感性而难以量化。

3．相结构参数

与 $\varepsilon_c(r)$、$\varepsilon_f(r)$共同描述两相结构的参数还有颗粒团聚物当量直径 d_{cl}及密相体积分率 f。Yerushalmi 和 Cankurt[16]、Subbarao[17]曾给出 d_{cl}的定义，Li 等[18,19]则通过 d_{cl}与输入能量成反比的假设定义了团聚物直径。我们将在第 4 章介绍这一定义。值得注意的是 d_{cl}并不是描述团聚物真实尺寸的参数，它只是为计算稀密相之间的相间作用而假想引入的当量直径。

2.6.3 定性参数

定性参数是指那些依赖于物料性质的参数，通常它们并不涉及操作条件和边界条件。

1．曳力系数

对于非均匀的气固两相流，曳力系数是计算微尺度、介尺度及宏尺度上颗粒流体相互作用的重要参数。

对于 Reynolds 数小于 1000 的单颗粒，曳力系数为[20]

$$C_{d0}=\frac{24}{Re_p}+\frac{3.6}{Re_p^{0.313}} \tag{2.6.23}$$

对于非均匀悬浮状态中颗粒群，曳力系数为[21]

$$C_d = C_{d0}\,\varepsilon^{-4.7} \tag{2.6.24}$$

在本书第 4 章中，我们将非均匀结构分解为稀相和密相，上述曳力系数的表达式将分别用于微尺度上稀相和密相的计算之中以及介尺度上颗粒流体相互作用的计算之中。

2．终端速度

颗粒的终端速度 u_t也叫颗粒的自由沉降速度。它是单颗粒在流体中自由沉降时最终达到的最大速度，也是流体携带单颗粒向上运动时的最小速度。u_t的值能够从颗粒所受重力与流体对颗粒的曳力相等的关系式

$$\frac{\pi d_p^3}{6}(\rho_p - \rho_f) g = C_{d0} \frac{\pi d_p^2}{4} \frac{\rho_f u_t^2}{2} \tag{2.6.25}$$

中求得，即

$$u_t = \left[\frac{4 g d_p(\rho_p - \rho_f)}{3 \rho_f C_{d0}} \right]^{0.5} \tag{2.6.26}$$

3．最小流化速度

最小流化速度 U_{mf}是颗粒流体系统开始流化时的最低流体速度，它能够由方程(2.6.27)计算[22]

$$\frac{1.75}{\Phi_s \varepsilon_{mf}^3}\left[\frac{d_p U_{mf} \rho_f}{\mu_f} \right]^2 + \frac{150(1-\varepsilon_{mf})}{\Phi_s^2 \varepsilon_{mf}^3} \frac{d_p U_{mf} \rho_f}{\mu_f} = \frac{d_p^3 \rho_f(\rho_p - \rho_f) g}{\mu_f^2} \tag{2.6.27}$$

式中：ε_{mf}是最小流化时的床层空隙率，它取决于颗粒物性及颗粒的堆积结构；Φ_s是颗粒的形状因子。

若不知道 ε_{mf}和 Φ_s，U_{mf}也能用如下关联式近似表示[22]：

对于小颗粒($Re_p<20$)

$$U_{mf} = \frac{d_p^2(\rho_p - \rho_f) g}{1650 \mu_f} \tag{2.6.28}$$

对于大颗粒($Re_p>1000$)

$$U_{mf} = \left[\frac{d_p(\rho_p - \rho_f) g}{24.5 \rho_f} \right]^{1/2} \tag{2.6.29}$$

Couderc[23]曾对颗粒终端速度的研究结果做了综合报道，该文献中列出了计算 U_{mf}的关系式。

4．最小鼓泡速度

最小鼓泡速度 U_{mb}是颗粒流体系统出现鼓泡的最小流体速度。由于系统产生鼓泡时内在的不稳定性，最小鼓泡速度难以测量，特别是 A 类粉末更是如此。对于大粒径颗粒，通常认为 U_{mb}等于 U_{mf}。一般情况下，U_{mb}可采用 Abrahamsen 和 Geldart[24]提出的公式进行计算

$$\frac{U_{mb}}{U_{mf}} = \frac{2300 \rho_f^{0.126} \mu_f^{0.523} \exp(0.716\,\Omega)}{\bar{d}_p^{0.8} g^{0.954} (\rho_p - \rho_f)^{0.934}} \tag{2.6.30}$$

式中：Ω是粒径小于 45μm 的颗粒分率。

5．饱和夹带量

饱和夹带量 K^*是相应于密相流化向稀相输送转变时的临界颗粒流率，或者

说饱和夹带量是“噎塞”发生时的临界颗粒流率。目前,已有许多饱和夹带量的关联式[25~27],例如[28]

$$\left(\frac{U_{\mathrm{pt}}}{g d_{\mathrm{p}}}\right)^{0.5}=9.07\left(\frac{\rho_{\mathrm{p}}}{\rho_{\mathrm{f}}}\right)^{0.347} \cdot\left(\frac{K^{*} d_{\mathrm{p}}}{\mu_{\mathrm{f}}}\right)^{0.214} \cdot\left(\frac{d_{\mathrm{p}}}{d_{\mathrm{t}}}\right)^{0.246} \tag{2.6.31}$$

但这些关联式都不是从根本机理出发而建立的。本书将在第 4 章中,从颗粒流体相互作用的机理介绍饱和夹带量的计算方法。

2.6.4 导出参数

其他未涉及的参数都能表示为上述参数的函数,所以称为导出参数。它们将在需要之处引入。

符 号 说 明

符号	意义	单位
英文字母		
c	示踪剂浓度	
c_0	注入口处示踪剂浓度	
C_{d0}	单颗粒曳力系数	
C_d	曳力系数	
d_{cl}	颗粒团聚物当量直径	m
d_p	颗粒直径	m
f	密相体积分率	
G_s	固体循环速率	kg/(m²·s)
I	设备内的总存料量	kg
K^*	饱和夹带量	kg/(m²·s)
p	压力	kg/(m·s²)
Δp	压力降	kg/(m·s²)
Δp_{imp}	施加于提升管两端的压力降	kg/(m·s²)
$\Delta p/\Delta L$	单位床高压力降	kg/(m²·s²)
Re	Reynolds 数	
U	表观速度	m/s
U_c	密相中表观流体速度	m/s
U_f	稀相中表观流体速度	m/s
U_g	表观流体速度	m/s
U_{mb}	颗粒流体系统出现鼓泡的最小流体速度	m/s
U_{mf}	最小流化速度	m/s

符号	意义	单位
U_p	表观颗粒速度	m/s
U_{pc}	密相中表观颗粒速度	m/s
U_{pf}	稀相中表观颗粒速度	m/s
U_{pt}	噎塞速度	m/s
u	真实速度	m/s
u_t	单颗粒的自由沉降速度或终端速度	m/s
希腊字母		
ε	空隙率	
ε_c	密相空隙率	
ε_f	稀相空隙率	
ε_{mf}	最小流化状态下的空隙率	
μ	流体剪切黏度	kg/(m·s)
ν	流体运动黏度	m^2/s
ρ	密度	kg/m^3
φ	单元的不规则时间波动	
下标		
c	密相	
f	流体或稀相	
g	气体	
i	密相和稀相之间的相互作用相	
p	颗粒	
s	固体	
顶标		
—	平均量	

参 考 文 献

1 Li J, Kwauk M. Particle-fluid two-phase flow—the energy-minimization multi-scale method. Beijing: Metallurgical Industry Press, 1994

2 Li J, Wen L, Ge W et al. Dissipative structure in concurrent-up gas-solid flow. Chemical Engineering Science, 1998, 53(19): 3367～3379

3 Wilhelm R H, Kwauk M. Fluidization of solid particles. Chem. Eng. Prog, 1948, 44: 201～218

4 Yu Y. Segregation and mixing of solid particles in generalized fluidization (Master thesis). Beijing: Institute of Chemical Metallurgy, Academia Sinica, 1986

5 Hancock R T. The law of motion of particles in a fluid. Trans. Instn. Min. Engrs, London, 1937, 94: 114～121

6 Richardson J F, Zaki W N. Sedimentation and fluidization. Trans. Instn. Chem. Engrs, 1954, 32: 35～53

7 Cui H, Li J, Kwauk M et al. Dynamic behaviors of heterogeneous flow structure in gas-solid fluidization. Powder Technology, 2000, 112: 7～23

8 Li J, Kwauk M. Multiscale nature of complex fluid-particle systems. Ind. Eng. Chem. Res, 2001, 40: 4227～4237

9 Li J, Cheng C, Zhang Z et al. The EMMS model-its application, development and updated concepts. Chemical Engineering Science, 1999, 54: 5409～5425

10 Li J, Wen L, Qian G et al. Structure heterogeneity, regime multiplicity and nonlinear behavior in particle-fluid system. Chemical Engineering Science, 1996, 51(11): 2693～2698

11 Kwauk M, Li J. Fluidization regimes. Powder Technology, 1996, 87: 193～202

12 Reh L. Fluidized bed processing. Chem. Eng. Prog, 1971, 67(2): 58～63

13 Soo S L. Particulates and continuum: Multiphase fluid dynamics. New York: Hemisphere, 1989

14 Ding J, Lyczkowski R W, Sha W T et al. Analysis of liquid-solids suspension velocities and concentrations obtained by NMR imaging. Powder Technology, 1993, 77: 301～312

15 Ding J, Gidaspow D. A bubbling fluidization model using kinetic theories of granular flow. AIChE J, 1990, 36: 523～538

16 Yerushalmi J, Cankurt N J. Further studies of the regimes of fluidization. Powder Technology, 1979, 24: 187～205

17 Subbarao D. Cluster and lean-phase behavior. Powder Technology, 1986, 46: 101～107

18 Li J. Multi-scale modeling and method of energy minimization for particle-fluid two-phase flow (Ph. D. thesis). Beijing: Institute of Chemical Metallurgy, Academia Sinica, 1987

19 Li J, Tung Y, Kwauk M. Multi-scale modeling and method of energy minimization in particle-fluid two-phase flow. In: Basu P, Large J F, ed. Circulating Fluidized Bed Technology Ⅱ. Oxford: Pergamon Press, 1988. 89～103

20 Flemmer R L C, Banks C L. On the drag coefficient of a sphere. Powder Technology, 1986, 48: 217～221

21 Wallis G B. One-dimensional two-phase flow. New York: McGraw-Hill, 1969

22 Kunii D, Levenspiel O. Fluidization engineering. New York: Wiley, 1969

23 Couderc J P. Incipient fluidization and particulate systems. In: Davidson J F, Clift R, Harrison D, ed. Fluidization. 2nd ed. London: Academic Press, 1985. 1～46

24 Abrahamsen A R, Geldart D. Behavior of gas-fluidized beds of fine powders, Part Ⅰ. Homogeneous Expansion. Powder Technology, 1980, 26: 35～46

25 Briens C L, Bergougnou M A. New model to calculate the choking velocity of monosize and multisize solids in vertical pneumatic transport lines. Can. J. of Chem. Eng, 1986, 64: 196～204

26 Satija S, Young J B, Fan L S. Pressure fluctuation and choking criterion for vertical pneumatic conveying of fine particles. Powder Technology, 1985, 43: 257～271

27 Yang W C. Criteria for choking in vertical pneumatic conveying lines. Powder Technology, 1983, 35;143～150

28 Knowlton T M, Bachovchin D M. The determination of gas-solids pressure drop and choking velocity as a function of gas density in a vertical pneumatic conveying line. In: Keairns D L, ed. Fluidization Technology, Volume 2. New York: Engineering Foundation, 1975. 253～282

第3章 颗粒流体系统数值模拟的基础知识

目前，运用单纯的实验手段以及半经验、半理论的研究方法已无法认识颗粒流体系统内在的复杂性。随着复杂性科学的兴起和发展，基于数学模型的计算机模拟已逐步成为研究颗粒流体系统内在机制、介观特性以及复杂结构的一个重要手段。本书将以气固系统为重点，介绍颗粒流体系统模拟的几类模型以及作者近年来的部分工作。作为后续内容的基础，本章概述目前颗粒流体系统模拟中所用的主要模型，并介绍颗粒流体系统模拟的一些基础知识。

3.1 颗粒流体系统计算模型概述

20世纪70年代以来，随着计算机硬件与计算技术的发展，基于数值计算的计算流体力学（computational fluid dynamics，CFD）正在冲击并改变着传统的工业设计方法。计算机模拟以其一定的理论基础及投资少的优点而逐步渗透到与颗粒流体系统相关的研究领域，并在工业设计、优化、放大的研究过程中成为与实验手段相辅相成的研究工具。与此同时，它也为认识一些常规实验无法研究的复杂系统开辟了新的研究途径，并在解决实际问题中逐渐显现出其重要的作用。

3.1.1 计算模型的分类与简介

在颗粒流体系统的数值模拟中，经常采用的是根据两种介质的处理方式而划分的双流体模型及颗粒轨道模型。这两种模型都属于双介质模型的范畴，且均在密相流的研究领域中取得了重要的研究成果。双介质模型将颗粒、流体视为两种不同的介质，着眼于每一时刻、每一局部点的运动状态。因而此类模型沿时间尺度的离散可用于分析系统随时间变化的动态行为，沿空间尺度的离散可用于描述系统在空间的状态变化。目前，双介质模型因可描述系统的时空动态行为，成为颗粒流体系统模拟的主流模型。本书在介绍这类主流模型的同时，也将对能量最小多尺度（energy-minimization multi-scale，EMMS）模型以及拟颗粒模型（pseudo-particle model，PPM）做一介绍。

双流体模型是在Euler坐标系中考察流体相与颗粒相的模型。该模型在将流体处理为连续介质的同时，把颗粒处理为拟流体，并假定颗粒与流体在空间中任意位置是共同存在且可相互渗透的连续介质。因此，双流体模型中两相的控制方程采用宏观连续介质原理中的质量、动量和能量守恒方程进行描述。采用双流体模型建立两相流方程的基本方法是：先建立每一相瞬时的、局部的守恒方程，然后采用某种平均的方法得到两相流方程和各种相间作用的表达式。双流体模型的研究早在20世纪60年代就已开始。在双流体模型中，已有大量的研究力求描述颗粒流体系统中的基本现象。Gidaspow等[1~3]在运用双流体模型对气固流态化进行模拟的研究中，取得了较有影响的研究成果。Enwald等[4]也曾对双流体模型在流态化领域中的应用做了较全面的总结。尽管把颗粒作为流体处理存在一些局限性，但迄今为止，两相流领域的模拟成果大多数是应用双流体模型得到的。

颗粒轨道模型不同于双流体模型，它在Euler坐标系下考察连续流体相的运动，在Lagrange坐标系下考察离散颗粒相的运动。即该模型将流体相处理为连续介质，而将颗粒相处理为离散体系。在颗粒轨道模型中，气相运动由两相耦合的、体积平均的流体动力学方程描述；而颗粒相的运动通过跟踪颗粒的运动轨迹进行描述。在颗粒轨道模型中，有些模型建模时考虑了颗粒相或流体相湍流脉动等非确定因素的影响（称为随机性轨道模型），而有些模型建模时则不考虑非确定因素的影响（称为确定性轨道模型）。随机性轨道模型的应用时间较长，确定性颗粒轨道模型则是近年来随计算机硬件发展而快速发展的、可用于多尺度模拟的模型。因此，本书将仅介绍确定性颗粒轨道模型。目前的确定性颗粒轨道模型，根据颗粒间相互作用的处理方式分为三类：软球模型［也称DEM（discrete element method，distinct element method）法、离散单元法］[5~7]、硬球模型[8~10]以及直接Monte Carlo法［也称DSMC（direct simulation Monte Carlo）法］[11]。值得注意的是，对于确定性或随机性颗粒轨道模型的分类，不同文献还有不同的表述而并无统一的定义。

用于颗粒流体系统模拟的还有两相模型。该模型中，系统的非均匀结构由颗粒聚集的密相和流体聚集的稀相进行描述。基于Toomey和Johnstone[12]提出的两相模型理论，Davidson[13]建立了描述鼓泡流化床中气泡行为的Davidson模型，Grace和Clift[14]也用两相模型描述了流体在流化床中气泡相和乳化相的分配，Li和Kwauk[15]则建立了可从机理上揭示流域转化特征的EMMS模型。根据聚式流态化的特征，EMMS模型将整个颗粒流体系统分解为三种尺度的作用，即以颗粒为单元的微尺度作用、以颗粒团为单元的介尺度作用和以整个系统为单元的宏尺度作用。通过对系统多尺度作用的分析（各尺度的质量与动量守恒和尺度间的相互作用）及系统稳定性条件的关联（流体悬浮输送单位质量颗粒的能量趋于极值），EMMS模型实现了对聚式流态化系统非均匀流动结构的描述。

除了上述几类模型外，颗粒流体系统模拟还有从分子运动论出发的微观方法。该方法利用Boltzmann方程和统计平均的概念及其理论，建立两相流中各相的基本守恒方程。这种微观方法对双流体模型的有效性给出了一些指导性原则，在描述流动问题上有许多概念上的优点。但由于物理上和数学上的许多困难，目前还不能使用分子运动论来处理实际流动问题。并且对于两相流而言，气体分子运动论中的所有限制和困难依然存在。此外，还必须做一些附加的考虑，如气固两相流中还需考虑颗粒的尺寸分布、颗粒的物性、颗粒间以及颗粒与气体分子间的碰撞过程等。因此，基于分子运动论模拟气固两相流的研究还有待发展。并且，用分子运动论的微观方法模拟两相流也受到计算规模的限制。

为了保持分子运动论描述微观层次流动特征的优点，但又降低其模拟两相流时的计算规模，Ge和Li[16]基于分子运动论思想，提出了拟颗粒模型。该模型将气体离散为气体微团（称为拟颗粒），气体运动借助于拟颗粒的运动状态来描述，颗粒运动直接运用弹性碰撞模型进行处理。拟颗粒模型的建立基于分子层次，但又高于分子层次，因而它既能描述经典物理层次的基本力学机制，又能描述宏观的复杂现象。作为一种新型的模型，拟颗粒模型已经复现了若干复杂流动和气固流态化中的典型现象，它从一个新的视角探索了复杂系统的形成机理，有望以统一的理论揭示不同尺度上流动结构形成的机理。

3.1.2 各类模型的特点及问题

用于颗粒流体系统模拟的各类模型分别具有各自的优点以及局限性。长期以来，双流体模型在颗粒流体系统的模拟中居主导地位。该模型可以完整地考虑颗粒相的各种湍流输运过程，其颗粒相的建模思想与流体相的建模思想类似。因而在双流体模型中，颗粒相与流体相可采用形式统一的数学模型及其设计思路通用的求解方法。这种两相建模、求解的统一性使得双流体模型的大规模计算成为可能，以至于该模型可有效地应用于密相流的模拟，且模拟结果易与实验结果进行比较。多年来，双流体模型广泛用于颗粒流体系统的数值模拟中，且已取得了许多有重要意义的研究成果。然而，双流体模型的基本假设是连续性假设，即设想离散分布于流体中的颗粒是充满整个空间没有间隙的流体。显然，当流体中的颗粒分布稀疏或具有非均匀分布特征时，连续性假设不成立。因此，双流体模型中颗粒连续的假设从本质上削弱了颗粒流体系统中非均匀特性的描述。并且，双流体模型还假设了流体与连续的固体共享同一位置，且整个系统是由相同的、可相互渗透的微元组成。这样，在双流体模型中合理地建立相间作用及颗粒间作用的数学表达式较为困难。与此同时，双流体模型中本构方程的建立依赖于实验经验，因而导致描述同一现象的数学模型有所不同。

近年来，直接对颗粒进行跟踪的确定性颗粒轨道模型由于计算机硬件的发展而得到关注。这类模型在考虑颗粒与流体以及颗粒与颗粒之间相互作用的同时，颗粒尺寸、颗粒密度分布等颗粒信息都可在模拟过程中直接确定，因而该模型可以给出离散颗粒运动的详细信息。目前，确定性颗粒轨道模型在颗粒流体系统的模拟中，已给出许多具有特色的研究成果。但是，确定性颗粒轨道模型的发展依赖于计算机硬件的发展。该模型中颗粒间相互作用的处理方式，造成硬球模型与软球模型的计算工作量随着颗粒数目的增大而增加。运用现有的计算机硬件，目前还难以得到完全可与实验进行定量比较的模拟结果。尽管DSMC方法采用随机抽样处理颗粒碰撞事件，以减少计算时间，然而若要提高计算准确度，该方法因需要产生大量的随机数以及选取一定数量的样本颗粒而依然非常耗时。另外，对密相气固两相流，当颗粒浓度较大时，强烈的相间耦合作用也使得流场的求解易于发散。

两相模型是针对具有非均匀特征的气固流动系统提出的，因此，对于描述气固两相流的非均匀结构能够给出良好的模拟结果。可以揭示稀、密两相共存机制与流动结构突变特征的能量最小多尺度模型不仅具有常规两相模型的优点，而且该模型的运用不依赖于实验数据，且可获得能与工业应用量化比较的预测数据。但是，两相模型只能描述颗粒流体系统中非均匀流动结构的时均行为，无法用以揭示系统的动态特性和分析系统的动力学过程。所以，两相模型不足以揭示非均匀流动结构形成的力学机理。

拟颗粒模型能够模拟微观与介观层次的复杂现象，研究颗粒周围流动结构的细节，并为改进双流体模型中的本构关系提供依据。但是，作为一种新型的模型，该模型理论体系还不完善，其巨大的计算工作量也是必须逾越的一个障碍。

虽然运用模拟手段研究两相流动规律已取得一些成果，但各类模型的进一步发展还有许多问题亟待解决，例如：

(1) 对复杂系统的本质还了解不够，准确的机理模型还难以建立，而机理模型的不完善往往导致模拟结果不能正确地预测系统的动态行为。但发展和建立完整的机理模型则仍旧有待于实验、数值计算以及理论研究的进行。

(2) 把单向流动的封闭模型推广到两相流动的流体相以及颗粒相是否完全正确还需进一步研究[17]。

(3) 单相湍流本身的研究不够成熟，颗粒相的存在对流体湍流的影响也不清楚，使得确定颗粒流体两相间的耦合关系还很困难。

(4) 对颗粒群的受力分析还很不完善，严格从理论上给出两相流中颗粒运动的表达式还有待于基础力学的研究。

(5) 受计算条件（如计算机运算速度、所采用的数值方法等）的限制，数学模型以及求解过程不得不进行简化，而运用并行机及使用高性能计算方法的重要性在工程领域还未得到充分的认识。

这样，颗粒流体系统中各类模型的发展在应用领域向广度与深度推进的同时，其模型本身也在解决问题的过程中不断地演化、派生和完善。本书并非详细论述颗粒流体系统模拟的全部计算模型，但所涉及的计算模型涵盖了作者近年来的主要研究工作。

3.2 流体力学基本方程组

众所周知，流体的动力学行为受流体的质量守恒、动量守恒和能量守恒这三大守恒定律的制约。经典流体动力学的主要成就之一就是给出了这三大守恒定律的数学表达形式，建立了将质量、动量和能量守恒定律应用于某一流体微元的流体力学基本方程组。流体力学基本方程组是模拟颗粒流体系统主流模型——双流体模型与颗粒轨道模型的基础，我们应该对它有所了解。

在介绍流体力学基本方程组之前，先给出一些预备知识。

3.2.1 预备知识

1. Gauss 公式

Gauss 公式将体积分与面积分联系起来,在流体力学中非常有用。令 Ω 为由一封闭面积所包围的体积。考虑一无穷小的面积元 $\mathrm{d}s$,其外法线方向为 $\boldsymbol{n}$。向量 $\boldsymbol{n}\mathrm{d}s$ 具有 $\mathrm{d}s$ 的数值和 $\boldsymbol{n}$ 的方向。令 $\boldsymbol{A}(\boldsymbol{x})$表示一个向量场,则 Gauss 公式为

$$\oint_s \boldsymbol{A}\cdot\boldsymbol{n}\mathrm{d}s=\int_\Omega \nabla\cdot\boldsymbol{A}\mathrm{d}\Omega=\int_\Omega \mathrm{div}\boldsymbol{A}\mathrm{d}\Omega \tag{3.2.1}$$

式中:$\nabla=\boldsymbol{e}_1\dfrac{\partial}{\partial x}+\boldsymbol{e}_2\dfrac{\partial}{\partial y}+\boldsymbol{e}_3\dfrac{\partial}{\partial z}$是 Hamilton 算子,它具有向量与微分的双重性质;$\mathrm{div}\boldsymbol{A}=\dfrac{\partial A_x}{\partial x}+\dfrac{\partial A_y}{\partial y}+\dfrac{\partial A_z}{\partial z}=\nabla\cdot\boldsymbol{A}$ 是向量场的散度。

Gauss 公式还可推广到张量场,并有其他推广的形式。

2. 流体中一点的应力、应力张量

设 $\boldsymbol{p}_n$ 是以单位矢量 $\boldsymbol{n}=n_x\boldsymbol{e}_1+n_y\boldsymbol{e}_2+n_z\boldsymbol{e}_3$ 为法向量的单位面积上的表面应力,则[18]

$$\boldsymbol{p}_n=\boldsymbol{p}_x n_x+\boldsymbol{p}_y n_y+\boldsymbol{p}_z n_z \tag{3.2.2}$$

式(3.2.2)在直角坐标系的投影是

$$\begin{aligned} p_{nx}&=n_x p_{xx}+n_y p_{yx}+n_z p_{zx}\\ p_{ny}&=n_x p_{xy}+n_y p_{yy}+n_z p_{zy}\\ p_{nz}&=n_x p_{xz}+n_y p_{yz}+n_z p_{zz}\end{aligned}$$

其矩阵形式为

$$\begin{bmatrix}p_{nx}\\p_{ny}\\p_{nz}\end{bmatrix}=\begin{bmatrix}p_{xx}&p_{yx}&p_{zx}\\p_{xy}&p_{yy}&p_{zy}\\p_{xz}&p_{yz}&p_{zz}\end{bmatrix}\begin{bmatrix}n_x\\n_y\\n_z\end{bmatrix} \tag{3.2.3}$$

现将式(3.2.3)写为

$$\boldsymbol{p}_n=\boldsymbol{P}\cdot\boldsymbol{n} \tag{3.2.4}$$

式中:$\boldsymbol{P}=\begin{bmatrix}p_{xx}&p_{yx}&p_{zx}\\p_{xy}&p_{yy}&p_{zy}\\p_{xz}&p_{yz}&p_{zz}\end{bmatrix}$称为应力张量。$p_{xx}$、$p_{yy}$、$p_{zz}$是法向应力分量,其余六

个 p_{xy}、p_{yx}、p_{yz}、p_{zy}、p_{zx}、p_{xz}是切向应力分量(图 3-1)。上述应力张量中各分量的两个下标中,第一个下标表示该应力作用面的法线方向,第二个下标表示该应力的投影方向。例如:p_{xy}表示作用于外法向为 x 轴正向的面积元上的应力 $\boldsymbol{p}_x$ 在 y 轴上的投影分量。

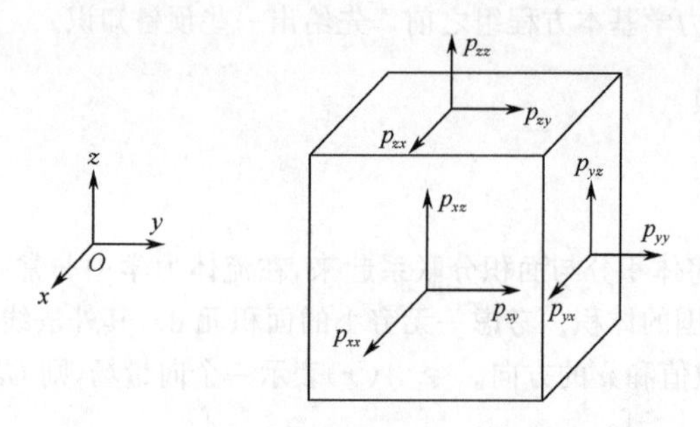

图 3-1 应力张量各分量

3. 广义 Newton 定律

对最简单的流体运动,Newton 得出实验定律:两层流体间切向应力的大小与其速度梯度成正比

$$p_{yx} = \mu_f \frac{\partial u_x}{\partial y}$$

式中:μ_f 是流体剪切黏性系数。这是最简单的应力张量 p_{yx}与应变率张量分量$\frac{\partial u_x}{\partial y}$之间的关系。要得到一般形式的应力张量 $\boldsymbol{P}$ 与应变率张量 $\boldsymbol{S}$ 之间的关系,必须采用理论推演的方法。这里,应变率张量 $\boldsymbol{S}$ 为[18]

$$\boldsymbol{S} = \begin{bmatrix} \frac{\partial u_x}{\partial x} & \frac{1}{2}\left(\frac{\partial u_x}{\partial y}+\frac{\partial u_y}{\partial x}\right) & \frac{1}{2}\left(\frac{\partial u_x}{\partial z}+\frac{\partial u_z}{\partial x}\right) \\ \frac{1}{2}\left(\frac{\partial u_y}{\partial x}+\frac{\partial u_x}{\partial y}\right) & \frac{\partial u_y}{\partial y} & \frac{1}{2}\left(\frac{\partial u_y}{\partial z}+\frac{\partial u_z}{\partial y}\right) \\ \frac{1}{2}\left(\frac{\partial u_z}{\partial x}+\frac{\partial u_x}{\partial z}\right) & \frac{1}{2}\left(\frac{\partial u_z}{\partial y}+\frac{\partial u_y}{\partial z}\right) & \frac{\partial u_z}{\partial z} \end{bmatrix} \tag{3.2.5}$$

基于如下假设:①应力张量是应变率张量的线性函数;②流体是各向同性的;③当流体静止时,应变率为零,流体中的应力就是流体的静压强。Stokes 推得了应力张量 $\boldsymbol{P}$ 与应变率张量 $\boldsymbol{S}$ 之间的下述关系[18]

$$\boldsymbol{P} = 2\mu_f \boldsymbol{S} + (-p + \bar{\lambda}_f \mathrm{div}\,\boldsymbol{u})\boldsymbol{I} \tag{3.2.6}$$

式中:$\bar{\lambda}_f$是流体体膨胀黏性系数,有时也称为第二黏性系数。式(3.2.6)称为广义 Newton 定律。

注意向量场散度的定义，广义 Newton 定律的分量形式为

$$p_{xx}=-p+2\mu_f\frac{\partial u_x}{\partial x}+\bar{\lambda}_f\left(\frac{\partial u_x}{\partial x}+\frac{\partial u_y}{\partial y}+\frac{\partial u_z}{\partial z}\right) \tag{3.2.7a}$$

$$p_{yy}=-p+2\mu_f\frac{\partial u_y}{\partial y}+\bar{\lambda}_f\left(\frac{\partial u_x}{\partial x}+\frac{\partial u_y}{\partial y}+\frac{\partial u_z}{\partial z}\right) \tag{3.2.7b}$$

$$p_{zz}=-p+2\mu_f\frac{\partial u_z}{\partial z}+\bar{\lambda}_f\left(\frac{\partial u_x}{\partial x}+\frac{\partial u_y}{\partial y}+\frac{\partial u_z}{\partial z}\right) \tag{3.2.7c}$$

$$p_{xy}=p_{yx}=\mu_f\left(\frac{\partial u_x}{\partial y}+\frac{\partial u_y}{\partial x}\right) \tag{3.2.7d}$$

$$p_{yz}=p_{zy}=\mu_f\left(\frac{\partial u_y}{\partial z}+\frac{\partial u_z}{\partial y}\right) \tag{3.2.7e}$$

$$p_{zx}=p_{xz}=\mu_f\left(\frac{\partial u_z}{\partial x}+\frac{\partial u_x}{\partial z}\right) \tag{3.2.7f}$$

对于大多数流体，Stokes 曾假设 $\bar{\lambda}_f=-\frac{2\mu_f}{3}$。这样对一般的黏性流体运动，应力张量与应变率张量之间的关系可写为

$$\boldsymbol{P}=2\mu_f\boldsymbol{S}-\left(p+\frac{2}{3}\mu_f\mathrm{div}\,\boldsymbol{u}\right)\boldsymbol{I} \tag{3.2.8}$$

广义 Newton 定律对大多数流体是适用的，在一般工程问题范围内也是正确的。满足广义 Newton 定律的流体统称为 Newton 流体，否则就称为非 Newton 流体。

3.2.2 Reynolds 输运定理

为了使得流体力学基本方程组的推导在较短的篇幅中自成体系，这里先给出 Reynolds 输运定理。

设在某时刻的流场中，单位体积流体的物理量分布函数为 $\varphi(x,y,z,t)$，则 t 时刻在流体域 $\Omega(t)$上的流体有总物理量 Φ，即

$$\Phi=\int_{\Omega(t)}\varphi(x,y,z,t)\mathrm{d}\Omega(t) \tag{3.2.9}$$

例如：当 φ 为单位体积流体质量（即密度）的分布函数 ρ_f 时，流体域 Ω 上的总物理量即为总质量 M

$$M=\int_{\Omega}\rho_f\mathrm{d}\Omega$$

当 φ 为单位体积流体动量的分布函数 $\rho_f\boldsymbol{u}$ 时，流体域 Ω 上的总物理量即为总动量 K

$$K=\int_{\Omega}\rho_f\boldsymbol{u}\mathrm{d}\Omega$$

一般来说,式(3.2.9)中体积分的积分域是随时间变化的。但对于 Euler 坐标系,控制体 Ω 不随时间变化。若控制体 Ω 相应的表面积为 s,则 Euler 坐标系中 Φ 对于时间的变化率可表述为[18,19]

$$\frac{\mathrm{D}\Phi(t)}{\mathrm{D}t}=\int_{\Omega}\frac{\partial\varphi}{\partial t}\mathrm{d}\Omega+\oint_{s}\varphi\boldsymbol{u}\cdot\boldsymbol{n}\mathrm{d}s \tag{3.2.10}$$

或

$$\frac{\mathrm{D}\Phi(t)}{\mathrm{D}t}=\int_{\Omega}\left[\frac{\partial\varphi}{\partial t}+\nabla\cdot(\varphi\boldsymbol{u})\right]\mathrm{d}\Omega=\int_{\Omega}\left[\frac{\partial\varphi}{\partial t}+\mathrm{div}(\varphi\boldsymbol{u})\right]\mathrm{d}\Omega \tag{3.2.11}$$

式(3.2.10)或式(3.2.11)称为 Euler 坐标系中的 Reynolds 输运定理。式(3.2.10)右端第一项表示单位时间内控制体 Ω 中所含物理量 Φ 的增量。由于单位体积流体的物理量分布函数 φ 随时间变化,故第一项是流场的非定常性造成的。式(3.2.10)右端第二项表示在单位时间内通过控制面 s 流出的相应物理量,这一项是流场的非均匀性造成的。所以 Reynolds 输运定理的物理意义是:运动着的流体团的某一物理量对时间的变化率,等于单位时间内控制体中所含该物理量的增量与通过控制面流出的相应物理量之和。

3.2.3 连续方程

质量守恒是流体运动所遵循的基本规律之一。它的含义是包含在一流体系统中的流体质量在运动过程中保持不变。将此定律用数学表达式描述,即得连续方程。

令 $\varphi=\rho_{\mathrm{f}}$,则有 $\mathrm{D}\Phi/\mathrm{D}t=0$。利用 Reynolds 输运定理[式(3.2.10)],可得Euler坐标系下连续方程的积分形式为

$$\int_{\Omega}\frac{\partial\rho_{\mathrm{f}}}{\partial t}\mathrm{d}\Omega+\oint_{s}\rho_{\mathrm{f}}\boldsymbol{u}\cdot\boldsymbol{n}\mathrm{d}s=0 \tag{3.2.12}$$

利用 Reynolds 输运定理[式(3.2.11)],可得Euler坐标系下连续方程的微分形式为

$$\frac{\partial\rho_{\mathrm{f}}}{\partial t}+\nabla\cdot(\rho_{\mathrm{f}}\boldsymbol{u})=0 \tag{3.2.13}$$

或

$$\frac{\partial\rho_{\mathrm{f}}}{\partial t}+\mathrm{div}(\rho_{\mathrm{f}}\boldsymbol{u})=0 \tag{3.2.14}$$

或

$$\frac{\partial\rho_{\mathrm{f}}}{\partial t}+\frac{\partial}{\partial x}(\rho_{\mathrm{f}}u_x)+\frac{\partial}{\partial y}(\rho_{\mathrm{f}}u_y)+\frac{\partial}{\partial z}(\rho_{\mathrm{f}}u_z)=0 \tag{3.2.15}$$

式中:第一项代表单位时间内单位体积的质量增量;第二至四项代表单位时间内、单位体积内质量的净流出量。

3.2.4 动量方程

动量守恒是流体运动所遵循的另一个普遍规律。它的含义是:对一给定的流体系统,其动量对时间的变化率等于作用于其上的外力总和。相应的数学表达式即为动量方程。

令 $\varphi=\rho_f \boldsymbol{u}$,则有 $\mathrm{D}\Phi/\mathrm{D}t=\sum \boldsymbol{F}$。合力可以表达为

$$\sum \boldsymbol{F}=\int_{\Omega}\rho_f \boldsymbol{f}\mathrm{d}\Omega+\oint_{s}\boldsymbol{p}_n\mathrm{d}s \tag{3.2.16}$$

式中:$\boldsymbol{f}$ 是单位质量力;$\boldsymbol{p}_n$ 是表面应力。利用 Reynolds 输运定理[式(3.2.10)]及式(3.2.16),可得 Euler 坐标系下动量方程的积分形式

$$\int_{\Omega}\frac{\partial}{\partial t}(\rho_f \boldsymbol{u})\mathrm{d}\Omega+\oint_{s}\rho_f \boldsymbol{uu}\cdot\boldsymbol{n}\mathrm{d}s=\int_{\Omega}\rho_f \boldsymbol{f}\mathrm{d}\Omega+\oint_{s}\boldsymbol{p}_n\mathrm{d}s \tag{3.2.17}$$

式中:$\boldsymbol{p}_n=\boldsymbol{P}\cdot\boldsymbol{n}$,$\boldsymbol{P}$ 是应力张量。利用 Gauss 公式与 Reynolds 输运定理[式(3.2.11)],可得 Euler 坐标系下动量方程的微分形式

$$\frac{\partial}{\partial t}(\rho_f \boldsymbol{u})+\nabla\cdot(\rho_f \boldsymbol{uu})=\rho_f \boldsymbol{f}+\nabla\cdot\boldsymbol{P} \tag{3.2.18}$$

由张量 $\boldsymbol{uu}=\begin{bmatrix}u_x u_x & u_x u_y & u_x u_z\\ u_y u_x & u_y u_y & u_y u_z\\ u_z u_x & u_z u_y & u_z u_z\end{bmatrix}$ 及 $\boldsymbol{P}^{\mathrm{T}}=\boldsymbol{P}$,上述动量方程可写为分量形式

$$\frac{\partial}{\partial t}(\rho_f u_x)+\frac{\partial}{\partial x}(\rho_f u_x u_x)+\frac{\partial}{\partial y}(\rho_f u_y u_x)+\frac{\partial}{\partial z}(\rho_f u_z u_x)=\rho_f f_x+\frac{\partial p_{xx}}{\partial x}+\frac{\partial p_{yx}}{\partial y}+\frac{\partial p_{zx}}{\partial z} \tag{3.2.19a}$$

$$\frac{\partial}{\partial t}(\rho_f u_y)+\frac{\partial}{\partial x}(\rho_f u_x u_y)+\frac{\partial}{\partial y}(\rho_f u_y u_y)+\frac{\partial}{\partial z}(\rho_f u_z u_y)=\rho_f f_y+\frac{\partial p_{xy}}{\partial x}+\frac{\partial p_{yy}}{\partial y}+\frac{\partial p_{zy}}{\partial z} \tag{3.2.19b}$$

$$\frac{\partial}{\partial t}(\rho_f u_z)+\frac{\partial}{\partial x}(\rho_f u_x u_z)+\frac{\partial}{\partial y}(\rho_f u_y u_z)+\frac{\partial}{\partial z}(\rho_f u_z u_z)=\rho_f f_z+\frac{\partial p_{xz}}{\partial x}+\frac{\partial p_{yz}}{\partial y}+\frac{\partial p_{zz}}{\partial z} \tag{3.2.19c}$$

对于 Newton 流体,由广义 Newton 定律[式(3.2.8)],有

$$\begin{aligned}\nabla\cdot\boldsymbol{P}&=\nabla\cdot\left[2\mu_f\boldsymbol{S}-\left[p+\frac{2}{3}\mu_f\mathrm{div}\,\boldsymbol{u}\right]\boldsymbol{I}\right]\\&=\mathrm{div}(2\mu_f\boldsymbol{S})-\mathrm{grad}(p)-\frac{2}{3}\mathrm{grad}(\mu_f\mathrm{div}\,\boldsymbol{u})\end{aligned} \tag{3.2.20}$$

式中:$\mathrm{div}\,\boldsymbol{S}=\frac{\partial \boldsymbol{S}_1}{\partial x}+\frac{\partial \boldsymbol{S}_2}{\partial y}+\frac{\partial \boldsymbol{S}_3}{\partial z}$ 是张量场散度;$\mathrm{grad}(p)=\boldsymbol{e}_1\frac{\partial p}{\partial x}+\boldsymbol{e}_2\frac{\partial p}{\partial y}+\boldsymbol{e}_3\frac{\partial p}{\partial z}=\nabla p$ 是标量场梯度;$\mathrm{div}\,\boldsymbol{u}=\frac{\partial u_x}{\partial x}+\frac{\partial u_y}{\partial y}+\frac{\partial u_z}{\partial z}$ 是向量场散度。

将式(3.2.20)代入式(3.2.18)得

$$\frac{\partial}{\partial t}(\rho_f \boldsymbol{u}) + \mathrm{div}(\rho_f \boldsymbol{uu}) = \rho_f \boldsymbol{f} - \mathrm{grad}(p) + \mathrm{div}(2\mu_f \boldsymbol{S}) - \frac{2}{3}\mathrm{grad}(\mu_f \mathrm{div}\,\boldsymbol{u}) \tag{3.2.21}$$

式(3.2.21)称为 Navier-Stokes 方程。方程中的左端代表单位体积流体的惯性力；右端第一项表示单位体积的质量力；第二项代表作用于单位体积流体的压强梯度力；第三项代表黏性变形应力，它只与流体的黏性系数和应变率张量有关；第四项代表黏性体膨胀应力。

Navier-Stokes 方程也可写成分量形式

$$\begin{aligned}
&\frac{\partial}{\partial t}(\rho_f u_x) + \frac{\partial}{\partial x}(\rho_f u_x u_x) + \frac{\partial}{\partial y}(\rho_f u_y u_x) + \frac{\partial}{\partial z}(\rho_f u_z u_x) \\
&= -\frac{\partial p}{\partial x} + \frac{\partial}{\partial x}\left[2\mu_f \frac{\partial u_x}{\partial x}\right] + \frac{\partial}{\partial y}\left[\mu_f\left(\frac{\partial u_x}{\partial y} + \frac{\partial u_y}{\partial x}\right)\right] + \frac{\partial}{\partial z}\left[\mu_f\left(\frac{\partial u_x}{\partial z} + \frac{\partial u_z}{\partial x}\right)\right] \\
&\quad - \frac{2}{3}\frac{\partial}{\partial x}\left[\mu_f\left(\frac{\partial u_x}{\partial x} + \frac{\partial u_y}{\partial y} + \frac{\partial u_z}{\partial z}\right)\right] + \rho_f f_x \\
&= -\frac{\partial p}{\partial x} + \rho_f f_x + \frac{1}{3}\left[\frac{\partial}{\partial x}\left(\mu_f \frac{\partial u_x}{\partial x}\right) + \frac{\partial}{\partial x}\left(\mu_f \frac{\partial u_y}{\partial y}\right) + \frac{\partial}{\partial x}\left(\mu_f \frac{\partial u_z}{\partial z}\right)\right] \\
&\quad + \frac{\partial}{\partial x}\left(\mu_f \frac{\partial u_x}{\partial x}\right) + \frac{\partial}{\partial y}\left(\mu_f \frac{\partial u_x}{\partial y}\right) + \frac{\partial}{\partial z}\left(\mu_f \frac{\partial u_x}{\partial z}\right)
\end{aligned} \tag{3.2.22a}$$

$$\begin{aligned}
&\frac{\partial}{\partial t}(\rho_f u_y) + \frac{\partial}{\partial x}(\rho_f u_x u_y) + \frac{\partial}{\partial y}(\rho_f u_y u_y) + \frac{\partial}{\partial z}(\rho_f u_z u_y) \\
&= -\frac{\partial p}{\partial y} + \frac{\partial}{\partial y}\left[2\mu_f \frac{\partial u_y}{\partial y}\right] + \frac{\partial}{\partial x}\left[\mu_f\left(\frac{\partial u_y}{\partial x} + \frac{\partial u_x}{\partial y}\right)\right] + \frac{\partial}{\partial z}\left[\mu_f\left(\frac{\partial u_y}{\partial z} + \frac{\partial u_z}{\partial y}\right)\right] \\
&\quad - \frac{2}{3}\frac{\partial}{\partial y}\left[\mu_f\left(\frac{\partial u_x}{\partial x} + \frac{\partial u_y}{\partial y} + \frac{\partial u_z}{\partial z}\right)\right] + \rho_f f_y \\
&= -\frac{\partial p}{\partial y} + \rho_f f_y + \frac{1}{3}\left[\frac{\partial}{\partial y}\left(\mu_f \frac{\partial u_x}{\partial x}\right) + \frac{\partial}{\partial y}\left(\mu_f \frac{\partial u_y}{\partial y}\right) + \frac{\partial}{\partial y}\left(\mu_f \frac{\partial u_z}{\partial z}\right)\right] \\
&\quad + \frac{\partial}{\partial x}\left(\mu_f \frac{\partial u_y}{\partial x}\right) + \frac{\partial}{\partial y}\left(\mu_f \frac{\partial u_y}{\partial y}\right) + \frac{\partial}{\partial z}\left(\mu_f \frac{\partial u_y}{\partial z}\right)
\end{aligned} \tag{3.2.22b}$$

$$\begin{aligned}
&\frac{\partial}{\partial t}(\rho_f u_z) + \frac{\partial}{\partial x}(\rho_f u_x u_z) + \frac{\partial}{\partial y}(\rho_f u_y u_z) + \frac{\partial}{\partial z}(\rho_f u_z u_z) \\
&= -\frac{\partial p}{\partial z} + \frac{\partial}{\partial z}\left[2\mu_f \frac{\partial u_z}{\partial z}\right] + \frac{\partial}{\partial x}\left[\mu_f\left(\frac{\partial u_z}{\partial x} + \frac{\partial u_x}{\partial z}\right)\right] + \frac{\partial}{\partial y}\left[\mu_f\left(\frac{\partial u_z}{\partial y} + \frac{\partial u_y}{\partial z}\right)\right] \\
&\quad - \frac{2}{3}\frac{\partial}{\partial z}\left[\mu_f\left(\frac{\partial u_x}{\partial x} + \frac{\partial u_y}{\partial y} + \frac{\partial u_z}{\partial z}\right)\right] + \rho_f f_z \\
&= -\frac{\partial p}{\partial z} + \rho_f f_z + \frac{1}{3}\left[\frac{\partial}{\partial z}\left(\mu_f \frac{\partial u_x}{\partial x}\right) + \frac{\partial}{\partial z}\left(\mu_f \frac{\partial u_y}{\partial y}\right) + \frac{\partial}{\partial z}\left(\mu_f \frac{\partial u_z}{\partial z}\right)\right] \\
&\quad + \frac{\partial}{\partial x}\left(\mu_f \frac{\partial u_z}{\partial x}\right) + \frac{\partial}{\partial y}\left(\mu_f \frac{\partial u_z}{\partial y}\right) + \frac{\partial}{\partial z}\left(\mu_f \frac{\partial u_z}{\partial z}\right)
\end{aligned} \tag{3.2.22c}$$

对于剪切黏性系数已知且密度为常数的流体，这时的未知数为 u_x、u_y、u_z、p。利用连续方程及动量方程，理论上已可解决一些简单的流体力学应用问题。但由于方程的非线性特征，对一般问题必须采用数值方法求解。

3.2.5 能量方程

能量守恒也是流体运动所遵循的普遍规律。如果在一个实际问题中，热过程参与运动比较重要，则能量方程就成为一个需要被满足的独立方程。这时，除了要研究其中的速度场外，还需要研究其中的温度场。由于这两个场往往是相互作用的，因此要确定速度分布和温度分布，需要联立运动方程和能量方程，这给问题的求解增加了难度。

能量方程来源于热力学第一定律。热力学第一定律为：单位时间内由外界传入系统的热量与系统所做的功之和，等于系统总能量对时间的变化率。需要指出的是，热力学第一定律是在系统处于平衡态时成立。一般来说，流动系统在不断运动而导致其流动状态并不处于平衡态，但由于流体松弛时间调整到平衡态的时间很短（10^{-10} s左右)，可以假设流体是一种局部平衡态。

1. 能量方程的一般形式

设 W 为单位时间内系统所做的功，Q 为单位时间内由外界传入系统的热量。e_i 为单位质量流体所含有的内能，$\frac{|\boldsymbol{u}|^2}{2}$为单位质量流体所具有的动能。若令 $\varphi=\rho_{\mathrm{f}}\left[e_i+\frac{|\boldsymbol{u}|^2}{2}\right]$,则有 $\mathrm{D}\Phi/\mathrm{D}t=W+Q$。

传给系统的热量可能有两种途径:热传导和热辐射。设 q_{k} 为单位时间内通过系统表面单位面积由热传导传入的热量，q_{R} 为单位时间内辐射到系统内单位质量流体上的热量，于是有

$$Q=\int_{\Omega}\rho_{\mathrm{f}}q_{\mathrm{R}}\mathrm{d}\Omega+\oint_{s}q_{\mathrm{k}}\mathrm{d}s \tag{3.2.23}$$

外力对系统所做的功可分为两类:质量力所做的功和表面力所做的功。于是有

$$W=\int_{\Omega}(\boldsymbol{f}\cdot\boldsymbol{u})\rho_{\mathrm{f}}\mathrm{d}\Omega+\oint_{s}\boldsymbol{p}_n\cdot\boldsymbol{u}\mathrm{d}s \tag{3.2.24}$$

利用 Reynolds 输运定理[式(3.2.10)]及式(3.2.23)、式(3.2.24),可得 Euler 坐标系下能量方程的积分形式

$$\int_{\Omega}\frac{\partial}{\partial t}\left[\rho_{\mathrm{f}}\left[e_i+\frac{|\boldsymbol{u}|^2}{2}\right]\right]\mathrm{d}\Omega+\oint_{s}\rho_{\mathrm{f}}\left[e_i+\frac{|\boldsymbol{u}|^2}{2}\right]\boldsymbol{u}\cdot\boldsymbol{n}\mathrm{d}s$$
$$=\int_{\Omega}\rho_{\mathrm{f}}q_{\mathrm{R}}\mathrm{d}\Omega+\oint_{s}q_{\mathrm{k}}\mathrm{d}s+\int_{\Omega}(\boldsymbol{f}\cdot\boldsymbol{u})\rho_{\mathrm{f}}\mathrm{d}\Omega+\oint_{s}\boldsymbol{p}_n\cdot\boldsymbol{u}\mathrm{d}s \tag{3.2.25}$$

根据 Fourier 定律,并注意该定律中负号表示热量的流向与温度梯度方向相

反，则

$$q_k = \lambda \frac{\partial T}{\partial n} = \boldsymbol{n} \cdot \lambda \nabla T \tag{3.2.26}$$

式中：λ 是热传导系数(率)；$\boldsymbol{n}$ 是外法线方向；T 是温度。

令 $e_s = e_i + \frac{|\boldsymbol{u}|^2}{2}$，注意 $\boldsymbol{p}_n \cdot \boldsymbol{u} = \boldsymbol{P} \cdot \boldsymbol{n} \cdot \boldsymbol{u} = \boldsymbol{P} \cdot \boldsymbol{u} \cdot \boldsymbol{n}$，由 Gauss 公式及 Reynolds 输运定理[式(3.2.11)]，可得 Euler 坐标系下能量方程的微分形式

$$\frac{\partial}{\partial t}(\rho_f e_s) + \nabla \cdot (\rho_f e_s \boldsymbol{u}) = \rho_f(\boldsymbol{f} \cdot \boldsymbol{u}) + \nabla \cdot (\boldsymbol{P} \cdot \boldsymbol{u}) + \nabla \cdot (\lambda \nabla T) + \rho_f q_R \tag{3.2.27}$$

或

$$\frac{\partial}{\partial t}(\rho_f e_s) + \nabla \cdot (\rho_f e_s \boldsymbol{u}) = \rho_f(\boldsymbol{f} \cdot \boldsymbol{u}) + \mathrm{div}(\boldsymbol{P} \cdot \boldsymbol{u}) + \mathrm{div}[\lambda \mathrm{grad}(T)] + \rho_f q_R \tag{3.2.28}$$

式(3.2.28)中的左端为单位体积流体储存能(包括内能及动能)的变化率，右端第一项表示单位时间内质量力对单位体积流体所做的功，第二项为单位时间内表面力对单位体积流体所做的功，第三项为单位时间内外界通过单位体积流体表面因热传导所传入的热量，第四项为单位时间内给单位体积流体的辐射热。

由 $\boldsymbol{P}^T = \boldsymbol{P}$，得

$$\boldsymbol{P} \cdot \boldsymbol{u} = \begin{bmatrix} p_{xx} & p_{xy} & p_{xz} \\ p_{yx} & p_{yy} & p_{yz} \\ p_{zx} & p_{zy} & p_{zz} \end{bmatrix} \begin{bmatrix} u_x \\ u_y \\ u_z \end{bmatrix} = \begin{bmatrix} p_{xx}u_x + p_{xy}u_y + p_{xz}u_z \\ p_{yx}u_x + p_{yy}u_y + p_{yz}u_z \\ p_{zx}u_x + p_{zy}u_y + p_{zz}u_z \end{bmatrix}$$

故式(3.2.28)也可写为

$$\begin{aligned} &\frac{\partial}{\partial t}(\rho_f e_s) + \frac{\partial}{\partial x}(\rho_f u_x e_s) + \frac{\partial}{\partial y}(\rho_f u_y e_s) + \frac{\partial}{\partial z}(\rho_f u_z e_s) \\ &= \rho_f(u_x f_x + u_y f_y + u_z f_z) + \frac{\partial}{\partial x}\left[\lambda \frac{\partial T}{\partial x}\right] + \frac{\partial}{\partial y}\left[\lambda \frac{\partial T}{\partial y}\right] + \frac{\partial}{\partial z}\left[\lambda \frac{\partial T}{\partial z}\right] + \rho_f q_R \\ &\quad + \frac{\partial}{\partial x}(p_{xx}u_x + p_{xy}u_y + p_{xz}u_z) + \frac{\partial}{\partial y}(p_{yx}u_x + p_{yy}u_y + p_{yz}u_z) \\ &\quad + \frac{\partial}{\partial z}(p_{zx}u_x + p_{zy}u_y + p_{zz}u_z) \end{aligned} \tag{3.2.29}$$

流体力学基本方程组包含三个矢量方程：质量守恒方程、动量守恒方程以及能量守恒方程。所包含的未知数有九个 ρ_f、$\boldsymbol{u}$、$\boldsymbol{f}$、p、μ_f、e_s、q_R、T，λ(这里将矢量当作一个量看待)。因此还需补充其他假设条件和物理关系式。

通常单位质量力 $\boldsymbol{f}$ 是已知的。运用专门的研究方法，q_R 也可通过辐射传热计算获得。热传导系数 λ 与黏性系数 μ_f 也有相应的计算公式。若温度变化不大，它们均可处理为常数。这样，还需建立热力学参数间的两个关系式。对处于不同条件下的不同问题，目前人们还未找到联系各热力学参数之间的普遍适用关系式。

但对于空气等气体,当采用完全气体假设时,可以运用状态方程和焓关系使可压缩黏性流体动力学方程组封闭[19]。

2. 用内能表示的能量方程

对于不可压的 Newton 流体,也经常用内能表示能量方程。由

$$\boldsymbol{P}\cdot\boldsymbol{u}=\begin{bmatrix} p_{xx}u_x+p_{xy}u_y+p_{xz}u_z \\ p_{yx}u_x+p_{yy}u_y+p_{yz}u_z \\ p_{zx}u_x+p_{zy}u_y+p_{zz}u_z \end{bmatrix}=\begin{bmatrix} \boldsymbol{p}_x\cdot\boldsymbol{u} \\ \boldsymbol{p}_y\cdot\boldsymbol{u} \\ \boldsymbol{p}_z\cdot\boldsymbol{u} \end{bmatrix}$$

得

$$\begin{aligned}\operatorname{div}(\boldsymbol{P}\cdot\boldsymbol{u})&=\frac{\partial}{\partial x}(\boldsymbol{p}_x\cdot\boldsymbol{u})+\frac{\partial}{\partial y}(\boldsymbol{p}_y\cdot\boldsymbol{u})+\frac{\partial}{\partial z}(\boldsymbol{p}_z\cdot\boldsymbol{u})\\&=\boldsymbol{u}\cdot\left[\frac{\partial\boldsymbol{p}_x}{\partial x}+\frac{\partial\boldsymbol{p}_y}{\partial y}+\frac{\partial\boldsymbol{p}_z}{\partial z}\right]+\boldsymbol{p}_x\cdot\frac{\partial\boldsymbol{u}}{\partial x}+\boldsymbol{p}_y\cdot\frac{\partial\boldsymbol{u}}{\partial y}+\boldsymbol{p}_z\cdot\frac{\partial\boldsymbol{u}}{\partial z}\\&=\boldsymbol{u}\cdot(\nabla\cdot\boldsymbol{P})+\boldsymbol{p}_x\cdot\frac{\partial\boldsymbol{u}}{\partial x}+\boldsymbol{p}_y\cdot\frac{\partial\boldsymbol{u}}{\partial y}+\boldsymbol{p}_z\cdot\frac{\partial\boldsymbol{u}}{\partial z}\end{aligned}\tag{3.2.30}$$

且

$$\begin{aligned}&\boldsymbol{p}_x\cdot\frac{\partial\boldsymbol{u}}{\partial x}+\boldsymbol{p}_y\cdot\frac{\partial\boldsymbol{u}}{\partial y}+\boldsymbol{p}_z\cdot\frac{\partial\boldsymbol{u}}{\partial z}\\&=p_{xx}\frac{\partial u_x}{\partial x}+p_{xy}\frac{\partial u_y}{\partial x}+p_{xz}\frac{\partial u_z}{\partial x}+p_{yx}\frac{\partial u_x}{\partial y}+p_{yy}\frac{\partial u_y}{\partial y}+p_{yz}\frac{\partial u_z}{\partial y}\\&\quad+p_{zx}\frac{\partial u_x}{\partial z}+p_{zy}\frac{\partial u_y}{\partial z}+p_{zz}\frac{\partial u_z}{\partial z}\\&=p_{xx}\frac{\partial u_x}{\partial x}+p_{xy}\frac{1}{2}\left[\frac{\partial u_y}{\partial x}+\frac{\partial u_x}{\partial y}\right]+p_{xz}\frac{1}{2}\left[\frac{\partial u_z}{\partial x}+\frac{\partial u_x}{\partial z}\right]\\&\quad+p_{yx}\frac{1}{2}\left[\frac{\partial u_x}{\partial y}+\frac{\partial u_y}{\partial x}\right]+p_{yy}\frac{\partial u_y}{\partial y}+p_{yz}\frac{1}{2}\left[\frac{\partial u_z}{\partial y}+\frac{\partial u_y}{\partial z}\right]\\&\quad+p_{zx}\frac{1}{2}\left[\frac{\partial u_x}{\partial z}+\frac{\partial u_z}{\partial x}\right]+p_{zy}\frac{1}{2}\left[\frac{\partial u_y}{\partial z}+\frac{\partial u_z}{\partial y}\right]+p_{zz}\frac{\partial u_z}{\partial z}\\&=\boldsymbol{P}:\boldsymbol{S}\end{aligned}\tag{3.2.31}$$

这里应用了张量的对称性,并定义了张量乘法为两张量相应的九个分量乘积之和,其中 $\boldsymbol{S}$ 为式(3.2.5)表示的应变率张量。

将式(3.2.31)代入式(3.2.30),有

$$\operatorname{div}(\boldsymbol{P}\cdot\boldsymbol{u})=\boldsymbol{u}\cdot(\nabla\cdot\boldsymbol{P})+\boldsymbol{P}:\boldsymbol{S}\tag{3.2.32}$$

再将式(3.2.32)代入能量方程(3.2.28),则能量方程可改写为

$$\begin{aligned}&\frac{\partial}{\partial t}(\rho_f e_s)+\nabla\cdot(\rho_f e_s\boldsymbol{u})\\&=\rho_f(\boldsymbol{f}\cdot\boldsymbol{u})+\boldsymbol{u}\cdot(\nabla\cdot\boldsymbol{P})+\boldsymbol{P}:\boldsymbol{S}+\operatorname{div}[\lambda\operatorname{grad}(T)]+\rho_f q_R\end{aligned}\tag{3.2.33}$$

为将能量方程用内能表示，将速度 $\boldsymbol{u}$ 点乘动量方程(3.2.18)，得

$$\boldsymbol{u}\cdot\frac{\partial}{\partial t}(\rho_{\mathrm{f}}\boldsymbol{u})+\boldsymbol{u}\cdot[\nabla\cdot(\rho_{\mathrm{f}}\boldsymbol{uu})]=\boldsymbol{u}\cdot\rho_{\mathrm{f}}\boldsymbol{f}+\boldsymbol{u}\cdot(\nabla\cdot\boldsymbol{P}) \quad (3.2.34)$$

当密度为常数时，注意式(3.2.22)的左端项，可得式(3.2.34)左端项的另一形式

$$\begin{aligned}
&\boldsymbol{u}\cdot\frac{\partial}{\partial t}(\rho_{\mathrm{f}}\boldsymbol{u})+\boldsymbol{u}\cdot[\nabla\cdot(\rho_{\mathrm{f}}\boldsymbol{uu})]=u_x\frac{\partial}{\partial t}(\rho_{\mathrm{f}}u_x)+u_y\frac{\partial}{\partial t}(\rho_{\mathrm{f}}u_y)+u_z\frac{\partial}{\partial t}(\rho_{\mathrm{f}}u_z)\\
&+\frac{\partial}{\partial x}[(\rho_{\mathrm{f}}u_xu_x)u_x+(\rho_{\mathrm{f}}u_xu_y)u_y+(\rho_{\mathrm{f}}u_xu_z)u_z]-\rho_{\mathrm{f}}u_x\left(u_x\frac{\partial u_x}{\partial x}+u_y\frac{\partial u_y}{\partial x}+u_z\frac{\partial u_z}{\partial x}\right)\\
&+\frac{\partial}{\partial y}[(\rho_{\mathrm{f}}u_yu_x)u_x+(\rho_{\mathrm{f}}u_yu_y)u_y+(\rho_{\mathrm{f}}u_yu_z)u_z]-\rho_{\mathrm{f}}u_y\left(u_x\frac{\partial u_x}{\partial y}+u_y\frac{\partial u_y}{\partial y}+u_z\frac{\partial u_z}{\partial y}\right)\\
&+\frac{\partial}{\partial z}[(\rho_{\mathrm{f}}u_zu_x)u_x+(\rho_{\mathrm{f}}u_zu_y)u_y+(\rho_{\mathrm{f}}u_zu_z)u_z]-\rho_{\mathrm{f}}u_z\left(u_x\frac{\partial u_x}{\partial z}+u_y\frac{\partial u_y}{\partial z}+u_z\frac{\partial u_z}{\partial z}\right)\\
&\qquad=\frac{\partial}{\partial t}\left(\rho_{\mathrm{f}}\frac{|\boldsymbol{u}|^2}{2}\right)+\nabla\cdot(\rho_{\mathrm{f}}|\boldsymbol{u}|^2\boldsymbol{u})-\rho_{\mathrm{f}}\boldsymbol{u}\cdot\nabla\left(\frac{|\boldsymbol{u}|^2}{2}\right)
\end{aligned} \quad (3.2.35)$$

根据连续方程(3.2.15)，并注意密度为常数，有

$$\begin{aligned}
\frac{1}{2}\nabla\cdot(\rho_{\mathrm{f}}|\boldsymbol{u}|^2\boldsymbol{u})&=\nabla\cdot\left(\rho_{\mathrm{f}}\frac{|\boldsymbol{u}|^2}{2}\boldsymbol{u}\right)\\
&=\frac{\partial}{\partial x}\left(\rho_{\mathrm{f}}\frac{|\boldsymbol{u}|^2}{2}u_x\right)+\frac{\partial}{\partial y}\left(\rho_{\mathrm{f}}\frac{|\boldsymbol{u}|^2}{2}u_y\right)+\frac{\partial}{\partial z}\left(\rho_{\mathrm{f}}\frac{|\boldsymbol{u}|^2}{2}u_z\right)\\
&=\rho_{\mathrm{f}}\left[u_x\frac{\partial}{\partial x}\left(\frac{|\boldsymbol{u}|^2}{2}\right)+u_y\frac{\partial}{\partial y}\left(\frac{|\boldsymbol{u}|^2}{2}\right)+u_z\frac{\partial}{\partial z}\left(\frac{|\boldsymbol{u}|^2}{2}\right)\right]\\
&\quad+\frac{|\boldsymbol{u}|^2}{2}\left[\frac{\partial}{\partial x}(\rho_{\mathrm{f}}u_x)+\frac{\partial}{\partial y}(\rho_{\mathrm{f}}u_y)+\frac{\partial}{\partial z}(\rho_{\mathrm{f}}u_z)\right]\\
&=\rho_{\mathrm{f}}\boldsymbol{u}\cdot\nabla\left(\frac{|\boldsymbol{u}|^2}{2}\right)
\end{aligned} \quad (3.2.36)$$

利用式(3.2.36)，则式(3.2.35)可改写为

$$\boldsymbol{u}\cdot\frac{\partial}{\partial t}(\rho_{\mathrm{f}}\boldsymbol{u})+\boldsymbol{u}\cdot[\nabla\cdot(\rho_{\mathrm{f}}\boldsymbol{uu})]=\frac{\partial}{\partial t}\left(\rho_{\mathrm{f}}\frac{|\boldsymbol{u}|^2}{2}\right)+\nabla\cdot\left(\rho_{\mathrm{f}}\frac{|\boldsymbol{u}|^2}{2}\boldsymbol{u}\right) \quad (3.2.37)$$

将式(3.2.37)代入式(3.2.34)，得式(3.2.34)的另一表达形式

$$\frac{\partial}{\partial t}\left(\rho_{\mathrm{f}}\frac{|\boldsymbol{u}|^2}{2}\right)+\nabla\cdot\left(\rho_{\mathrm{f}}\frac{|\boldsymbol{u}|^2}{2}\boldsymbol{u}\right)=\rho_{\mathrm{f}}(\boldsymbol{f}\cdot\boldsymbol{u})+\boldsymbol{u}\cdot(\nabla\cdot\boldsymbol{P}) \quad (3.2.38)$$

将式(3.2.33)与式(3.2.38)相减，则得不可压 Newton 流体用内能表示的能量方程

$$\frac{\partial}{\partial t}(\rho_{\mathrm{f}}e_i)+\nabla\cdot(\rho_{\mathrm{f}}e_i\boldsymbol{u})=\boldsymbol{P}:\boldsymbol{S}+\mathrm{div}[\lambda\mathrm{grad}(T)]+\rho_{\mathrm{f}}q_{\mathrm{R}} \quad (3.2.39)$$

对不可压 Newton 流体(密度为常数)，有 $\mathrm{div}(\boldsymbol{u})=0$。故根据广义 Newton 定律[式(3.2.8)]，式(3.2.39)中有

$$\boldsymbol{P}:\boldsymbol{S}=\left[2\mu_{\mathrm{f}}\boldsymbol{S}-\left(p+\frac{2}{3}\mu_{\mathrm{f}}\mathrm{div}\,\boldsymbol{u}\right)\boldsymbol{I}\right]:\boldsymbol{S}$$

$$= -p\mathrm{div}(\boldsymbol{u}) + 2\mu_{\mathrm{f}}\boldsymbol{S} : \boldsymbol{S} - \frac{2}{3}\mu_{\mathrm{f}}[\mathrm{div}(\boldsymbol{u})]^2$$

$$= \Psi \tag{3.2.40}$$

其中

$$\Psi = 2\mu_{\mathrm{f}}\boldsymbol{S} : \boldsymbol{S} = 2\mu_{\mathrm{f}}\left[\left(\frac{\partial u_x}{\partial x}\right)^2 + \left(\frac{\partial u_y}{\partial y}\right)^2 + \left(\frac{\partial u_z}{\partial z}\right)^2\right]$$

$$+ \mu_{\mathrm{f}}\left[\left(\frac{\partial u_x}{\partial y} + \frac{\partial u_y}{\partial x}\right)^2 + \left(\frac{\partial u_y}{\partial z} + \frac{\partial u_z}{\partial y}\right)^2 + \left(\frac{\partial u_z}{\partial x} + \frac{\partial u_x}{\partial z}\right)^2\right] \tag{3.2.41}$$

忽略辐射热时，不可压 Newton 流体用内能表示的能量方程为

$$\frac{\partial}{\partial t}(\rho_{\mathrm{f}} e_i) + \nabla \cdot (\rho_{\mathrm{f}} e_i \boldsymbol{u}) = \mathrm{div}[\lambda \mathrm{grad}(T)] + \Psi \tag{3.2.42}$$

对不可压流体，$e_i = cT$，其中 c 为流体的比热容。此时能量方程(3.2.42)也可用温度表示为

$$\frac{\partial}{\partial t}(\rho_{\mathrm{f}} cT) + \nabla \cdot (\rho_{\mathrm{f}} cT\boldsymbol{u}) = \mathrm{div}[\lambda \mathrm{grad}(T)] + \Psi \tag{3.2.43}$$

即

$$\frac{\partial}{\partial t}(\rho_{\mathrm{f}} cT) + \frac{\partial}{\partial x}(\rho_{\mathrm{f}} cu_x T) + \frac{\partial}{\partial y}(\rho_{\mathrm{f}} cu_y T) + \frac{\partial}{\partial z}(\rho_{\mathrm{f}} cu_z T)$$

$$= \frac{\partial}{\partial x}\left(\lambda \frac{\partial T}{\partial x}\right) + \frac{\partial}{\partial y}\left(\lambda \frac{\partial T}{\partial y}\right) + \frac{\partial}{\partial z}\left(\lambda \frac{\partial T}{\partial z}\right) + \Psi \tag{3.2.44}$$

上面我们给出了 Euler 坐标系中流体力学基本方程组的积分形式与微分形式，以便实际计算时选用有限体积法或有限差分法求解。

3.3 湍流模拟简介

湍流是黏性流体运动的一种形式。它是一种随机性很强、非定常的三维有旋流动，且在不同尺度上具有不同的流动特征。目前对湍流问题的研究仍处在探索其结构、机理和描述方法的阶段。在这一背景下，为了定量地描述湍流流动过程，出现了一系列湍流模拟的方法。这里将简单介绍湍流模拟的基本思想。

3.3.1 湍流的描述

湍流是远比层流复杂的流体运动形式。到目前为止，人们对湍流的物理本质不是很清楚，还难以对其下一个严格的定义。一般而言，湍流是一种在时间、空间上具有随机特征的不规则流动状态，流场中分布着无数大小和形状不一的旋涡。

对于湍流的描述，人们首先想到的是，用于描述黏性流体运动的基本方程（连续方程、动量方程、能量方程）能否用于描述湍流流动？事实上，前面基本方程的推导中，并未限制流动状态是层流还是湍流，因而它对层流和湍流同样成

立。故联立连续方程、动量方程、能量方程可描述湍流的瞬时流动状态。

针对瞬时的基本方程，如果给定初始条件与边界条件，在湍流尺度的网格尺寸内求出数值解，这就是湍流的直接数值模拟。然而，湍流的重要细节尺度是 0.1μm 的量级。若采用直接数值模拟则要用极细的网格，从而需要巨大的计算机内存和很长的计算时间，这对于目前的计算机容量和计算速度还难以胜任。所以，湍流的研究不能单靠直接求解基本方程，必须寻求其他途径。

尽管湍流中每一微团的运动是随机的，可实际工程中大多关心的是湍流随机量的平均值，尤其是其时均值。因此出现了基于时间平均的湍流时均模型。

3.3.2 湍流时均模型

1. 变量的时均化

在实际应用中，主要研究湍流物理量的平均值。最常用的是对时间取平均的方法，叫时均法。定义物理量 $f(x, y, z, t)$ 的时均值为

$$\bar{f}(x, y, z, t) = \frac{1}{\hat{T}}\int_{t}^{t+\hat{T}} f(x, y, z, \tau)\mathrm{d}\tau \tag{3.3.1}$$

式中的时均周期 $\hat{T}$ 应该取得比涨落(脉动)周期大得多,以便包含大量涨落；$\hat{T}$ 又应该取得比宏观流动特征时间小得多,以便充分描述时均值 $\bar{f}$ 随时间 t 的变化。如果 $\bar{f}$ 不随 t 而变,我们称这时的流动为时均定常湍流,简称定常湍流。所谓湍流是否定常,是指时均值而言,其瞬时值则永远是非定常的。

一般我们把物理量 $f(x, y, z, t)$ 分解为时均值 $\bar{f}(x, y, z, t)$ 与涨落量 $f'(x, y, z, t)$ 之和

$$f(x, y, z, t) = \bar{f}(x, y, z, t) + f'(x, y, z, t) \tag{3.3.2}$$

并有如下性质：

1) 线性物理量的时均化法则

$$\overline{f'} = 0 \qquad \overline{f+g} = \bar{f} + \bar{g}$$

$$\bar{\bar{f}} = \bar{f} \qquad \overline{\bar{f}g} = \bar{f}\bar{g}$$

$$\overline{\frac{\partial f}{\partial x}} = \frac{\partial \bar{f}}{\partial x} \qquad \overline{\frac{\partial^n f}{\partial x^n}} = \frac{\partial^n \bar{f}}{\partial x^n}$$

$$\overline{f^2} = \bar{f}^2 + \overline{f'^2} \qquad \overline{fg} = \bar{f}\bar{g} + \overline{f'g'}$$

2) 非线性物理量的时均化法则

$$\overline{\bar{f}g'} = 0 \qquad \overline{fg'} = \overline{f'g'}$$

$$\overline{g\frac{\partial f}{\partial x}} = \bar{g}\frac{\partial \bar{f}}{\partial x} + \overline{g'\frac{\partial f'}{\partial x}}$$

$$\frac{\mathrm{D}\bar{f}}{\mathrm{D}\tau}=\frac{\partial \bar{f}}{\partial t}+\overline{u_x}\frac{\partial \bar{f}}{\partial x}+\overline{u_y}\frac{\partial \bar{f}}{\partial y}+\overline{u_z}\frac{\partial \bar{f}}{\partial z}$$

$$\overline{\frac{\mathrm{D}f}{\mathrm{D}\tau}}=\frac{\mathrm{D}\bar{f}}{\mathrm{D}\tau}+\overline{u'_x\frac{\partial f'}{\partial x}}+\overline{u'_y\frac{\partial f'}{\partial y}}+\overline{u'_z\frac{\partial f'}{\partial z}}$$

$$\overline{fgh}=\bar{f}\bar{g}\bar{h}+\bar{f}\,\overline{g'h'}+\bar{g}\,\overline{f'h'}+\bar{h}\,\overline{f'g'}+\overline{f'g'h'}$$

$$\overline{fgh'}=\bar{f}\,\overline{g'h'}+\bar{g}\,\overline{f'h'}+\overline{f'g'h'}$$

其中$\bar{\bar{f}}=\bar{f}$对定常湍流自然成立，对于非定常湍流近似成立，这是因为$\hat{T}$远小于宏观特征时间，故可忽略这一短时间内时均量的变化。其余各式可借助于定义[式(3.3.1)]和分解式(3.3.2)证明。注意：尽管任一涨落的时均值为零($\overline{f'}=\overline{g'}=0$)，但两个涨落量乘积的时均值一般不为零($\overline{f'g'}\neq 0$)。

2. Reynolds 时均方程

将湍流各有关瞬时值表示为时均值与涨落值之和，如

$$u_x=\overline{u_x}+u'_x \qquad u_y=\overline{u_y}+u'_y \qquad u_z=\overline{u_z}+u'_z$$

$$p=\bar{p}+p' \qquad T=\bar{T}+T' \qquad \rho_f=\overline{\rho_f}+\rho'_f$$

若流体为不可压 Newton 流体，且忽略密度涨落(即$\overline{\rho_f}=\rho_f$, $\rho'_f=0$)，对连续方程(3.2.15)、动量方程(3.2.22)及能量方程(3.2.44)运用时均化法则，则可得到如下的 Reynolds 时均方程组

$$\frac{\partial \rho_f}{\partial t}+\frac{\partial}{\partial x}(\rho_f\overline{u_x})+\frac{\partial}{\partial y}(\rho_f\overline{u_y})+\frac{\partial}{\partial z}(\rho_f\overline{u_z})=0 \tag{3.3.3}$$

$$\begin{aligned}&\frac{\partial}{\partial t}(\rho_f\overline{u_x})+\frac{\partial}{\partial x}(\rho_f\overline{u_x}\,\overline{u_x})+\frac{\partial}{\partial y}(\rho_f\overline{u_y}\,\overline{u_x})+\frac{\partial}{\partial z}(\rho_f\overline{u_z}\,\overline{u_x})\\&=-\frac{\partial\bar{p}}{\partial x}+\frac{\partial}{\partial x}\left[2\mu_f\frac{\partial\overline{u_x}}{\partial x}\right]+\frac{\partial}{\partial y}\left[\mu_f\left(\frac{\partial\overline{u_x}}{\partial y}+\frac{\partial\overline{u_y}}{\partial x}\right)\right]+\frac{\partial}{\partial z}\left[\mu_f\left(\frac{\partial\overline{u_x}}{\partial z}+\frac{\partial\overline{u_z}}{\partial x}\right)\right]\\&\quad-\frac{\partial}{\partial x}(\rho_f\overline{u_x'^2})-\frac{\partial}{\partial y}(\rho_f\overline{u'_xu'_y})-\frac{\partial}{\partial z}(\rho_f\overline{u'_xu'_z})\\&\quad-\frac{2}{3}\frac{\partial}{\partial x}\left[\mu_f\left(\frac{\partial\overline{u_x}}{\partial x}+\frac{\partial\overline{u_y}}{\partial y}+\frac{\partial\overline{u_z}}{\partial z}\right)\right]+\rho_f f_x\end{aligned} \tag{3.3.4a}$$

$$\begin{aligned}&\frac{\partial}{\partial t}(\rho_f\overline{u_y})+\frac{\partial}{\partial x}(\rho_f\overline{u_x}\,\overline{u_y})+\frac{\partial}{\partial y}(\rho_f\overline{u_y}\,\overline{u_y})+\frac{\partial}{\partial z}(\rho_f\overline{u_z}\,\overline{u_y})\\&=-\frac{\partial\bar{p}}{\partial y}+\frac{\partial}{\partial y}\left[2\mu_f\frac{\partial\overline{u_y}}{\partial y}\right]+\frac{\partial}{\partial x}\left[\mu_f\left(\frac{\partial\overline{u_y}}{\partial x}+\frac{\partial\overline{u_x}}{\partial y}\right)\right]+\frac{\partial}{\partial z}\left[\mu_f\left(\frac{\partial\overline{u_y}}{\partial z}+\frac{\partial\overline{u_z}}{\partial y}\right)\right]\\&\quad-\frac{\partial}{\partial x}(\rho_f\overline{u'_yu'_x})-\frac{\partial}{\partial y}(\rho_f\overline{u_y'^2})-\frac{\partial}{\partial z}(\rho_f\overline{u'_yu'_z})\\&\quad-\frac{2}{3}\frac{\partial}{\partial y}\left[\mu_f\left(\frac{\partial\overline{u_x}}{\partial x}+\frac{\partial\overline{u_y}}{\partial y}+\frac{\partial\overline{u_z}}{\partial z}\right)\right]+\rho_f f_y\end{aligned} \tag{3.3.4b}$$

$$\frac{\partial}{\partial t}(\rho_f \overline{u_z})+\frac{\partial}{\partial x}(\rho_f \overline{u_x}\,\overline{u_z})+\frac{\partial}{\partial y}(\rho_f \overline{u_y}\,\overline{u_z})+\frac{\partial}{\partial z}(\rho_f \overline{u_z}\,\overline{u_z})$$

$$=-\frac{\partial \overline{p}}{\partial z}+\frac{\partial}{\partial z}\left[2\mu_f\frac{\partial \overline{u_z}}{\partial z}\right]+\frac{\partial}{\partial x}\left[\mu_f\left[\frac{\partial \overline{u_z}}{\partial x}+\frac{\partial \overline{u_x}}{\partial z}\right]\right]+\frac{\partial}{\partial y}\left[\mu_f\left[\frac{\partial \overline{u_z}}{\partial y}+\frac{\partial \overline{u_y}}{\partial z}\right]\right]$$

$$-\frac{\partial}{\partial x}(\rho_f \overline{u_z'u_x'})-\frac{\partial}{\partial y}(\rho_f \overline{u_z'u_y'})-\frac{\partial}{\partial z}(\rho_f \overline{u_z'^2})$$

$$-\frac{2}{3}\frac{\partial}{\partial z}\left[\mu_f\left[\frac{\partial \overline{u_x}}{\partial x}+\frac{\partial \overline{u_y}}{\partial y}+\frac{\partial \overline{u_z}}{\partial z}\right]\right]+\rho_f f_z \tag{3.3.4c}$$

$$\frac{\partial}{\partial t}(\rho_f C \overline{T})+\frac{\partial}{\partial x}(\rho_f C \overline{u_x}\,\overline{T})+\frac{\partial}{\partial y}(\rho_f C \overline{u_y}\,\overline{T})+\frac{\partial}{\partial z}(\rho_f C \overline{u_z}\,\overline{T})$$

$$=\frac{\partial}{\partial x}\left[\lambda\frac{\partial \overline{T}}{\partial x}-\rho_f C\overline{u_x'T'}\right]+\frac{\partial}{\partial y}\left[\lambda\frac{\partial \overline{T}}{\partial y}-\rho_f C\overline{u_y'T'}\right]$$

$$+\frac{\partial}{\partial z}\left[\lambda\frac{\partial \overline{T}}{\partial z}-\rho_f C\overline{u_z'T'}\right]+\overline{\psi} \tag{3.3.5}$$

其中

$$\overline{\psi}=2\mu_f\left[\left[\frac{\partial \overline{u_x}}{\partial x}\right]^2+\left[\frac{\partial \overline{u_y}}{\partial y}\right]^2+\left[\frac{\partial \overline{u_z}}{\partial z}\right]^2\right]$$

$$+\mu_f\left[\left[\frac{\partial \overline{u_x}}{\partial y}+\frac{\partial \overline{u_y}}{\partial x}\right]^2+\left[\frac{\partial \overline{u_y}}{\partial z}+\frac{\partial \overline{u_z}}{\partial y}\right]^2+\left[\frac{\partial \overline{u_z}}{\partial x}+\frac{\partial \overline{u_x}}{\partial z}\right]^2\right] \tag{3.3.6}$$

将式(3.3.3)～式(3.3.5)与瞬时的连续方程(3.2.15)、动量方程(3.2.22)及能量方程(3.2.44)进行比较,可以看出两者在形式上一样,只是瞬时方程中的瞬时变量变为式(3.3.3)～式(3.3.5)中相应的平均量。并且,Reynolds 时均方程组中出现了新的动量、能量输运的二阶关联量。其中

$$\begin{bmatrix} -\rho_f\overline{u_x'^2} & -\rho_f\overline{u_x'u_y'} & -\rho_f\overline{u_x'u_z'} \\ -\rho_f\overline{u_y'u_x'} & -\rho_f\overline{u_y'^2} & -\rho_f\overline{u_y'u_z'} \\ -\rho_f\overline{u_z'u_x'} & -\rho_f\overline{u_z'u_y'} & -\rho_f\overline{u_z'^2} \end{bmatrix}$$

是由湍流涨落引起的时均效应,称为 Reynolds 应力张量。

$$\begin{bmatrix} -\rho_f C\overline{u_x'T'} \\ -\rho_f C\overline{u_y'T'} \\ -\rho_f C\overline{u_z'T'} \end{bmatrix}$$

则表示湍流涨落所引起的附加热传导，称为 Reynolds 热流向量。如果没有涨落，Reynolds 应力及 Reynolds 热流变为零，时均量与瞬时量相同。这时，Reynolds 时均方程组则被还原为原来的瞬时方程组。

但是，如果存在涨落，则 Reynolds 应力（或者也包含 Reynolds 热流）是未知的。这时，Reynolds 时均方程组未知数的个数超过独立方程组的个数，方程组是不封闭的。要想使方程组封闭，必须补充本构关系，把 Reynolds 应力（或者也

包含 Reynolds 热流）与时均量 $\overline{u_x}$、$\overline{u_y}$、$\overline{u_z}$、$\overline{p}$（或者也包含 $\overline{T}$）联系起来。

3．封闭方程组的途径

封闭 Reynolds 时均方程组的直接方法就是推导以 Reynolds 应力（或者也包含 Reynolds 热流）为未知量的控制微分方程，但结果在以湍流涨落二阶关联量为因变量的方程中又会出现三阶关联量，以此类推。因此，想纯粹运用数学演绎的手段解决方程组的封闭问题是不可能的。我们必须在某个阶段给出新增未知量的近似表达式使方程组封闭。目前，模拟湍流流动的模型主要用的是根据湍流模式理论建立的求解 Reynolds 时均方程组的模型。这类模型的基本思想是用低阶关联量和平均流性质来模拟未知的高阶关联量，从而封闭时均量方程组或关联量方程组。湍流模式理论就是针对 Reynolds 时均方程组与关联量方程组，以理论、经验结合为基础，引进一系列模型假设（半经验假设）所建立的一组描写湍流时均量而使方程组封闭的理论计算方法。使方程组封闭的模式多种多样，这就构成了各种湍流时均模型。

运用湍流模式理论求解 Reynolds 时均方程组的湍流时均模型可分为两类：一类是求解湍流涡旋黏性系数的模型；另一类是求解 Reynolds 应力方程的模型。

所谓湍流涡旋黏性系数模型，就是在湍流局部各向同性的假设前提下，模仿层流输运，引入标量形式的各向同性涡旋黏性系数，从而将新引入的二阶关联量表示为时均量与涡旋黏性系数的函数。这样，湍流涡旋黏性系数模型把 Reynolds 时均方程组封闭的任务归结到涡旋黏性系数的计算。通常根据决定涡旋黏性系数所需求解的偏微分方程个数，把湍流涡旋黏性系数模型分为零方程模型（混合长度模型）、单方程模型（湍动能模型）和 k-ε 双方程模型。所谓零方程指的是只需补充代数方程。这些模型中最具代表性的是 k-ε 双方程模型。

实际上不少湍流流动，甚至在简单的湍流边界层流动中，湍动都是各向异性的。涨落往往在某一主导方向上最强，而在其他方向上较弱。因此，湍流涡旋黏性系数并非标量。若由各向异性的前提出发，不用涡旋黏性系数的概念，直接对关联量进行处理来封闭和求解 Reynolds 应力方程，就是 Reynolds 应力方程模型。Reynolds 应力方程模型又分为 Reynolds 应力的微分方程模型与 Reynolds 应力的代数方程模型。Reynolds 应力方程模型原则上能克服涡旋黏性系数模型的局限性，同时也能够用来对复杂实际流动过程进行模拟。

湍流涡旋黏性系数模型及 Reynolds 应力方程模型的研究是当今湍流研究的重要组成部分，其模型建立的方法及研究内容相当丰富。对于各种模型的了解，读者可参看文献［19］至［22］等。

值得说明的是，由于湍流的机理还未完全清楚，目前求解湍流的时均模型能满足一些工程的需要，但每种半经验假设都只适用于某些类别的流动。即各个模型均建立在一定假设、近似的基础上，都有其应用的范围。因此很难泛泛地说哪一种模型更有优越性。实际的湍流计算中，必须针对具体情况，选取合适的湍流模型。

3.3.3 模拟湍流的其他方法

在过去的几十年中，根据湍流模式理论建立模型一直是湍流模拟研究的中心，所出现的模型及相应的修正、改进形式非常多。无可置疑的是湍流模式理论对于解决实际问题已发挥了很大的作用，但湍流涡旋黏性系数模型和Reynolds应力方程模型在解决某些流动问题时，仍不能给出令人满意的结果。尽管有学者开始尝试使三阶关联量封闭的模型，但即使不考虑计算的复杂性，用三阶关联量封闭的模型解决具体问题的优越性还是一个有争议的问题。

事实上，传统对湍流运动的认识是将湍流分解为平均运动与涨落运动之和。人们感兴趣的主要是湍流的平均运动，充其量再加上一些与平均运动有联系的涨落运动的统计性质，对于涨落运动的时空变化细节则一般不予考虑。因此，湍流模式理论存在两个重大缺陷：①通过平均运算将涨落运动的全部细节一概抹平，丢失了包含在涨落运动内的大量有重要意义的信息；②由于湍流运动的随机性和Navier-Stokes方程的非线性性，平均的结果必然导致方程组的不封闭。因此，为了求得一组有限的封闭方程组，人们不得不借助于经验数据、物理类比构造出各种模型假设。这样基于湍流模式理论建立的各种模型都有一定的局限性。于是有学者另辟新径，提出了求解湍流的直接数值模拟、大涡模拟、概率密度函数输运方程等。另外，还有将两相流研究中的双流体概念推广到单相流的双流体模型（运用于单相流而非两相流）。下面简单介绍上述这些方法。

1. 直接数值模拟及大涡模拟

随着计算机硬件的发展，直接数值模拟（direct numerical simulation，DNS）及大涡模拟（large eddy simulation，LES）近年来有所发展。由于Navier-Stokes方程与连续方程、能量方程等构成的偏微分方程组（有时也统称为Navier-Stokes方程）本身即可封闭，故DNS是湍流模拟的根本方法。该方法不引入任何假设，对耗散过程、大尺度旋涡和小尺度旋涡都用一种网格。若直接在Kolmogorov耗散尺度的网格中求解描述湍流的瞬态Navier-Stokes方程，就可直接获得所有重要尺度的湍流运动。从理论上说，DNS可以得到湍流瞬时的数值解。它的结果有助于我们了解湍流的精细结构，加深对湍流物理机制的认识。

由于湍流涨落运动中包含不同尺度的涡，故在DNS中，计算区域应大到足以包含最大尺度的涡，而计算网格和时间步长又必须小到足以分辨最小尺度的涡。然而，在目前的计算机条件下，DNS只能求解层流及较低Reynolds数下的流动问题。对于实际工程中高Reynolds数下的湍流问题，DNS还难以胜任。另外，由于Navier-Stokes方程瞬时解对初始条件和边界条件的微小变化十分敏感，给出三维非定常流动的严格而详细的边界条件和初始条件几乎是不可能的。所以，DNS的应用尚有相当大的局限性。目前，它仅限于一些简单几何条件下低Reynolds数的湍流体系，还无法应用于实际工程现象的研究。并且，这种方法目前主要用来做湍流的基础研究，如发现新结构、揭示新机理、检验与改进现有湍流模型等。

当Reynolds数增大时，大小旋涡的尺度比急剧增加。这时，如仍用一种网格来模拟大小尺度的旋涡，则所需网格数迅速增加。精确地进行直接数值模拟工作量太大，而工作量较小的湍流模式理论局限性又很大，因此，就产生了一种折中的方法——LES。LES的建立是基于这样一种考虑：湍流中不同尺度的涡的特点是不同的。湍流中的大涡对于质量、动量与能量的传输起主要作用，且它们对流动的初始条件与边界条件有强烈的依赖性，难以用模式理论统一描述；而小涡运动则近似为各向同性，有希望用较为普遍适用的模型来描述，且小涡运动对流动的贡献较小，它的模型即使不太准确对总体结果也影响不大。这样，用LES求解高Reynolds数的湍流问题时，在流场的大尺度结构和小尺度结构（Kolmogorov尺度）之间先选一滤波宽度对控制方程进行滤波，从而把所有变量分成大尺度量和小尺度量。对比滤波宽度大的大尺度量（大涡运动）通过数值求解Navier-Stokes方程直接计算，而对比滤波宽度小的小尺度量（小涡运动）对大涡运动的影响则采用模式理论建立模型。LES中，小尺度运动对大尺度运动的影响在Navier-Stokes方程中表现为类似Reynolds应力一样的应力项，称之为亚格子Reynolds应力。用于模拟小涡运动对大涡运动影响的模型称为亚格子尺度模型。

近年来，LES已对发展气象学模型做出了重大贡献，同时在改进湍流模型和增进了解湍流机理方面也取得了成绩。但是由于LES与DNS一样，计算是三维非定常的，故计算量仍然很大。另外，LES本身仍很不完善（如亚格子尺度模型不完善、边界条件难以确定等），因而该方法用来解决复杂的工程问题也仍面临不少困难。

2. 概率密度函数输运方程

根据湍流模式理论建立模型都存在一个封闭方程组的问题。在这一体系中，Reynolds应力（未知量）对预报流场的结果有关键性的影响，而用模式理论处理Reynolds应力均是建立在一系列假设、近似的基础上。在实际应用中有时能得出理想的结果，有时则不能令人满意。因而发展了研究湍流的另一类方法——概率密度函数（probability density function，PDF）输运方程。在PDF输运方程中，湍流运动通过速度间（也可包括标量场）关联概率密度函数的演化过程进行描述。PDF模型比湍流时均模型含有更多的统计信息。在湍流时均模型中必须用模式理论处理的量，有些在PDF演化方程中自然包括进去了。PDF模型本质上是采用 Lagrange 的观点来观察湍流，即湍流流场中流动粒子的运动历史，是对湍流的完整描述。用求解 PDF 输运方程的方法计算湍流问题时，湍流输运过程（包括 Reynolds 应力和湍流扩散通量）可以精确计算，无需模拟，但方程中黏性引起的耗散和涨落压力引起的湍流各向同性化过程仍需模拟[19]。

由于 PDF 模型避免了对一些重要过程的模拟，又可以提供比湍流时均模型更多的信息，因此 PDF 模型越来越受到重视。但 PDF 输运方程一般不用差分方法求解，而用 Monte Carlo 方法求解，故求解 PDF 输运方程的计算量远大于求解湍流时均模型的计算量。

3. 双流体模型

一般的湍流模型对旋流、浮力流产生的速度和温度分层现象是不能模拟的。另外，当湍流流体和非湍流流体（层流）相互作用出现湍流间歇时，一般的湍流模型也无法模拟。这些流动的一个共同特点是：在所研究的区域内，两种不同状态的流体在空间中共存。基于这一事实，描述两相流的双流体模型被推广用于描述单相流动。双流体模型的建立是基于这样一种考虑：在湍流流场中，湍流流体相和非湍流流体相时时共存，各自运动，并相互作用，整个流场就是这两相运动的综合。所以描述单相流动的双流体模型，借助于两相流的分相及相间相互作用的概念，人为地将单流体分为湍流流体相和非湍流流体相。模型的建立有以下几个原则：

（1）双流体模型所划分的两相仍是流体，且是可以互相穿透的连续介质，它们的运动遵循各自的控制微分方程；

（2）两种流体在空间和时间坐标下共存，设湍流相所占的体积份额为 f_1，非湍流相所占的体积份额为 f_2，则 $f_1+f_2=1$；

（3）两相流体间存在质量、动量和能量的相互作用，作用的方式可以是对流，也可以是扩散。

根据上述三个原则，按照前面介绍的 Reynolds 分解和平均，可以得到湍流流体相和非湍流流体相各变量的控制微分方程。对于湍流相，必须用湍流模型求解。另外，双流体模型的控制方程中含有反映两种流体相相互作用的源项。它们的表达形式随方程的种类和两种流体相划分方式的不同而变化。建立并模拟反映两种流体相相互作用的源项是双流体模型的关键和难点。

双流体模型由于可以分别考虑湍流流体相和非湍流流体相的速度、体积力、惯性力、温度等产生的拟扩散及掺和作用，对于湍流间歇、分层等现象的模拟能取得较好的效果。

3.4 偏微分方程求解的数值方法

两相流模拟中主流模型——双流体模型与颗粒轨道模型均需要求解流体相

(在双流体模型中包含颗粒相)的控制方程。这样的控制方程是非线性偏微分方程，必须进行数值求解。通常数值求解偏微分方程包括三个要素：研究体系的网格化、控制方程的离散化和离散化方程的求解。

研究体系的网格化是控制方程离散化的基础，网格的划分关系到离散化方程求解的难易程度。建立网格系统的方式可以是人为划定，也可以按一定的要求生成。

控制方程的离散化是使用计算机求解的前提，合理而有效的离散化方法、离散化格式和离散化方案是能否正确获得控制方程数值解的关键。目前求解偏微分方程的离散化方法有有限差分法、有限体积法、有限元法以及有限分析法。离散化格式主要有中心差分、迎风差分、指数差分、混合差分和高阶差分格式。离散化方案主要有显式、半隐式和隐式差分方案。本书将简单介绍流动问题求解的基本离散化方法：有限差分法与有限体积法。用不同的离散化方案构造不同的差分格式则是计算数学领域、计算流体力学领域中具有丰富内涵的研究内容，相关知识请读者参考有关文献。

两相流中控制方程的非线性性和耦合性，决定了离散化方程的复杂性。离散化方程的求解方法不仅影响计算速度，而且直接影响到能否得到收敛的解。SIMPLE (semi-implicit method for pressure-linked equation) 算法[23,24]及其若干改进算法是运用特定网格剖分求解流动控制方程较成熟、常用的方法。因此，本章将对它们做一介绍。

由离散化方法求得数值解后，还需要研究其相容性、稳定性、收敛性以及误差估计等。但对于复杂的非线性两相流控制方程，要在理论上获得确定的答案很困难。目前主要依靠数值实验与物理实验的对比考察数值解的正确性。

3.4.1 网格化方法及离散化方法

求解域的网格化是把微分方程离散化并进行数值求解的基础。求解域是指研究体系所占据的时间和空间，也就是待求函数的定义域。原则上对求解域进行网格化的方式可以是人为确定的。但实际上，网格化的方式直接影响方程离散化的难易程度，影响计算速度和所需的存储量，影响数值求解的收敛性和准确性。因此，针对不同的问题，需要寻求与之相适应的、合理的网格系统。

在有限差分法中，用 Taylor 级数展开法建立差分方程时，只需将求解域离散成分散的点，给出网格点间的距离，就可以将微分方程中所有微商都转化为差商形式，从而把微分方程化为差分方程。这时，最简单的网格化方法是采用直角坐标系下的正交网格，即研究体系占据的空间被平行于 x 轴、y 轴的网格线均匀划分（图 3-2)。在网格化的研究区域内，只要把基本方程的微分形式转化为代数形式，就可以运用计算机进行求解。这个方法在数学上是直截了当和易于理解的。

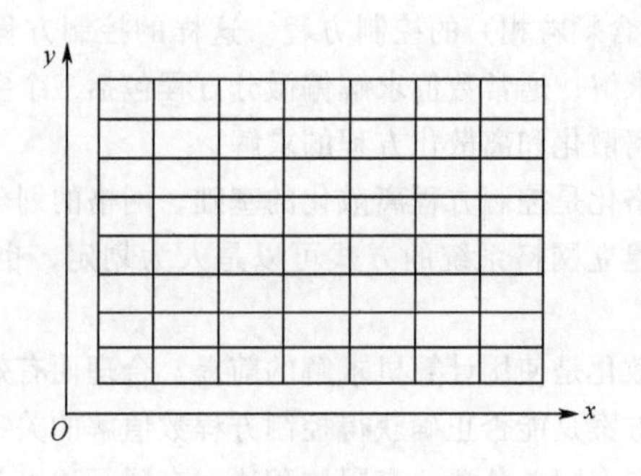

图 3-2　有限差分法的网格化

在有限体积法中，划定网格系统的方法有两种：一是先面后点法［图 3-3(a)］，即先确定微元的控制面，然后把网格节点定在控制微元体的几何中心；二是先点后面法［图 3-3(b)］，即先确定网格节点的位置，然后把两个网格点连线的中心作为微元的控制面。图 3-3 中的实线表示微元控制面。与有限差分法不同的是，有限体积法在网格化的研究区域内，往往是把基本方程的积分形式转化为代数形式，然后运用计算机进行求解。有限体积法由于具有明确的物理意义，且便于处理复杂的几何求解区域而在工程中广为应用。

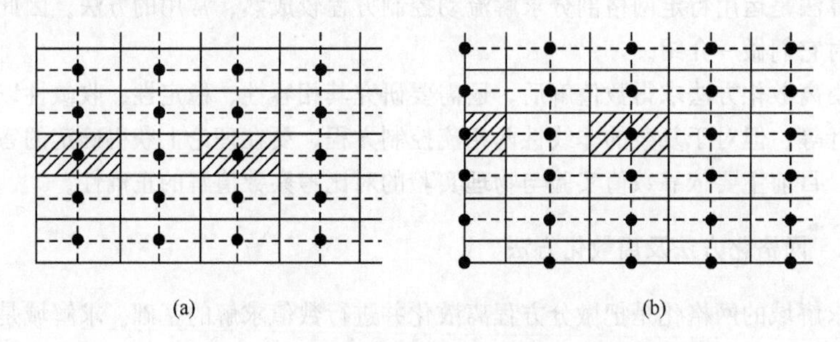

图 3-3　有限体积法中网格化的两种方法

(a) 先面后点；(b) 先点后面

离散化的任务是在网格化的求解域上把基本方程的微分形式或积分形式转化为代数形式，以便利用计算机求解。离散化的实质就是在求解区域内用有限个孤立点上的不连续函数值取代函数定义域内连续的函数值。目前求解偏微分方程的离散化方法可分为四种：有限差分法、有限体积法、有限元法和有限分析法。

有限差分法通常采用截断的 Taylor 级数近似微分方程，其网格单元是结构化的；有限元法则采用变分原理来控制近似解与真实解的误差，其网格单元是非结构化的。有限体积法是对方程的积分形式进行离散。它既可以像有限元法那样方便地应用非结构网格，又可以像有限差分法那样方便地确定离散的流场。有些书中，也将有限体积法与有限差分法统称为有限差分法。

有限分析法的基本思想是要建立求解微分方程的解析方法和数值方法之间的联系。它利用求解研究体系局部区域内线性化了的微分方程，把函数在网格点上的值与它在邻近网格上的值关联起来，实现微分方程的离散化。这种方法在某些计算中较为准确，但耗费的机时较多，目前还未得到普遍的应用。

有限元法在处理研究体系的复杂几何形状方面有特殊的优点，该方法在固体力学、材料力学等领域的应用中取得了巨大成功。但在处理流体力学中特有的非线性对流项时，遇到了较大的困难。有限差分法的主要缺点是难于处理复杂的几何形状。但随着贴体网格系的出现，这一问题部分地得到解决。目前在流体力学、两相流研究领域中，偏微分方程离散化的方法主要是有限差分法与有限体积法。因此，本书仅介绍这两种方法的基础知识。

3.4.2 有限差分法

下面以简单的偏微分方程为例来介绍有限差分法。

1. 用 Taylor 级数展开法建立差分方程

Taylor 级数展开法是用有限差分法建立差分方程最常用、最简单的方法。其中关键的问题是把微分方程中的各阶导数化为差商的形式，从而将微分方程化为差分方程。

考虑热传导方程

$$\frac{\partial T}{\partial t}-\nu\frac{\partial^2 T}{\partial x^2}=0 \quad a\leqslant x\leqslant b,\ 0\leqslant t\leqslant T_{\max} \tag{3.4.1}$$

式中：ν 是热扩散系数。初始条件和边界条件为

$$T(x,0)=f(x) \qquad a\leqslant x\leqslant b \tag{3.4.2}$$

$$T(a,t)=g_1(t) \qquad T(b,t)=g_2(t) \tag{3.4.3}$$

为了采用有限差分法求解上述问题，首先要在求解域内，以差分网格或差分节点将连续的求解域化为有限的离散点集。

如图 3-4 所示，最简单的差商离散是用固定的等距网格。设求解区域内某一点(x_i, t_n)为网格节点，其网格坐标为(i, n)($i=1$, $2,\cdots,I_{\max}$; $n=1,2,\cdots,N_{\max}$)。用 T_i^n 表示 $t_n=n\Delta t$, $x_i=a+i\Delta x$($i=1,2,\cdots,I_{\max}$; $n=1,2,\cdots,N_{\max}$)处 $T(x_i,t_n)$ 的近似解，其中 Δx 和 Δt 分别为 x 和 t 方向的网格步长，$I_{\max}$ 和 $N_{\max}$ 为求解域内 x 和 t 方向的网格节点数。采用有限差分法求解上述模型方程，所

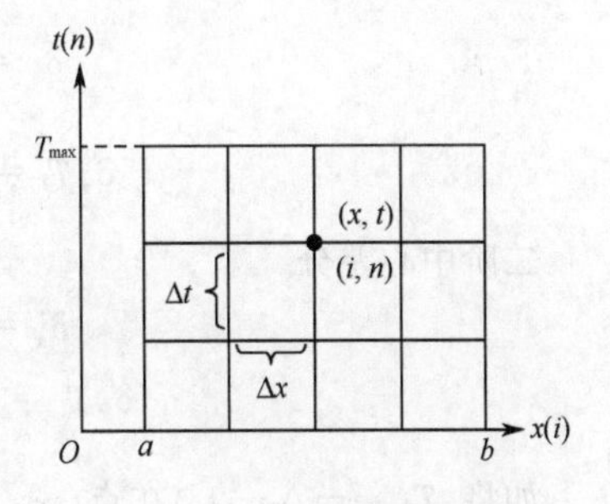

图 3-4 差分网格划分示意图

得的数值解是定解域内网格节点上的离散数据。为此,确定离散网格后,需要给出导数离散的差商逼近式,以使得在定解域内,差分方程所给出的数值解能以一定精度逼近微分方程的解析解。

1）导数的差商逼近

将 $T(x_i+\Delta x, t_n)$在点(x_i, t_n)处按 Taylor 级数展开,则有

$$T(x_i+\Delta x, t_n)=T(x_i, t_n)+\left.\frac{\partial T}{\partial x}\right|_{(x_i, t_n)}\Delta x+\left.\frac{\partial^2 T}{\partial x^2}\right|_{(x_i, t_n)}\frac{(\Delta x)^2}{2!}+\cdots$$

令 $T_i^n=T(x_i, t_n)$, $T_{i+1}^n=T(x_i+\Delta x, t_n)$,则上式可写为

$$\left.\frac{\partial T}{\partial x}\right|_{(x_i, t_n)}=\frac{T_{i+1}^n-T_i^n}{\Delta x}-\left.\frac{\partial^2 T}{\partial x^2}\right|_{(x_i, t_n)}\frac{\Delta x}{2!}+\cdots \tag{3.4.4}$$

式(3.4.4)右端中的第一项$\dfrac{T_{i+1}^n-T_i^n}{\Delta x}$称为偏导数$\dfrac{\partial T}{\partial x}$在$(i, n)$点上的差商表达式,其中 $T_{i+1}^n-T_i^n$ 称为(i, n)点的一阶向前差分。$-\left.\dfrac{\partial^2 T}{\partial x^2}\right|_{(x_i, t_n)}\dfrac{\Delta x}{2!}+\cdots$称为差商$\dfrac{T_{i+1}^n-T_i^n}{\Delta x}$逼近$(i, n)$处偏导数的截断误差,即截断误差就是导数与差商表达式之间的差。截断误差的阶数是截断误差中 Δx 的最低幂次数。差商表达式的精度就是截断误差的阶数。如$\dfrac{T_{i+1}^n-T_i^n}{\Delta x}$逼近$\left.\dfrac{\partial T}{\partial x}\right|_{(x_i, t_n)}$为一阶精度,且可写为以下形式

$$\left[\frac{\partial T}{\partial x}\right]_i^n=\frac{T_{i+1}^n-T_i^n}{\Delta x}+O(\Delta x) \tag{3.4.5}$$

为了方便,引入以下 x 方向的差分算子(t 方向的差分算子可类似定义):

一阶向前差分

$$\delta_x^+ T_i=T_{i+1}-T_i \tag{3.4.6}$$

一阶向后差分

$$\delta_x^- T_i=T_i-T_{i-1} \tag{3.4.7}$$

一阶中心差分

$$\delta_x^0=\frac{1}{2}(\delta_x^+ +\delta_x^-)$$

$$\delta_x^0 T_i=\frac{1}{2}(T_{i+1}-T_{i-1}) \tag{3.4.8}$$

二阶中心差分

$$\delta_x^2=\delta_x^+\delta_x^-=\delta_x^-\delta_x^+$$

$$\delta_x^2 T_i=T_{i+1}-2T_i+T_{i-1} \tag{3.4.9}$$

如将 $T(x_i-\Delta x, t_n)$在点(x_i, t_n)处按 Taylor 级数展开,可得$\left[\dfrac{\partial T}{\partial x}\right]_i^n$的另一

个差商表达式。由此可见，导数的差商表达式并不唯一。若限制只用2～3个网格点，则一阶、二阶导数常用的差商表达式有：

一阶向前偏心差商

$$\left(\frac{\partial T}{\partial x}\right)_i=\frac{1}{\Delta x}\delta_x^+ T_i+O(\Delta x) \tag{3.4.10}$$

一阶向后偏心差商

$$\left(\frac{\partial T}{\partial x}\right)_i=\frac{1}{\Delta x}\delta_x^- T_i+O(\Delta x) \tag{3.4.11}$$

一阶中心差商

$$\left(\frac{\partial T}{\partial x}\right)_i=\frac{1}{\Delta x}\delta_x^0 T_i+O(\Delta x^2) \tag{3.4.12}$$

一阶三点向前偏心差商

$$\left(\frac{\partial T}{\partial x}\right)_i=\frac{1}{2\Delta x}\delta_x^+(3T_i-T_{i+1})+O(\Delta x^2) \tag{3.4.13}$$

一阶三点向后偏心差商

$$\left(\frac{\partial T}{\partial x}\right)_i=\frac{1}{2\Delta x}\delta_x^-(3T_i-T_{i-1})+O(\Delta x^2) \tag{3.4.14}$$

二阶三点中心差商

$$\left(\frac{\partial^2 T}{\partial x^2}\right)_i=\frac{1}{\Delta x^2}\delta_x^2 T_i+O(\Delta x^2) \tag{3.4.15}$$

以上差商表达式除前两个为一阶精度外，其他均为二阶精度。尽管对于一阶偏导数的三点差商与中心差商精度阶数相同，但三点差商比中心差商所用的点多，所以，三点差商公式一般仅用于逼近边界点的导数。

2）差分方程

有了导数的差商表达式后，则可构造逼近偏微分方程的差分方程。对于热传导方程(3.4.1)，若以向前差商逼近时间导数项，以中心差商逼近空间导数项，则逼近热传导方程的差分方程为

$$\frac{T_i^{n+1}-T_i^n}{\Delta t}=\frac{\nu}{\Delta x^2}(T_{i+1}^n-2T_i^n+T_{i-1}^n) \tag{3.4.16}$$

将式(3.4.16)中的函数值在(i,n)点按Taylor级数展开，则有

$$\begin{aligned}&\frac{T_i^{n+1}-T_i^n}{\Delta t}-\frac{\nu}{\Delta x^2}(T_{i+1}^n-2T_i^n+T_{i-1}^n)\\&=\left(\frac{\partial T}{\partial t}\right)_i^n-\nu\left(\frac{\partial^2 T}{\partial x^2}\right)_i^n+\left[\left(\frac{\partial^2 T}{\partial t^2}\right)_i^n\frac{\Delta t}{2}-\nu\left(\frac{\partial^4 T}{\partial x^4}\right)_i^n\frac{\Delta x^2}{12}+\cdots\right]\end{aligned} \tag{3.4.17}$$

微分方程与差分方程之间的差就是差分方程的截断误差，用R_T表示。截断误差的阶数由各导数项截断误差阶数组成。从式(3.4.17)可以看出差分方程(3.4.16)的截断误差阶数为$O(\Delta t)+O(\Delta x^2)$，或表示为$O(\Delta t,\Delta x^2)$，即

$$R_T = -\frac{\Delta t}{2}\left[\frac{\partial^2 T}{\partial t^2}\right]_i^n + \nu \frac{\Delta x^2}{12}\left[\frac{\partial^4 T}{\partial x^4}\right]_i^n + \cdots = O(\Delta t, \Delta x^2) \quad (3.4.18)$$

式(3.4.18)表明差分方程(3.4.16)以时间一阶、空间二阶的精度逼近微分方程(3.4.1)。

如果差分方程中的 $n+1$ 层只含单个未知函数值,则称为显示格式。式(3.4.16)为显示格式。如果在差分方程中 $n+1$ 层含多个未知函数值,则称为隐式格式。如逼近微分方程(3.4.1)的下述差分方程

$$\frac{T_i^{n+1} - T_i^n}{\Delta t} = \frac{\nu}{\Delta x^2}(T_{i+1}^{n+1} - 2T_i^{n+1} + T_{i-1}^{n+1}) \quad (3.4.19)$$

就是隐式格式。

2. 用待定系数法建立差分方程

除了常用的 Taylor 级数展开法外,还有其他构造差分方程的方法。待定系数法是在指定精度要求下,构造差分方程的一种方法。

考虑构造 $\left[\frac{\partial T}{\partial x}\right]_i^n$ 的差商表达式,要求其截断误差为 $O(\Delta x^2)$,且只应用$(i-2,n)$、$(i-1,n)$、(i,n)三个网格点。为此,令差商表达式为

$$\left[\frac{\partial T}{\partial x}\right]_i^n \approx aT_{i-2}^n + bT_{i-1}^n + cT_i^n$$

将 T_{i-1}^n 和 T_{i-2}^n 在点(i,n)处按 Taylor 级数展开

$$T_{i-1}^n = T_i^n + \left[\frac{\partial T}{\partial x}\right]_i^n(-\Delta x) + \left[\frac{\partial^2 T}{\partial x^2}\right]_i^n \frac{(-\Delta x)^2}{2!} + O(\Delta x^3) \quad (3.4.20)$$

$$T_{i-2}^n = T_i^n + \left[\frac{\partial T}{\partial x}\right]_i^n(-2\Delta x) + \left[\frac{\partial^2 T}{\partial x^2}\right]_i^n \frac{(-2\Delta x)^2}{2!} + O(\Delta x^3) \quad (3.4.21)$$

为了使所得的差商表达式有二阶精度,即截断误差为 $O(\Delta x^2)$,将式(3.4.20)与式(3.4.21)代入$\left[\frac{\partial T}{\partial x}\right]_i^n$ 的逼近式 $aT_{i-2}^n + bT_{i-1}^n + cT_i^n$ 后,应该有$\left[\frac{\partial T}{\partial x}\right]_i^n$的系数为1,$T_i^n$、$\left[\frac{\partial^2 T}{\partial x^2}\right]_i^n$ 的系数为零。即

$$\begin{cases} a+b+c=0 \\ -2a\Delta x - b\Delta x = 1 \\ 2a + \frac{b}{2} = 0 \end{cases}$$

由此可推出 $a=\frac{1}{2\Delta x}$,$b=-\frac{2}{\Delta x}$,$c=\frac{3}{2\Delta x}$,最后可得

$$\left[\frac{\partial T}{\partial x}\right]_i^n = \frac{T_{i-2}^n - 4T_{i-1}^n + 3T_i^n}{2\Delta x} + O(\Delta x^2) \quad (3.4.22)$$

式(3.4.22)即为逼近$\left[\frac{\partial T}{\partial x}\right]_i^n$的一阶三点向后偏心差商公式(3.4.14)。

对于热传导方程(3.4.1),若用类似式(3.4.22)的一阶三点向后偏心差商公式逼近一阶时间导数项,以中心差商逼近二阶空间导数项,则逼近微分方程(3.4.1)的差分方程为

$$\frac{T_i^{n-2}-4T_i^{n-1}+3T_i^n}{2\Delta t}=\frac{\nu}{\Delta x^2}(T_{i+1}^n-2T_i^n+T_{i-1}^n) \tag{3.4.23}$$

将式(3.4.23)中的函数在点(i,n)处按 Taylor 级数展开,截断误差可表示为

$$R_{\mathrm{T}}=O(\Delta t^2,\Delta x^2) \tag{3.4.24}$$

即差分方程(3.4.23)以时间二阶、空间二阶的精度逼近微分方程(3.4.1)。这时,需要特殊的方法处理初始条件。

下面介绍非等距网格中差商表达式的构造方法。考虑构造$\left[\frac{\partial T}{\partial x}\right]_i^n$的差商表达式,要求其截断误差为$O(\Delta x^2)$,且只应用$(i-1,n)$、$(i,n)$、$(i+1,n)$三个网格点。为此令$\Delta x_+=x_{i+1}-x_i$,$\Delta x_-=x_i-x_{i-1}$,$\Delta x_+\neq\Delta x_-$,$\left[\frac{\partial T}{\partial x}\right]_i^n\approx aT_{i-1}^n+bT_i^n+cT_{i+1}^n$。同样利用待定系数法可得

$$\begin{cases}a+b+c=0\\ -a\Delta x_-+c\Delta x_+=1\\ \frac{a}{2}(\Delta x_-)^2+\frac{c}{2}(\Delta x_+)^2=0\end{cases}$$

由此推得

$$\left[\frac{\partial T}{\partial x}\right]_i^n=\frac{T_{i+1}^n+(\alpha^2-1)T_i^n-\alpha^2T_{i-1}^n}{\alpha(\alpha+1)\Delta x_-}+O(\Delta x_+^2,\Delta x_-^2) \tag{3.4.25}$$

其中

$$\alpha=\Delta x_+/\Delta x_-$$

$$\Delta x_-\neq 0$$

对于热传导方程(3.4.1),用类似式(3.4.25)的差商表达式逼近一阶时间导数项,用中心差商逼近二阶空间导数项,则逼近微分方程(3.4.1)的差分方程为

$$\frac{T_i^{n+1}+(\beta^2-1)T_i^n-\beta^2T_i^{n-1}}{\beta(\beta+1)\Delta t_-}=\frac{\nu}{\Delta x^2}(T_{i+1}^n-2T_i^n+T_{i-1}^n) \tag{3.4.26}$$

这里$\Delta t_+=t_{n+1}-t_n$,$\Delta t_-=t_n-t_{n-1}$,$\Delta t_+\neq\Delta t_-$,$\Delta t_-\neq0$,$\beta=\Delta t_+/\Delta t_-$。将式(3.4.26)中的函数值在点$(i,n)$处按 Taylor 级数展开,截断误差可表示为

$$R_{\mathrm{T}}=O(\Delta t_+^2,\Delta t_-^2,\Delta x^2) \tag{3.4.27}$$

即差分方程(3.4.26)以时间二阶、空间二阶的精度逼近微分方程(3.4.1)。与(3.4.23)类似,这时也需要特殊的方法处理初始条件。

逼近偏导数的差商表达式并不唯一，因此，逼近微分方程的差分方程也不唯一。我们需要根据具体问题选取逼近偏导数的差商表达式。但值得注意的是，直接求解逼近微分方程的差分方程，并不一定能够得到以一定精度逼近微分方程的数值解，它与差分方程的相容性、稳定性、收敛性密切相关。关于有限差分法的基本理论，读者可参考文献［25］。

尽管有限差分法中引入的定理和分析方法是有限差分法的理论基础，但一般所介绍的理论只对线性问题有严格的数学证明，而对于非线性问题只是简单地“借用”。在求解很多实际流动问题时，描述问题的控制方程是复杂的非线性方程组，故必须通过数值实验与物理实验的对比来验证数值解的稳定性及其正确性。

有限差分法在数学处理方面具有直截了当的优点，但这种方法的缺点是物理意义不够清楚，对复杂的求解区域处理起来比较困难。与有限差分法相比，有限体积法有较为明显的物理意义，且可使用非结构网格。

3.4.3 有限体积法

我们知道，描述流体运动的微分方程是根据流体运动的质量、动量和能量守恒定律推导出来的。有限差分法是从描述这些基本守恒定律的微分方程出发构造离散方程，而有限体积法则是以积分型守恒方程为出发点，通过对流体运动的体积域的离散来构造离散方程。通常把微分方程在控制微元体上积分而把微分方程化为离散方程的方法称为有限体积法。这里所说的控制微元体就是前面提到的网格。有限体积法实际上是流体力学中用微元体概念推导微分方程的逆过程。

考虑定义在某一连续区域内描述流体运动的守恒方程（如质量、动量、能量方程等）的积分形式。将该区域离散为有限个小的控制微元体。在这些小微元体内，采用与整体区域同样的方法描述流体运动的守恒律。这样具有守恒律的积分形式必然包含面积分 $\oint_s f\mathrm{d}s$ 与体积分 $\int_\Omega g\mathrm{d}\Omega$。其中 Ω 为解的定义域，s 为 Ω 的边界表面。

对于面积分的逼近，有

$$\oint_s f\mathrm{d}s = \sum_k \int_{s_k} f_k \mathrm{d}s_k \tag{3.4.28}$$

式中：s_k 是第 k 个小控制微元体的外表面。设小控制微元体为正方形平面(二维)或正方体(三维)，在表面积分时(图 3-5)，最简单的方法是取界面中心点的值为其平均值。例如：在图 3-5(a)所示的以 O 点为几何中心的二维控制微元体中，取 de 边中点 a 上的值为 de 边上的平均值；在图 3-5(b)所示的三维控制微元体中，取 $abcd$ 面几何中心 e 上的值为界面 $abcd$ 上的平均值。

对于体积分，则有

$$\int_\Omega g\mathrm{d}\Omega = \sum_k \int_{\Omega_k} g_k \mathrm{d}\Omega_k \tag{3.4.29}$$

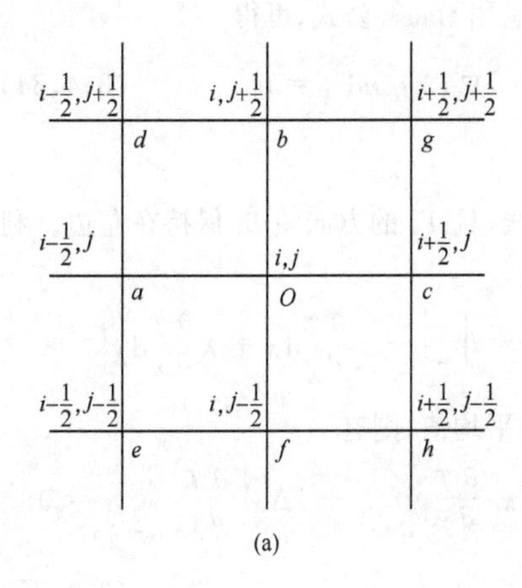

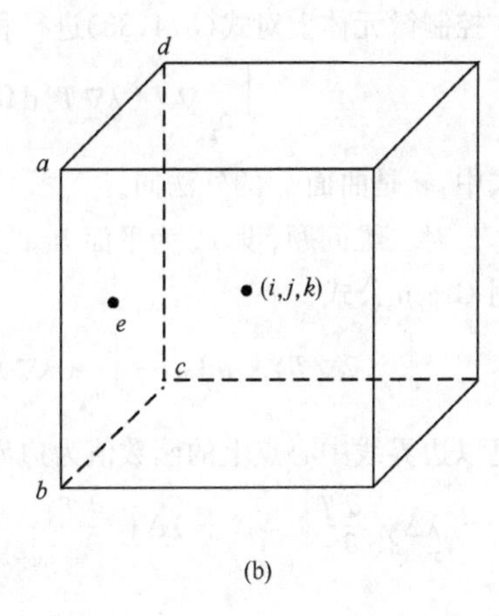

图 3-5　区域内控制微元示意图

(a)二维;(b)三维

在积分中可取第 k 个小控制微元体 Ω_k 的几何中心点上的值为控制微元体内的平均值。

下面以二维热传导方程为例,描述用有限体积法建立离散方程的步骤。设温度 T 满足 Laplace 方程

$$\Delta T = \frac{\partial^2 T}{\partial x^2} + \frac{\partial^2 T}{\partial y^2} = 0 \qquad a \leqslant x \leqslant b, c \leqslant y \leqslant d \tag{3.4.30}$$

及边界条件

$$-\lambda \frac{\partial T}{\partial x}\bigg|_{\Gamma} = \gamma(T_\infty - T|_\Gamma) \tag{3.4.31}$$

式中:λ 是热传导系数;γ 是常数;Γ 是区域边界。

下面采用最简单的区域离散法,即将定解区域 Ω 划分为有限个相等的方块控制微元。内部网格点取在控制微元的几何中心,微元控制面取在半点上[图 3-5(a)]。对于上面的二维问题,微分方程的定义域将由三维区域 Ω 退化为二维平面 B,Ω 的边界曲面 s 也将退化为曲线 Γ。

考虑以(i,j)点为几何中心的平面控制微元[图 3-5(a)]。在有限体积法中,(i,j)点上的物理量代表以该点为中心的平面控制微元内的平均值。Laplace 方程所描述的物理规律是控制体内热流量的变化为零,其热流量与温度分布的关系可由 Fourier 关系式给出

$$q_k = -\lambda \nabla T \tag{3.4.32}$$

对式(3.4.32)取散度,则有

$$-\nabla \cdot q_k = \nabla \cdot (\lambda \nabla T) = \lambda \nabla \cdot \nabla T = \lambda \nabla^2 T = \Delta T = 0 \tag{3.4.33}$$

在控制微元体上对式(3.4.33)进行积分,并应用 Gauss 公式,可得

$$\int_{\Omega_k} \nabla \cdot (\lambda \nabla T) \mathrm{d}\Omega_k = \oint_{s_k} (\lambda \nabla T) \cdot \boldsymbol{n} \mathrm{d}s_k = 0 \tag{3.4.34}$$

式中:$\boldsymbol{n}$ 是曲面 s_k 的外法向。

对二维问题,设 Γ_k 为平面 B_k 的封闭围线,且 Γ_k 的方向使 B_k 保持在左边。利用 Green 公式

$$\oint_{s_k} (\lambda \nabla T) \cdot \boldsymbol{n} \mathrm{d}s_k = \int_{B_k} (\lambda \nabla T) \mathrm{d}x \mathrm{d}y = \oint_{\Gamma_k} \left[-\lambda \frac{\partial T}{\partial y} \mathrm{d}x + \lambda \frac{\partial T}{\partial x} \mathrm{d}y \right]$$

且以边界线中心点上的函数值为边界线上的平均值,则有

$$-\lambda \Delta y \left[\frac{\partial T}{\partial x} \right]_{i-\frac{1}{2},j} + \lambda \Delta y \left[\frac{\partial T}{\partial x} \right]_{i+\frac{1}{2},j} - \lambda \Delta x \left[\frac{\partial T}{\partial y} \right]_{i,j-\frac{1}{2}} + \lambda \Delta x \left[\frac{\partial T}{\partial y} \right]_{i,j+\frac{1}{2}} = 0 \tag{3.4.35}$$

对于内点采用中心差商逼近以上导数项,得

$$\lambda \frac{\Delta y}{\Delta x}(T_{i-1,j} - T_{i,j}) + \lambda \frac{\Delta y}{\Delta x}(T_{i+1,j} - T_{i,j}) + \lambda \frac{\Delta x}{\Delta y}(T_{i,j-1} - T_{i,j}) + \lambda \frac{\Delta x}{\Delta y}(T_{i,j+1} - T_{i,j}) = 0 \tag{3.4.36}$$

整理后即得逼近二维热传导方程(3.4.30)的离散方程

$$\frac{1}{\Delta x^2}(T_{i-1,j} - 2T_{i,j} + T_{i+1,j}) + \frac{1}{\Delta y^2}(T_{i,j-1} - 2T_{i,j} + T_{i,j+1}) = 0 \tag{3.4.37}$$

可以验证,采用中心差商逼近方程(3.4.30)所得的差分方程与式(3.4.37)相同。

在有限体积法中,若采用先面后点法对求解域进行网格化,则控制微元体的界面与求解域的边界有部分重和。实际计算中,对 Dirichlet 边界条件常采用先面后点法进行网格化。这时,对于与边界重合的微元体界面,要求满足求解的边界条件即可。但对于 Neumann 边界条件,则常采用先点后面的网格化方法。下面以式(3.4.31)为例,说明有限体积法中这类边界条件的处理方法。

在采用先点后面的网格剖分中,设(i,j)点位于如图 3-6 所示的边界 fb 上。在控制微元 $bfhg$ 上,我们取(i,j)、$(i+1/2,j)$点上的函数值作为控制微元边界线 fb、hg 上的平均值,$(i,j+1/2)$、$(i,j-1/2)$点上的函数值作为边界线 bg、fh 上的平均值(以避免引入半点的函数值)。微元 $bfhg$ 上的积分守恒关系与式(3.4.34)类似,故对图 3-6 所示控制微元 $bfhg$ 的围线进行积分,有

$$-\lambda \Delta y \left[\frac{\partial T}{\partial x} \right]_{i,j} + \lambda \Delta y \left[\frac{\partial T}{\partial x} \right]_{i+\frac{1}{2},j} - \lambda \frac{\Delta x}{2} \left[\frac{\partial T}{\partial y} \right]_{i,j-\frac{1}{2}} + \lambda \frac{\Delta x}{2} \left[\frac{\partial T}{\partial y} \right]_{i,j+\frac{1}{2}} = 0 \tag{3.4.38}$$

对于内点采用中心差商逼近导数项。为避免计算半点的函数值,对于边界上半点

的导数项也采用中心差商逼近，则可得

$$-\lambda\Delta y\left[\frac{\partial T}{\partial x}\right]_{i,j}+\lambda\frac{\Delta y}{\Delta x}(T_{i+1,j}-T_{i,j})+\lambda\frac{\Delta x}{2\Delta y}(T_{i,j-1}-T_{i,j})$$
$$+\lambda\frac{\Delta x}{2\Delta y}(T_{i,j+1}-T_{i,j})=0 \tag{3.4.39}$$

将边界条件式(3.4.31)代入式(3.4.39)可得

$$\gamma(T_\infty-T_{i,j})+\frac{\lambda}{\Delta x}(T_{i+1,j}-T_{i,j})+\frac{\lambda\Delta x}{2\Delta y^2}(T_{i,j-1}-2T_{i,j}+T_{i,j+1})=0 \tag{3.4.40}$$

若采用一阶向前差商处理边界条件(3.4.31)时，差分方程可写为

$$\gamma(T_\infty-T_{i,j})=\frac{\lambda}{\Delta x}(T_{i,j}-T_{i+1,j}) \tag{3.4.41}$$

式(3.4.40)与式(3.4.41)之差，表明了有限差分法与有限体积法在边界条件处理上的差别。

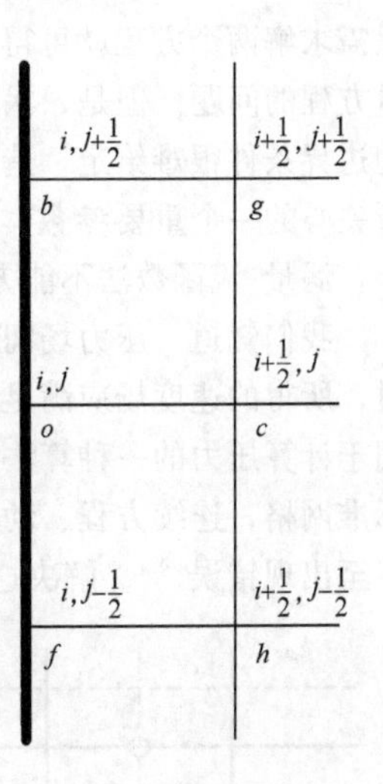

图 3-6 边界控制微元示意图

有限体积法的主要优点是它便于求解具有复杂边界区域的物理问题。这种情况下，求解域内离散后有限个体积的外形可能是任意的多面体（三维），故面积分后所得方程中的函数值可能不在正规的离散点上。

对于非定常问题，表征流体运动守恒定律的积分形式中应增加对时间的导数项。对时间导数项的积分可用类似的方法（或数值积分方法）进行离散。

运用有限体积法建立离散化方程后，其解的收敛性、稳定性等理论问题可采用有限差分法中的研究方法进行考察。但实际中，依然不得不借助于和物理实验的对比来考察解的稳定性及正确性。

3.4.4 SIMPLE 算法及其改进的算法

双流体模型中流体相的控制方程和颗粒相的控制方程以及颗粒轨道模型中流体相的控制方程均可用与单相流类似的微分方程组表示，即非稳态项＋对流项＝扩散项＋源项。对两相流计算中的这类方程组，常用 Patankar 和 Spalding[23,24] 创立的 SIMPLE 算法及其改进的算法求解所得的离散化方程，但这时往往需要采用交错网格。下面将对基于交错网格的 SIMPLE 算法及其改进算法做一介绍。

1. 交错网格

两相流控制方程组中的方程可分为三类：连续方程、动量方程以及其他方程。对这些方程离散化，一般得到的是联立的非线性代数方程组。由于它们的复

杂性，实际计算中需采用迭代法求解。因此，最直接的设想是：先由连续方程、动量方程求出近似速度场，代入其他方程得到密度、温度等物理变量后，再返回连续方程、动量方程继续求解速度场与压力场，直到获得满足精度要求的速度场为止（压力场也就可以求得）。但是，如何根据连续方程、动量方程求出速度场则是要解决的主要问题。

计算速度场的真正困难在于压力场未知。如果压力场给定，求解速度场就没有很大困难。但压力场通常是未知的，且压力这个未知量没有明显的控制方程可以求解。

由确定压力所带来的困难导致人们提出了若干从控制方程中消去压力的办法。其中之一是著名的“涡量-流函数法”[25]。对二维问题，该方法通过交叉微分从两个动量方程中消去压力，从而导出一个涡量输运方程。由于消去了压力，只需求解两个方程就可得到流函数和涡量，这样就取代了处理连续方程和两个动量方程的问题。但是，涡量-流函数法具有某些突出的缺点。例如：壁面上涡量的边界条件很难给定，造成很难得到收敛解，而且方法中消去的压力往往是人们所关心的一个重要参数。若回过头来再计算压力，则花费的计算时间很多。另外，涡量-流函数法不能方便地推广到三维情形。

我们知道，压力场间接地通过连续方程决定，当正确的压力场代入动量方程时，所得的速度场应满足连续方程。SIMPLE 算法就是将连续方程中的间接信息用于计算压力的一种算法。但是，如果我们采用将所有参数都定义在网格节点的标准网格，连续方程、动量方程的离散会导致速度场、压力场的求解精度下降，甚至出现错误[20]。解决这一问题的办法是引入速度交错网格。

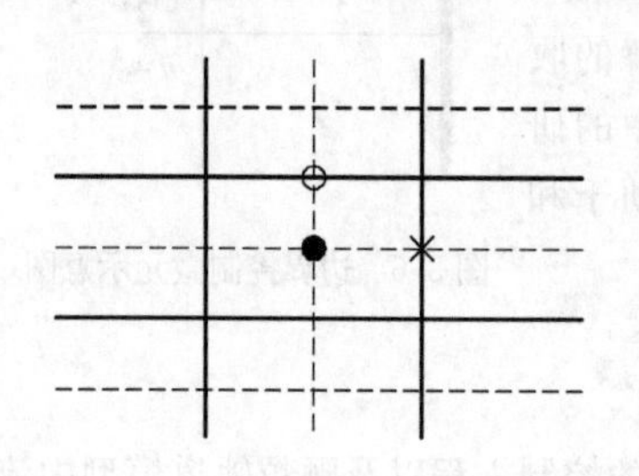

图 3-7　速度交错网格示意图（二维）

●其他变量；× u_x；○ u_y

如果我们把标量参数（即压力、密度等）定义在控制微元体的中心，而将速度分量定义在控制微元体界面与两相邻微元体中心连线的交点上，就形成了速度交错网格。通常 x 方向的速度分量 u_x 定义在垂直于 x 方向的界面上，y 方向的速度分量 u_y 定义在垂直于 y 方向的界面上。如图 3-7 所示，不失一般性，我们可将压力等标量参数存储在实线表示的控制微元体中心，而将速度 u_x、u_y 存储在控制微元体的右方与上方。由于 u_x 位于控制微元体的界面，且落在 x 方向两相邻微元体中心的连线上，因而 u_x 相对于控制微元体的中心而言，位置只在 x 方向是错位的。同样 u_y 的位置只在 y 方向是错位的，u_z 的位置只在 z 方向是错位的。

采用交错网格时，计算中必须提供速度分量所在位置的几何信息，并且，由于速度与各类标量的位置不在同一个点上，计算中控制微元体中心或界面上缺少的信息需要用插值进行补充。当然，交错网格带来的好处值得付出这些代价。

2. 动量方程和连续方程的离散

动量方程包含三个控制微分方程，求解时首先要将它们离散化。取如图 3-8 所示的控制微元体，P 表示控制微元体中心，其压力储存在 P 点。对二维问题，东西南北相邻的控制微元体中心用 E、W、S、N 表示。对三维问题，东、西、南、北、上、下相邻的控制微元体中心用 E、W、S、N、H、L 表示。类似地，e、w、s、n、h、l 表示控制微元体中，东、西、南、北、上、下界面中速度分量所在的位置。

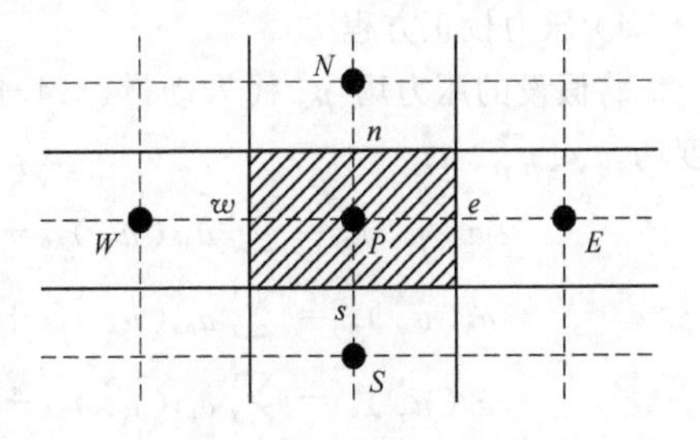

图 3-8 控制微元体

运用偏微分方程的离散化方法，可以得到动量方程离散的一般形式

$$a_e(u_x)_e = \sum a_{nb}(u_x)_{nb} + b_e + (p_P - p_E)A_e \tag{3.4.42a}$$

$$a_n(u_y)_n = \sum a_{nb}(u_y)_{nb} + b_n + (p_P - p_N)A_n \tag{3.4.42b}$$

$$a_h(u_z)_h = \sum a_{nb}(u_z)_{nb} + b_h + (p_P - p_H)A_h \tag{3.4.42c}$$

式中：a_I、b_I、$A_I(I=e,n,h)$表示动量方程写为形如式(3.4.42)的离散表达式时，相应系数的形式记号。nb 表示相邻储存速度的点，a_{nb}也是为简单起见对系数引入的形式记号，它们在上面三个式子中互不相同。

连续方程的离散化形式为

$$\frac{[(\rho_f)_P - (\rho_f)_P^{(0)}]\Delta x\Delta y\Delta z}{\Delta t} + [(\rho_f u_x)_e - (\rho_f u_x)_w]\Delta y\Delta z + [(\rho_f u_y)_n - (\rho_f u_y)_s]\Delta z\Delta x + [(\rho_f u_z)_h - (\rho_f u_z)_l]\Delta x\Delta y = 0 \tag{3.4.43}$$

式中：上标(0)表示前一时间步，即$(\rho_f)_P^{(0)}$为前一时间步的流体密度。

在求解速度场所需的动量方程以及确定压力场所需的连续方程均离散化后，就可用 SIMPLE 算法及其改进的方法求解速度场与压力场。

3. SIMPLE 算法

动量方程的求解需要预先知道压力场 p。如果压力场已知，流场的求解便没有问题。通常压力场未知，且压力没有明显的控制方程可以求解。人们很自然地想起运用迭代法来求解速度场。即先假设一个压力场 p^* 代入动量方程中，求得近似速度场。如果该速度场满足连续方程，则流场求解完毕。如果所得速度场不满足连续方程，则表明所假定的压力场 p^* 不正确，需要重新假定一个压力场 p^*，直到由压力场得到的速度场满足连续方程为止。

盲目试探压力场 p^* 显然是不合适的。如果能找到一种调整压力场 p^* 的方法,使得每经过一次调整 p^* 的过程后,p^* 能更接近正确的压力场,则流场的计算问题就得到了解决。调整压力场 p^* 的方法很多。这里给出运用压力校正值调整压力场 p^* 的方法——SIMPLE 算法。

1) 压力校正方程

将假设的压力场 p^* 代入动量(3.4.42),得到可能不满足连续方程的近似速度场 u_x^*、u_y^*、u_z^*

$$a_e(u_x^*)_e = \sum a_{nb}(u_x^*)_{nb} + b_e + [(p^*)_P - (p^*)_E]A_e \quad (3.4.44a)$$

$$a_n(u_y^*)_n = \sum a_{nb}(u_y^*)_{nb} + b_n + [(p^*)_P - (p^*)_N]A_n \quad (3.4.44b)$$

$$a_h(u_z^*)_h = \sum a_{nb}(u_z^*)_{nb} + b_h + [(p^*)_P - (p^*)_H]A_h \quad (3.4.44c)$$

设正确的压力 p 为

$$p = p^* + p' \quad (3.4.45)$$

式中:p'称为压力校正值。类似地引入速度校正值 u_x'、u_y'、u_z',即

$$u_x = u_x^* + u_x' \quad (3.4.46a)$$

$$u_y = u_y^* + u_y' \quad (3.4.46b)$$

$$u_z = u_z^* + u_z' \quad (3.4.46c)$$

将方程(3.4.42a)与方程(3.4.44a)相减,可得速度校正值 u_x'的方程

$$a_e(u_x')_e = \sum a_{nb}(u_x')_{nb} + [(p')_P - (p')_E]A_e \quad (3.4.47)$$

为了计算方便,我们摒弃上述方程中的 $\sum a_{nb}(u_x')_{nb}$ 项,从而得到

$$a_e(u_x')_e = [(p')_P - (p')_E]A_e \quad (3.4.48)$$

或

$$(u_x')_e = d_e[(p')_P - (p')_E] \quad (3.4.49)$$

其中

$$d_e = A_e/a_e \quad (3.4.50)$$

方程(3.4.49)称作速度校正公式。其他方向的速度校正公式也可类似给出。根据式(3.4.46),速度场可写为

$$(u_x)_e = (u_x^*)_e + d_e[(p')_P - (p')_E] \quad (3.4.51a)$$

$$(u_y)_n = (u_y^*)_n + d_n[(p')_P - (p')_N] \quad (3.4.51b)$$

$$(u_z)_h = (u_z^*)_h + d_h[(p')_P - (p')_H] \quad (3.4.51c)$$

将式(3.4.51)的速度场代入连续方程的离散化形式(3.4.43),则得到以 p'为自变量的压力校正方程

$$a_P(p')_P = a_E(p')_E + a_W(p')_W + a_N(p')_N + a_S(p')_S + a_H(p')_H + a_L(p')_L + b \quad (3.4.52)$$

其中

$$
\begin{cases}
a_E = (\rho_f)_e d_e \Delta y \Delta z \\
a_W = -(\rho_f)_w d_w \Delta y \Delta z \\
a_N = (\rho_f)_n d_n \Delta z \Delta x \\
a_S = -(\rho_f)_s d_s \Delta z \Delta x \\
a_H = (\rho_f)_h d_h \Delta x \Delta y \\
a_L = -(\rho_f)_l d_l \Delta x \Delta y \\
a_P = a_E + a_W + a_N + a_S + a_H + a_L
\end{cases}
\tag{3.4.53}
$$

$$
b = \frac{[(\rho_f)_P^{(0)} - (\rho_f)_P]\Delta x \Delta y \Delta z}{\Delta t} + [(\rho_f u_x^*)_w - (\rho_f u_x^*)_e]\Delta y \Delta z \\
+ [(\rho_f u_y^*)_s - (\rho_f u_y^*)_n]\Delta z \Delta x + [(\rho_f u_z^*)_l - (\rho_f u_z^*)_h]\Delta x \Delta y
\tag{3.4.54}
$$

式中：b 称为质量源。如果 u_x^*、u_y^*、u_z^* 满足连续方程，则质量源 b 为零。这时就不必对压力做进一步的修正。不断迭代求解动量方程的结果，就是使质量源 b 逐渐趋于零。

2) SIMPLE 算法

SIMPLE 算法[24]的计算步骤如下：

(1) 由一估计的压力场 p^* 与初始速度场开始。

(2) 求解动量方程(3.4.44)，得到 u_x^*、u_y^*、u_z^*。

(3) 求解压力校正方程(3.4.52)，得到 p'。

(4) 用速度校正公式(3.4.51)计算 u_x、u_y、u_z。

(5) 用式(3.4.45)，由 p' 及 p^* 得到 p。

(6) 求解影响流场的其他变量。

(7) 将新求得的速度场作为初始速度场，把新得到的压力 p 当作一个新的试探压力场 p^*，并将求出的其他变量代入动量方程(3.4.44)，返回步骤(2)。不断重复上述过程，直到得到收敛的速度场(可用质量源 b 作为收敛判据)。

(8) 得到收敛的速度场后，求解其他剩下的变量。

3) 压力校正方程的讨论

首先讨论 p' 方程中略去项的合理性。我们曾在速度校正值 u_x' 的方程(3.4.47)中，摒弃了 $\sum a_{nb}(u_x')_{nb}$ 而推导出压力校正方程，正是因为有此类略去项，前面的算法才称为半隐式方法(semi-implicit method)。然而，压力校正方程仅仅是把我们引向正确压力场的一个中间算法，它的作用是使得偏离正确值的估计压力场 p^* 逐渐调节得接近正确值。调整 p^* 的方法可以不同，但它们对最终结果没有直接影响。一旦我们求得了收敛的解，那么 p' 方程的所有可能公式都会给出同样的最终结果。但是应该指出，选取不同的调整方法，或者说不同的 p'方程对计算过程的收敛与否以及收敛速度有很大关系。如果推导 p'方程略去的项太多就有可能导致求解过程发散。

求解 SIMPLE 算法中的压力校正方程(3.4.52)时，迭代也有可能趋于发散。因此，迭代中经常引入欠松弛方法，以减缓压力场的变化，从而使得整个迭代过程易于趋于收敛，但付出的代价是收敛速度减慢。

其次讨论 p'在边界上的赋值问题。p'方程并非基本方程，因此不能采用基本方程中边界条件的给定方法来给定压力校正方程的边界条件。通常基本方程在边界上有两类条件：一类是指定边界上的压力 p(此时速度未知)；另一类是给定边界上的法向速度。下面分别说明对这两类边界条件，压力校正值 p'在边界上的给法。

若给定边界上的压力，估计压力场 p^* 可以等于给定的压力值，因此在边界上给定 $p'=0$。

若给定边界上的法向速度，通常采用先面后点法在边界区域布置交错网格。这样在矩形区域中，控制微元体的界面与区域边界是吻合的。设速度$(u_x)_e$已知，则推导如图 3-9 所示控制微元体上的 p'方程时，代入连续方程的不应是用式(3.4.51a)计算的$(u_x)_e$，而应当是$(u_x)_e$本身。于是 p'方程中将不会出现$(p')_E$，也就是说，p'方程中的 a_E 为零。此时，在边界上不需要任何有关 p'的信息。

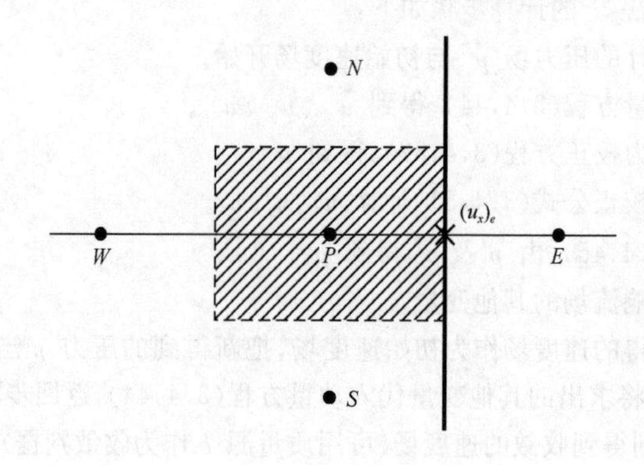

图 3-9　边界的控制微元体

最后讨论压力的相对特性。从压力校正方程(3.4.52)及其系数表达式(3.4.53)可知，p'方程的系数满足 $a_P=\sum a_{nb}$，其中 nb 表示储存压力的相邻点。这意味着 p'加上任意一个常数都满足 p'方程(3.4.52)。另外，从前面的讨论又知，对于给定边界上法向速度的情形，p'方程中类似于 a_E 的边界系数为零。这样，没有办法用此时的 p'方程及边界条件来确定 p'的绝对值。实际上在动量方程中，压力项只是以梯度形式出现，因而只有压力的差值是有意义的。这些差值不会因

p'的值加上任意一个常数而有任何差别，所以，压力仅是一个相对变量。

虽然压力与压力校正值的解并不唯一，但用迭代法求解压力校正方程时的确会收敛得到一个压力校正值。不过，这一最终解的绝对值取决于迭代初始估计值。通常将 p'的预估值取为零，以控制 p'的绝对值不要很大。

4. 改进的算法

SIMPLE 算法是目前两相流领域中应用十分广泛的算法。但是由于 SIMPLE 算法在推导 p'方程的过程中，在速度校正公式(3.4.48)中忽略了 $\sum a_{nb}(u'_x)_{nb}$，从而过于夸大了压力校正。这种近似的后果是 SIMPLE 算法往往需要引入欠松弛方法作为迭代过程的基本做法，从而造成整个迭代的收敛速度减慢。为了克服这一缺点，SIMPLE 算法得到了改进。下面介绍两种常用的改进算法[20,24]。

1) PISO 算法

PISO 算法的基本思想和结构都与 SIMPLE 算法非常相似，其名称由 pressure implicit solution by split operator 的字头所组成。在 PISO 算法中，压力校正值 p'被分为两个部分，即

$$p' = p'_1 + p'_2 \tag{3.4.55}$$

速度校正方程(3.4.47)也改写为

$$(u'_x)_e = \frac{\sum a_{nb}(u'_x)_{nb}}{a_e} + d_e[(p')_P - (p')_E] = (u'_x)_{e,1} + (u'_x)_{e,2} \tag{3.4.56}$$

其中

$$(u'_x)_{e,1} = d_e[(p'_1)_P - (p'_1)_E] \tag{3.4.57}$$

$$(u'_x)_{e,2} = \frac{\sum a_{nb}(u'_x)_{nb}}{a_e} + d_e[(p'_2)_P - (p'_2)_E] \tag{3.4.58}$$

这样，正确的速度场与压力场分别为

$$(u_x)_e = (u^*_x)_e + (u'_x)_{e,1} + (u'_x)_{e,2} \tag{3.4.59}$$

$$p = p^* + p'_1 + p'_2 \tag{3.4.60}$$

下面假定 $(u'_x)_{e,2}=0$[类似 SIMPLE 算法中摒弃 $\sum a_{nb}(u'_x)_{nb}$ 的假定]，并对其他方向其他点也做类似的假定，于是可得速度场为

$$(u_x)_e = (u^*_x)_e + d_e[(p'_1)_P - (p'_1)_E] \tag{3.4.61a}$$

$$(u_y)_n = (u^*_y)_n + d_n[(p'_1)_P - (p'_1)_N] \tag{3.4.61b}$$

$$(u_z)_h = (u^*_z)_h + d_h[(p'_1)_P - (p'_1)_H] \tag{3.4.61c}$$

将式(3.4.61)的速度场代入连续方程的离散化形式(3.4.43)，则得到以 p'_1为自变量的压力校正方程

$$a_P(p'_1)_P = \sum_I a_I(p'_1)_I + b_1 \tag{3.4.62}$$

其中 a_P、$a_I(I=E, W, N, S, H, L)$及质量源 b_1 的表达式与式(3.4.53)、式(3.4.54)相同。

这也就是 SIMPLE 算法中的压力校正方程。在 SIMPLE 算法和 PISO 算法中,都是用方程(3.4.62)来计算压力校正值,再用式(3.4.61)来校正速度场。尽管近似的 p'_1方程易于过高估计压力校正值,但得出的校正速度场通常更容易满足连续性方程。

PISO 算法和 SIMPLE 算法之间的主要区别在于压力场的校正。在 SIMPLE 算法中,只用 p'_1校正压力场。但在 PISO 算法中,则用 p'_1与 p'_2共同校正压力场。p'_2的方程可类似推导得到

$$a_P(p'_2)_P = \sum_I a_I(p'_2)_I + b_2 \tag{3.4.63}$$

其中 a_P、$a_I(I=E, W, N, S, H, L)$的表达式与式(3.4.53)相同,而 b_2 的表达式为

$$\begin{aligned} b_2 = &\left\{\rho_{\mathrm{f}}\frac{\left[\sum a_{nb}(u'_x)_{nb,1}\right]_w}{a_w} - \rho_{\mathrm{f}}\frac{\left[\sum a_{nb}(u'_x)_{nb,1}\right]_e}{a_e}\right\}\Delta y\Delta z \\ &+\left\{\rho_{\mathrm{f}}\frac{\left[\sum a_{nb}(u'_y)_{nb,1}\right]_s}{a_s} - \rho_{\mathrm{f}}\frac{\left[\sum a_{nb}(u'_y)_{nb,1}\right]_n}{a_n}\right\}\Delta z\Delta x \\ &+\left\{\rho_{\mathrm{f}}\frac{\left[\sum a_{nb}(u'_z)_{nb,1}\right]_l}{a_l} - \rho_{\mathrm{f}}\frac{\left[\sum a_{nb}(u'_z)_{nb,1}\right]_h}{a_h}\right\}\Delta x\Delta y \end{aligned} \tag{3.4.64}$$

PISO 的计算步骤如下:

(1) 由一估计的压力场 p^* 与初始速度场开始。

(2) 求解动量方程(3.4.44),得到 u_x^*、u_y^*、u_z^*。

(3) 求解 p'_1的方程(3.4.62),得到 p'_1。

(4) 由速度校正公式(3.4.61),用 p'_1校正速度。

(5) 求解 p'_2的方程(3.4.63),得到 p'_2。

(6) 根据式(3.4.60),用 p'_1和 p'_2校正压力。

(7) 求解影响流场的其他变量。

(8) 将新求得的速度场作为初始速度场,把新得到的压力 p 当作一个新的估计压力场 p^*,并将求出的其他变量代入动量方程(3.4.44),返回步骤(2)。不断重复上述过程,直到得到收敛的速度场。

(9) 得到收敛的速度场后,求解其他剩下的变量。

比较 PISO 算法和 SIMPLE 算法的求解步骤,可以发现,PISO 算法仅在步骤(5)时多求解一个 p'_2的方程,且对压力校正多加一个 p'_2。但由于 p'_2方程的系数矩阵与 p'_1方程的系数矩阵相同,因此只需将 b_1 换为 b_2,便可方便地由 p'_1方程得

到 p_2'方程。并且,p_1'方程与 p_2'方程的求解程序可以通用。

2) SIMPLER算法

对于一个已知入口速度的一维常密度流动问题,流动速度只受连续方程控制。因此,用SIMPLE算法第一次迭代后所得到的满足连续方程的速度场自然就是最终答案。但此时由SIMPLE算法得到的压力场却由于 p'方程的近似特性,远远偏离最终正确的压力场。所以在SIMPLE算法中,可能迭代过程中早就得到了正确的速度场,可是正确的压力场却需要多次迭代才能得到。

SIMPLE算法这一弱点的根源就是用了近似性较强的压力校正方程来校正压力。如果我们使用压力校正方程来校正速度,而压力场由其他方法得到,则可以克服这一缺点。因此,SIMPLE算法产生了另一改进形式——SIMPLER(SIMPLE revised)算法。

下面推导求解压力场的方程。将动量方程(3.4.42)改写为

$$(u_x)_e = \frac{\sum a_{nb}(u_x)_{nb} + b_e}{a_e} + d_e(p_P - p_E) \tag{3.4.65a}$$

$$(u_y)_n = \frac{\sum a_{nb}(u_y)_{nb} + b_n}{a_n} + d_n(p_P - p_N) \tag{3.4.65b}$$

$$(u_z)_h = \frac{\sum a_{nb}(u_z)_{nb} + b_h}{a_h} + d_h(p_P - p_H) \tag{3.4.65c}$$

定义与压力无关的拟速度$(\hat{u}_x)_e$、$(\hat{u}_y)_n$、$(\hat{u}_z)_h$

$$(\hat{u}_x)_e = \frac{\sum a_{nb}(u_x)_{nb} + b_e}{a_e} \tag{3.4.66a}$$

$$(\hat{u}_y)_n = \frac{\sum a_{nb}(u_y)_{nb} + b_n}{a_n} \tag{3.4.66b}$$

$$(\hat{u}_z)_h = \frac{\sum a_{nb}(u_z)_{nb} + b_h}{a_h} \tag{3.4.66c}$$

这样,可得速度校正公式

$$(u_x)_e = (\hat{u}_x)_e + d_e(p_P - p_E) \tag{3.4.67a}$$

$$(u_y)_n = (\hat{u}_y)_n + d_n(p_P - p_N) \tag{3.4.67b}$$

$$(u_z)_h = (\hat{u}_z)_h + d_h(p_P - p_H) \tag{3.4.67c}$$

将式(3.4.67)与式(3.4.51)比较,可以发现两组方程形式类似,只是 u_x^*、u_y^*、u_z^*换成 $\hat{u}_x$、$\hat{u}_y$、$\hat{u}_z$,压力校正 p'换成压力 p。将这三个速度表达式代入式(3.4.43),同样可以得出类似 p'方程的压力方程,即

$$a_P p_P = a_E p_E + a_W p_W + a_N p_N + a_S p_S + a_H p_H + a_L p_L + b \tag{3.4.68}$$

其中系数 a_P、a_I($I = E, W, N, S, H, L$)与压力校正方程中的系数相同,即由

式(3.4.53)决定。质量源 b 与式(3.4.54)形式相同,只是近似速度换成了拟速度,即

$$b=\frac{[(\rho_f)_P^{(0)}-(\rho_f)_P]\Delta x\Delta y\Delta z}{\Delta t}+[(\rho_f\hat{u}_x)_w-(\rho_f\hat{u}_x)_e]\Delta y\Delta z$$
$$+[(\rho_f\hat{u}_y)_s-(\rho_f\hat{u}_y)_n]\Delta z\Delta x+[(\rho_f\hat{u}_z)_l-(\rho_f\hat{u}_z)_h]\Delta x\Delta y \tag{3.4.69}$$

SIMPLER 算法的步骤如下:

(1) 由一个估计的速度场开始。

(2) 由式(3.4.66)计算拟速度 $\hat{u}_x$、$\hat{u}_y$、$\hat{u}_z$。

(3) 求解压力方程(3.4.68)得到近似压力场。

(4) 把这个近似压力场当作 p^* 代入动量方程(3.4.44),求解 u_x^*、u_y^*、u_z^*。

(5) 求解压力校正方程(3.4.52),得到 p'。

(6) 由式(3.4.51)用 p'校正速度场,但不校正压力场。

(7) 求解影响流场的其他变量。

(8) 将新求得的速度场作为初始速度场,返回步骤(2)。不断重复上述过程,直到得到收敛的速度场。

压力方程和压力校正方程除了质量源项的表达式不同外,其他完全相同。所以,前面对压力校正方程边界条件的讨论同样适用于压力方程。应该清楚,虽然两者几乎完全相同,但是压力方程在推导时没有引入近似假设。因此,如果用一个正确的速度场来计算拟速度,压力方程将立即给出准确的压力场。

在 SIMPLE 算法中,尽管迭代开始时可将正确的速度场作为迭代的初始场,但求解动量方程后得出的带星号的速度场将偏离这一正确速度场。p'方程的近似,则将在第一次迭代结束时就产生不正确的速度场与压力场。所以在 SIMPLE 算法中,尽管开始可能就有了正确的速度场,但要得到收敛的压力场仍需多次迭代。因此,估计的压力场对 SIMPLE 算法的收敛速度起着重要的作用。与此相反,SIMPLER 算法不采用估计的压力场,而是由一估计的速度场求出近似的压力场。如果估计速度场碰巧就是正确的速度场,则 SIMPLER 算法将立即得出正确的压力场。

SIMPLER 算法虽然比 SIMPLE 收敛快,但它每一次迭代所需的计算量更多。它需要多解压力方程,多计算拟速度。但一般来说,SIMPLER 算法减少迭代次数所节省的计算时间大于迭代收敛很慢所增加的计算时间。

除了上述介绍的方法外,还有其他改进的 SIMPLE 算法。它们构成了 SIMPLE系列算法,并成为两相流计算中应用历史较长、范围较广的数值算法。

3.5 颗粒动力学

若忽略颗粒存在对流体流动的影响,考察已知流场中单颗粒的运动,就是

(单) 颗粒动力学。目前，除颗粒群所受流体曳力的研究已有一些成果外，对颗粒群在流体中运动时所受其他作用力的表达式的研究还很少。因此，在颗粒流体系统的许多研究中，颗粒群的运动不得不用简化的颗粒动力学进行处理。与此同时，颗粒流体系统模拟的多尺度建模过程中，往往也涉及颗粒动力学。因此，颗粒动力学是颗粒流体系统中，颗粒运动描述的基础。

1. 曳力

当颗粒速度不同于流体速度时，颗粒与流体之间将产生相互作用力。对速度高的一方，将受到速度低的一方的阻力；对速度低的一方，将受到速度高的一方的曳力。阻力与曳力大小相等，方向相反。通常流体速度大于颗粒速度，以至于颗粒受到的是流体的曳力。但有时对阻力与曳力并不区分。

颗粒在流体中的曳力（阻力）是颗粒与流体间相互作用的最基本形式。其他形式的相间作用还可在一定条件下予以忽略，但在任何情况下都不能不考虑相间曳力的影响。

曳力 $\boldsymbol{F}_{\mathrm{d}}$ 的表达式为

$$\boldsymbol{F}_{\mathrm{d}}=\frac{\pi r_{\mathrm{p}}^{2}}{2}C_{\mathrm{d0}}\rho_{\mathrm{f}}\left|\boldsymbol{u}-\boldsymbol{v}\right|(\boldsymbol{u}-\boldsymbol{v}) \tag{3.5.1}$$

式中：C_{d0} 称为单颗粒曳力(阻力)系数。

从理论导出的曳力系数计算公式有 Stokes 定律与 Oseen 公式。定义单颗粒 Reynolds 数为

$$Re_{\mathrm{p}}=\frac{\rho_{\mathrm{f}}\left|\boldsymbol{u}-\boldsymbol{v}\right|d_{\mathrm{p}}}{\mu_{\mathrm{f}}} \tag{3.5.2}$$

则在 Stokes 定律中，曳力系数为

$$C_{\mathrm{d0}}=\frac{24}{Re_{\mathrm{p}}}\qquad Re_{\mathrm{p}}<1 \tag{3.5.3}$$

在 Oseen 公式中，曳力系数为

$$C_{\mathrm{d0}}=\frac{24}{Re_{\mathrm{p}}}\left(1+\frac{3}{16}Re_{\mathrm{p}}\right)\qquad Re_{\mathrm{p}}<5 \tag{3.5.4}$$

从实验得到的主要结果有 Newton 公式和标准曳力曲线。Newton 得到的曳力系数为

$$C_{\mathrm{d0}}=0.44\qquad 500<Re_{\mathrm{p}}<2\times10^{5} \tag{3.5.5}$$

经过大量实验得到的单个刚性球体在静止、等温、不可压缩及无限大流场的流体中做匀速运动时的曳力系数与 Reynolds 数之间的关系(称为标准曳力曲线)如图 3-10 中曲线 4 所示。在标准曳力曲线中，曳力曲线被分为 4 个区。Ⅰ区($Re_{\mathrm{p}}<10$)：C_{d0} 随 Re_{p} 增加近似地按直线规律下降。Ⅱ区($10<Re_{\mathrm{p}}<500$)：C_{d0} 随 Re_{p} 增加而缓慢下降。Ⅲ区($500<Re_{\mathrm{p}}<1.8\times10^{5}$)：$C_{\mathrm{d0}}$ 随 Re_{p} 变化不大。Ⅳ区($Re_{\mathrm{p}}>$

1.8×10^5)；C_{d0}大大减小。

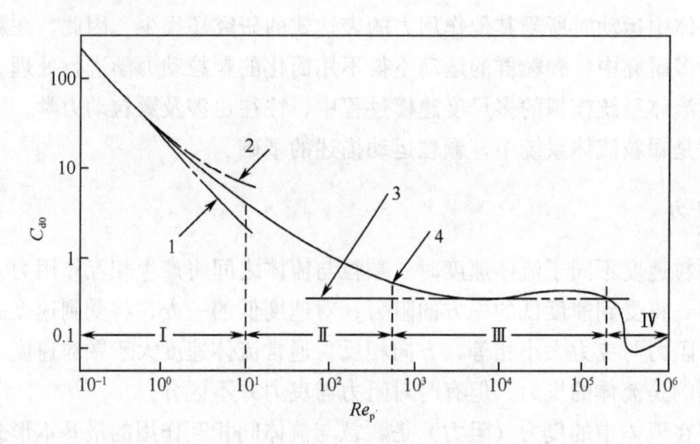

图 3-10　曳力系数与 Reynolds 数的关系

1. Stokes 定律；2. Oseen 公式；3. Newton 公式；4. 标准曳力曲线

图 3-10 中也给出了 Stokes 定律、Oseen 公式、Newton 公式的曲线。由图可见，在这些公式的适用范围内，它们与标准曳力曲线相差不大。

C_{d0}随 Re_p的变化没有统一规律，难以用一个公式来精确拟合。实际中，对 $Re_p<1$，常用 Stokes 定律计算；对 $1\leqslant Re_p<1000$，用 $C_{d0}=\frac{24}{Re_p}(1+0.15\,Re_p^{0.687})$计算（有时对 $Re_p<1$，也用此公式）；对 $Re_p\geqslant1000$，用 Newton 公式。

标准曳力曲线是球形颗粒在静止、等温、不可压缩流体中做匀速运动时通过实验得到的。但实际流动中，颗粒所受曳力的大小受到许多因素的影响。它不但与颗粒的 Reynolds 数有关，还与流体的湍流、流体的可压缩性、颗粒的旋转、颗粒表面的粗糙度等许多因素有关。所以，实际流动中的曳力系数远远不同于标准曳力曲线。在公开发表的文献中，我们可以找到许多不同条件下的曳力系数公式。

2. 重力和浮力

设一球形颗粒在静止的流体中自由下落。$\boldsymbol{F}_g$ 为颗粒的重力，则

$$\boldsymbol{F}_g=\frac{4}{3}\pi r_p^3\rho_p\boldsymbol{g}\qquad(3.5.6)$$

而流体作用在颗粒上的浮力为

$$\boldsymbol{F}_a=-\frac{4}{3}\pi r_p^3\rho_f\boldsymbol{g}\qquad(3.5.7)$$

对于气固系统，因气体密度较小而使得浮力常被忽略。

3. 附加质量力

当颗粒在流体中做加速运动时，它要引起周围流体做加速运动。由于流体有

惯性，表现为对颗粒有一个反作用力。这时，推动颗粒运动的力将大于颗粒本身的惯性力，就好像颗粒质量增加了一样。所以，这部分大于颗粒本身惯性力的力叫附加质量力(或称虚假质量力)。颗粒所受的附加质量力 $\boldsymbol{F}_{\mathrm{m}}$ 为

$$\boldsymbol{F}_{\mathrm{m}}=\frac{1}{2}\left[\frac{4}{3}\pi r_{\mathrm{p}}^{3}\right]\rho_{\mathrm{f}}\frac{\mathrm{d}}{\mathrm{d}t}(\boldsymbol{u}-\boldsymbol{v})=\frac{2}{3}\pi r_{\mathrm{p}}^{3}\rho_{\mathrm{f}}\frac{\mathrm{d}}{\mathrm{d}t}(\boldsymbol{u}-\boldsymbol{v}) \tag{3.5.8}$$

由式(3.5.8)可见附加质量力等于与颗粒同体积的流体质量附在颗粒上做加速运动时惯性力的一半。

实验表明，实际的附加质量力大于理论值，故常用一个经验常数 K_{m} 来代替式(3.5.8)中的$\frac{1}{2}$，即

$$\boldsymbol{F}_{\mathrm{m}}=K_{\mathrm{m}}\left[\frac{4}{3}\pi r_{\mathrm{p}}^{3}\right]\rho_{\mathrm{f}}\frac{\mathrm{d}}{\mathrm{d}t}(\boldsymbol{u}-\boldsymbol{v}) \tag{3.5.9}$$

其中

$$K_{\mathrm{m}}=1.05-\frac{0.066}{A_{\mathrm{c}}^{2}+0.12} \tag{3.5.10}$$

$$A_{\mathrm{c}}=\frac{|\boldsymbol{u}-\boldsymbol{v}|^{2}}{2r_{\mathrm{p}}\left|\frac{\mathrm{d}}{\mathrm{d}t}(\boldsymbol{u}-\boldsymbol{v})\right|} \tag{3.5.11}$$

对于 $\rho_{\mathrm{f}}\ll\rho_{\mathrm{p}}$ 的两相流，当相对运动加速度不大时，附加质量力影响很小。但对于 $\rho_{\mathrm{f}}\approx\rho_{\mathrm{p}}$ 的两相流，附加质量力的影响是很大的。

4. Basset 力

当颗粒在黏性流体中做变速直线运动时，颗粒附面层的影响将带着一部分流体运动。由于流体有惯性，当颗粒加速时，它不能立刻加速，当颗粒减速时，它不能立刻减速。这样，颗粒表面的附面层不稳定使颗粒受到一个随时间变化的流体作用力。它与颗粒的加速历程有关。这个力称为 Basset 力，其表达式为

$$\boldsymbol{F}_{\mathrm{B}}=6r_{\mathrm{p}}^{2}\sqrt{\pi\rho_{\mathrm{f}}\mu_{\mathrm{f}}}\int_{t_0}^{t}\frac{\frac{\mathrm{d}}{\mathrm{d}\tau}(\boldsymbol{u}-\boldsymbol{v})}{\sqrt{t-\tau}}\mathrm{d}\tau \tag{3.5.12}$$

式中：t_0 是颗粒开始加速的时刻。Basset 力只发生在黏性流体中，其方向与颗粒加速度的方向相反。

实际的 Basset 力同样依赖于由式(3.5.11)表示的加速度的模数 A_{c}。若把式(3.5.12)写成

$$\boldsymbol{F}_{\mathrm{B}}=K_{\mathrm{B}}r_{\mathrm{p}}^{2}\sqrt{\pi\rho_{\mathrm{f}}\mu_{\mathrm{f}}}\int_{t_0}^{t}\frac{\frac{\mathrm{d}}{\mathrm{d}\tau}(\boldsymbol{u}-\boldsymbol{v})}{\sqrt{t-\tau}}\mathrm{d}\tau \tag{3.5.13}$$

则经验常数 K_{B} 为

$$K_B = 2.88 + \frac{3.12}{(A_c + 1)^3} \tag{3.5.14}$$

5. 压力梯度力

颗粒在有压力梯度的流场中运动时，还受到由于压力梯度∇p引起的作用力——压力梯度力，其表达式为

$$\boldsymbol{F}_p = -\frac{4}{3}\pi r_p^3 \nabla p \tag{3.5.15}$$

式中：p表示颗粒表面由压力梯度而引起的压力分布；负号表示压力梯度力的方向与流场中压力梯度的方向相反。

6. Magnus 力

颗粒在运动过程中会发生旋转，造成颗粒旋转的原因可能有：①流场中有速度梯度存在，使冲刷颗粒的力量不均匀；②颗粒之间相互碰撞、摩擦，或与管壁有碰撞、摩擦；③颗粒形状不规则，使得各点所受的阻力不一样，从而产生使颗粒旋转的力矩。

在低 Reynolds 数时，颗粒的旋转将带动流体运动，使颗粒相对速度较高的一边其流体速度增加，压强减小；而另一边的流体速度减小，压强增加。结果颗粒向流体速度较高的一边运动，从而使颗粒趋于移向管道中心。这种现象称为 Magnus 现象。由于颗粒旋转产生的垂直于相对速度方向的横向力，称为 Magnus 力。它就是使颗粒向管道中心移动的作用力，其表达式为

$$\boldsymbol{F}_M = \pi r_p^3 \rho_f \omega \times (\boldsymbol{u} - \boldsymbol{v}) \tag{3.5.16}$$

式中：ω是颗粒旋转的角速度。

7. Saffman 力

颗粒在有横向速度梯度的流场中运动时，即使它没有旋转，也会受到一个附加的横向力，称为 Saffman 力。在二维水平管道的流动中，Saffman 力的大小为

$$|(\boldsymbol{F}_S)_y| = 6.46 r_p^2 \sqrt{\rho_f \mu_f} |\boldsymbol{u}_x - \boldsymbol{v}|_x \sqrt{\left|\frac{\partial u_x}{\partial y}\right|} \tag{3.5.17}$$

当$u_x > v_x$时，其方向指向轴线；当$u_x < v_x$时，其方向离开轴线。

式(3.5.17)表明：Saffman 力和速度梯度相关联。一般在速度梯度很大的区域(如邻近壁面处)，Saffman 力的作用变得很明显。

Magnus 力与 Saffman 力同属侧向力，但相对于 Magnus 力，通常 Saffman 力比较大。

8. 一般形式的颗粒运动方程

一般形式单颗粒的运动方程为

$$m\frac{\mathrm{d}\boldsymbol{v}}{\mathrm{d}t}=\sum \boldsymbol{F} \tag{3.5.18}$$

式中：m 是单颗粒质量；$m\frac{\mathrm{d}\boldsymbol{v}}{\mathrm{d}t}$是颗粒的惯性力；$\sum \boldsymbol{F}$ 表示颗粒所受的合力，它包括曳力、重力、浮力、附加质量力、Basset 力、压力梯度力、Magnus 力、Saffman 力等。其表达式为

$$\sum \boldsymbol{F}=\boldsymbol{F}_{\mathrm{d}}+\boldsymbol{F}_{\mathrm{g}}+\boldsymbol{F}_{\mathrm{a}}+\boldsymbol{F}_{\mathrm{m}}+\boldsymbol{F}_{\mathrm{B}}+\boldsymbol{F}_{\mathrm{p}}+\boldsymbol{F}_{\mathrm{M}}+\boldsymbol{F}_{\mathrm{S}}+\cdots \tag{3.5.19}$$

对于仅对超细或亚细颗粒才有显著作用的热泳力、电泳力以及影响很小的静电力等，实际模拟中往往忽略。

3.6 结 束 语

本章概述了双流体模型、确定性颗粒轨道模型、能量最小多尺度模型以及拟颗粒模型，并介绍了这些模型的优缺点。后面将详细介绍这些模型。

作为颗粒流体系统数值模拟的基础知识，流体力学与偏微分方程数值解法是两个重要的组成部分。基于 Reynolds 输运定理，本章推导了单相流中基本方程的积分形式与微分形式，概述了湍流模拟的基本方法。并针对颗粒流体系统，介绍了流动控制方程离散化的有限差分法、有限体积法以及离散化方程求解的 SIMPLE 系列算法。然而，本章的内容仅是入门的知识，它远不能满足颗粒流体系统数值模拟的需要。作为从事颗粒流体系统数值模拟的工作者，必须继续深入学习流体力学及求解偏微分方程的数值解法。这两门知识的掌握程度对两相流计算的研究工作具有举足轻重的影响。

符 号 说 明

符号	意义	单位
英文字母		
C_{d0}	单颗粒曳力系数	
c	流体的比热容	J/(kg·K), $\mathrm{m^2/(s^2 \cdot K)}$
d_p	颗粒直径	m
$\boldsymbol{e}_1$, $\boldsymbol{e}_2$, $\boldsymbol{e}_3$	直角坐标系中的单位坐标矢量	
e_i	单位质量流体所含有的内能	J/kg, $\mathrm{m^2/s^2}$
$\boldsymbol{F}$	作用力	$\mathrm{kg \cdot m/s^2}$
$\boldsymbol{F}_a$	浮力	$\mathrm{kg \cdot m/s^2}$
$\boldsymbol{F}_B$	Basset 力	$\mathrm{kg \cdot m/s^2}$
$\boldsymbol{F}_d$	曳力	$\mathrm{kg \cdot m/s^2}$

符号	意义	单位
$\boldsymbol{F}_g$	重力	$kg \cdot m/s^2$
$\boldsymbol{F}_M$	Magnus 力	$kg \cdot m/s^2$
$\boldsymbol{F}_m$	附加质量力	$kg \cdot m/s^2$
$\boldsymbol{F}_p$	压力梯度力	$kg \cdot m/s^2$
$\boldsymbol{F}_S$	Saffman 力	$kg \cdot m/s^2$
$\boldsymbol{f}$	单位质量力	m/s^2
$\boldsymbol{g}$	重力加速度	m/s^2
$\boldsymbol{I}$	单位张量	
I_{max}, N_{max}	求解域内 x 方向，t 方向的网格点数	
m	单颗粒质量	kg
$\boldsymbol{n}$	外法线方向	
$\boldsymbol{P}$	应力张量	$kg/(m \cdot s^2)$
p	压力	$kg/(m \cdot s^2)$
$\boldsymbol{p}_n$	表面应力	$kg/(m \cdot s^2)$
p'	压力校正值或涨落值	$kg/(m \cdot s^2)$
p^*	近似压力	$kg/(m \cdot s^2)$
$\overline{p}$	压力的时均值	$kg/(m \cdot s^2)$
Q	单位时间内的热流量	J/s, $kg \cdot m^2/s^3$
q_k	单位时间、单位面积内由热传导传入的热量	$J/(m^2 \cdot s)$, kg/s^3
q_R	单位时间内辐射到单位质量流体上的热量	$J/(kg \cdot s)$, m^2/s^3
Re_p	颗粒 Reynolds 数	
r_p	颗粒半径	m
$\boldsymbol{S}$	应变率张量	1/s
s	曲面域标记	
T	温度	K
T'	温度涨落值	K
$\overline{T}$	温度的时均值	K
t	时间	s
$\boldsymbol{u}$	流体速度矢量	m/s
u_x, u_y, u_z	流体速度在 x 方向，y 方向，z 方向的分量	m/s
u'_x, u'_y, u'_z	流体速度在 x 方向，y 方向，z 方向的分量校正值或涨落值	m/s
u^*_x, u^*_y, u^*_z	流体速度在 x 方向，y 方向，z 方向的近似分量	m/s
$\hat{u}_x$, $\hat{u}_y$, $\hat{u}_z$	流体拟速度在 x 方向，y 方向，z 方向的分量	m/s
$\overline{u_x}$, $\overline{u_y}$, $\overline{u_z}$	流体速度在 x 方向，y 方向，z 方向分量的时均值	m/s

符号	意义	单位
$\boldsymbol{v}$	颗粒速度矢量	m/s
W	单位时间内的功	J/s, $kg\cdot m^2/s^3$
δ^+	一阶向前差分算子	
δ^-	一阶向后差分算子	
δ^0	一阶中心差分算子	
δ^2	二阶中心差分算子	
$\Delta x, \Delta y, \Delta z$	控制微元在 x 方向，y 方向，z 方向的步长	m
Δt	时间步长	s
希腊字母		
λ	热传导系数(率)	$J/(m\cdot s\cdot K)$, $kg\cdot m/(s^3\cdot K)$
$\bar{\lambda}$	流体体膨胀黏性系数	$kg/(m\cdot s)$
μ_f	流体剪切黏性系数	$kg/(m\cdot s)$
ν	热扩散系数	m^2/s
ρ_f	流体密度	kg/m^3
ρ_p	颗粒密度	kg/m^3
Φ	流体域上的总物理量	由具体问题决定
φ	单位体积流体的物理量分布函数	由具体问题决定
Ω	三维域、控制体标记	
ω	颗粒旋转的角速度矢量	1/s
上标		
n	t 方向的网格点标记	
(0)	前一状态前一时间步	
下标		
E, W, S, N, H, L	东,西,南,北,上,下控制微元体的中心	
e, w, s, n, h, l	控制微元体东,西,南,北,上,下面中速度分量的几何位置	
f	流体	
i, j	x 方向，y 方向的网格点标记	
nb	相邻的点	
P	控制微元体的中心	
p	颗粒	
x, y, z	直角坐标标记	
∞	来流参数	

参 考 文 献

1 Gidaspow D. Multiphase Flow and Fluidization. San Diego: Academic Press, 1994

2 Tsuo Y P, Gidaspow D. Computation of flow patterns in circulating fluidized beds. AIChE J, 1990, 36(6): 885～896

3 Ding J, Gidaspow D. A bubbling fluidization model using kinetic theory of granular flow. AIChE J, 1990, 36(4): 523～538

4 Enwald H, Feirano E, Almstedt A E. Eulerian two-phase flow theory applied to fluidization. Int. J. Multiphase Flow, 1996, 22 (Suppl.): 21～66

5 Tsuji Y, Kawaguchi T, Tanaka T. Discrete particle simulation of two-dimensional fluidized bed. Powder Technol, 1993, 77(1): 79～87

6 Xu B H, Yu A B. Numerical simulation of the gas-solid flow in a fluidized bed by combining discrete particle method with computation fluid dynamics. Chem. Eng. Sci, 1997, 52(16): 2785～2809

7 Mikami T, Kamiya H, Horio M. Numerical simulation of cohesive powder behavior in a fluidized bed. Chem. Eng. Sci, 1998, 53(10): 1927～1940

8 Hoomans B P B, Kuipers J A M, Briels W J, van Swaaij W P M. Discrete particle simulation of bubble and slug formation in a two-dimensional gas-fluidized: A hard-sphere approach. Chem. Eng. Sci, 1996, 51(1): 99～108

9 Ouyang J, Li J H. Discrete simulation of heterogeneous structure and dynamic behavior in gas-solid fluidization. Chem. Eng. Sci, 1999, 54(22): 5427～5440

10 Helland E, Occelli R, Tadrist L. Numerical study of cluster formation in a gas-particle circulating fluidized bed. Powder Technol, 2000, 110(3): 210～221

11 Tsuji Y, Tanaka T, Yonemura S. Cluster patterns in circulating fluidized beds predicted by numerical simulation (discrete particle model versus two-fluid model). Powder Technol, 1998, 95(3): 254～264

12 Toomey R D, Johnstone H F. Gaseous fluidization of solid particles. Chem. Eng. Prog, 1952, 48(5): 220～226

13 Davidson J F, Clift R, Harrison D. Fluidization. 2nd ed. London: Academic Press, 1985

14 Grace J R, Clift R. On the two-phase theory of fluidization. Chem. Eng. Sci, 1974, 29(2): 327～334

15 Li J, Kwauk M. Particle-Fluid Two-Phase Flow: The Energy-Minimization Multi-Scale Method. Beijing: Metallurgical Industry Press, 1994

16 Ge W, Li J. Macro-scale phenomena reproduced in microscopic system-pseudo-particle model of fluidization. Chem. Eng. Sci, 2003, 58(8): 1565～1585

17 张政,谢灼利. 流体-固体两相流的数值模拟. 化工学报, 2000, 52(1): 1～11

18 周光炯,严宗毅,许世雄,章克本. 流体力学. 北京:高等教育出版社,2001

19 郭鸿志,张欣欣,刘向军,李杰. 传输过程数值模拟. 北京:冶金工业出版社,1998

20 范维澄,万跃鹏. 流动及燃烧的模型与计算. 合肥:中国科学技术大学出版社,1992

21 是勋刚. 湍流. 天津:天津大学出版社,1994

22 周力行. 多相湍流反应流体力学. 北京:国防工业出版社,2002

23 Patankar S V, Spalding D B. A calculation procedure for heat, mass and momentum transfer in three-dimensional parabolic flows. Int. J. Heat and Mass Transfer, 1972, 15(12): 1787～1806

24 Patankar S V. Numerical Heat Transfer and Fluid Flow. New York: Hemisphere Publishing Corporation, 1980

25 傅德熏,马延文. 计算流体力学. 北京:高等教育出版社,2002

第4章 能量最小多尺度模型

4.1 概 述

随颗粒和流体物性以及操作参数的改变，颗粒流体系统可形成两种流化状态，即以颗粒-液体体系为代表的散式流态化（particulate fluidization）和以颗粒-气体体系为代表的聚式流态化（aggregative fluidization）。一般来说，液固系统和在一定操作条件下的细颗粒（Geldart A 类粒子）气固系统呈散式状态，而大部分气固系统呈聚式状态。在散式流态化系统中，颗粒大体上均匀分布于流体中，随流体速度的增加，系统逐渐膨胀。散式流态化系统由于流动结构简单并且状态均一，传统的质量与动量守恒方法可以描述其动力学特性。在聚式流态化系统中，颗粒并非均匀分布于流体中，而是流体聚集为稀相（如气泡）和颗粒聚集为密相（如团聚物），形成不均匀的两相结构。由于两相结构的产生，系统内存在单颗粒、团聚物或气泡以及设备壁面的多尺度相互作用，两相流体的动力学行为呈现复杂的非线性和非平衡特征，因而传统的质量与动量守恒方法不足以描述其动力学特性。与传统方法不同，基于颗粒流体两相非均匀结构，将整体流动分解为颗粒聚集的密相和流体聚集的稀相，并分别描述稀相和密相流体动力学行为的两相模型（two-phase model），实现了对聚式流态化系统流体动力学特性的定量描述。

对于流体以气泡的形式存在于颗粒连续相中的鼓泡流态化系统，Toomey 和 Johnstone[1]最早建立了两相模型的理论。他们将鼓泡流态化系统分解为乳化相（密相）和气泡相（稀相）组成的混合物，密相为连续相，稀相为分散相，假定超过最小流化速度以上的气体都以气泡形式通过床层，而颗粒聚集于保持在最小流化状态下的乳化相中。1961 年，Davidson[2]建立了描述鼓泡流化床中气泡行为的 Davidson 模型，该模型成功地说明了上升气泡周围气体和固体的运动以及压力分布特征。有关 Davidson 模型完整的说明可参阅文献[3][4]。Grace 和 Clift[5]则用两相模型分析了流体在气泡相和乳化相间的分配。

对于循环流态化系统，局部相结构发生了根本性的转变，系统由单一颗粒存在的稀相和以颗粒聚集体（团聚物）形式存在的密相组成，稀相为连续相，密相为分散相。因此，适用于鼓泡流态化的两相模型不适用于循环流态化系统。Hartge 等[6]和 Li 等[7, 8]在 1988 年召开的第二届国际循环流化床技术会议上分别提出了描述循环流化床中颗粒流体两相流流体动力学规律的两相模型。他们根据循环流态化的流动结构特征，将流动系统分解为团聚物相（密相）和稀相，两相的运动特征由各相内的颗粒浓度、气固速度来描述。Hartge 等[6]推导建立了质量守恒方程和速度关系方程，稀相和密相的局部气固滑移速度采用 Richardson-Zaki 公式[9]与终端速度关联，结合实验结果分析了循环流化床中的局部流动结构。Li 等[7, 8, 10～12]采用多尺度方法对系统进行动量和质量守恒分析，提出颗粒与流体运动趋势协调的思路，建立了能量最小多尺度（energy-minimization multi-scale，EMMS）模型。本章主要介绍 EMMS 模型的基本原理、方程建立、求解方法以及该模型在气固循环流态化系统中的应用。

4.2 EMMS 模型的建立

4.2.1 多尺度分析

颗粒流体系统的非均匀性，在宏观上表现为稀密两相结构共存。从低气速时的流体聚集（气泡）到高气速时的颗粒聚集（团聚物）都是非均匀结构的具体表现，其差别在于稀相和密相之间比例的变化。针对循环流态化的流动结构特征，可将其分解为三个假想的均匀相，即稀相、密相和相互作用相。稀相是由单颗粒均匀悬浮在流体中组成；密相是由离散的当量直径为 d_{cl}的团聚物组成；相互作用相是为了分析稀相和密相之间的相互作用而引入的一个虚拟系统，其中的密相团聚物等价为颗粒，稀相混合物等价为流体。每一相均由流体及颗粒单元组成，所以每一相中流体与颗粒之间存在着相互作用。除此之外，稀相与密相整体之间也存在着相互作用。因此，颗粒流体系统中存在着三种尺度作用：微尺度（单颗粒尺度）、介尺度（聚团尺度）及宏尺度（设备尺度）作用。图 4-1[13]形象地描述了颗粒流体系统中 3 个尺度的相互作用。采用多尺度方法分解系统后，系统状态可由如图 4-1 所示的 8 个变量来定义，即稀相和密相空隙率（ε_f 和 ε_c）、稀相和密相中表观流体速度（ U_f 和 U_c）、稀相和密相中表观颗粒速度（U_{pf}和 U_{pc}）、密相团聚物尺度和体积份额（ d_{cl}和 f）。

显然 U_f、U_{pf}和 ε_f为稀相变量，U_c、U_{pc}、ε_c、f 和 d_{cl}为密相变量。这里表观速度是相对于各相所占截面而言，即 U_g和 U_p相对于整个床层截面，U_f、U_{pf}相对于稀相所占截面，U_c、U_{pc}相对于密相所占截面。这样，整个床层内流体和颗粒的真实速度分别为 U_g/ε 和 $U_p/(1-\varepsilon)$，稀相内流体和颗粒的真实速度分别为 U_f/ε_f和 $U_{pf}/(1-\varepsilon_f)$，密相内流体和颗粒的真实速度分别为 U_c/ε_c和 $U_{pc}/(1-\varepsilon_c)$。

已知固体循环量 G_s，整个床层的表观颗粒速度可由式(4.2.1)计算，即

$$U_p = \frac{G_s}{\rho_p} \tag{4.2.1}$$

滑移速度为流体和颗粒之间真实速度的差，根据其定义可得到四种表观滑移速度，即平均表观滑移速度 U_s、稀相内表观滑移速度 U_{sf}、密相内表观滑移速度 U_{sc}以及稀密两相表观滑移速度 U_{si}。

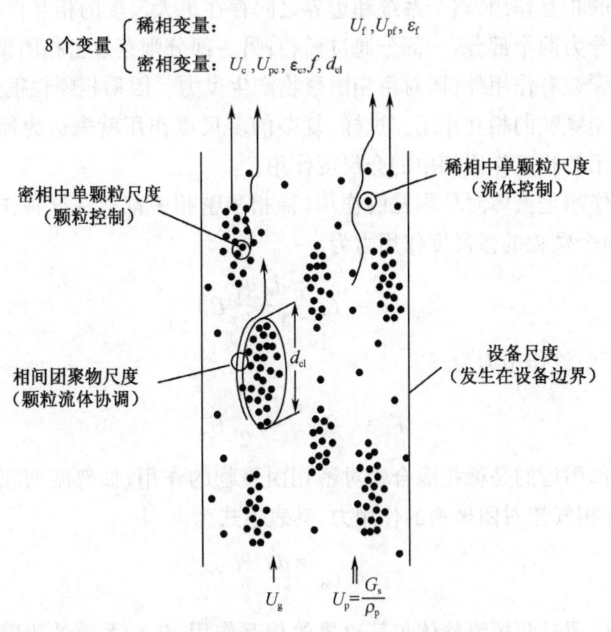

图 4-1　不均匀气固两相流中 3 个尺度的相互作用

相对于整个床层的平均滑移速度可表达为

$$\frac{U_s}{\varepsilon}=\frac{U_g}{\varepsilon}-\frac{U_p}{1-\varepsilon}$$

因而，床层整体的表观滑移速度可表达为

$$U_s=U_g-\frac{\varepsilon U_p}{1-\varepsilon} \tag{4.2.2}$$

同样，稀相和密相内气体与固体颗粒之间的表观滑移速度分别为

$$U_{sf}=U_f-\frac{\varepsilon_f U_{pf}}{1-\varepsilon_f} \tag{4.2.3}$$

$$U_{sc}=U_c-\frac{\varepsilon_c U_{pc}}{1-\varepsilon_c} \tag{4.2.4}$$

相对于整个床层截面而言的相互作用相间的表观滑移速度，定义为稀相内气体与密相内固体颗粒之间的真实速度差，其表达式为

$$\frac{U_{si}}{\varepsilon_f(1-f)}=\frac{U_f}{\varepsilon_f}-\frac{U_{pc}}{1-\varepsilon_c}$$

因而，相互作用相间的表观滑移速度为

$$U_{si}=\left(U_f-\frac{\varepsilon_f U_{pc}}{1-\varepsilon_c}\right)(1-f) \tag{4.2.5}$$

由于两相结构的存在，稀相和密相中的气固相互作用差别很大，并且两相之间

存在大尺度的相互作用,整个系统和边界之间存在更大尺度的相互作用。所以,总气流可以被分为两个部分:一部分通过稀相;另一部分则穿过密相团聚物。稀相气流除对稀相颗粒有作用外,还对密相团聚物产生曳力。因稀相颗粒很少,可忽略稀相颗粒与密相颗粒的相互作用。这样,复杂的多尺度作用就表达为稀相和密相中的微尺度作用和相互作用相中的介尺度作用。

微尺度作用是流体对单颗粒的作用,稀相和密相中都存在这种作用。在稀相中,流体对单个颗粒的微尺度作用力为

$$F_f = C_{df} \frac{\pi d_p^2}{4} \frac{\rho_f}{2} U_{sf}^2 \tag{4.2.6}$$

同样,在密相中该作用力为

$$F_c = C_{dc} \frac{\pi d_p^2}{4} \frac{\rho_f}{2} U_{sc}^2 \tag{4.2.7}$$

介尺度作用指的是稀相混合物对密相团聚物的作用,如忽略两相间颗粒相互作用,即为稀相气流对团聚物的作用力,其表达式为

$$F_i = C_{di} \frac{\pi d_{cl}^2}{4} \frac{\rho_f}{2} U_{si}^2 \tag{4.2.8}$$

宏尺度作用是两相流整体与其边界的相互作用,包括系统的边壁、内置构件、入口和出口形状等。这一作用也会影响到系统状态,如轴向和径向空隙率分布等。宏尺度作用复杂,目前还很难进行定量表达,本章中不加讨论。

以上表达式中的曳力系数可按对散式流态化系统适用的 Wen 和 Yu[14] 提出的关联式进行计算,即

$$C_d = C_{d0}\,\varepsilon^{-4.7} \tag{4.2.9}$$

式中:C_d 是颗粒群的表观曳力系数;C_{d0}是与颗粒群的表观流体速度相同时的单颗粒曳力系数,可按 Schiller 和 Naumann[15] 提出的单颗粒曳力系数关系式计算

$$C_{d0} = \frac{24}{Re} + \frac{3.6}{Re^{0.313}} \qquad 0.1 < Re < 1000 \tag{4.2.10}$$

式中:Re 是单颗粒的 Reynolds 数。在 $0.1 < Re < 1000$ 的适用范围内,C_{d0}的相对误差为$-4\%\sim5\%$[16]。

4.2.2 系统分解和能量分析

根据气流消耗能量的方式,可将气固两相流动系统分解为两个等价的分系统,即悬浮输送分系统和能量耗散分系统,如图 4-2[11] 所示。

流体单位时间流过单位质量颗粒组成的床层消耗的总能量 N_T,可表达为在悬浮输送分系统中悬浮输送颗粒消耗的能量 N_{st}和在能量耗散分系统中由于颗粒碰撞、加速、混合、摩擦和湍动等过程耗散的能量 N_d之和,即

$$N_T = N_{st} + N_d \tag{4.2.11}$$

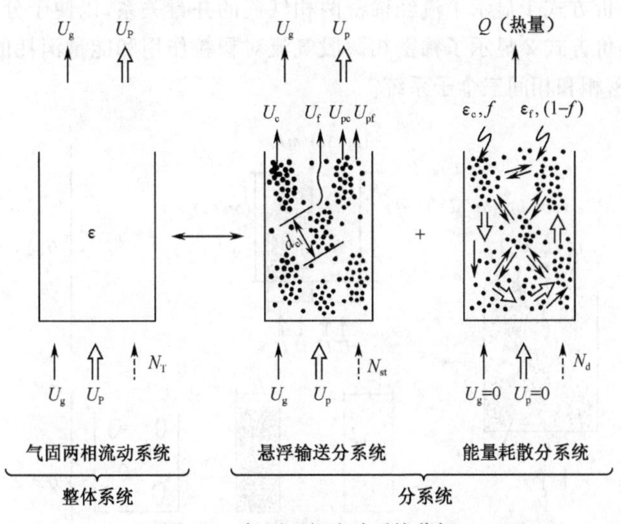

图 4-2　气固两相流动系统分解

非理想情况下，机械能的转换总是伴随着能量的损耗。在两相流系统中，这一伴随过程就是能量耗散分系统中进行的机械能转换成热能的过程，N_d以热能形式损耗。因而

$$N_d \geqslant 0 \qquad N_T \geqslant N_{st}$$

对于气固稀相输送和液固流化等均匀系统，有

$$N_d \to 0 \qquad N_T \to N_{st}$$

而对于非均匀流化系统，总是伴随有能量耗散，故有

$$N_d > 0 \qquad N_T > N_{st}$$

气流在悬浮输送分系统中消耗的能量 N_{st}：一部分用于悬浮停留在系统中的颗粒；另一部分则用于维持一定的循环量，即用于输送颗粒。因而，N_{st}又可分解为悬浮能耗 N_s和输送能耗 N_t，即

$$N_{st} = N_s + N_t \tag{4.2.12}$$

事实上，总的耗散能量应为 N_d和 N_s之和。考虑到流体对颗粒的浮力，在循环量为 G_s时，气流单位时间流过单位体积床层消耗于输送颗粒的能量为

$$W_t = \left(\frac{\rho_p - \rho_f}{\rho_p}\right) g G_s \tag{4.2.13}$$

因而气流单位时间流过单位质量颗粒组成的床层消耗于输送颗粒的能量为

$$N_t = \frac{W_t}{(1-\varepsilon)\rho_p} = \left(\frac{\rho_p - \rho_f}{\rho_p}\right) \cdot \frac{g G_s}{(1-\varepsilon)\rho_p} = \left(\frac{\rho_p - \rho_f}{\rho_p}\right) \cdot \frac{g U_p}{1-\varepsilon} \tag{4.2.14}$$

为分析方便，图 4-2 所示的悬浮输送分系统又可如图 4-3[11] 所示再次进行等

价分解。等价方式 1 显示了流经稀密两相气流的并行关系，以便于分析两股气流的分配。等价方式 2 显示了稀密相两股气流对颗粒作用和能量消耗的叠加关系，包括稀相、密相和相间三个子系统。

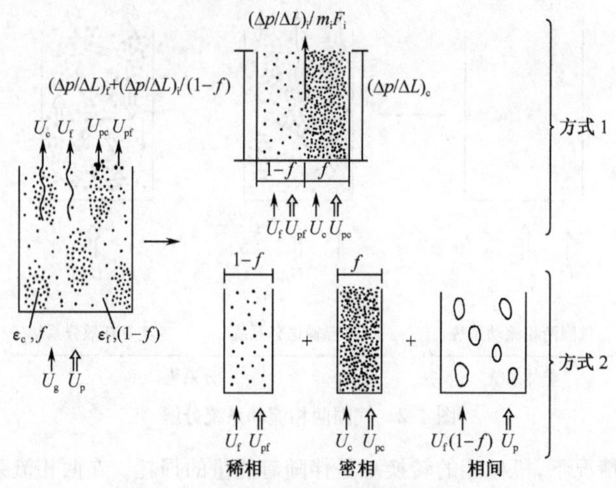

图 4-3　悬浮输送分系统的两种分解方式

由等价方式 2 可知，从气流通过床层时的作用尺度看，气流能耗由三个部分组成，N_{st} 可表达为单位质量颗粒所占体积内稀相、密相和相互作用相消耗的悬浮输送能量的总和，即

$$N_{st}=(N_{st})_c+(N_{st})_f+(N_{st})_i \tag{4.2.15}$$

由于单位时间能耗等于作用力和表观速度的乘积，对单位质量颗粒组成的密相床层而言，密相气流的悬浮输送能耗等于单位质量密相颗粒受到的合力与密相气流表观速度的乘积。

单位质量颗粒组成的床层体积为 $\dfrac{1}{(1-\varepsilon)\rho_p}$，所以密相所占体积为 $\dfrac{f}{(1-\varepsilon)\rho_p}$，这一体积中的颗粒总数为 $\dfrac{fm_c}{(1-\varepsilon)\rho_p}$，其中 m_c 为单位体积密相内的颗粒个数，它可由式(4.2.16)计算

$$m_c=(1-\varepsilon_c)\Big/\left[\frac{\pi d_p^3}{6}\right] \tag{4.2.16}$$

由于每个颗粒受到的微尺度作用力为 F_c，所以

$$(N_{st})_c=\frac{fm_c}{(1-\varepsilon)\rho_p}\cdot F_c\cdot U_c \tag{4.2.17}$$

同理可得

$$(N_{st})_f=\frac{(1-f)m_f}{(1-\varepsilon)\rho_p}\cdot F_f\cdot U_f \tag{4.2.18}$$

由于相互作用相是相对于整个床层截面而言，气体的表观速度应为 $U_f(1-f)$，所以

$$(N_{st})_i = \frac{m_i}{(1-\varepsilon)\rho_p} \cdot F_i \cdot U_f(1-f) \tag{4.2.19}$$

将式(4.2.17)~式(4.2.19)代入式(4.2.15)，整理后得

$$N_{st} = \frac{1}{(1-\varepsilon)\rho_p}\left[m_c F_c U_c f + m_f F_f U_f(1-f) + m_i F_i U_f(1-f)\right] \tag{4.2.20}$$

将单位体积内的颗粒个数、单颗粒所受作用力以及滑移速度的表达式代入式(4.2.20)，N_{st}可表达为

$$N_{st} = \frac{3}{4(1-\varepsilon)\rho_p}\left[C_{dc}\frac{1-\varepsilon_c}{d_p}\rho_f U_{sc}^2 U_c f + C_{df}\frac{1-\varepsilon_f}{d_p}\rho_f U_{sf}^2 U_f(1-f) + C_{di}\frac{f}{d_{cl}}\rho_f U_{si}^2 U_f(1-f)\right] \tag{4.2.21}$$

由于压力梯度等于单位体积的颗粒数与作用于一个颗粒的曳力的乘积，故

$$(\Delta p/\Delta L)_c = m_c F_c \tag{4.2.22}$$

$$(\Delta p/\Delta L)_f = m_f F_f \tag{4.2.23}$$

$$(\Delta p/\Delta L)_i = m_i F_i \tag{4.2.24}$$

将式(4.2.22)~式(4.2.24)代入式(4.2.20)，可得 N_{st}的另一种表达式

$$N_{st} = \frac{1}{(1-\varepsilon)\rho_p}\left[(\Delta p/\Delta L)_c U_c f + (\Delta p/\Delta L)_f U_f(1-f) + (\Delta p/\Delta L)_i U_f(1-f)\right] \tag{4.2.25}$$

空隙率 ε 与密相分率 f 的关系可由物料平衡得到，即

$$\varepsilon = f\varepsilon_c + (1-f)\varepsilon_f \tag{4.2.26}$$

在实际应用中，常常用到单位时间内流体流过单位体积床层所消耗的能量，这些能耗可由单位质量颗粒组成的床层消耗的各种能量乘以单位体积床层内的颗粒质量$(1-\varepsilon)\rho_p$ 得到，即

$$W_T = N_T(1-\varepsilon)\rho_p \tag{4.2.27}$$

$$W_{st} = N_{st}(1-\varepsilon)\rho_p \tag{4.2.28}$$

$$W_s = N_s(1-\varepsilon)\rho_p \tag{4.2.29}$$

$$W_d = N_d(1-\varepsilon)\rho_p \tag{4.2.30}$$

$$W_t = N_t(1-\varepsilon)\rho_p \tag{4.2.31}$$

4.2.3 流体动力学方程

通过以上的系统分解和多尺度分析可知，系统内颗粒流体之间的相互作用可

以通过稀相、密相和相互作用相这三个子系统对应的曳力系数来计算，从而将聚式非均匀系统的计算简化为三个散式子系统的计算。其中各子系统的动量与质量守恒可以构成后面的流体动力学方程组。为清楚起见，表 4-1[11] 汇总了 EMMS 模型中各变量的意义及中间变量之间的关系。

1．单位体积内密相(团聚物)颗粒力平衡方程

对于单位体积内密相团聚物(密相体积分率为 f)而言，颗粒的有效重力 $f(1-\varepsilon_c)(\rho_p-\rho_f)g$ 应等于稀相流体对团聚物的整体作用力 $m_i F_i$ 与团聚物内部流体对单个颗粒的总作用力 $m_c F_c f$ 之和，即

$$m_c F_c f + m_i F_i = f(1-\varepsilon_c)(\rho_p-\rho_f)g \tag{4.2.32}$$

根据表 4-1 中所列表达式，可以得到

$$F_1(\boldsymbol{X}) = \frac{3}{4} C_{dc} \frac{1-\varepsilon_c}{d_p} \rho_f U_{sc}^2 f + \frac{3}{4} C_{di} \frac{f}{d_{cl}} \rho_f U_{si}^2 - f(1-\varepsilon_c)(\rho_p-\rho_f)g = 0 \tag{4.2.33}$$

式中：$\boldsymbol{X}$ 代表 8 个变量，即 ε_f、ε_c、U_f、U_c、U_{pf}、U_{pc}、d_{cl} 和 f。需要说明的是以下各方程中，$\boldsymbol{X}$ 均代表这 8 个变量。

2．单位体积内稀相颗粒力平衡方程

由于假设稀相中的颗粒不受密相中流体与颗粒的影响，所以，单位体积内稀相颗粒的有效重力 $(1-f)(1-\varepsilon_f)(\rho_p-\rho_f)g$ 等于稀相内流体对颗粒的作用力 $(1-f)m_f F_f$，即

$$(1-f)m_f F_f = (1-f)(1-\varepsilon_f)(\rho_p-\rho_f)g \tag{4.2.34}$$

根据表 4-1 中所列表达式，可以得到

$$F_2(\boldsymbol{X}) = \frac{3}{4} C_{df} \frac{1-\varepsilon_f}{d_p} \rho_f U_{sf}^2 - (1-\varepsilon_f)(\rho_p-\rho_f)g = 0 \tag{4.2.35}$$

3．单位床高压降平衡方程

稀、密两相共存的必要条件是两相内流体所产生的压降相等。稀相流体的总压降由两个部分构成：一部分为稀相流体流过该相内颗粒所产生的压降 $(\Delta p/\Delta L)_f$；另一部分为稀相流体绕密相团聚物流动所产生的相间压降。见图 4-3，在单位床高下，稀相相对于 $1-f$ 床截面积而言，而相间相对于整个床截面积而言，因而应将相间压降折算为相对于稀相所占截面积的压降，即 $(\Delta p/\Delta L)_i/(1-f)$。这两部分压降应等于密相气流产生的压降 $(\Delta p/\Delta L)_c$。所以单位床高的压降平衡方程为

$$(\Delta p/\Delta L)_f + \frac{(\Delta p/\Delta L)_i}{1-f} = (\Delta p/\Delta L)_c \tag{4.2.36}$$

将式(4.2.22)～式(4.2.24)代入式(4.2.36)得

$$m_f F_f + \frac{m_i F_i}{1-f} = m_c F_c \tag{4.2.37}$$

根据表4-1中所列表达式,可以得到

$$F_3(\boldsymbol{X}) = C_{df}\frac{1-\varepsilon_f}{d_p}\rho_f U_{sf}^2 + \frac{f}{1-f}C_{di}\frac{1}{d_{cl}}\rho_f U_{si}^2 - C_{dc}\frac{1-\varepsilon_c}{d_p}\rho_f U_{sc}^2 = 0 \tag{4.2.38}$$

4. 流体连续性方程

虽然流体分别流经稀相和密相,但两相中的流体质量流率之和应该等于整个截面的净质量流率,即

$$F_4(\boldsymbol{X}) = U_g - U_f(1-f) - U_c f = 0 \tag{4.2.39}$$

5. 颗粒连续性方程

与流体质量守恒类似,颗粒相的质量守恒方程为

$$F_5(\boldsymbol{X}) = U_p - U_{pf}(1-f) - U_{pc} f = 0 \tag{4.2.40}$$

6. 团聚物尺寸方程

在研究鼓泡流态化时,往往把气泡大小作为模型参数;对于循环流态化,以团聚物尺寸作为模型参数更符合实际。Chavan[17]认为,当团聚物的直径 d_{cl}大于能量耗散旋涡团的尺度 λ 时,团聚物的大小与输入能量 N_{input}成反比;当 $d_{cl}<\lambda$时,d_{cl}与输入能量的平方根成反比。在一般流态化系统中,可认为团聚物的尺度大于λ,则有

$$d_{cl} = \frac{K}{N_{input}} \tag{4.2.41}$$

在具有固体循环的流态化系统中,当气固滑移速度等于最小流化速度时,可以认为系统处于广义最小流化状态,即满足

$$U_s = U_g - \frac{\varepsilon U_p}{1-\varepsilon} = U_{mf} \tag{4.2.42}$$

在广义最小流态化状态时,空隙率为 ε_{mf},由式(4.2.42)可以得到广义最小流态化状态时的气速为

$$(U_g)_{mf} = U_{mf} + \frac{\varepsilon_{mf} U_p}{1-\varepsilon_{mf}} \tag{4.2.43}$$

在广义最小流态化状态下可以认为团聚物直径趋向于无穷大,进一步输入能量将把密相破碎离散为团聚物相,使团聚物变小。所以,与团聚物的大小成反比的输入能量 N_{input}应从输入的总能量中减去广义最小流态化状态时的输入能量,即

表 4-1　EMMS 模型中各变量的意义及表达式

变　量	密　相	稀　相	相　间	总　体
流体密度	ρ_f	ρ_f	ρ_f	
颗粒密度	ρ_p	ρ_p	$\rho_p(1-\varepsilon_c)$	
固相尺寸	d_p	d_p	d_{cl}	
空隙率	ε_c	ε_f	$1-f$	$\varepsilon=\varepsilon_f(1-f)+\varepsilon_c f$
体积份额	f	$1-f$		1
表观流体速度	U_c	U_f	$U_f(1-f)$	$U_g=U_f(1-f)+U_c f$
表观颗粒速度	U_{pc}	U_{pf}		$U_p=U_{pf}(1-f)+U_{pc} f$
表观滑移速度	$U_{sc}=U_c-\frac{\varepsilon_c U_{pc}}{1-\varepsilon_c}$	$U_{sf}=U_f-\frac{\varepsilon_f U_{pf}}{1-\varepsilon_f}$	$U_{si}=\left(U_f-\frac{\varepsilon_f U_{pc}}{1-\varepsilon_c}\right)(1-f)$	$U_s=U_g-\frac{\varepsilon U_p}{1-\varepsilon}$
单元 Reynolds 数	$Re_c=\frac{\rho_f d_p U_{sc}}{\mu_f}$	$Re_f=\frac{\rho_f d_p U_{sf}}{\mu_f}$	$Re_i=\frac{\rho_f d_{cl} U_{si}}{\mu_f}$	
单球标准曳力系数	$C_{dc0}=\frac{24}{Re_c}+\frac{3.6}{Re_c^{0.313}}$	$C_{df0}=\frac{24}{Re_f}+\frac{3.6}{Re_f^{0.313}}$	$C_{di0}=\frac{24}{Re_i}+\frac{3.6}{Re_i^{0.313}}$	
床层曳力系数	$C_{dc}=C_{dc0}\varepsilon_c^{-4.7}$	$C_{df}=C_{df0}\varepsilon_f^{-4.7}$	$C_{di}=C_{di0}(1-f)^{-4.7}$	

单位体积内颗粒或单元的个数	$m_c=(1-\varepsilon_c)\Big/\left(\frac{\pi d_p^3}{6}\right)$	$m_f=(1-\varepsilon_f)\Big/\left(\frac{\pi d_p^3}{6}\right)$	$m_i=f\Big/\left(\frac{\pi d_{cl}^3}{6}\right)$
颗粒或单元受力	$F_c=C_{dc}\frac{\pi d_p^2}{4}\frac{\rho_f}{2}U_{sc}^2$	$F_f=C_{df}\frac{\pi d_p^2}{4}\frac{\rho_f}{2}U_{sf}^2$	$F_i=C_{di}\frac{\pi d_{cl}^2}{4}\frac{\rho_f}{2}U_{si}^2$
单位体积内颗粒或单元受力总和或单位床高压降	$(\Delta p/\Delta L)_c=m_cF_c$	$(\Delta p/\Delta L)_f=m_fF_f$	$(\Delta p/\Delta L)_i=m_iF_i$
流体单位时间流过单位体积床层消耗于悬浮和输送颗粒的能量	$(W_{st})_c=(\Delta p/\Delta L)_cU_cf$	$(W_{st})_f=(\Delta p/\Delta L)_fU_f(1-f)$	$(W_{st})_i=(\Delta p/\Delta L)_iU_f(1-f)$
流体单位时间流过单位质量粒子组成的床层消耗于悬浮和输送颗粒的能量	$(N_{st})_c=\frac{(W_{st})_c}{(1-\varepsilon)\rho_p}$	$(N_{st})_f=\frac{(W_{st})_f}{(1-\varepsilon)\rho_p}$	$(N_{st})_i=\frac{(W_{st})_i}{(1-\varepsilon)\rho_p}$

$$N_{input} = N_{st} - (N_{st})_{mf} \tag{4.2.44}$$

将式(4.2.44)代入式(4.2.41)得到关联团聚物直径与输入能量的方程为

$$d_{cl} = \frac{K}{N_{st} - (N_{st})_{mf}} \tag{4.2.45}$$

式中：N_{st}也可理解为单位时间内气流输给单位质量颗粒的能量；$(N_{st})_{mf}$是广义最小流化状态下气流输给单位质量颗粒的能量。

当系统处于最小流态化状态时，流体单位时间流过单位质量颗粒组成的床层消耗于悬浮和输送颗粒的能量为

$$(N_{st})_{mf} = \frac{(W_{st})_{mf}}{(1-\varepsilon_{mf})\rho_p} = \frac{(\Delta p/\Delta L)_{mf}(U_g)_{mf}}{(1-\varepsilon_{mf})\rho_p} \tag{4.2.46}$$

其中

$$(\Delta p/\Delta L)_{mf} = (1-\varepsilon_{mf})(\rho_p - \rho_f)g \tag{4.2.47}$$

由式(4.2.46)和式(4.2.47)得

$$(N_{st})_{mf} = \frac{\rho_p - \rho_f}{\rho_p} g (U_g)_{mf} \tag{4.2.48}$$

将式(4.2.43)代入式(4.2.48)得

$$(N_{st})_{mf} = \frac{\rho_p - \rho_f}{\rho_p} g \left(U_{mf} + \frac{\varepsilon_{mf} U_p}{1-\varepsilon_{mf}} \right) \tag{4.2.49}$$

在高气速下，团聚物消失，此时气流耗能完全用于输送颗粒。假设团聚物可存在的床层最大空隙率为 ε_{max}，对应的气速为 U_{max}，此时耗散能量 N_d和悬浮能量 N_s都可忽略不计，根据式(4.2.11)和式(4.2.12)得到

$$(N_T)\Big|_{\varepsilon=\varepsilon_{max}} \approx (N_{st})\Big|_{\varepsilon=\varepsilon_{max}} \approx (N_t)\Big|_{\varepsilon=\varepsilon_{max}} \tag{4.2.50}$$

根据式(4.2.14)得到

$$(N_{st})\Big|_{\varepsilon=\varepsilon_{max}} = (N_t)\Big|_{\varepsilon=\varepsilon_{max}} = \left(\frac{\rho_p - \rho_f}{\rho_p}\right)\frac{gU_p}{1-\varepsilon_{max}} \tag{4.2.51}$$

根据式(4.2.48)，当 $\varepsilon = \varepsilon_{max}$时应有

$$(N_{st})\Big|_{\varepsilon=\varepsilon_{max}} = \frac{\rho_p - \rho_f}{\rho_p} g U_{max} \tag{4.2.52}$$

由式(4.2.51)和式(4.2.52)可得

$$U_{max} = \frac{U_p}{1-\varepsilon_{max}} \tag{4.2.53}$$

在床层最大空隙率为 ε_{max}、对应气速为 U_{max}的极限条件下，团聚物的当量直径 d_{cl}等于颗粒直径 d_p，将 $d_{cl} = d_p$代入式(4.2.45)得

$$d_p = \frac{K}{(N_{st})\Big|_{\varepsilon=\varepsilon_{max}} - (N_{st})_{mf}}$$

再将式(4.2.49)和式(4.2.51)代入上式得

$$d_p = \frac{K}{\left(\frac{\rho_p-\rho_f}{\rho_p}\right)\frac{gU_p}{1-\varepsilon_{max}} - \frac{\rho_p-\rho_f}{\rho_p}g\left(U_{mf}+\frac{\varepsilon_{mf}U_p}{1-\varepsilon_{mf}}\right)}$$

因此 K 的表达式为

$$K = gd_p\frac{\rho_p-\rho_f}{\rho_p}\left[\frac{U_p}{1-\varepsilon_{max}} - \left(U_{mf}+\frac{\varepsilon_{mf}U_p}{1-\varepsilon_{mf}}\right)\right] \tag{4.2.54}$$

将式(4.2.49)和式(4.2.54)代入式(4.2.45),得到团聚物方程为

$$F_6(\boldsymbol{X}) = d_{cl} - \frac{gd_p\left[\frac{U_p}{1-\varepsilon_{max}} - \left(U_{mf}+\frac{\varepsilon_{mf}U_p}{1-\varepsilon_{mf}}\right)\right]}{N_{st}\frac{\rho_p}{\rho_p-\rho_f} - \left(U_{mf}+\frac{\varepsilon_{mf}U_p}{1-\varepsilon_{mf}}\right)g} = 0 \tag{4.2.55}$$

只要能确定 ε_{max},则可计算团聚物当量直径 d_{cl}。根据 Matsen[18]的分析,在流体为空气的细颗粒系统中,当空隙率为 0.9997 时,颗粒完全分散,团聚物消失,气固间真实滑移速度 u_s 接近于单颗粒的终端速度 u_t。一般情况下,计算中取最大空隙率 $\varepsilon_{max}=0.9997$,ε_{max}的确定方法将在 4.3.4 节中介绍。

4.2.4 颗粒流体系统的稳定性条件

以上由动量和质量守恒方程构成 $F_i(\boldsymbol{X})=0(i=1,2,\cdots,6)$6 个方程,其中包含 8 个变量,即 ε_f、ε_c、U_f、U_c、U_{pf}、U_{pc}、d_{cl}和 f。显然 6 个方程无法解出 8 个变量,因此需要补充稳定性条件。在垂直并流上行的颗粒流体两相流中,流体和颗粒都拥有自己独立的运动趋势,即流体趋向于选择阻力最小的途径流动,而颗粒总是尽可能处于最小位能的位置。由于颗粒和流体之间的相互约束,它们在实现各自运动趋势的过程中相互约束、相互协调,使系统处于稳定状态。根据流体与颗粒之间相互控制的能力,系统可处于固定床、流化床和稀相输送三种状态。三种状态下颗粒流体相互作用机理不同,这三种状态应满足的稳定性条件也不同[19],以下对其进行具体分析。

1. 颗粒控制

在固定床中,系统状态完全取决于颗粒原始排布。流体速度的改变无法影响颗粒的状态,此时整个系统完全处于颗粒控制(particle dominating, PD)状态。在 PD 状态下,颗粒控制流体,流体不能改变颗粒的运动,颗粒独立的运动趋势得以彻底实现,达到势能最小的状态。在这种状态下,空隙率应趋于最小,即

$$\varepsilon \to \min$$

2．颗粒流体协调

在流化床中，颗粒和流体都不可能控制对方而完全实现自己的运动趋势。它们在实现各自的运动趋势过程中必须相互协调，处于一种相互抗衡和协调的颗粒流体协调(particle-fluid compromising, PFC)状态。在PFC状态下，流体总是以最小的阻力运动(流体控制 $W_{st} \to \min$)，而颗粒倾向于保持最小的势能(颗粒控制 $\varepsilon \to \min$)。流体和颗粒两者各自独立的运动趋势只能相互协调，互为条件极值，因此应有

$$W_{st} \to \min|_{\varepsilon \to \min}$$

正是这种协调导致流态化非均匀结构的产生，只有这种结构才能最大限度地同时满足流体和颗粒的运动趋势。由式(4.2.28)可知，由于 $W_{st} \to \min$ 和 $\varepsilon \to \min$ 相互协调，因此在PFC状态下悬浮输送单位质量颗粒的能耗也趋于最小，即

$$N_{st} = \frac{W_{st}}{\rho_p(1-\varepsilon)} \to \min$$

上式只适用于足够大的范围，详细见第9章。

3．流体控制

在稀相输送状态下，颗粒的运动完全被流体所控制，从而抑制颗粒实现最小位能的运动趋势，此时整个系统完全处于流体控制(fluid dominating, FD)状态，即

$$W_{st} \to \min$$

在FD状态下，流体对颗粒的作用达到最大，颗粒对颗粒的作用达到最小，即颗粒之间的碰撞急剧减小，所以耗散能量 N_d 也相应地趋向于极小，即

$$N_d \to \min$$

在稳态下，忽略壁面摩擦时，流体的总能耗 N_T 可表达为[11]

$$N_T = \frac{\Delta p U_g}{(1-\varepsilon)\rho_p} = \frac{(1-\varepsilon)(\rho_p-\rho_f)gU_g}{(1-\varepsilon)\rho_p} = \frac{\rho_p-\rho_f}{\rho_p}gU_g$$

当操作条件一定时，N_T 为恒定值。由于 $N_T = N_{st} + N_d$，$N_d \to \min$ 则导致悬浮输送能耗 N_{st} 趋向于最大值，即

$$N_{st} \to \max$$

综上所述，在稀相输送条件下 $W_{st} \to \min$ 可以等同于 $N_{st} \to \max$。以下为叙述方便，将 $N_{st} \to \max$ 作为流体控制下稀相输送的稳定性条件。

根据颗粒存在的形式，FD区域可出现两种状态：一种状态是颗粒完全离散为单颗粒状态的均匀输送，此时单颗粒随流体一起运动，不存在颗粒团聚物，为理想稀相输送状态(fluid-dominating idealized transport, FDI)，N_{st}满足

$$N_{st} \rightarrow \max|_{f=0}$$

式中：下标"$f=0$"表示此时系统内无颗粒团聚物存在。实际上即使是稀相输送状态，仍然存在着少量颗粒团聚物。因而另一种状态是实际稀相输送状态（fluid-domina-ting actual transport FDA），N_{st}满足

$$N_{st} \rightarrow \max|_{f\neq 0}$$

式中：下标"$f\neq 0$"表示系统内存在着颗粒团聚物，但是其尺寸较小。非均匀的实际稀相输送是实际操作中常见的操作状态，理想稀相输送仅在床层空隙率大于最大空隙率时才可能出现。

由于 PFC 和 FD 区域的稳定性条件不同，因此需要确定 PFC 和 FD 区域的过渡判据。Li 等[20]提出将流态化和实际稀相输送操作条件下，单位体积能耗相等时的操作点作为 PFC 和 FD 区域的转折点，即在该点满足

$$(W_{st})_{PFC} \equiv (W_{st})_{(N_{st})\min} = (W_{st})_{(N_{st})_{\max}|f\neq 0} \equiv (W_{st})_{FD} \qquad (4.2.56)$$

因而，PFC 和 FD 区域的稳定性判据如表 4-2 所示。

表 4-2　PFC 和 FD 区域的稳定性判据

操作区域	稳定性判据
颗粒流体协调 PFC 区域（流态化）	$N_{st}\rightarrow\min;(W_{st})_{(N_{st})_{\min}}<(W_{st})_{(N_{st})_{\max}\mid f\neq 0}$
流体控制 FD 区域（稀相输送）	$N_{st}\rightarrow\max;(W_{st})_{(N_{st})_{\min}}>(W_{st})_{(N_{st})_{\max}\mid f\neq 0}$

有关各操作区域之间过渡判据的详细分析，将在 4.3.3 节中给出。

4.2.5　EMMS 模型

综合以上所述的悬浮输送能耗、动量和质量守恒方程就可构成 EMMS 模型的基本方程组。表 4-3 归纳了 EMMS 模型的基本方程。

表 4-3　EMMS 模型的基本方程

$$F_1(\boldsymbol{X}) = \frac{3}{4}C_{dc}\frac{1-\varepsilon_c}{d_p}\rho_f U_{sc}^2 f + \frac{3}{4}C_{di}\frac{f}{d_{cl}}\rho_f U_{si}^2 - f(1-\varepsilon_c)(\rho_p-\rho_f)g = 0 \qquad (4.2.57a)$$

$$F_2(\boldsymbol{X}) = \frac{3}{4}C_{df}\frac{1-\varepsilon_f}{d_p}\rho_f U_{sf}^2 - (1-\varepsilon_f)(\rho_p-\rho_f)g = 0 \qquad (4.2.57b)$$

$$F_3(\boldsymbol{X}) = C_{df}\frac{1-\varepsilon_f}{d_p}\rho_f U_{sf}^2 + \frac{f}{1-f}C_{di}\frac{1}{d_{cl}}\rho_f U_{si}^2 - C_{dc}\frac{1-\varepsilon_c}{d_p}\rho_f U_{sc}^2 = 0 \qquad (4.2.57c)$$

$$F_4(\boldsymbol{X}) = U_g - U_f(1-f) - U_c f = 0 \qquad (4.2.57d)$$

$$F_5(\boldsymbol{X}) = U_p - U_{pf}(1-f) - U_{pc} f = 0 \qquad (4.2.57e)$$

$$F_6(\boldsymbol{X}) = d_{cl} - \frac{gd_p\left[\dfrac{U_p}{1-\varepsilon_{\max}} - \left(U_{mf} + \dfrac{\varepsilon_{mf}U_p}{1-\varepsilon_{mf}}\right)\right]}{N_{st}\dfrac{\rho_p}{\rho_p-\rho_f} - \left(U_{mf} + \dfrac{\varepsilon_{mf}U_p}{1-\varepsilon_{mf}}\right)g} = 0 \qquad (4.2.57f)$$

续表

$$N_{st}=\frac{3}{4(1-\varepsilon)\rho_p}\left[C_{dc}\frac{1-\varepsilon_c}{d_p}\rho_f U_{sc}^2 U_c f+C_{df}\frac{1-\varepsilon_f}{d_p}\rho_f U_{sf}^2 U_f(1-f)+C_{di}\frac{f}{d_{cl}}\rho_f U_{si}^2 U_f(1-f)\right] \tag{4.2.57g}$$

对于非均匀的颗粒流体系统而言，仅动量和质量守恒方程并不足以确定系统状态，稳定性条件是必要的。因此，非均匀两相数学模型应由描述稀相、密相和两相相互作用的流体动力学方程以及稳定性条件组成。同时，颗粒和流体之间的相对速度还应该满足非负条件。由上节的分析，根据 N_{st}取极值的不同情况，可有以下 PFC、FDI 和 FDA 三种模型。

对颗粒流体协调的流态化系统，称为 PFC 模型，即

$$\text{PFC 模型}\begin{cases} N_{st}\rightarrow \min \\ F_i(\boldsymbol{X})=0\ (i=1,2,\cdots,6) \\ U_{sc}\geqslant 0\quad U_{sf}\geqslant 0\quad U_{si}\geqslant 0 \end{cases} \tag{4.2.58}$$

对流体控制的理想稀相输送系统，称为 FDI 模型，即

$$\text{FDI 模型}\begin{cases} N_{st}\rightarrow \max|_{f=0} \\ F_i(\boldsymbol{X})=0\ (i=1,2,\cdots,6) \\ U_{sc}\geqslant 0\quad U_{sf}\geqslant 0\quad U_{si}\geqslant 0 \end{cases} \tag{4.2.59}$$

对流体控制的实际稀相输送系统，称为 FDA 模型，即

$$\text{FDA 模型}\begin{cases} N_{st}\rightarrow \max|_{f\neq 0} \\ F_i(\boldsymbol{X})=0\ (i=1,2,\cdots,6) \\ U_{sc}\geqslant 0\quad U_{sf}\geqslant 0\quad U_{si}\geqslant 0 \end{cases} \tag{4.2.60}$$

其中，密相、稀相和相间表观滑移速度的表达式如下

$$\begin{cases} U_{sc}=U_c-\dfrac{\varepsilon_c U_{pc}}{1-\varepsilon_c} \\ U_{sf}=U_f-\dfrac{\varepsilon_f U_{pf}}{1-\varepsilon_f} \\ U_{si}=\left(U_f-\dfrac{\varepsilon_f U_{pc}}{1-\varepsilon_c}\right)(1-f) \end{cases} \tag{4.2.61}$$

求解以上模型，就可得到非均匀颗粒流体系统中的 8 个局部状态参数 ε_f、ε_c、U_f、U_c、U_{pf}、U_{pc}、d_{cl}和 f。

4.3 EMMS 模型的求解

4.2 节中通过分析和推导得到了 EMMS 模型的基本方程，由于其方程为一组

非线性方程组,求解中需要采用一些特殊的方法和技巧。采用不同的计算方法,可以得到 EMMS 模型的数值解和解析解。EMMS 模型的求解过程中还涉及操作区域过渡以及最大空隙率的确定问题。本节主要介绍 EMMS 模型的求解方法及其相关内容。

4.3.1 数值解

EMMS 模型的求解问题,可归纳为一个 Lagrange 条件极值问题或非线性规划问题,以下简单介绍这两种求解方法以及得到的数值解分析。

1. Lagrange 条件极值法

Lagrange 条件极值法的主要思想是构造一个函数,使原来的条件极值问题转化为所构造函数的无条件极值问题。为求解 EMMS 模型,构造了式(4.3.1)所示的 Lagrange 函数

$$L_{\mathrm{N}}(\boldsymbol{X}) = N_{\mathrm{st}} + \sum_{i=1}^{6} \lambda_i F_i(\boldsymbol{X}) \tag{4.3.1}$$

式中:$\boldsymbol{X}$ 为方程中的 8 个变量,即 ε_{f}、ε_{c}、U_{f}、U_{c}、U_{pf}、U_{pc}、d_{cl} 和 f;$\lambda_1 \sim \lambda_6$ 为 Lagrange系数,与这些系数相乘的是 $F_1(\boldsymbol{X}) \sim F_6(\boldsymbol{X})$,即式(4.2.57a)～式(4.2.57f)。

式(4.3.1)对 ε_{f}、ε_{c}、U_{f}、U_{c}、U_{pf}、U_{pc}、d_{cl} 和 f 分别求导,并令其等于零可以得到 8 个方程,再联立 $F_i(\boldsymbol{X})=0(i=1,2,\cdots,6)$ 的 6 个方程就可得到 14 个方程,即

$$\begin{cases} F_i(\boldsymbol{X}) = 0 \quad (i = 1,2,\cdots,6) \\ \dfrac{\partial L_{\mathrm{N}}(\boldsymbol{X})}{\partial X_j} = 0(X_j = \varepsilon_{\mathrm{f}}, \varepsilon_{\mathrm{c}}, U_{\mathrm{f}}, U_{\mathrm{c}}, U_{\mathrm{pf}}, U_{\mathrm{pc}}, d_{\mathrm{cl}}, f; j = 1,2,\cdots,8) \end{cases} \tag{4.3.2}$$

当 $f=0$(或 $f=1$)时,可以得到一组解析解,即

$$\begin{cases} U_{\mathrm{f}} = U_{\mathrm{c}} = U_{\mathrm{g}} \\ U_{\mathrm{pc}} = U_{\mathrm{pf}} = U_{\mathrm{p}} \\ \varepsilon_{\mathrm{f}} = \varepsilon_{\mathrm{c}} = \varepsilon \end{cases} \tag{4.3.3}$$

上述状态代表两相流处于稀相或密相均匀状态,$f=0$ 代表稀相均匀悬浮状态,颗粒以单颗粒形式被流体携带,系统处于理想稀相输送状态;而 $f=1$ 代表密相均匀悬浮状态,颗粒以稠密方式均匀分散于流体中,系统处于散式流态化状态。在均匀状态下,系统的悬浮输送能耗 N_{st} 达到最大值。能耗最大的状态是不稳定的,因此两相流体系很难实现均匀悬浮状态。

用 Lagrange 条件极值法除可得到式(4.3.3)所示的一组解外,还可得到对应于两相流的非均匀状态 $f\neq0$ 时的一组非线性方程组,求解这组方程组应能得到

悬浮输送能耗 N_{st}达到极值状态。但是这组非线性方程组无法解析求解,数值求解也不易收敛,主要原因是迭代过程中变量的取值会超越有意义的范围,因此必须采用有效的数值求解方法。

2. 非线性规划法

在采用 Lagrange 方法的求解中,迭代发散的主要原因是变量的取值会超越有意义的范围。非线性规划法为求具有等式和不等式约束的优化问题提供了一种有效的方法,用不等式约束可对变量的变化范围加以限制,以保证迭代的收敛。EMMS 模型的求解问题实际上是非线性规划问题,目标函数是 N_{st}取极值,约束函数为 6 个流体动力学方程和 3 个滑移速度的不等式约束,即该模型为 8 个变量 9 个约束的非线性规划问题。为求解 EMMS 模型的非线性方程组需要寻找一种成功的算法程序,采用广义简约梯度(general reduced gradient, GRG)法对其求解已经证明是比较有效的[10, 11]。

Abadie 和 Carpentier[21]于 1969 年提出的广义简约梯度法是由简约梯度法[22]发展而来。简约梯度法只适用于具有非线性目标函数而约束条件仍为线性的问题,而广义简约梯度法适用于具有非线性约束的规划问题。GRG-2 程序是 Lasdon 和 Waren[23]在较早版本[24]的基础上根据广义简约梯度法编制的中型非线性规划程序,程序用模块结构,使用方便,是一个比较成熟的商业软件包。GRG-2 程序要求问题的标准形式为

$$\text{极小或极大化} \quad g_{NC+1}(\boldsymbol{X}) \tag{4.3.4}$$

$$\text{约束条件}\begin{cases} g_i(\boldsymbol{X}) = 0 \quad (i = 1,2,\cdots,NE) \\ glb_k \leqslant g_k(\boldsymbol{X}) \leqslant gub_k \quad (k = NE+1,\cdots,NC) \\ lb_j \leqslant x_j \leqslant ub_j \quad (j = 1,2,\cdots,NN) \end{cases} \tag{4.3.5}$$

式中:$\boldsymbol{X}=\{x_1, x_2, \cdots, x_{NN}\}$代表 NN 个变量; NE 是方程 $g_i(\boldsymbol{X})=0$ 的个数; NC 是约束函数的总个数; glb_k 和 $gub_k(k=NE+1,\cdots,NC)$分别是约束函数 $g_k(\boldsymbol{X})$的下边界(lower boundary)和上边界(upper boundary); lb_j 和 $ub_j(j=1,2,\cdots,NN)$分别是变量 x_j 的下边界和上边界。根据 GRG-2 算法的要求,EMMS 模型可以转换为

$$\text{极小或极大化} \quad N_{st}(\boldsymbol{X}) \tag{4.3.6}$$

$$\text{约束条件}\begin{cases} F_i(\boldsymbol{X}) = 0 \quad (i = 1,2,\cdots,6) \\ 0 \leqslant F_k(\boldsymbol{X}) \leqslant \infty \quad (k = 7,8,9) \\ lb_j \leqslant x_j \leqslant ub_j \quad (j = 1,2,\cdots,8) \end{cases} \tag{4.3.7}$$

对于 EMMS 模型中的 8 个变量

$$\boldsymbol{X} = \{\varepsilon_f, \varepsilon_c, f, U_f, U_c, U_{pf}, U_{pc}, d_{cl}\} \tag{4.3.8}$$

根据其物理意义,8 个变量对应的下边界和上边界如下

$$\begin{cases} lb = \{\varepsilon_{mf}, \varepsilon_{mf}, 0, -\infty, -\infty, -\infty, -\infty, d_p\} \\ ub = \{1.0, 1.0, 1.0, \infty, \infty, \infty, \infty, \infty\} \end{cases} \tag{4.3.9}$$

在颗粒流体协调的 PFC 区域,稳定性条件是悬浮输送能量最小,需要极小化 $N_{st}(\boldsymbol{X})$,则目标函数为 $N_{st}(\boldsymbol{X})$本身;在流体控制的 FD 区域,稳定性条件是悬浮输送能量最大,则需要极大化 $N_{st}(\boldsymbol{X})$,则目标函数为$-N_{st}(\boldsymbol{X})$。

根据简约梯度算法,将式(4.3.4)中所示 NN 个变量 $\boldsymbol{X}=\{x_1, x_2, \cdots, x_{NN}\}$分为基变量 $\boldsymbol{X}_B$ 和非基变量 $\boldsymbol{X}_{NB}$。由式(4.3.5)可知,等式约束条件 $g_i(\boldsymbol{X})=0(i=1,2,\cdots,NE)$为 NE 个,则应有 NE 个基变量,$NN-NE$ 个非基变量。然后通过推导消去基变量 $\boldsymbol{X}_B$,用非基变量 $\boldsymbol{X}_{NB}$来表示基变量,进一步找到在某一邻域内基变量和非基变量之间的微分关系,由此得到目标函数对非基变量的微分表达式,称为原规划问题的简约梯度。对式(4.3.6)和式(4.3.7)所示的 EMMS 模型问题,应有 6 个基变量和 2 个非基变量,当非基变量满足 Kuhn-Tucker 最优化条件时,则可求得最优解。Kuhn-Tucker 最优化条件在广义简约梯度法中的表达式为[10]

$$\begin{cases} \dfrac{\mathrm{d}[N_{st}(\boldsymbol{X})]}{\mathrm{d}x_{NBj}} = 0 \quad lb_{NBj} \leqslant x_{NBj} \leqslant ub_{NBj} \\ \dfrac{\mathrm{d}[N_{st}(\boldsymbol{X})]}{\mathrm{d}x_{NBj}} > 0 \quad x_{NBj} = lb_{NBj} \\ \dfrac{\mathrm{d}[N_{st}(\boldsymbol{X})]}{\mathrm{d}x_{NBj}} < 0 \quad x_{NBj} = ub_{NBj} \end{cases} \tag{4.3.10}$$

式中:$\dfrac{\mathrm{d}[N_{st}(\boldsymbol{X})]}{\mathrm{d}x_{NBj}}$是 $N_{st}(\boldsymbol{X})$相对于非基变量 x_{NBj}的广义简约梯度。本章中所有数值解都满足 Kuhn-Tucker 最优化条件。

3. 数值解的分析

采用广义简约梯度法,以催化裂化催化剂和空气系统(FCC 催化剂/空气)为例对 EMMS 模型进行了计算。计算所用 FCC 催化剂和空气的物性见表 4-4。

表 4-4　FCC 催化剂和空气的物性

物质	参数	数值
FCC 催化剂	平均粒径	$d_p = 54\mu m$
	颗粒密度	$\rho_p = 929.5 kg/m^3$
	单颗粒终端速度	$u_t = 0.08 m/s$
	临界流态化空隙率	$\varepsilon_{mf} = 0.5$
	临界流态化速度	$U_{mf} = 0.002 m/s$
空气	密度	$\rho_f = 1.1795 kg/m^3$
	黏度	$\mu_f = 1.8872 \times 10^{-5} kg/(m \cdot s)$

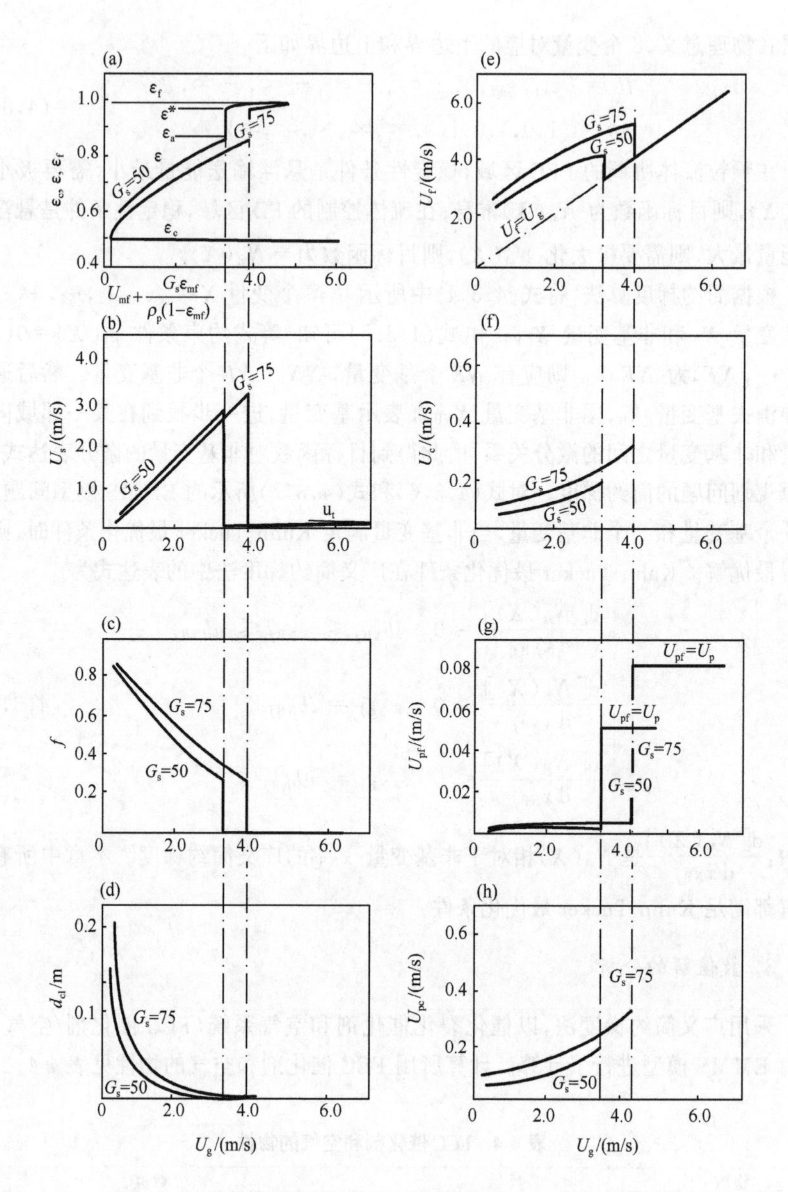

图 4-4 局部流体动力学变量与气速的关系(FCC 催化剂/空气)

图 4-4[11]表示了固体循环速率 G_s 为 50kg/(m^2·s)和 75kg/(m^2·s)时，EMMS 模型计算得到的局部流体动力学变量与气速的关系。

图 4-4(a)表明稀相空隙率 ε_f 和密相空隙率 ε_c 基本上不随气速而变，即 $\varepsilon_f \approx 1.0$，$\varepsilon_c \approx \varepsilon_{mf} \approx 0.5$。这表明颗粒流体系统中稀相和密相两相不均匀结构的存在使得系统处于稳定状态，从而导致流化床中气泡和快速床中团聚物的产生。

气速增加时，图 4-4(a)所示的平均空隙率 ε 增加，而图 4-4(c)所示的密相(团聚物)分率 f 减小。当气速增加到某一值时，f 突变为零，表明团聚物消失；床内空隙率 ε 也发生突变，进入气力输送区，此时，全部颗粒被气流夹带上升。在突变点，颗粒通量为该气速对应的饱和夹带量 K^*。在该点，系统内以下部密相流化和上部稀相输送两种状态共存，空隙率分别为下部密相区平均空隙率 ε_a 和上部稀相区平均空隙率 ε^*，从突变点开始，平均空隙率随着气速的增加缓慢增加，如图 4-4(a)所示。

图 4-4(b)表明，在突变发生之前，气固滑移速度 U_s 远大于单颗粒终端速度 u_t，但突变发生后，U_s 突降为接近 u_t。从图 4-4(d)～图 4-4(h)还可以看出，对应的其他各量也都有一突变：团聚物当量直径 d_{cl} 突变后接近于颗粒直径 d_p；稀相流体速度 U_f 突变后等于流体的表观速度 U_g；稀相中的颗粒速度 U_{pf} 突变后等于颗粒的表观速度 U_p；而密相中的流体和颗粒速度(U_c 和 U_{pc})，由于突变后 $f=0$，所以 U_c 和 U_{pc} 不再存在。

4.3.2 解析解

4.3.1 节中介绍的 EMMS 模型的数值解法[10, 11]，存在计算复杂、不容易收敛的缺点。Xu 等[25, 26]通过修改原 EMMS 模型中的团聚物尺寸方程和曳力系数表达式，得到了 EMMS 模型的简化解析解，与用 GRG-2 程序求解得到的数值解具有一定的吻合性。但 Xu 的简化解与原 EMMS 模型的解存在一定程度的偏离，并且同样也存在计算复杂的缺点。

4.3.1 节中 GRG-2 的数值解表明 $\varepsilon_f \approx 1.0$，$\varepsilon_c \approx \varepsilon_{mf} \approx 0.5$。Li 和 Cheng 等[13, 27]在 Li 等[10, 11]和 Xu 等[25, 26]工作的基础上，引入均匀悬浮输送空隙率 ε_{uni}，根据颗粒流体协调 PFC 模型、理想稀相输送 FDI 模型和实际稀相输送 FDA 模型的稳定性条件，由 GRG-2 的数值解确定出对应的稀相空隙率 ε_f 和密相空隙率 ε_c，得到如表 4-5 所示的简化稳定性条件。

表 4-5 简化稳定性条件

操作区域	稳定性条件	简化稳定性条件
颗粒流体协调 PFC 区域（流态化）	$N_{st} \to \min$	$\varepsilon_f = 1,\quad \varepsilon_c = \varepsilon_{mf}$
流体控制 FDI 区域（理想稀相输送）	$N_{st} \to \max \big\|_{f=0}$	$\varepsilon_f = \varepsilon_c = \varepsilon_{uni}$
流体控制 FDA 区域（实际稀相输送）	$N_{st} \to \max \big\|_{f\neq 0}$	$\varepsilon_f = \varepsilon_{uni},\quad \varepsilon_c = \varepsilon_{mf}$

利用简化稳定性条件，就可以将 EMMS 模型的非线性规划问题转化为非线性

方程组的求解问题。模型中的8个变量,根据简化稳定性条件可以确定出其中的2个变量 ε_f 和 ε_c,其他的6个变量可以通过动量与质量守恒等6个约束方程 $F_i(\boldsymbol{X})=0(i=1,2,\cdots,6)$ 进行封闭求解。程从礼[27]通过对EMMS模型中的基本方程进行推导,得到了EMMS局部动力学三种模型的解析解。以下简单介绍解析解的推导过程。

1) 稀、密两相流体及颗粒表观速度的确定(U_c, U_f, U_{pc}, U_{pf})

由式(4.2.3)和式(4.2.4)所示的稀、密两相表观滑移速度表达式,可得

$$U_f = U_{sf} + \frac{\varepsilon_f}{1-\varepsilon_f}U_{pf} \tag{4.3.11}$$

$$U_c = U_{sc} + \frac{\varepsilon_c}{1-\varepsilon_c}U_{pc} \tag{4.3.12}$$

将式(4.3.11)和式(4.3.12)代入式(4.2.39)所示的流体连续性方程,得

$$U_g = f\left[U_{sc} + \frac{\varepsilon_c}{1-\varepsilon_c}U_{pc}\right] + (1-f)\left[U_{sf} + \frac{\varepsilon_f}{1-\varepsilon_f}U_{pf}\right] \tag{4.3.13}$$

由式(4.2.40)所示的颗粒连续性方程,经变换后得

$$U_{pc} = \frac{U_p - (1-f)U_{pf}}{f} \tag{4.3.14}$$

将式(4.3.14)代入式(4.3.13),经变换整理后可以得到稀相中颗粒表观速度 U_{pf} 的表达式为

$$U_{pf} = \frac{(1-\varepsilon_f)(1-\varepsilon_c)}{(\varepsilon_f-\varepsilon_c)(1-f)}\left[U_g - \frac{\varepsilon_c}{1-\varepsilon_c}U_p - (1-f)U_{sf} - fU_{sc}\right] \tag{4.3.15}$$

这样由式(4.3.11)、式(4.3.12)、式(4.3.14)和式(4.3.15)就可以完整地得到稀、密两相中的流体及颗粒的表观速度。在这一组方程式中,稀、密两相空隙率 ε_f 和 ε_c 可由表4-5中的简化稳定性条件得到,还有三个未知数 U_{sc}、U_{sf}、f 需要确定。

2) 稀、密两相表观滑移速度及密相分率的确定(U_{sc}, U_{sf}, f)

根据式(4.2.32)和式(4.2.34)所示的密相和稀相颗粒力平衡方程以及式(4.2.37)所示的压降平衡方程,可以得到方程(4.3.16)~方程(4.3.18),即

$$m_f F_f = (1-\varepsilon_f)(\rho_p - \rho_f)g \tag{4.3.16}$$

$$m_c F_c = (1-\varepsilon)(\rho_p - \rho_f)g \tag{4.3.17}$$

$$m_i F_i = f(1-f)(\varepsilon_f - \varepsilon_c)(\rho_p - \rho_f)g \tag{4.3.18}$$

其中,$1-\varepsilon$ 可表达为

$$1-\varepsilon = (1-\varepsilon_f) + f(\varepsilon_f - \varepsilon_c) \tag{4.3.19}$$

由式(4.2.7)所示的密相单元作用力方程以及式(4.2.9)和式(4.2.10)所示的曳力系数表达式,可得

$$F_c = \frac{\pi}{8}\rho_f d_p^2 U_{sc}^2 \varepsilon_c^{-4.7}\left[\frac{24\mu_f}{\rho_f d_p U_{sc}} + \frac{3.6\mu_f^{0.313}}{(\rho_f d_p U_{sc})^{0.313}}\right] \tag{4.3.20}$$

用 $m_c=(1-\varepsilon_c)\bigg/\left[\frac{\pi d_p^3}{6}\right]$ 乘以式(4.3.20),可得

$$m_c F_c = \frac{1-\varepsilon_c}{\varepsilon_c^{4.7}}\left[\frac{18\mu_f}{d_p^2}U_{sc} + \frac{2.7\mu_f^{0.313}\rho_f^{0.687}}{d_p^{1.313}}U_{sc}^{1.687}\right] \tag{4.3.21}$$

将式(4.3.19)和式(4.3.21)代入式(4.3.17),经变换得到一个关于 U_{sc}和 f 的二元非线性方程,即

$$0.15\left[\frac{\rho_f d_p}{\mu_f}\right]^{0.687} U_{sc}^{1.687} + U_{sc} - \frac{\varepsilon_c^{4.7}}{1-\varepsilon_c}\frac{(\rho_p-\rho_f)gd_p^2}{18\mu_f}[(1-\varepsilon_f)+(\varepsilon_f-\varepsilon_c)f]=0 \tag{4.3.22}$$

类似于上述推导方法,对于稀相可以得到一个关于 U_{sf}的二元非线性方程

$$0.15\left[\frac{\rho_f d_p}{\mu_f}\right]^{0.687} U_{sf}^{1.687} + U_{sf} - \varepsilon_f^{4.7}\frac{(\rho_p-\rho_f)gd_p^2}{18\mu_f}=0 \tag{4.3.23}$$

同样,对于相间可以得到一个关于 U_{si}和 f 的二元非线性方程

$$0.15\left[\frac{\rho_f d_{cl}}{\mu_f}\right]^{0.687} U_{si}^{1.687} + U_{si} - (1-f)^{5.7}(\varepsilon_f-\varepsilon_c)\frac{(\rho_p-\rho_f)gd_{cl}^2}{18\mu_f}=0 \tag{4.3.24}$$

将相间表观滑移速度表达式(4.2.5)代入式(4.3.24),得

$$0.15\left[\frac{\rho_f d_{cl}}{\mu_f}\right]^{0.687}\left[\left[U_f - \frac{\varepsilon_f}{1-\varepsilon_c}U_{pc}\right](1-f)\right]^{1.687} + \left[U_f - \frac{\varepsilon_f}{1-\varepsilon_c}U_{pc}\right](1-f) - (1-f)^{5.7}(\varepsilon_f-\varepsilon_c)\frac{(\rho_p-\rho_f)gd_{cl}^2}{18\mu_f}=0 \tag{4.3.25}$$

3) 悬浮输送能耗 N_{st}

将式(4.3.16)~式(4.3.18)代入式(4.2.20)所示的悬浮输送能量的表达式中,可得

$$N_{st} = \frac{\rho_p-\rho_f}{\rho_p}g\frac{1}{1-\varepsilon}[f(1-\varepsilon)U_c + (1-f)(1-\varepsilon_f)U_f + f(1-f)^2(\varepsilon_f-\varepsilon_c)U_f] \tag{4.3.26}$$

由式(4.2.39)所示的流体连续性方程,可得

$$U_f = \frac{U_g - fU_c}{1-f} \tag{4.3.27}$$

将式(4.3.19)和式(4.3.27)代入式(4.3.26),经化简后得

$$N_{st}=\frac{\rho_p-\rho_f}{\rho_p}g\left[U_g+(fU_c-U_g)\frac{(\varepsilon_f-\varepsilon_c)f^2}{1-\varepsilon_f+(\varepsilon_f-\varepsilon_c)f}\right] \tag{4.3.28}$$

4) EMMS模型解析解的一般表达式

已知稀相空隙率 ε_f和密相空隙率 ε_c,EMMS模型解析解的一般表达式可归纳在表4-6中。

表4-6 EMMS模型解析解的一般表达式

$$U_f=U_{sf}+\frac{\varepsilon_f}{1-\varepsilon_f}U_{pf} \tag{4.3.29a}$$

$$U_c=U_{sc}+\frac{\varepsilon_c}{1-\varepsilon_c}U_{pc} \tag{4.3.29b}$$

$$U_{pc}=\frac{U_p-(1-f)U_{pf}}{f} \tag{4.3.29c}$$

$$U_{pf}=\frac{(1-\varepsilon_f)(1-\varepsilon_c)}{(\varepsilon_f-\varepsilon_c)(1-f)}\left[U_g-\frac{\varepsilon_c}{1-\varepsilon_c}U_p-(1-f)U_{sf}-fU_{sc}\right] \tag{4.3.29d}$$

$$0.15\left(\frac{\rho_f d_p}{\mu_f}\right)^{0.687}U_{sc}^{1.687}+U_{sc}-\frac{\varepsilon_c^{4.7}}{1-\varepsilon_c}\frac{(\rho_p-\rho_f)gd_p^2}{18\mu_f}\left[(1-\varepsilon_f)+(\varepsilon_f-\varepsilon_c)f\right]=0 \tag{4.3.29e}$$

$$0.15\left(\frac{\rho_f d_p}{\mu_f}\right)^{0.687}U_{sf}^{1.687}+U_{sf}-\varepsilon_f^{4.7}\frac{(\rho_p-\rho_f)gd_p^2}{18\mu_f}=0 \tag{4.3.29f}$$

$$0.15\left(\frac{\rho_f d_{cl}}{\mu_f}\right)^{0.687}\left[\left(U_f-\frac{\varepsilon_f}{1-\varepsilon_c}U_{pc}\right)(1-f)\right]^{1.687}+\left(U_f-\frac{\varepsilon_f}{1-\varepsilon_c}U_{pc}\right)(1-f)-(1-f)^{5.7}(\varepsilon_f-\varepsilon_c)\frac{(\rho_p-\rho_f)gd_{cl}^2}{18\mu_f}=0 \tag{4.3.29g}$$

$$N_{st}=\frac{\rho_p-\rho_f}{\rho_p}g\left[U_g+(fU_c-U_g)\frac{(\varepsilon_f-\varepsilon_c)f^2}{1-\varepsilon_f+(\varepsilon_f-\varepsilon_c)f}\right] \tag{4.3.29h}$$

$$F_6(\boldsymbol{X})=d_{cl}-\frac{gd_p\left[\frac{U_p}{1-\varepsilon_{max}}-\left(U_{mf}+\frac{\varepsilon_{mf}U_p}{1-\varepsilon_{mf}}\right)\right]}{N_{st}\frac{\rho_p}{\rho_p-\rho_f}-\left(U_{mf}+\frac{\varepsilon_{mf}U_p}{1-\varepsilon_{mf}}\right)g}=0 \tag{4.3.29i}$$

5) PFC模型的解析解

将表4-5中PFC模型的简化稳定性条件 $\varepsilon_f=1$、$\varepsilon_c=\varepsilon_{mf}$代入表4-6所示的EMMS模型解析解的一般表达式中,就可以得到表4-7所示的PFC模型解析解的表达式。

*PFC*模型解析解的表达形式简单,其求解过程容易,可按以下步骤求解:

(1) 式(4.3.30g)和式(4.3.30h)是关于密相分率 f 和密相表观滑移速度 U_{sc}的二元非线性方程组,解此方程组就可以得到变量 f 和 U_{sc};

(2) 将得到的 f 和 U_{sc}的值代入式(4.3.30d)~式(4.3.30f)中得到3个变量

U_{pc}、U_c和 U_f的解，再由式(4.3.30i)和式(4.3.30j)可得到 d_{cl}的解；

(3) 根据式(4.3.30a)～式(4.3.30c)所示 3 个变量 ε_f、ε_c和 U_{pf}的值，就可以得到 PFC 模型中的 8 个变量 ε_f、ε_c、U_f、U_c、U_{pf}、U_{pc}、d_{cl}和 f 的解。

表 4-7　PFC 模型解析解的表达式

$$\varepsilon_f = 1 \quad (4.3.30a)$$

$$\varepsilon_c = \varepsilon_{mf} \quad (4.3.30b)$$

$$U_{pf} = 0 \quad (4.3.30c)$$

$$U_{pc} = U_p / f \quad (4.3.30d)$$

$$U_f = \left[U_g - U_p \varepsilon_c/(1-\varepsilon_c) - f U_{sc} \right] / (1-f) \quad (4.3.30e)$$

$$U_c = U_{sc} + U_{pc}\varepsilon_c/(1-\varepsilon_c) \quad (4.3.30f)$$

$$0.15\left[\frac{\rho_f d_p}{\mu_f}\right]^{0.687} U_{sc}^{1.687} + U_{sc} - \frac{\varepsilon_c^{4.7}}{1-\varepsilon_c}\frac{(\rho_p-\rho_f) g d_p^2}{18\mu_f}\left[(1-\varepsilon_f)+(\varepsilon_f-\varepsilon_c)f\right] = 0 \quad (4.3.30g)$$

$$0.15\left[\frac{\rho_f d_{cl}}{\mu_f}\right]^{0.687}\left[\left[U_f - \frac{\varepsilon_f}{1-\varepsilon_c}U_{pc}\right](1-f)\right]^{1.687} + \left[U_f - \frac{\varepsilon_f}{1-\varepsilon_c}U_{pc}\right](1-f) - (1-f)^{5.7}(\varepsilon_f-\varepsilon_c)\frac{(\rho_p-\rho_f) g d_{cl}^2}{18\mu_f} = 0 \quad (4.3.30h)$$

$$N_{st} = (\rho_p - \rho_f) g\left[U_g + f(fU_c - U_g)\right] / \rho_p \quad (4.3.30i)$$

$$F_6(X) = d_{cl} - \frac{g d_p\left[\dfrac{U_p}{1-\varepsilon_{max}} - \left[U_{mf} + \dfrac{\varepsilon_{mf} U_p}{1-\varepsilon_{mf}}\right]\right]}{N_{st}\dfrac{\rho_p}{\rho_p-\rho_f} - \left[U_{mf} + \dfrac{\varepsilon_{mf} U_p}{1-\varepsilon_{mf}}\right] g} = 0 \quad (4.3.30j)$$

6) FDI 模型的解析解

对于理想稀相输送系统来说，颗粒相处于均匀悬浮输送状态，颗粒团聚物消失，即 $f=0$。由 4.3.1 节中式(4.3.3)所示的 Lagrange 条件极值分析可知，稀相中的流体与颗粒速度等于表观流体和颗粒速度，稀相中的空隙率为对应操作状况下的均匀悬浮输送体系的空隙率。

ε_{uni}根据其物理意义可由流体的表观速度 U_g和颗粒的表观速度 U_p确定。在均匀悬浮状态下，流体与颗粒间的滑移速度 u_s约等于单颗粒的终端速度 u_t，即

$$u_s = U_g/\varepsilon_{uni} - U_p/(1-\varepsilon_{uni}) \approx u_t \quad (4.3.31)$$

求解关于 ε_{uni}的一元二次方程就可得到

$$\varepsilon_{uni} \approx \left[(U_g + U_p + u_t) - \sqrt{(U_g + U_p + u_t)^2 - 4u_t U_g}\right] / 2u_t \quad (4.3.32)$$

将表 4-5 中的 FDI 模型的简化稳定性条件 $\varepsilon_f = \varepsilon_c = \varepsilon_{uni}$代入表 4-6 所示的 EMMS 模型解析解的一般表达式中，就可以得到如表 4-8 所示的 FDI 模型解析解的表达式。

表 4-8 FDI 模型解析解的表达式

$$f = 0 \tag{4.3.33a}$$

$$d_{cl} = d_p \tag{4.3.33b}$$

$$\varepsilon_f = \varepsilon_c = \varepsilon_{uni} \tag{4.3.33c}$$

$$U_f = U_c = U_g \tag{4.3.33d}$$

$$U_{pf} = U_{pc} = U_p \tag{4.3.33e}$$

理想稀相输送状态下,悬浮输送能耗 N_{st}的表达式为

$$N_{st} = (\rho_p - \rho_f) g U_g / \rho_p \tag{4.3.34}$$

7) FDA 模型的解析解

在实际稀相输送系统中,仍然存在少量的团聚物,即 $f \neq 0$。团聚物的运动也由流体所支配,将表 4-5 中 PDA 模型的简化稳定性条件 $\varepsilon_f = \varepsilon_{uni}$、$\varepsilon_c = \varepsilon_{mf}$代入如表 4-6 所示的 EMMS 模型解析解的一般表达式中,就可以得到如表 4-9 所示的 FDA 模型解析解的表达式。

表 4-9 FDA 模型解析解的表达式

$$\varepsilon_f = \varepsilon_{uni} \tag{4.3.35a}$$

$$\varepsilon_c = \varepsilon_{mf} \tag{4.3.35b}$$

$$U_{pf} = \frac{(1-\varepsilon_f)(1-\varepsilon_c)}{(\varepsilon_f - \varepsilon_c)(1-f)}\left[U_g - \frac{\varepsilon_c}{1-\varepsilon_c}U_p - (1-f)U_{sf} - fU_{sc}\right] \tag{4.3.35c}$$

$$U_f = U_{sf} + \frac{\varepsilon_f}{1-\varepsilon_f}U_{pf} \tag{4.3.35d}$$

$$U_{pc} = [U_p - (1-f)U_{pf}]/f \tag{4.3.35e}$$

$$U_c = U_{sc} + U_{pc}\varepsilon_c/(1-\varepsilon_c) \tag{4.3.35f}$$

$$0.15\left(\frac{\rho_f d_p}{\mu_f}\right)^{0.687} U_{sf}^{1.687} + U_{sf} - \varepsilon_f^{4.7}\frac{(\rho_p - \rho_f) g d_p^2}{18\mu_f} = 0 \tag{4.3.35g}$$

$$0.15\left(\frac{\rho_f d_p}{\mu_f}\right)^{0.687} U_{sc}^{1.687} + U_{sc} - \frac{\varepsilon_c^{4.7}}{1-\varepsilon_c}\frac{(\rho_p - \rho_f) g d_p^2}{18\mu_f}[(1-\varepsilon_f) + (\varepsilon_f - \varepsilon_c) f] = 0 \tag{4.3.35h}$$

$$0.15\left(\frac{\rho_f d_{cl}}{\mu_f}\right)^{0.687}\left[\left(U_f - \frac{\varepsilon_f}{1-\varepsilon_c}U_{pc}\right)(1-f)\right]^{1.687} + \left(U_f - \frac{\varepsilon_f}{1-\varepsilon_c}U_{pc}\right)(1-f) - (1-f)^{5.7}(\varepsilon_f - \varepsilon_c)\frac{(\rho_p - \rho_f) g d_{cl}^2}{18\mu_f} = 0 \tag{4.3.35i}$$

$$N_{st} = \frac{\rho_p - \rho_f}{\rho_p} g\left[U_g + (fU_c - U_g)\frac{(\varepsilon_f - \varepsilon_c) f^2}{1 - \varepsilon_f + (\varepsilon_f - \varepsilon_c) f}\right] \tag{4.3.35j}$$

$$F_6(x) = d_{cl} - \frac{g d_p\left[\frac{U_p}{1-\varepsilon_{max}} - \left(U_{mf} + \frac{\varepsilon_{mf} U_p}{1-\varepsilon_{mf}}\right)\right]}{N_{st}\frac{\rho_p}{\rho_p - \rho_f} - \left(U_{mf} + \frac{\varepsilon_{mf} U_p}{1-\varepsilon_{mf}}\right) g} = 0 \tag{4.3.35k}$$

FDA 模型的求解过程与 PFC 模型很相似,可按以下步骤求解:

(1) 首先通过式(4.3.35g)计算出稀相表观滑移速度 U_{sf},然后联立式(4.3.35h)和式(4.3.35i)解关于 f 和 U_{sc}的二元非线性方程组;

(2) 再将 f 和 U_{sc}分别代入式(4.3.35c)～式(4.3.35f)中可得到 4 个变量 U_{pf}、U_f、U_{pc}和 U_c的解,再由式(4.3.35j)和式(4.3.35k)就可得到 d_{cl}的解;

(3) 根据式(4.3.35a)和式(4.3.35b)所示 2 个变量 ε_f和 ε_c的值,就可以得到 FDA 模型中的 8 个变量 ε_f、ε_c、U_f、U_c、U_{pf}、U_{pc}、d_{cl}和 f 的解。

以上运用简化稳定性条件求解 EMMS 模型解析解的方法具有计算简单、收敛性好的优点,计算得到的解析解与采用 GRG-2 方法求解原始 EMMS 模型得到的数值解完全一致[27]。

4.3.3 流动区域过渡

由以上的分析可知,对于颗粒流体两相流的不同流动状态,EMMS 模型的稳定性条件不同,因而 EMMS 模型又分为 PFC 模型、FDI 模型和 FDA 模型。为了对 EMMS 模型进行求解,首先应该根据物性数据和操作条件等确定系统所处的流动区域。关于流动区域过渡判据,尽管已有很多经验关联式,但从理论上确定流动区域过渡的判据目前还比较困难。在 4.2.4 节中根据流体与颗粒之间相互控制的能力,将颗粒流体系统分为颗粒控制 PD(固定床)、颗粒流体协调 PFC(流化床)和流体控制 FD(稀相输送)三种流动区域。本节从悬浮输送耗能的角度并结合能量最小多尺度模型的计算结果分析流动区域间的过渡,定义流动区域过渡的判据,特别是对 PFC 和 FD 区域的划分提出了明确的噎塞判据。

1. PD 区域向 PFC 区域的过渡

从 PD 区域向 PFC 区域过渡,即相当于从固定床过渡到流化床操作,对应的转变速度即为最小流化速度 U_{mf}。有关 U_{mf}的计算公式请参阅本书第 2 章及相关流态化专著[4]。

2. PFC 区域内流型过渡

在 PFC 区域中,存在鼓泡流态化、湍动流态化和快速流态化三种流化状态。以下从悬浮输送能耗 W_{st}的角度出发,定义鼓泡流态化向湍动流态化的过渡以及湍动流态化向快速流态化的过渡。

1) 鼓泡流态化向湍动流态化的过渡

对表 4-4 所示的 FCC 催化剂和空气系统,根据 EMMS 模型的计算结果,气速一定,密相分率 f 和流体悬浮输送单位体积颗粒所消耗的能量 W_{st}随固体循环速度 G_s的变化关系如图 4-5[11]所示。随 G_s的变化,在某一点 W_{st}会出现极值点,即

$\left(\dfrac{\partial W_{st}}{\partial G_s}\right)_{U_g}=0$，该点对应的密相份额 $f=0.5$。也就是说，在该点稀密两相比例相等，不能明确区分连续相和离散相。该状态可认为是由气泡为离散相的鼓泡流化状态向以团聚物为离散相的湍动流化状态过渡的临界状态。此时，床内两相流不均匀性达到峰值，这正是鼓泡流态化向湍动流态化过渡的特征。W_{st}达到极大值表明，该量在极大值两侧有不同的变化趋势。由于均匀性较好时，所用的悬浮输送能量越小，W_{st}达到极大值也表示了床内不均匀性达到最大。因此，这一流型过渡的判据为

$$\left(\frac{\partial W_{st}}{\partial G_s}\right)_{U_g}=0$$

或

$$f=0.5 \tag{4.3.36}$$

其物理意义在于：鼓泡流态化向湍动流态化的过渡时，两相流不均匀性达到峰值。

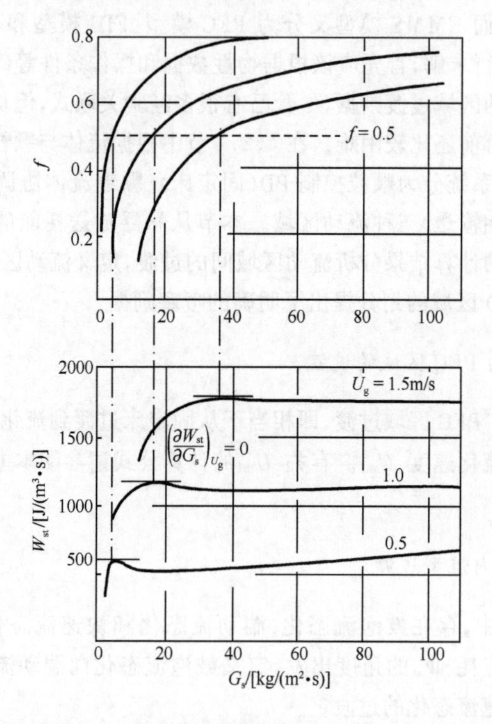

图 4-5　鼓泡流态化向湍动流态化的过渡(FCC 催化剂/空气)

并不是在所有条件下，鼓泡床都随气速的增加或固体通量的减小而过渡为湍动床。当气速很小时，计算表明，W_{st}的极值点并不出现。鼓泡床并不过渡为湍动

床，而是直接过渡为稀相输送。因此，湍动床的形成有一最小速度 U_{bt} 和最小固体循环速度 G_{sbt}，当 $U_g < U_{bt}$、$G_s < G_{sbt}$ 时，不能形成湍动床，鼓泡床将直接过渡到稀相气力输送。

2）湍动流态化向快速流态化的过渡

同样对 FCC 催化剂和空气系统，当 G_s 一定[$G_s = 50\text{kg}/(\text{m}^2 \cdot \text{s})$]而改变气速 U_g 值时，根据颗粒流体协调 PFC 模型、实际稀相输送 FDA 模型、理想稀相输送 FDI 模型分别计算相同操作条件下的悬浮输送能耗 W_{st} 的值，可以得到如图 4-6[11] 所示三种操作状态下流体悬浮输送单位体积颗粒所消耗的能量 W_{st} 与气速 U_g 的关系。图中两条曲线分别代表在 PFC 区域和 FDA 区域内满足稳定性条件 $N_{st} \to \min$ 和 $N_{st} \to \max$ 时悬浮输送单位体积颗粒的能耗，即 $(W_{st})_{PFC} = (W_{st})_{(N_{st})_{\min}}$ 和 $(W_{st})_{FDA} = (W_{st})_{(N_{st})_{\max}|f \neq 0}$；图中下部一条平行于横轴的直线代表在 FDI 区域内满足稳定性条件 $N_{st} \to \max$ 时悬浮输送单位体积颗粒的能耗，即 $(W_{st})_{FDI} = (W_{st})_{(N_{st})_{\max}|f=0}$。

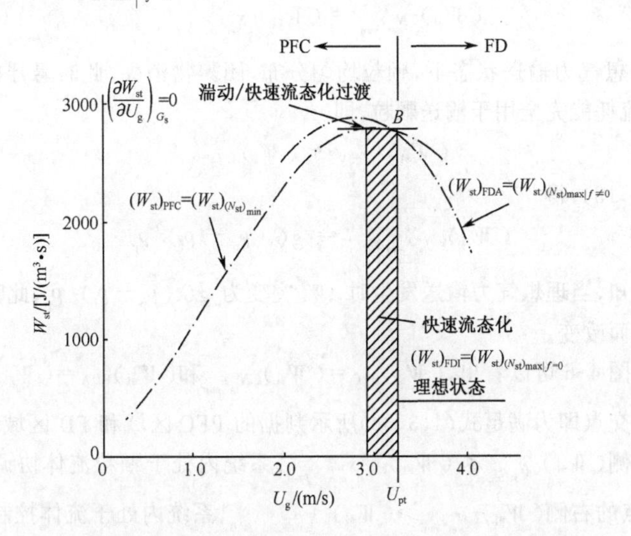

图 4-6　悬浮输送单位体积颗粒能耗与气速的关系（FCC 催化剂/空气）

从流态化操作区域 $(W_{st})_{PFC} = (W_{st})_{(N_{st})_{\min}}$ 的曲线可以看出，在某一速度下，W_{st} 仍然会出现一极大值，即 $\left[\frac{\partial W_{st}}{\partial U_g}\right]_{G_s} = 0$。最大值所对应的流体速度就是湍动流态化向快速流态化过渡的临界速度。在极值点之前，随 U_g 增加，由于悬浮在床内的颗粒膨胀，悬浮能耗 W_s 增大，从而 W_{st} 增加。在极值点之后，由于床内颗粒逐渐减少导致悬浮能耗急剧下降，从而 W_{st} 随 U_g 的增大反而减小。床内悬浮颗粒

被气流携带出床层逐渐减少是非噎塞过渡的特性,也是快速床的特征。因而这一转变标志着湍动流态化向快速流态化过渡,其判据为

$$\left(\frac{\partial W_{st}}{\partial U_g}\right)_{G_s} = 0 \tag{4.3.37}$$

其物理意义在于:随气速的增加,系统中悬浮颗粒开始逐渐被气流输送出系统,流型逐渐向没有悬浮颗粒的输送系统发展。

与鼓泡床向湍动床过渡类似,并不是在所有条件下,都能形成快速床。当固体循环速率较小时,W_{st}的极值点并不出现。此时,系统由湍动床直接过渡为稀相输送。因此,快速床的形成也有一最小速度 U_{tf}和最小固体循环速度 G_{stf},当 $U_g < U_{tf}$、$G_s < G_{stf}$时,不能形成快速床,湍动床将直接过渡到稀相气力输送。

3. PFC 区域向 FD 区域的过渡

在 4.2.4 节中已经给出 PFC 区域向 FD 区域的过渡判据为[20]

$$(W_{st})_{(N_{st})_{min}} = (W_{st})_{(N_{st})_{max}\big|_{f\neq 0}} \tag{4.3.38}$$

而在理想气力输送状态下,颗粒均匀分布,团聚物消失,此时悬浮能量 W_s可以忽略,气流耗能完全用于输送颗粒,即

$$(W_{st})\big|_{f=0} \approx (W_t)\big|_{f=0} \tag{4.3.39}$$

根据式(4.2.13),得

$$(W_{st})_{(N_{st})_{max}\big|_{f=0}} = gG_s(\rho_p - \rho_f)/\rho_p \tag{4.3.40}$$

由图 4-6 可知,当理想气力输送发生时,W_{st}突变为 $gG_s(\rho_p - \rho_f)/\rho_p$,此时 W_{st}不随气速的变化而改变。

同样从图 4-6 可以看出,$(W_{st})_{PFC} = (W_{st})_{(N_{st})_{min}}$和$(W_{st})_{FDA} = (W_{st})_{(N_{st})_{max}\big|_{f\neq 0}}$两条曲线的交点即为满足式(4.3.38)所示判据的 PFC 区域和 FD 区域的转折点。在该点的左侧$(W_{st})_{(N_{st})_{min}} < (W_{st})_{(N_{st})_{max}\big|_{f\neq 0}}$,系统内处于颗粒流体协调的流态化状态;在该点的右侧$(W_{st})_{(N_{st})_{min}} > (W_{st})_{(N_{st})_{max}\big|_{f\neq 0}}$,系统内处于流体控制的稀相输送状态;在该转折点,系统内密相流化和稀相输送两种状态共存,此时流化床内的轴向浓度呈上稀下浓的 S 形分布。该转折点也称为噎塞点,所对应的流体速度 U_g定义为噎塞速度 U_{pt},此时的固体循环速度 G_s定义为饱和夹带量 K^*。饱和夹带量就是在一定气速下,能够维持稀相气力输送的最大固体通量。

根据式(4.3.38)可从理论上预测噎塞发生时流体速度 U_{pt}和饱和夹带量 K^*。图 4-6 是在 $G_s = 50\text{kg}/(\text{m}^2\cdot\text{s})$的条件下得到的,根据两条曲线的交点可以得到当饱和夹带量 $K^* = 50\text{kg}/(\text{m}^2\cdot\text{s})$时,噎塞速度 $U_{pt} = 3.21\text{m/s}$。利用同样的方法,当改变固体循环量时,就会得到新的 U_{pt}和 K^*的值。FCC 催化剂和空气系统

的 $K^* \sim U_{pt}$关系曲线如图 4-7 所示。图中的饱和夹带量曲线定义了 PFC 区域与 FD 区域的边界。在噎塞点(K^*, U_{pt}),系统中密相流化与稀相输送共存,轴向颗粒浓度分布为 S 形。在固体循环量固定不变时,当流体速度大于 U_{pt}时,系统内为稀相输送状态;当流体速度小于 U_{pt}时,系统内为密相流化状态。同理,在表观流体速度固定不变时,当颗粒循环量小于 K^* 时,系统内为稀相输送状态;当颗粒循环量大于 K^* 时,系统内为密相流化状态。当然,密相流化区域与稀相输送区域共存的整体动力学条件与设备两端压降 Δp_{imp} 密切相关,这将在 4.4.1 节中对此进行详细讨论。

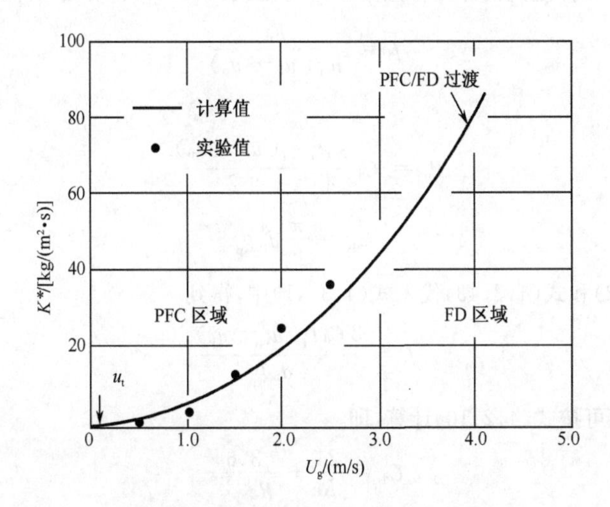

图 4-7 饱和夹带量与噎塞速度的关系曲线(FCC 催化剂/空气)

噎塞是流态化过程中最重要的现象之一,与床内的非均匀结构密切相关,通常以突变形式发生,即固体流率一定时,非均匀结构随气速的增加会突然被破坏;或气体速度一定时,非均匀结构会随固体流率的增加突然形成。在噎塞点附近的稀相输送仍具有一定程度的不均匀性,当流速增加而致使颗粒浓度很低,颗粒之间的相互作用可以忽略不计时,系统达到完全均匀的理想输送状态。既然噎塞点对应非均匀结构的破坏(或形成),它必然与颗粒与流体之间的协调有关。非均匀结构只有在流体的运动趋势和颗粒的运动趋势都无法彻底实现时,才以稳态形式存在。反之,则会被破坏。

4.3.4 最大空隙率的确定

在对 EMMS 模型进行求解之前,首先应该确定团聚物方程(4.2.55)中的最大空隙率 ε_{max}。最大空隙率是判断团聚物存在的临界条件,是影响团聚物尺寸的重要参数。4.2.3 节中已经提到,对于流体为空气的细颗粒体系,根据 Matsen[18] 的分析,可以近似取最大空隙率为 0.9997。

事实上,最大空隙率不仅与颗粒性质有关,而且还与操作条件有关[28,29]。即使在稀相气力输送状态,团聚现象仍然存在,目前很难从理论上确定最大空隙率ε_{max}的值。Soo[30]提出当颗粒和流体之间的相互作用频率 f_f远远大于颗粒和颗粒之间的相互作用频率 f_p时,系统可以认为是均匀的。即 f_f/f_p远大于 1 时,颗粒之间的相互作用可以忽略,颗粒团聚物消失。

流体与颗粒相互作用的实质是流体将动量传递给颗粒,对一个质量为 m_p的颗粒,颗粒和流体之间的相互作用频率 f_f可由式(4.3.41)计算[30],即

$$f_f = \frac{F_d}{m_p(u_f - u_p)} \tag{4.3.41}$$

其中

$$F_d = C_d \frac{\pi d_p^2}{4} \frac{\rho_f(u_f - u_p)^2}{2} \tag{4.3.42}$$

$$m_p = \frac{\pi}{6} d_p^3 \rho_p \tag{4.3.43}$$

将式(4.3.42)和式(4.3.43)代入式(4.3.41)中,得到

$$f_f = \frac{3 C_d \rho_f(u_f - u_p)}{4 d_p \rho_p} \tag{4.3.44}$$

曳力系数 C_d可按式(4.2.10)计算,即

$$C_d = \frac{24}{Re} + \frac{3.6}{Re^{0.313}} \tag{4.3.45}$$

其中

$$Re = \frac{(u_f - u_p) d_p}{\nu_f} \tag{4.3.46}$$

$$u_s = u_f - u_p \tag{4.3.47}$$

将式(4.3.45)~式(4.3.47)代入式(4.3.44)中,整理后得

$$f_f = \frac{\rho_f}{\rho_p}\left[\frac{18\nu_f}{d_p^2} + \frac{2.7\nu_f^{0.313} u_s^{0.687}}{d_p^{1.313}}\right] \tag{4.3.48}$$

颗粒之间相互碰撞的程度可由颗粒之间的相互作用频率 f_p表示,其表达式为[30]

$$f_p = \frac{\langle u_p^2 \rangle^{\frac{1}{2}}}{\Lambda_p} \tag{4.3.49}$$

颗粒之间发生碰撞的平均自由程 Λ_p的表达式为

$$\Lambda_p = \left[\sqrt{2}\, n\pi d_p^2\right]^{-1} \tag{4.3.50}$$

这里,颗粒的数量密度 n 满足式(4.3.51)

$$1-\varepsilon = n\frac{1}{6}\pi d_p^3 \tag{4.3.51}$$

将式(4.3.50)和式(4.3.51)代入式(4.3.49)中,则得

$$f_p = \frac{6\sqrt{2}\langle u_p^2\rangle^{\frac{1}{2}}(1-\varepsilon)}{d_p} \tag{4.3.52}$$

式中:$\langle u_p^2\rangle^{\frac{1}{2}}$是颗粒的脉动速度。对颗粒浓度较小、颗粒对流体运动不会产生显著影响的情况,Lee 等[31]给出了颗粒脉动速度的计算公式(4.3.53)

$$\langle u_p^2\rangle^{\frac{1}{2}} = \langle u_f^2\rangle^{\frac{1}{2}}\left[\frac{\beta T_{Lf}}{0.7+\beta T_{Lf}}\right]^{\frac{1}{2}} \tag{4.3.53}$$

式中:$\langle u_f^2\rangle^{\frac{1}{2}}$是流体的脉动速度,系数 β 为

$$\beta = \frac{3C_{df}\rho_f}{4d_p\rho_p}\left[\langle u_f^2\rangle^{\frac{1}{2}} - \langle u_p^2\rangle^{\frac{1}{2}}\right] \tag{4.3.54}$$

其中,曳力系数 C_{df}为

$$C_{df} = \frac{24}{Re_f} + \frac{3.6}{Re_f^{0.313}} \tag{4.3.55}$$

脉动 Reynolds 数 Re_f为

$$Re_f = \frac{\left[\langle u_f^2\rangle^{\frac{1}{2}} - \langle u_p^2\rangle^{\frac{1}{2}}\right]d_p}{\nu_f} \tag{4.3.56}$$

用 d_t表示管径,则式(4.3.53)中 Lagrange 时间常数 T_{Lf}为

$$T_{Lf} = \frac{0.037u^*d_t}{\langle u_f^2\rangle} \tag{4.3.57}$$

式中:d_t是床层直径。

Hinze[32]得到了管流的流体脉动速度$\langle u_f^2\rangle^{\frac{1}{2}}\big/u^*$随径向位置 r/R 的变化曲线,同时给出了光滑管中 u^*的计算式。为保证整个截面不产生团聚物,取流体脉动剧烈的近壁面处的表达式为[28]

$$\frac{\langle u_f^2\rangle^{\frac{1}{2}}}{u^*} \approx 1.1 \tag{4.3.58}$$

$$\frac{u_f}{u^*} = 2.44\ln\left[\frac{u^*d_t}{2\nu_f}\right] + 2.0 \tag{4.3.59}$$

可见将式(4.3.54)~式(4.3.59)代入式(4.3.53)中,即可求得$\langle u_p^2\rangle^{\frac{1}{2}}$。将式(4.3.48)和式(4.3.52)相除可得

$$\frac{f_f}{f_p} = \frac{\rho_f}{\rho_p}\frac{1}{\sqrt{2}\langle u_p^2\rangle^{\frac{1}{2}}(1-\varepsilon)}\left[3\frac{\nu_f}{d_p} + 0.45\left[\frac{\nu_f}{d_p}\right]^{0.313}u_s^{0.687}\right] \tag{4.3.60}$$

式(4.3.60)表示了 f_f/f_p随空隙率 ε 的变化关系。吴文渊等[28]假设对于均匀悬浮系统,滑移速度 u_s近似等于单颗粒终端速度 u_t,定义当 $f_f/f_p=1$ 时,由式(4.3.60)计算得到的空隙率等于最大空隙率,即有 $u_s \approx u_t$,$\varepsilon_{(f_f/f_p=1)}=\varepsilon_{max}$。Chen 等[29]在此基础上引入实际滑移速度,对 f_f/f_p的表达式进行了进一步推导。

在稀相均匀悬浮输送情况下,耗散能量可以忽略不计,因而有

$$W_{st}=gG_s=\Delta pU_g=(\rho_p-\rho_f)(1-\varepsilon)gU_g \tag{4.3.61}$$

由于 $G_s=\rho_p U_p$,可得到式(4.3.62)

$$U_g=\frac{U_p\rho_p}{(\rho_p-\rho_f)(1-\varepsilon)} \tag{4.3.62}$$

于是实际滑移速度为

$$u_s=\frac{U_g}{\varepsilon}-\frac{U_p}{1-\varepsilon}=\frac{U_p}{(1-\varepsilon)}\left[\frac{\rho_p}{(\rho_p-\rho_f)\varepsilon}-1\right] \tag{4.3.63}$$

将式(4.3.63)代入式(4.3.60),得

$$\frac{f_f}{f_p}=\frac{\rho_f}{\rho_p}\frac{1}{\sqrt{2}\langle u_p^2\rangle^{\frac{1}{2}}(1-\varepsilon)}\left\{3\frac{\nu_f}{d_p}+0.45\left[\frac{\nu_f}{d_p}\right]^{0.313}\left[\frac{U_p}{(1-\varepsilon)}\left[\frac{\rho_p}{(\rho_p-\rho_f)\varepsilon}-1\right]\right]^{0.687}\right\} \tag{4.3.64}$$

已知气固物性,假设不同的空隙率 ε,即可由式(4.3.64)计算得到 f_f/f_p的值。计算得到的 f_f/f_p随空隙率 ε 的典型变化关系如图 4-8[11]所示。由图可见 f_f/f_p随 ε 的增大逐渐增大,但当 ε 增大到某一值时,f_f/f_p突然急剧增加,定义此时的 ε 为最大空隙率 ε_{max}。

已知 ε_{max}即可根据式(4.2.55)计算团聚物的直径。图 4-9[11]表示了对 FCC 催化剂/空气系统,计算得到的团聚物直径与气速的关系。当气速接近最小流化速

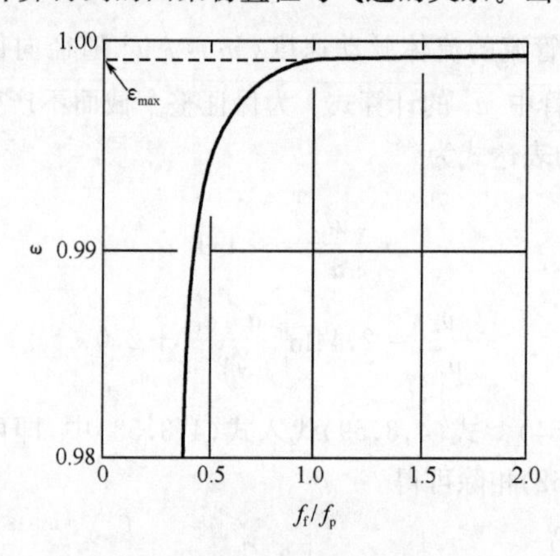

图 4-8 f_f/f_p随空隙率 ε 的变化关系

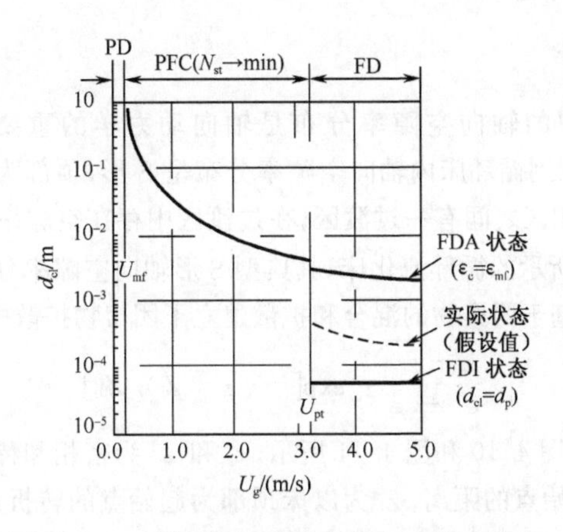

图 4-9　不同区域中团聚物直径与气速的关系
（FCC 催化剂/空气）

度 U_{mf}时，即操作状态接近颗粒控制的 PD 区域时，团聚物直径 d_{cl}急剧增大。在颗粒流体协调的 PFC 区域，d_{cl}随气速的增加逐渐减小。当气速增大到流体控制的稀相输送 FD 区域时，d_{cl}有一突变。对于理想稀相输送(FDI)状态，d_{cl}等于颗粒直径 d_p；对于实际稀相输送(FDA)状态，稀相内也存在团聚物，若假定团聚物内的空隙率 ε_c 等于最小流化空隙率 ε_{mf}，计算得到的 d_{cl}与 PFC 区域相比略有减小，而实际情况应该是团聚物内的空隙率 ε_c 与平均空隙率有关，介于 ε_{mf}和 ε_{max}之间，这种情况下由于还没有合适的关系式用于计算 ε_c，d_{cl}还不能由式(4.2.55)计算，其假设值如图中的虚线所示。

4.4　EMMS 模型的扩展与应用

通过 EMMS 模型求解得到的 8 个变量仅与操作条件以及颗粒和气体的物性有关，而工程中所关心的往往是与空间位置、边界条件等有关的整体动力学。对一个具有对称结构的设备而言，整体动力学研究的就是轴向动力学和径向动力学。颗粒流体系统中局部和整体动力学的基本特征是动态非均匀性。局部非均匀性表现为固体和气体形成复杂的两相流结构，它由颗粒富集的密相和流体富集的稀相组成，并且两相的结构处于动态变化之中。整体非均匀性表现为上稀下浓的轴向非均匀性和中心稀边壁浓的环核结构的径向非均匀性，床内整体流动结构取决于操作条件和边界条件。

前两节中介绍的 EMMS 模型实现了对颗粒流体系统中局部动力学行为的定量描述，揭示了不均匀结构产生的机制、流型过渡的判据。本节简要介绍 EMMS 模型在整体动力学预测和计算方面的扩展与应用。

4.4.1 轴向动力学

循环流化床中的轴向空隙率分布是轴向动力学的重要研究内容。Li 和 Kwauk[33]首先注意到循环床内轴向空隙率分布呈 S 形,顶部为稀相区,底部为密相区,稀相区和密相区之间有一过渡区,在过渡区中存在空隙率分布的转折点 Z_i。对于如图 4-10[11]所示的循环流化床,其典型 S 形轴向空隙率分布如图 4-11[11]所示。Li 和 Kwauk 基于团聚物的混合和扩散建立了团聚物扩散模型[33],表达式为

$$\frac{\varepsilon - \varepsilon_a}{\varepsilon^* - \varepsilon} = \exp[-(z - Z_i)/Z_0] \tag{4.4.1}$$

式中符号的意义如图 4-10 和图 4-11 所示,ε_a 和 ε^* 为密相和稀相的极限空隙率,z 为以床顶部为起始点的距离,Z_i 为以床顶部为起始点的转折点高度。当以床底部为起始点的高度 h 来表达时,由 $z = H - h$,式(4.4.1)可改写为

$$\frac{\varepsilon - \varepsilon_a}{\varepsilon^* - \varepsilon} = \exp[-(H - h - Z_i)/Z_0] \tag{4.4.2}$$

式中:Z_0 是特征长度,代表了转折段的长度。Li 等[34]通过实验提出了 ε_a、ε^*、Z_i 和 Z_0 的经验关联式,其中 Z_0 的表达式为

$$Z_0 = 500\exp[-69(\varepsilon^* - \varepsilon_a)] \tag{4.4.3}$$

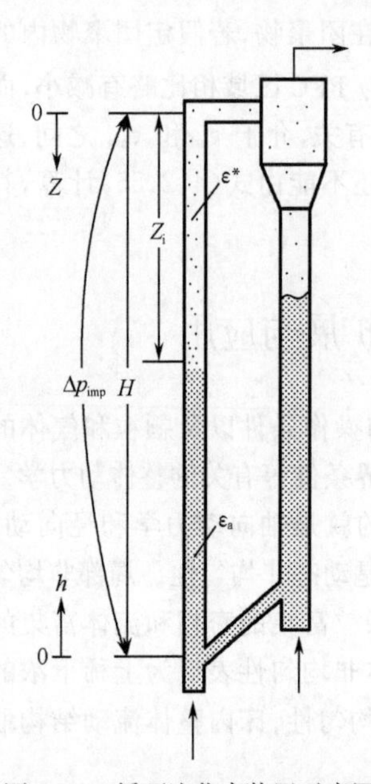

图 4-10 循环流化床装置示意图

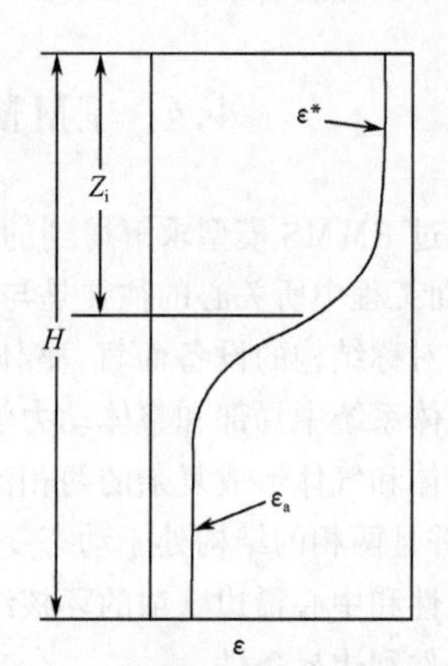

图 4-11 典型 S 形轴向空隙率分布

Li 和 Kwauk 提出的团聚物扩散模型较好地描述了轴向空隙率分布,但是模型中的参数需要由经验公式确定,其适用范围受到限制。

应用EMMS模型可以预测式(4.4.1)中稀相和密相空隙率 ε^* 和 ε_a。在稀密两相共存的S形轴向空隙率分布状态下,下部密相区采用式(4.2.58)所示的颗粒流体协调的PFC模型,上部稀相区采用式(4.2.59)所示的理想稀相输送FDI模型或式(4.2.60)所示的实际稀相输送FDA模型。通过求解PFC模型,可以得到下部密相区局部动力学参数 ε_c、ε_f 和 f,根据式(4.2.26)可得

$$\varepsilon_a = f\varepsilon_c + (1 - f)\varepsilon_f \tag{4.4.4}$$

同理,通过求解FDI模型或FDA模型,可以得到上部稀相区局部动力学参数 ε_c、ε_f 和 f,有

$$\varepsilon^* = f\varepsilon_c + (1 - f)\varepsilon_f \tag{4.4.5}$$

转折点 Z_i 可由给定的循环床两端的压降 Δp_{imp} 或总装料量 I 求得[11]。研究表明,轴向空隙率分布不仅与气速和固体循环量有关,还与施加于循环床两端的压降 Δp_{imp} 有关[35]。若给定循环床两端的压降 Δp_{imp},根据压力平衡有式(4.4.6)成立

$$\Delta p_{imp} = (1 - \varepsilon_a)\rho_p g(H - Z_i) + (1 - \varepsilon^*)\rho_p g Z_i \tag{4.4.6}$$

转折点高度 Z_i 可由式(4.4.7)求得

$$Z_i = \frac{\Delta p_{imp} - (1 - \varepsilon_a)\rho_p g H}{(\varepsilon_a - \varepsilon^*)\rho_p g} \tag{4.4.7}$$

Li等[11]通过实验考察了诸操作参数对循环流化床内轴向空隙率分布的影响。实验装置的简略图如图4-10所示,上行床(riser)内径为0.09m,高为10m,其出口为一沉降式气固分离器,大部分固体颗粒在此与气体分离,少部分颗粒被气流携带至旋风除尘器和布袋除尘器中分离。在沉降式气固分离器和旋风除尘器中,颗粒与气流分离后,通过内径为0.12m的下行床(downcomer)回到上行床的底部。上行床和下行床之间由直径为0.08m的斜管连接,并在斜管中部装有蝶形循环量控制阀。固体循环量的改变是通过改变蝶形循环量控制阀的开度和系统内的存料量来实现的。实验所用物料为FCC催化剂,流化介质为空气,物性如表4-4所示。

图4-12(a)~(c)[11]分别是气速为1.52m/s、2.10m/s、2.60m/s时,通过改变系统内存料量 I 来改变固体循环量所测得的轴向空隙率分布曲线。图中存在着两种不同类型的分布曲线。图4-12(a)中 I=15kg、20kg的曲线和图4-12(b)中 I=15kg、20 kg、22kg的曲线为S形分布,其过渡段的最高点均在床层内,该条件下的固体循环速率已经达到了对应操作气速时的饱和夹带量,即当气速为1.52m/s时,$G_s = K^* = 14.3\text{kg}/(\text{m}^2\cdot\text{s})$;而当气速为2.10m/s时,$G_s = K^* = 24.1\text{kg}/(\text{m}^2\cdot\text{s})$。在 $G_s = K^*$ 的操作区域内,改变系统内的存料量,并不能改变固体循环速度,而只能使转折点 Z_i 沿床高方向移动。图4-12(a)中存料量 I 从15kg增加到20kg,Z_i 的位置从约1.5m高处上移到约3.5m高处。同样,图4-12(b)中存料量 I 从15kg增加到22kg,Z_i 的位置从约1.0m高处上移到约4.5m高处。

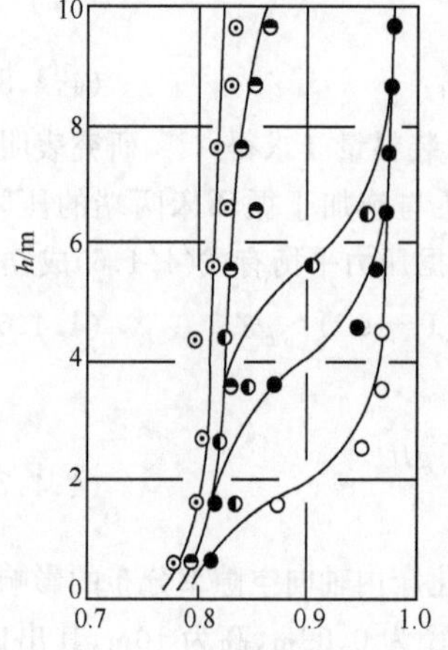

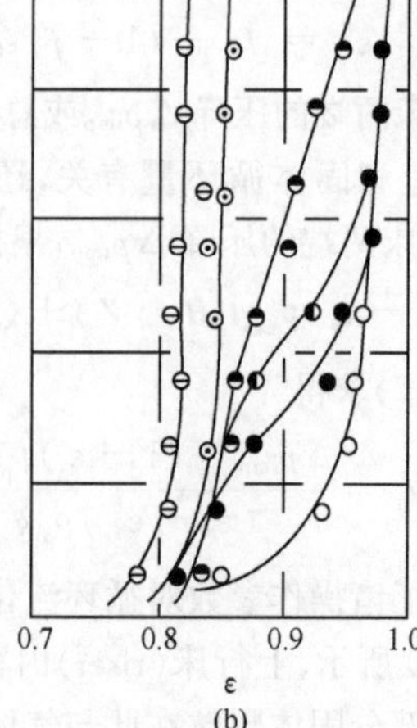

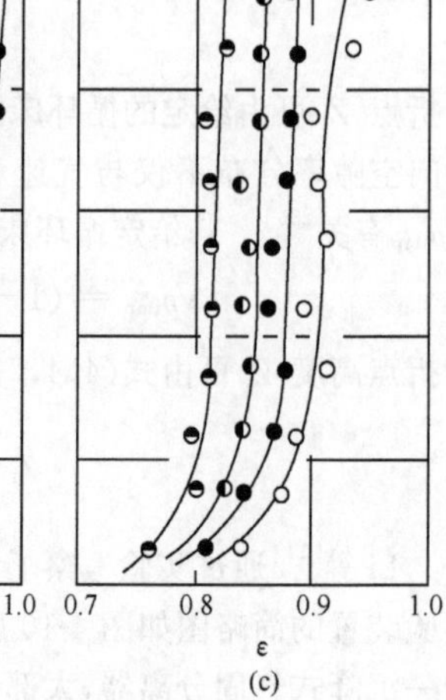

图 4-12　轴向空隙率分布曲线(FCC 催化剂/空气)

在 $G_s = K^*$ 的操作区域内,与改变系统内存料量同样,如果改变循环速度控制阀的开度,也只能暂时破坏循环床当时所处的平衡状态。例如:当减小循环速度控制阀开度时,进入上行床的进料速率会相应减小,小于饱和夹带量,而这时带出床外的物料量仍等于该气速下的饱和夹带量,从而使床内浓相区减少,Z_i 逐渐下降。与此同时,从上行床带出的物料在下行床内累计,使得下行床内的物料增加,导致循环管入口处的压力增大,因而进入上行床的加料速率也相应增加。这种动态过程很快持续到使加料速率重新达到等于饱和夹带量,此时 Z_i 移动到了一个新的平衡位置。

因此,对于 $G_s = K^*$ 的操作区域,轴向空隙率分布呈完整的 S 形,无论改变存料量或循环速度控制阀开度都不能达到改变固体循环速度的目的,固体循环速度仅与气速有关,即等于一定气速下的饱和夹带量,气速和固体循环速度无法独立改变。图 4-12(a)和图 4-12(b)同时表明,在此操作区域内,底部密相空隙率 ε_a 和顶部稀相空隙率 ε^* 不随 I 的变化而改变,只与操作气速和气固物性有关。Weinstein 等[35]通过实验也得到了类似的结果。

当存料量或循环量控制阀的开度改变时,可使转折点 Z_i 沿床高方向移动。如果进一步增加固体存料量或开大循环速度控制阀的开度到某一值，使轴向空隙率S形分布的转折点超出了床顶，这时从循环床带出的固体物料超出了饱和夹带量，固体循环速度也随之增加，从而进入了另一个操作区域，即 $G_s > K^*$。反之，如果减少固体存料量或关小循环速度控制阀的开度到某一值，使轴向空隙率S形分布的转折点低至床底以下，这时从循环床带出的固体物料少于饱和夹带量，稀相的固体夹带呈不饱和状态，固体循环速度也随之减小，从而进入了另一个操作区域，即 $G_s < K^*$。在固体循环速度不等于饱和夹带量的这两个操作区域内，S形轴向空隙率分布消失，气速和固体循环速度可独立改变，两者均可对稀相和密相空隙率有影响。

根据以上固体循环速度与饱和夹带量的比较，提出了三个操作区域的划分[36]，即 $G_s > K^*$、$G_s = K^*$、$G_s < K^*$。该实验结果证实了4.3.3节中式(4.3.38)所定义的噎塞判据$(W_{st})_{(N_{st})_{min}} = (W_{st})_{(N_{st})_{max}}\big|_{f\neq 0}$的正确性。根据噎塞判据可以从理论上得到饱和夹带量 K^* 和噎塞速度 U_{pt}。这样就可将在4.2.4节中用悬浮输送能耗表达的稳定性判据改写为用饱和夹带量、噎塞速度及压力平衡关系式来表达。表4-10总结了判断流化状态所需的噎塞判据。

表 4-10 流化状态判据

模型	噎塞判据	压力平衡判据	流化状态
PFC模型	$U_g < U_{pt}$, $G_s > K^*$	$\Delta p_{imp} > (1-\varepsilon_a)\rho_p gH$	密相流化
PFC/FD模型	$U_g = U_{pt}$, $G_s = K^*$	$(1-\varepsilon^*)\rho_p gH < \Delta p_{imp} < (1-\varepsilon_a)\rho_p gH$	稀相密相共存
FD模型	$U_g > U_{pt}$, $G_s < K^*$	$\Delta p_{imp} < (1-\varepsilon^*)\rho_p gH$	稀相输送

由表4-10可知，在 G_s 固定不变时，当 $U_g > U_{pt}$时，系统处于稀相输送状态；当 $U_g < U_{pt}$时，系统处于密相流化状态。同理，在流体速度固定不变时，当 $G_s < K^*$时，系统处于稀相输送状态；当 $G_s > K^*$时，系统处于密相流化状态。

EMMS模型用于计算循环流化床轴向空隙率分布的计算框图如图4-13[13]所示。除了气体和颗粒的物性以外，有三个重要的操作变量，分别是气体表观速度 U_g、固体循环速度 G_s 和提升管两端的压力降 Δp_{imp}。在这三个变量之中，只有两个变量是独立的，剩下的一个变量可由其他两个变量确定。因此，循环流化床轴向空隙率分布的模拟计算可分为以下三种情况：

1. 给定 U_g 和 G_s[图4-13(a)]

在这种情况下，首先应进行噎塞判断，预测饱和夹带量 K^*。如果给定的 G_s 正好等于 K^*(实际上这种情况很少发生)，则颗粒流体系统所处的流化状态为S形分布，上部稀相区空隙率 ε^* 和下部密相区空隙率 ε_a 需要分别进行计算，同时根据过程的需要给定 Δp_{imp}来确定密相区向稀相区的转折点高度 Z_i。如果给定的

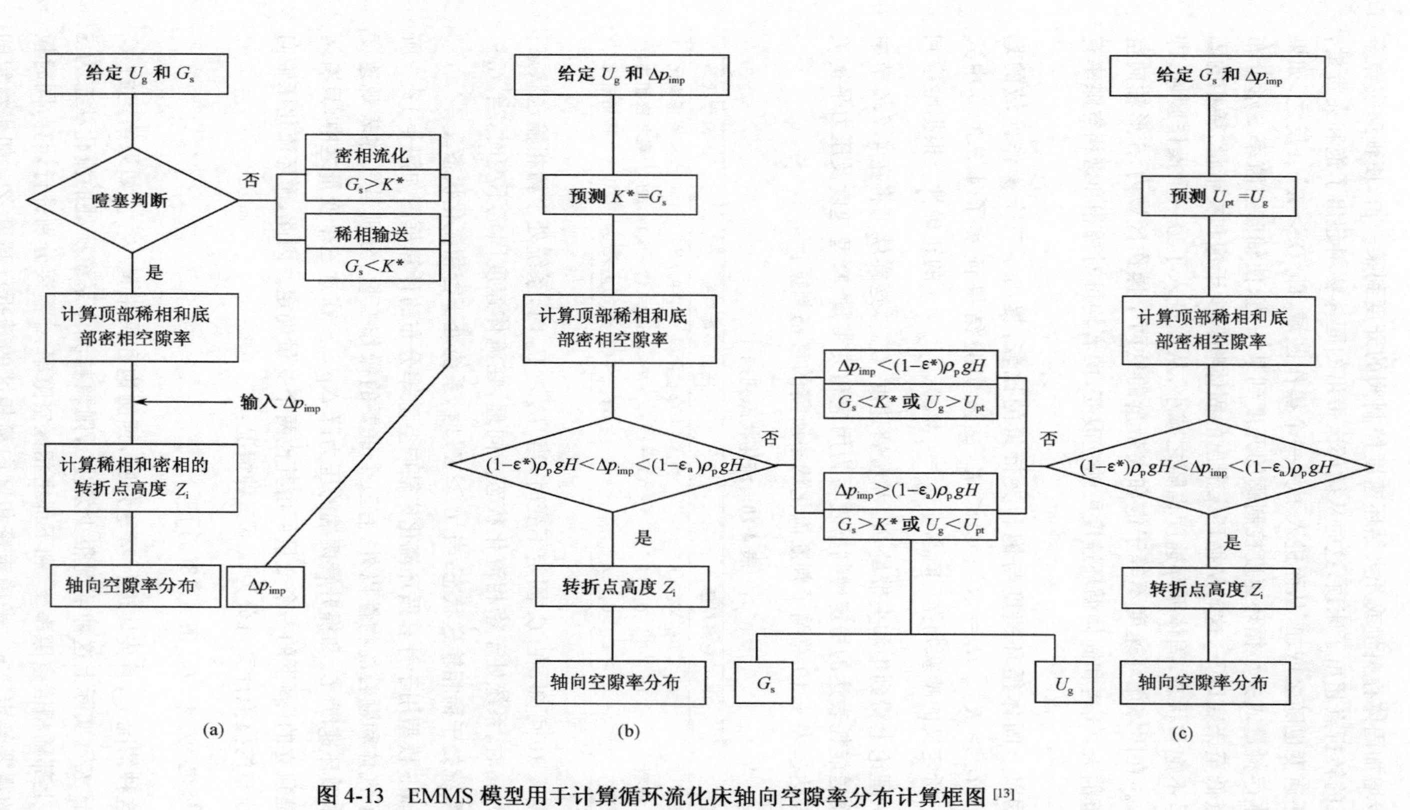

图 4-13　EMMS 模型用于计算循环流化床轴向空隙率分布计算框图 [13]

(a) $U_g \sim G_s$；(b) $U_g \sim \Delta p_{imp}$；(c) $G_s \sim \Delta p_{imp}$

G_s不等于 K^*,那么,$G_s > K^*$ 时为密相流化,$G_s < K^*$ 时为稀相输送,在这两种情况下,Δp_{imp}不能预先给定,由 U_g 和 G_s 唯一确定。

2. 给定 U_g 和 Δp_{imp}[图 4-13(b)]

这种情况下,首先将计算得到的饱和夹带量 K^* 作为固体循环量,接着计算上部稀相区空隙率 ε^* 和下部密相区空隙率 ε_a,然后进行压力平衡判断。若$(1-\varepsilon^*)\rho_p gH < \Delta p_{imp} < (1-\varepsilon_a)\rho_p gH$ 成立,则 S 形分布存在,密相和稀相的转折点高度 Z_i 可通过 Δp_{imp}计算得到。若 $\Delta p_{imp} < (1-\varepsilon^*)\rho_p gH$ 成立,则 $G_s < K^*$,系统处于稀相输送状态;若 $\Delta p_{imp} > (1-\varepsilon_a)\rho_p gH$ 成立,则 $G_s > K^*$,系统处于密相流化状态。这两种情况均需调节 G_s 直到计算得到的 Δp_{imp}与给定的 Δp_{imp}相等,最终得到给定 U_g 和 Δp_{imp}条件下的 G_s。

3. 给定 G_s 和 Δp_{imp}[图 4-13(c)]

这种情况与第二种情况类似,不同的是首先应计算与 G_s 对应的噎塞速度 U_{pt}。若 $\Delta p_{imp} < (1-\varepsilon^*)\rho_p gH$ 成立,则 $U_g > U_{pt}$;若 $\Delta p_{imp} > (1-\varepsilon_a)\rho_p gH$ 成立,则 $U_g < U_{pt}$。这两种情况均需调节 U_g 直到计算得到的 Δp_{imp}与给定的 Δp_{imp}相等,最终得到给定 G_s 和 Δp_{imp}条件下的 U_g。

综上所述,结合 Li 和 Kwauk[33] 的团聚物扩散模型和 EMMS 模型,就可以计算循环流化床的轴向空隙率分布。以下以给定 G_s 和 Δp_{imp}为例计算 FCC 催化剂/空气系统的轴向空隙率分布。实验装置如图 4-10 所示,上行床内径为 0.09m,高 H 为 10m;下行床内径为 0.12m,高 H_1 为 7m。

1) 已知条件

(1) 物性参数:FCC/空气系统的物性如表 4-4 所示。

(2) 操作条件:气速 2m/s、4m/s,噎塞速度 U_{pt} 待定,固体循环速度 50 kg/(m^2·s)。

(3) 边界条件:给定循环床两端的压降 $\Delta p_{imp}=6500$Pa,循环床两端的最大压降 $\Delta(p_{imp})_{max}=15\,000$Pa。

2) 流化状态判断

根据式(4.2.58)~式(4.2.60)所示的 EMMS 模型,可以计算得到不同气速下的悬浮输送能耗$(W_{st})_{PFC}$、$(W_{st})_{FDI}$和$(W_{st})_{FDA}$以及相应的空隙率 ε_{PFC}、ε_{FDI}和 ε_{FDA},如图 4-14[11] 所示。由图可知,当 $G_s=50$kg/(m^2·s)时,对应的噎塞速度 $U_{pt}=3.21$m/s,此时满足式(4.3.38),即$(W_{st})_{(N_{st})_{min}}=(W_{st})_{(N_{st})_{max|f\neq0}}$。$(W_{st})_{FDI}$ 根据式(4.3.40)得到

$$(W_{st})_{FDI} = gG_s(\rho_p-\rho_f)/\rho_p \tag{4.4.8}$$

图中 ε_{FDI}为理想稀相输送时的空隙率,此时颗粒以单颗粒形式均匀分散在流体中,

不存在颗粒团聚物。ε_{FDA}为实际稀相输送时的空隙率，此时稀相中仍存在颗粒团聚物，并假定团聚物内的空隙率等于最小流化状态时的空隙率，即 $\varepsilon_c=\varepsilon_{mf}$。实际操作中，稀相空隙率应在 ε_{FDI}和 ε_{FDA}之间，本节中稀相空隙率 ε^* 采用理想稀相输送 FDI 模型计算所得数值。当操作气速 U_g为 2.0m/s、3.21m/s 和 4.0m/s 时，计算得到的悬浮输送能耗$(W_{st})_{PFC}$、$(W_{st})_{FDA}$和$(W_{st})_{FDI}$以及相应的空隙率 ε_{PFC}、ε_{FDA}和 ε_{FDI}示于表 4-11 和图 4-14 中。

表 4-11　悬浮输送能耗以及相应的空隙率计算值

U_g /(m/s)	$(W_{st})_{PFC}$ /[J/(m³·s)]	$(W_{st})_{FDA}$ /[J/(m³·s)]	$(W_{st})_{FDI}$ /[J/(m³·s)]	ε_{PFC}	ε_{FDA}	ε_{FDI}	ε_a	ε^*
2.0	2322	2588	489.4	0.769	0.774	0.973		
3.21	2810	2810	489.4	0.873	0.883	0.983	0.873	0.983
4.0	2317	1785	489.4	0.926	0.948	0.987		

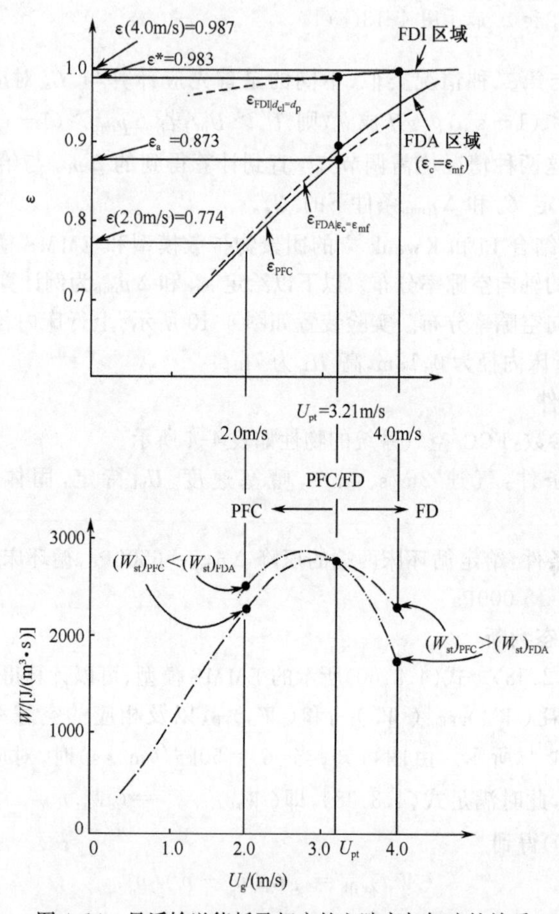

图 4-14　悬浮输送能耗及相应的空隙率与气速的关系

根据表 4-2 和表 4-10 所示的能耗及噎塞判据进行流化状态判断，如表 4-12 所示。

表 4-12　根据悬浮输送能耗的流化状态判断

U_g/(m/s)	能耗判据 W_{st}/[J/(m^3·s)]	速度判据/(m/s)	计算模型	流化状态
2.0	$2322=(W_{st})_{PFC}<(W_{st})_{FDA}=2588$	$2.0=U_g<U_{pt}=3.21$	PFC	密相流化
3.21	$2810=(W_{st})_{PFC}=(W_{st})_{FDA}=2810$	$3.21=U_g=U_{pt}=3.21$	PFC/FD	稀密两相共存
4.0	$2317=(W_{st})_{PFC}>(W_{st})_{FDA}=1785$	$4.0=U_g>U_{pt}=3.21$	FD	稀相输送

3) 密相和稀相空隙率以及施加于快速床两端压降

根据表 4-11 和表 4-12，可以得到三种情况下的稀相和密相空隙率。施加于快速床两端压降就可根据空隙率和床高进行计算，即

$$\Delta p_{imp}=\rho_p gH(1-\varepsilon) \tag{4.4.9}$$

表 4-13 表示了稀相和密相空隙率以及快速床两端压降的计算结果。

表 4-13　空隙率和压降计算结果

U_g/(m/s)	密相空隙率	稀相空隙率	快速床两端压降 Δp_{imp}/Pa
2.0	0.769	—	21 042
3.21	0.873(ε_a)	0.983(ε^*)	$1549<\Delta p_{imp}<11\ 568$
4.0	—	0.987	1184

由于给定边界条件中，快速床两端的最大压降为 15 000Pa，而在 $U_g=2.0$m/s 和 $G_s=50$kg/(m^2·s)的条件下，快速床两端压降为 21 042Pa，因此该条件下的操作是不可能实现的，必须减小循环量使快速床两端的压降小于最大压降。

4. 轴向空隙率分布

在 $U_g=3.21$m/s 和 $G_s=50$kg/(m^2·s)的条件下，轴向空隙率分布为 S 形，可利用式(4.4.1)所示的 Li 和 Kwauk 的团聚物扩散模型进行计算。

将表 4-13 中 ε_a和 ε^* 的值代入式(4.4.2)，可得特征长度 Z_0

$$Z_0=500\exp[-69(0.983-0.873)]=0.253 \tag{4.4.10}$$

已知条件中给定快速床两端的压降为 $\Delta p_{imp}=6500$Pa，由式(4.4.7)可得

$$Z_i=\frac{6500-929.5\times 9.8\times 10\times(1-0.873)}{929.5\times 9.8\times(0.873-0.983)}=5.06\text{m} \tag{4.4.11}$$

将 $\varepsilon_a=0.873$、$\varepsilon^*=0.983$、$Z_0=0.253$ 和 $Z_i=5.06$m 代入式(4.4.1)中，可得

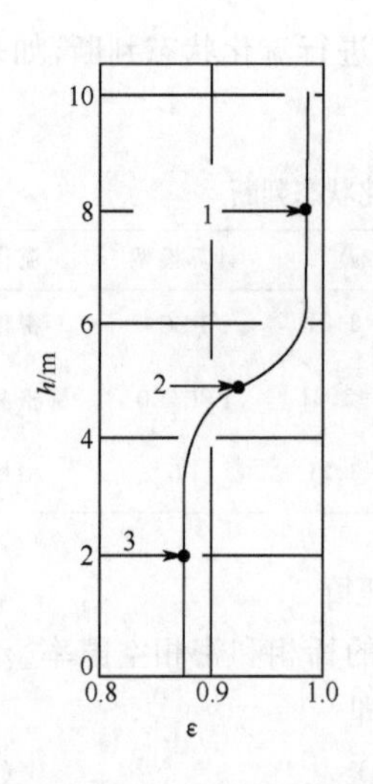

图 4-15　计算得到的轴向空隙率分布

1. 上部稀相区；2. 过渡区；3. 下部密相区

到 $U_g=3.21\text{m/s}$ 时的轴向空隙率分布，如图 4-15[11] 所示。

以上所介绍的轴向动力学模型已经用于 Bayer 常压循环流化床锅炉的模拟计算[13, 37]。燃烧所用空气分为 1 次风、2 次风和 3 次风引入锅炉的不同高度、表观气速沿着锅炉高度从约 4m/s 增加到 6m/s。已知操作条件和物性为：锅炉内床料量 $W_{spe}=16\,600\text{kg}$，颗粒密度 $\rho_p=2700\text{kg/m}^3$，气体密度 $\rho_f=0.32\text{kg/m}^3$，气体黏度 $\mu_f=4.485\times10^{-5}\text{kg/(m·s)}$，最小流化空隙率 $\varepsilon_{mf}=0.46$。表 4-14 和表 4-15 分别表示了床料和飞灰的粒径分布以及平均直径。其中 $\bar{d}_{max}$ 和 $\bar{d}_{min}$ 分别为 2.6.1 节中介绍的几何平均直径和动力平均直径。$\bar{d}_{max}$ 也称为等比表面积平均直径，一般在流态化系统中也称为颗粒平均直径 $\bar{d}_p$，表达式为

$$\bar{d}_{max}=\bar{d}_p=\left[\sum_{i=1}^{n}\frac{x_i}{d_i}\right]^{-1}$$

表 4-14　床料和飞灰的粒径分布

粒径范围 /mm	<0.02	0.02～0.063	0.063～0.1	0.1～0.2	0.2～0.315	0.315～0.5	0.5～1	>1
飞灰/%	0	3.4	21.6	52.3	13.9	5.2	2.3	1.3
床料/%	0	0.4	5.9	28.5	13.6	10.8	15.9	24.9

表 4-15　床料和飞灰的平均直径

平均粒径	$\bar{d}_{min}/\mu\text{m}$	$\bar{d}_{max}/\mu\text{m}$
飞灰	104	126
床料	188	301

$\bar{d}_{min}$ 为 Li 等[38] 所定义的动力平均直径，表达式为

$$\bar{d}_{min}=\left[\sum_{i=1}^{n}\frac{x_i}{d_i^2}\right]^{-0.5}$$

颗粒动力平均直径可用于流化床的流体动力学模拟计算中。图 4-16[13] 表示了对

4 种不同的平均直径计算得到的轴向压力分布与现场实测数据的比较。采用床料的动力平均直径(188μm)计算得到的轴向压力分布与测定数据符合最好。同样，以床料的动力平均直径计算得到的固体夹带速率为 410kg/s,与工厂测定的夹带速率 400～450kg/s 基本一致。

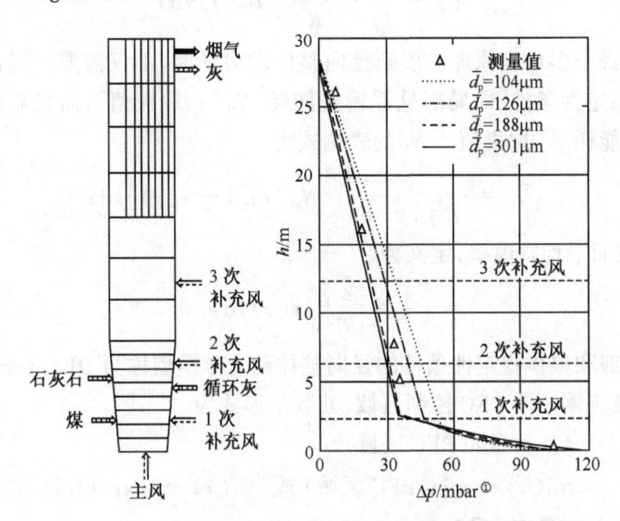

图 4-16　计算得到的轴向压力分布与现场实测数据的比较①

4.4.2　径向动力学

径向动力学主要研究气固浓度和速度等流体动力学参数在反应器径向的分布。颗粒浓度的径向分布主要表现为中心稀边壁浓的环核结构,是其他动力学参数径向非均匀分布产生的根源。由于边壁效应,在靠近边壁处形成浓相区,导致颗粒流体接触机会减少,使得悬浮输送能耗 N_{st} 趋于最小。在径向任一位置上,4.2.5节中介绍的EMMS模型同样适用。径向局部动力学模型称为LR(local-radial)模型,其数学形式如下[11, 39]

$$\text{LR 模型}\begin{cases} N_{st}(r)\rightarrow \min(\text{PFC 区域})\text{ 或 }N_{st}(r)\rightarrow \max(\text{FD 区域}) & (4.4.12\text{a})\\ F_i[\boldsymbol{X}(r)]=0\quad (i=1,2,\cdots,6) & (4.4.12\text{b})\\ U_{sc}(r)\geqslant 0,\ U_{sf}(r)\geqslant 0,\ U_{si}(r)\geqslant 0 & (4.4.12\text{c})\end{cases}$$

式中:$\boldsymbol{X}(r)$代表 8 个变量 $\varepsilon_f(r)$、$\varepsilon_c(r)$、$U_f(r)$、$U_c(r)$、$U_{pf}(r)$、$U_{pc}(r)$、$d_{cl}(r)$和 $f(r)$的径向分布。

LR 模型表示了在径向任一位置上,8 个变量 $\boldsymbol{X}(r)$与表观气速 $U_g(r)$和表观颗粒速度 $U_p(r)$的关系。局部表观气固速度的径向分布 $U_g(r)$和 $U_p(r)$与表观

① bar 为非法定单位,1bar=10^5Pa,下同。

气固速度 U_g 和 U_p 的关系可分别由式(4.4.13)和式(4.4.14)表达

$$U_g = \frac{2}{R^2}\int_0^R U_g(r)\, r\mathrm{d}r \tag{4.4.13}$$

$$U_p = \frac{G_s}{\rho_p} = \frac{2}{R^2}\int_0^R U_p(r)\, r\mathrm{d}r \tag{4.4.14}$$

将能量最小多尺度原理扩展到径向整体动力学时,不仅需要在局部点上满足LR模型的稳定性条件[即局部悬浮输送能耗 $N_{st}(r)$取极值],而且需要对截面平均悬浮输送能耗 $\overline{N}_{st}$取极值。$\overline{N}_{st}$的表达式为

$$\overline{N}_{st} = \frac{2}{R^2(1-\bar{\varepsilon})}\int_0^R N_{st}(r)[1-\varepsilon(r)]\, r\mathrm{d}r \tag{4.4.15}$$

式中:$\bar{\varepsilon}$ 是截面平均空隙率,定义为

$$\bar{\varepsilon} = \frac{2}{R^2}\int_0^R \varepsilon(r)\, r\mathrm{d}r \tag{4.4.16}$$

满足局部和整体稳定性条件的径向整体动力学模型称为 OR(overall-radial)模型,对于颗粒流体协调 PFC 控制区域,其数学形式为[11, 39]

$$\text{OR 模型}\begin{cases} \overline{N}_{st} \to \min(\text{PFC 区域}) & (4.4.17\text{a})\\ N_{st}(r) \to \min(\text{PFC 区域}) \text{ 或 } N_{st}(r) \to \max(\text{FD 区域}) & (4.4.17\text{b})\\ F_i[\boldsymbol{X}(r)] = 0 \quad (i = 1, 2, \cdots, 6) & (4.4.17\text{c})\\ U_g = \dfrac{2}{R^2}\displaystyle\int_0^R U_g(r)\, r\mathrm{d}r & (4.4.17\text{d})\\ U_p = \dfrac{G_s}{\rho_p} = \dfrac{2}{R^2}\displaystyle\int_0^R U_p(r)\, r\mathrm{d}r & (4.4.17\text{e})\\ U_{sc}(r) \geqslant 0,\ U_{sf}(r) \geqslant 0,\ U_{si}(r) \geqslant 0 & (4.4.17\text{f}) \end{cases}$$

OR 模型是一个双重优化问题,需要同时满足 $N_{st}(r)$和 $\overline{N}_{st}$的极值条件。$\boldsymbol{X}(r)$所代表的 8 个变量依赖于局部动力学和整体动力学条件,除了满足 $N_{st}(r)$和 $\overline{N}_{st}$的极值条件,又要满足动量和质量等守恒方程以及边界条件。对于一个没有壁面影响的系统,OR 模型可以简化为 LR 模型。

式(4.4.15)中的 $N_{st}(r)$根据径向位置的不同,可以取最小值,也可以取最大值。对于具有环核结构的循环流化床而言,核心区为稀相,处于 FD 控制区域,$N_{st}(r)$趋于最大值;环区为密相,处于 PFC 控制区域,$N_{st}(r)$趋于最小值。假定核心区半径为 R_c,则有式(4.4.18)成立

$$\overline{N}_{st} = \frac{2}{R^2(1-\bar{\varepsilon})}\left\{\int_0^{R_c}[N_{st}(r)]_{\max}[1-\varepsilon(r)]\, r\mathrm{d}r + \int_{R_c}^{R}[N_{st}(r)]_{\min}[1-\varepsilon(r)]\, r\mathrm{d}r\right\} \tag{4.4.18}$$

R_c 的位置可由式(4.4.19)确定

$$[N_{st}(R_c)]_{min}[1-\varepsilon(R_c)_{min}] = [N_{st}(R_c)]_{max}[1-\varepsilon(R_c)_{max}]\Big|_{f\neq 0}$$

(4.4.19)

从理论上讲,给定气速 U_g、固体循环速度 G_s 以及边界条件等,能够求解 OR 模型得到所有变量的径向分布。但是,双重优化问题对边界条件敏感,求解复杂,很难得到解析解和数值解。因此有必要对模型进行进一步的简化。气体速度 $U_g(r)$、颗粒速度 $U_p(r)$和空隙率 $\varepsilon(r)$这三个重要参数的径向分布中,如果根据实验结果已知其中两个参数的径向分布,另一个参数的径向分布就可以由 OR 模型计算得到。

计算 $U_g(r)$、$U_p(r)$和 $\varepsilon(r)$的复杂性在于颗粒的团聚程度与径向位置密切相关。假定径向非均匀性可由径向非均匀因数 $K(r)$描述,定义为团聚物的当量直径 $d_{cl}(r)$与颗粒直径 d_p 的比,即

$$K(r) = \frac{d_{cl}(r)}{d_p} \tag{4.4.20}$$

如果已知径向空隙率分布 $\varepsilon(r)$,则 $K(r)$也可以表达为 $\varepsilon(r)$的函数,即 $K[\varepsilon(r)]$。在最小流态化速度下,团聚物直径等于床层直径 d_t,即

$$K(\varepsilon_{mf}) = \frac{d_t}{d_p} \tag{4.4.21}$$

当床层空隙率达到最大空隙率 ε_{max}时,团聚物消失,此时团聚物的当量直径即等于颗粒直径 d_p,即

$$K(\varepsilon_{max}) = 1.0 \tag{4.4.22}$$

为计算方便引入参数 A,将 $K(r)$表达为 A 和径向位置 r 的函数,即

$$K(r) = f(A, r) \tag{4.4.23}$$

这样,问题就归结为怎样找到合适的 A 值,使得 $K(r)$满足稳定性条件、动量和质量守恒方程以及给定的边界条件。结合式(4.4.20)～式(4.4.23),OR 模型可以简化为 KR(K-Radial)模型。KR 模型也可以通过 4.3.1 节中介绍的 GRG-2 算法进行求解[11]。

Li 等[11, 39]根据 Bader 等[40]由实验获得的气体通量和空隙率径向分布 $\varepsilon(r)$的实验数据,将气体通量换算得到气速径向分布 $U_g(r)$。已知 $U_g(r)$和 $\varepsilon(r)$,采用 KR 模型计算得到了颗粒速度的径向分布 $U_p(r)$。图 4-17[11]表示了 KR 模型的计算结果与 Bader 等实验结果的比较。其中图 4-17(f)为 Bader 等[40]的原始实验数据,表示了径向空隙率分布和径向累计气体通量占总气体通量的百分数(G_g)。

图 4-17(a)表示了非均匀因子 $K(r)$的径向分布。在核心稀相区,$K(r)$值小且为定值,表明颗粒团聚物小,床层结构趋于均匀分布;在边壁密相区附近,即 r 大于 12cm 处,非均匀因子急剧增大,表明在壁面附近,颗粒团聚物增大,床层结构

趋于非均匀分布。图 4-17(b)表明悬浮输送能耗的径向分布与床层结构密切相关,在均匀的核心稀相区,$N_{st}(r)$较大;而在非均匀的边壁密相区,$N_{st}(r)$较小。这种悬浮输送能耗的径向分布 $N_{st}(r)$导致了 $\overline{N}_{st}$的最小化,使得循环流化床内达到一个稳定的径向分布。

由 KR 模型计算得到的真实颗粒速度的径向分布 $u_p(r)\{u_p(r)=U_p(r)/[1-\varepsilon(r)]\}$ 和由图 4-17(f)换算得到的真实气速的径向分布 $u_g(r)$ $[u_g(r)=U_g(r)/\varepsilon(r)]$ 示于图 4-17(c)中。在核心稀相区内床层结构均匀,颗粒

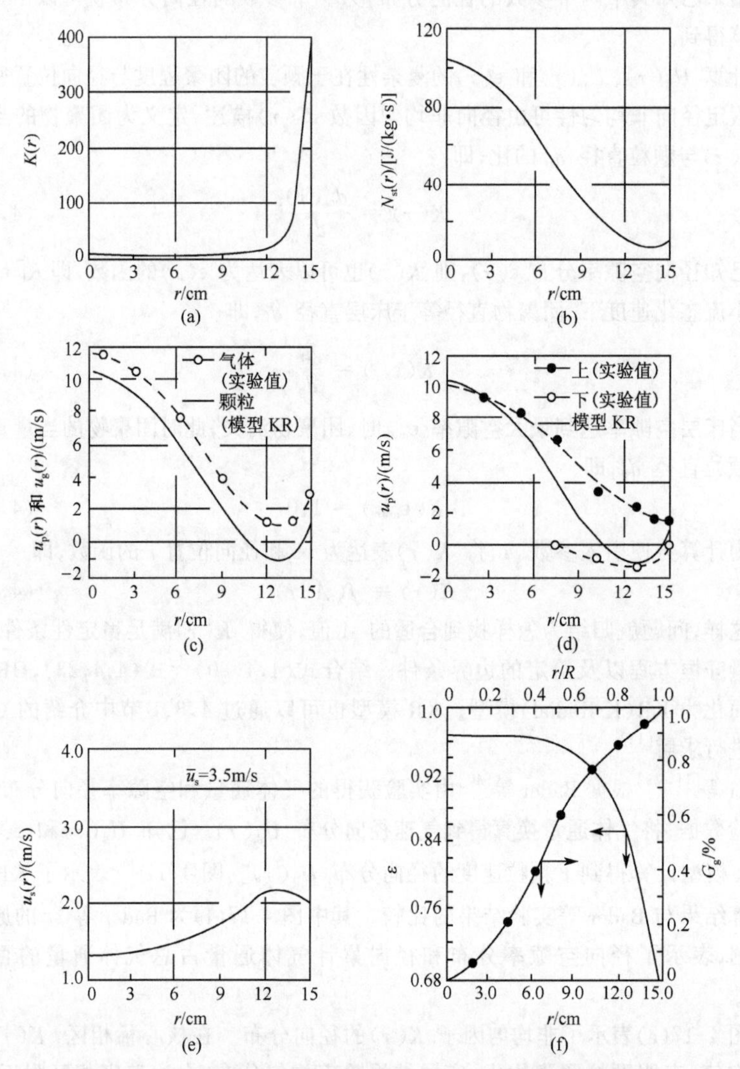

图 4-17 KR-PFC 模型的计算结果与 Bader 等实验结果的比较

$d_p=76\mu m$, $\rho_p=1714kg/m^3$, $d_t=30.5cm$, $U_g=3.7m/s$, $G_s=98kg/(m^2\cdot s)$

速度接近于气体速度，而在边壁密相区，颗粒速度降低，甚至出现负值，导致气固局部返混。由 KR 模型计算得到的颗粒速度分布和 Bader 等测量得到的颗粒速度分布的比较示于图 4-17(d)中，由图可知计算值和实验值符合较好。

计算得到的气固之间滑移速度的径向分布 $u_s(r)[u_s(r)=u_g(r)-u_p(r)]$如图 4-17(e)所示。气固滑移速度同样与环核流动结构密切相关，在床中心处滑移速度最小，在近壁面处滑移速度出现最大值。图中所示的局部滑移速度低于整体平均滑移速度 $\bar{u}_s$。在 Bader 等[40]的实验条件下，$\bar{u}_s=U_g/\bar{\varepsilon}-G_s/[\rho_p(1-\bar{\varepsilon})]=3.5\text{m/s}$。这表明循环流化床反应器整体的高滑移速度不仅归因于整体非均匀性，而且归因于颗粒团聚造成的局部非均匀性。因此，局部滑移速度与气固接触效率、热量和质量传递密切相关，而整体平均滑移速度不能代表系统内的真实状况。

4.5 结 束 语

颗粒流体系统是一典型的复杂系统，其主要特征是非均匀的多尺度结构[41]。传统的平均方法将颗粒流体系统考虑为均一系统，对所有参数进行平均。因此，平均方法不能正确反映颗粒流体系统中非均匀流动结构的基本特征，无法描述系统内的真实行为，且无法实现这类系统的量化，而考虑结构特征的多尺度方法是对这类系统进行量化计算的有效方法。多尺度方法考虑多尺度结构和颗粒流体之间相互作用的差异，比平均方法揭示了更多的有用信息，是真实系统的一个最简单而足够精确的描述，无疑是一种有前景的方法。多尺度方法在颗粒流体系统中应用的关键是需要建立稳定性条件来确定和表达非均匀流动结构形成的机制。

能量最小多尺度模型采用多尺度分析方法，通过对单颗粒的微尺度、团聚物的介尺度和设备的宏尺度下颗粒流体相互作用的分析，建立了动量和质量守恒方程，并运用能量最小原理建立了系统的稳定性条件，使模型能够进行封闭求解。EMMS 模型考虑了系统的非均匀结构特性，所以能较好地描述稀、密两相流中非均匀流动结构的时均行为特征。该模型实现了颗粒流体两相流中局部非均匀流动结构的定量描述[7, 8]，揭示了饱和夹带[20]、流型过渡[7, 20]等重要现象的机理，并能预测循环流化床内轴向[11, 37]和径向[39]的空隙率分布。EMMS 模型除了在气固循环流态化中得到了广泛应用之外，还被扩展到气液固三相流态化，通过模型计算得到的气含率、液含率及固含率等结果与文献上的实验数据一致[42]。目前，EMMS 模型已经编成软件并与德国 Siegen 大学的软件包[13]连接并可通过中国科学院过程工程研究所的网站(http://www.ipe.ac.cn/和 http://pevrc.ipe.ac.cn/)进行在线计算[43]。

但是，EMMS 模型较难描述颗粒流体系统内流体动力学参数的时间和空间分布。将 EMMS 模型与环核模型[44~46]结合建立的能量最小多尺度环核(EMMS/CA)模型[27, 47, 48]，能够较方便地计算气固循环流化床内气固浓度和速度的空间分布。EMMS/CA模型已经用于工业规模新型两段催化裂化提升管反应器的辅助设计，通过模拟计算预测了催化剂在提升管内的浓度分布，确定了提升管内的流动状态，并给出了设备最佳尺寸和工艺操作范围[27, 41]。基于EMMS/CA模型的流体动力学计算，通过对过程与结构分解还建立了多尺度传质模型[49~51]，分析了流动结构对传质过程的影响，可以预测非均匀气固两相系统的气固传质系数。

为使方程封闭求解，EMMS/CA模型引入了一些经验公式，使得其适用范围受到限制。而详细的流场及随时间变化的动态行为的分析则必须借助于计算流体力学(computational fluid dynamics, CFD)方法。最近将EMMS模型与双流体模型耦合，应用EMMS模型改进双流体模型的气固相间曳力计算，可以模拟出循环流化床中团聚物动态变化过程以及轴向和径向的空隙率分布，其模拟结果较好地反映了系统内的真实情况[52, 53]。这部分工作在第5章中将做进一步介绍。

符 号 说 明

符号	意义	单位
英文字母		
C_{d0}	单颗粒曳力系数	
C_d	曳力系数	
C_{dc}	密相内颗粒曳力系数	
C_{df}	稀相内颗粒曳力系数	
C_{di}	相互作用相团聚物曳力系数	
d_{cl}	颗粒团聚物当量直径	m
d_p	颗粒直径	m
d_t	床层直径	m
f	密相体积分率	
f_f	颗粒与流体相互作用频率	1/s
f_p	颗粒与颗粒相互作用频率	1/s
F_c	密相内单个颗粒受到的流体作用力	$(kg\cdot m)/s^2$
F_d	曳力	$(kg\cdot m)/s^2$
F_f	稀相内单个颗粒受到的流体作用力	$(kg\cdot m)/s^2$
F_i	稀相对单个团聚物的作用力	$(kg\cdot m)/s^2$
G_g	径向累计气体通量占总气体通量的百分数	
G_s	固体循环速度	$kg/(m^2\cdot s)$
g	重力加速度	m/s^2
H	流化床总高度	m
h	以床底部为起始点的床高	m

符号	意义	单位
I	设备内的总存料量	kg
K^*	饱和夹带量	$kg/(m^2 \cdot s)$
m_c	单位体积密相内颗粒个数	$1/m^3$
m_f	单位体积稀相内颗粒个数	$1/m^3$
m_i	单位体积内团聚物的个数	$1/m^3$
N_d	流体单位时间流过单位质量颗粒组成的床层以热能方式耗散的能量	$J/(kg \cdot s)$
N_s	流体单位时间流过单位质量颗粒组成的床层消耗于悬浮颗粒的能量	$J/(kg \cdot s)$
N_{st}	流体单位时间流过单位质量颗粒组成的床层消耗于悬浮和输送颗粒的能量	$J/(kg \cdot s)$
N_T	流体单位时间流过单位质量颗粒组成的床层消耗的总能量	$J/(kg \cdot s)$
N_t	流体单位时间流过单位质量颗粒组成的床层消耗于输送颗粒的能量	$J/(kg \cdot s)$
p	压力	$kg/(m \cdot s^2)$
Δp	压力降	$kg/(m \cdot s^2)$
Δp_{imp}	施加于提升管两端的压力降	$kg/(m \cdot s^2)$
$\Delta p/\Delta L$	单位床高压力降	$kg/(m^2 \cdot s^2)$
R	床半径	m
Re	Reynolds 数	
Re_f	脉动 Reynolds 数	
Re_{mf}	对应 U_{mf} 的 Reynolds 数	
Re_t	对应 u_t 的 Reynolds 数	
r	距床中心的径向距离	m
U	表观速度	m/s
U_c	密相中表观流体速度	m/s
U_f	稀相中表观流体速度	m/s
U_g	表观流体速度	m/s
U_{mf}	最小流态化速度	m/s
U_p	表观颗粒速度	m/s
U_{pc}	密相中表观颗粒速度	m/s
U_{pf}	稀相中表观颗粒速度	m/s
U_{pt}	噎塞速度	m/s
U_s	气固表观滑移速度	m/s
U_{sc}	密相表观滑移速度	m/s
U_{sf}	稀相表观滑移速度	m/s
U_{si}	稀密两相表观滑移速度	m/s
u	真实速度	m/s
u_t	单颗粒的自由沉降速度或终端速度	m/s

符号	意义	单位
$\langle u_f^2 \rangle^{\frac{1}{2}}$	流体的脉动速度	m/s
$\langle u_p^2 \rangle^{\frac{1}{2}}$	颗粒的脉动速度	m/s
W_d	流体单位时间流过单位体积床层以热能方式耗散的能量	$J/(m^3 \cdot s)$
W_s	流体单位时间流过单位体积床层消耗于悬浮颗粒的能量	$J/(m^3 \cdot s)$
W_{st}	流体单位时间流过单位体积床层消耗于悬浮和输送颗粒的能量	$J/(m^3 \cdot s)$
W_T	流体单位时间流过单位体积床层消耗的总能量	$J/(m^3 \cdot s)$
W_t	流体单位时间流过单位体积床层消耗于输送颗粒的能量	$J/(m^3 \cdot s)$
Z_i	S形轴向空隙率分布转折点距床顶的高度	m
z	以床顶部为起始点的距离	m
希腊字母		
ε	空隙率	
ε^*	S形轴向空隙率分布时上部稀相区床层平均空隙率	
ε_a	S形轴向空隙率分布时下部密相区床层平均空隙率	
ε_c	密相空隙率	
ε_f	稀相空隙率	
ε_{mf}	最小流化状态下的空隙率	
ε_{max}	团聚物能够存在的最大空隙率	
μ	流体剪切黏度	$kg/(m \cdot s)$
ν	流体运动黏度	m^2/s
ρ	密度	kg/m^3
下标		
c	密相	
f	流体或稀相	
g	气体	
i	密相和稀相之间的相互作用相	
p	颗粒	
s	固体	
顶标		
—	平均量	

参 考 文 献

1 Toomey R D, Johnstone H F. Gaseous fluidization of solid particles. Chem. Eng. Prog, 1952, 48(5): 220～226

2 Davidson J F. Symposium on fluidization — discussion. Trans. Inst. Chem. Eng, 1961, 39: 230～232

3 Davidson J F, Harrison D. Fluidised Particles. London: Cambrige University Press, 1963

4 Davidson J F, Clift R, Harrison D. Fluidization. 2nd ed. London: Academic Press, 1985

5 Grace J R, Clift R. On the two-phase theory of fluidization. Chem. Eng. Sci, 1974, 29(2): 327～334

6 Hartge E U, Rensner D, Werther J. Solids concentration and velocity patterns in circulating fluidized beds. In: Basu P, Large J F, ed. Circulating Fluidized Bed Technology Ⅱ. Oxford: Pergamon Press, 1988. 165～180

7 Li J, Tung Y, Kwauk M. Energy transport and regime transition in particle-fluid two-phase flow. In: Basu P, Large J F, ed. Circulating Fluidized Bed Technology Ⅱ. Oxford: Pergamon Press, 1988. 75～87

8 Li J, Tung Y, Kwauk M. Method of energy minimization in multi-scale modeling of particle-fluid two-phase flow. In: Basu P, Large J F, ed. Circulating Fluidized Bed Technology Ⅱ. Oxford: Pergamon Press, 1988. 89～103

9 Richardson J F, Zaki W N. Sedimentation and fluidization: part Ⅰ. Trans. Inst. Chem. Eng, 1954, 32: 35～53

10 李静海．两相流多尺度作用模型和能量最小方法(博士学位论文)．北京:中国科学院化工冶金研究所, 1987

11 Li J, Kwauk M. Particle-Fluid Two-Phase Flow: The Energy-Minimization Multi-Scale Method. Beijing: Metallurgical Industry Press, 1994

12 Li J. Chapter 4: Modeling. In: Kwauk M, ed. Fast Fluidization. San Diego: Academic Press, 1994. 147～201

13 Li J, Cheng C, Zhang Z et al. The EMMS model — its application, development and updated concepts. Chem. Eng. Sci, 1999, 54: 5409～5425

14 Wen C Y, Yu Y H. Mechanics of fluidization. Chem. Eng. Prog. Symp. Ser, 1966, 62(62): 100～111

15 Schiller V L, Naumann A. Über die grundlegenden berechnungen bei der schwerkraftaufbereitung. Z. Ver. Dtsch. Ing, 1933, 77: 318～320

16 岑可法,樊建人．工程气固多相流动的理论及计算．杭州:浙江大学出版社, 1990

17 Chavan V V. Physical principles in suspension and emulsion processing. In: Mujumdar A S, Mashelkar R A, ed. Advances in Transport Processes. Vol. 3. New York: John Wiley & Sons, 1984. 1～34

18 Matsen J M. Mechanisms of choking and entrainment. Powder Technol, 1982, 32: 21～33

19 李静海，郭慕孙，Reh L. 循环流化床能量最小多尺度作用模型．中国科学（B辑），1992,(11): 1127～1136

20 Li J, Kwauk M, Reh L. Role of energy minimization in gas/solid fluidization. In: Potter O E, Nicklin D J, ed. Fluidization Ⅶ. New York: United Engineering Foundation, 1992. 83～91

21 Abadie J, Carpentier J. Generalization of the wolfe reduced gradient method to the case of nonlinear constraints. In: Fletcher J, ed. Optimization. London: Academic Press, 1969. 37

22 Wolfe P. Method of nonlinear programming. In: Graves R L, Wolfe P, ed. Recent Advances in Mathematical Programming. New York: McGraw－Hill Book Company, 1963. 67～86

23 Lasdon L S, Waren A D. Generalized reduced gradient software for linearly and nonlinearly constrained problems. In: Greenberg H, ed. Design and Implementation of Optimization Software. The Netherlands: Sijthoff and Noordhoff, 1978. 363～396

24 Lasdon L S, Waren A D, Jain A, Ratner M. Design and testing of a GRG code for nonlinear optimization. ACM Transactions on Mathematical Software, 1978, 4(1): 34～50

25 许光文．循环流化床中非均匀流动结构的模拟(博士学位论文)．北京：中国科学院化工冶金研究所, 1996

26 Xu G, Li J. Analytical solution of the energy-minimization multi-scale model for gas-solid two-phase flow. Chem. Eng. Sci, 1998, 53(7): 1349～1366

27 程从礼．循环流化床能量最小多尺度环核模型(博士学位论文)．北京：中国科学院过程工程研究所，2001

28 吴文渊，李静海，杨励丹，郭慕孙．颗粒-流体两相流中颗粒团聚物存在的临界条件．工程热物理学报，1992，13(3)：324～328

29 Chen A，Wu W，Li J，Kwauk M．Particle aggregation in particle-fluid two-phase flow．In：Organizing Committee of CJF-5，ed．Proceedings of the 5th China-Japan Symposium on Fluidization．Beijing：Chemical Industry Press，1994．254～261

30 Soo S L．Gas-Solid Systems．In：Hetsroni G，ed．Handbook of Multiphase Systems．New York：Hemisphere Publishing Corporation，1982．3-11～3-23

31 Lee M M，Hanratty T J，Adrian R J．The interpretation of droplet deposition measurement with a diffusion model．Int．J．Multiphase Flow，1989，15(3)：459～469

32 Hinze J O．Turbulence．New York：McGraw－Hill Book Company，1975．700～730

33 Li Y，Kwauk M．The dynamics of fast fluidization．In：Grace J R，Matsen J M，ed．Fluidization．New York：Plenum Press，1980．537～544

34 Li Y，Chen B，Wang F，Wang Y．Hydrodynamics correlations for fast fluidization．In：Kwauk M，Kunii D，ed．Fluidization'82，Science and Technology．Beijing：Science Press，1882．124～134

35 Weinstein H，Graff R A，Meller M，Shao M J．The influence of the imposed pressure drop across a fast fluidized bed．In：Kunii D，Toei R，ed．Fluidization Ⅳ．New York：Engineering Foundation，1983．299～306

36 Li J，Tung Y，Kwauk M．Axial voidage profiles of fast fluidized beds in different operating regions．In：Basu P，Large J F，ed．Circulating Fluidized Bed Technology Ⅱ．Oxford：Pergamon Press，1988．193～203

37 Li J，Zhang Z，Yuan J et al．One-dimensional prediction of gas and solids flow patterns in circulating fluidized beds．In：Werther J，ed．Circulating Fluidized Bed Technology Ⅵ．Frankfurt：BRONNERS DRUCKEREI Breidenstein GmbH，1999．393～398

38 Li J，Wen L，Qian G et al．Structure heterogeneity，regime multiplicity and nonlinear behavior in particle-fluid system．Chem．Eng．Sci，1996，51(11)：2693～2698

39 Li J，Reh L，Kwauk M．Application of the principle of energy minimization to the fluid dynamics of circulating fluidized beds．In：Basu P，Horio M，Hasatani M，ed．Circulating Fluidized Bed Technology Ⅲ．Oxford：Pergamon Press，1991．105～111

40 Bader R，Findlay J，Knowlton T M．Gas/solids flow patterns in a 30.5-cm-diameter circulating fluidized bed．In：Basu P，Large J F，ed．Circulating Fluidized Bed Technology Ⅱ．Oxford：Pergamon Press，1988．123～137

41 高士秋，程从礼，李静海，郭慕孙．第六章，化学工程中颗粒流体复杂系统的多尺度特征．见：郭慕孙，胡英，王夔，李静海编著．物质转化过程中的多尺度效应．哈尔滨：黑龙江教育出版社，2002．91～126

42 Liu M，Li J，Kwauk M．Application of the energy-minimization multi-scale method to gas-liquid-solid fluidized beds．Chem．Eng．Sci，2001，56(24)：6805～6812

43 Ge W，Li J．Physical mapping of fluidization regimes—the EMMS approach．Chem．Eng．Sci，2002，57(18)：3993～4004

44 Capes C E，Nakamura K．Vertical pneumatic conveying：a experimental study with particles in the intermediate and turbulent flow regimes．Can．J．Chem．Eng，1973，51：31～38

45 Ishii H，Nakajima T，Horio M．The clustering annular flow model of circulating fluidized beds．J．Chem．Eng．Jap，1989，22(5)：484～490

46 Horio M．Hydrodynamics．In：Grace J R，Avidan A A，Knowlton T M，ed．Circulating Fluidized Beds．

London: Chapman & Hall, 1997. 21～85

47 程从礼，李静海，张忠东．气固垂直并流向上两相流流体动力学模型．化工学报，2001，52(8)：684～689

48 程从礼，高士秋，张忠东．气固循环流化床能量最小多尺度环核(EMMS/CA)模型．化工学报，2002，53(8)：804～809

49 王琳娜．非均匀气固两相流多尺度传质模型与实验验证(博士学位论文)．北京：中国科学院过程工程研究所，2002

50 王琳娜，李静海．非均匀气固两相系统中多尺度传质模型．化工学报，2001，52(8)：708～714

51 Wang L, Jin D, Li J. Effect of dynamic change of flow structure on mass transfer between gas and particles. Chem. Eng. Sci, 2003, 58: 5373～5377

52 Yang N, Wang W, Ge W, Li J. Analysis of flow structure and calculation of drag coefficient for concurrent-up gas-solid flow. Chinese Journal of Chemical Engineering, 2003, 11(1): 79～84

53 Yang N, Wang W, Ge W, Li J. CFD simulation of concurrent-up gas-solid flow in circulating fluidized beds with structure-dependent drag coefficient. Chemical Engineering Journal, 2003, 96: 71～80

第 5 章　双流体模型与 EMMS 模型的结合

5.1　概　　述

颗粒流体系统中的多相流动涉及颗粒、气泡、液滴等和周围流体之间复杂的动量、质量和能量交换。气泡和液滴可看作广义的“流体颗粒”。这里“相”的定义不仅指颗粒和流体的物理属性，还可以由颗粒和流体的动力学或电磁学等特性区分。例如：Soo[1]认为，在气固体系中，不同粒级的颗粒对流体具有不同的动力学响应特性，因此可看作不同的相；在某一电场中，粒度相同而荷电不同的颗粒具有不同的电力学响应特性，因此也可看作不同的相。

在描述颗粒流体系统的各种流体力学方法中，一种直观自然的想法是将颗粒看作离散相，将流体看作连续相。每个颗粒的平动和转动由牛顿运动方程描述，而每一空间点上流体的运动可由 Navier-Stokes 方程描述，颗粒和流体之间完全耦合，即在每个颗粒边界和其周围流体之间应用无滑移条件，在流体和系统的边界（墙壁）之间也应用无滑移条件，应用这种“直接数值模拟”方法（direct numerical simulation）可以得到颗粒和流体运动的细节，但由于计算能力的限制，这种方法只适合颗粒数目很少的系统。另外一种简化的方法是用流体微元的速度平均值代替每一空间点的速度值，在微元体尺度上应用 Navier-Stokes 方程，每个颗粒的运动仍由牛顿方程描述，并考虑到颗粒彼此之间的碰撞和摩擦等相互作用，颗粒和流体之间通过经验关联式耦合，即所谓的“离散颗粒模拟”（discrete particle modeling）。即使如此，由于实际系统中的颗粒数目往往是巨大的，至少对于目前的计算机处理能力，模拟所有颗粒的运动行为并不现实。本章要讨论的是第三种方法，将颗粒相看作“拟流体”，即颗粒和流体均被视为连续介质，两种介质在空间连续分布且可以相互渗透，其运动均可由 Navier-Stokes 方程描述；再应用某种“平均化”技术，用变量在局部微元内的平均值代替各空间点的变量值，从而导出颗粒流体系统模拟方法中应用最多的一类模型——拟流体模型。当应用于模拟两相流动时，拟流体模型也被习惯地称为双流体模型（two fluid model）。

在真实系统中，定义在空间各点上的物理量随空间位置的不同而变化很大。应用平均化技术，双流体模型用定义在微元控制体上的变量平均值代替定义在空间各点上的变量值。这些微元控制体应该在微观上足够大，其空间尺度远大于颗粒间距或颗粒的平均自由程[2]；在宏观上足够小，远小于整个体系的特征尺度。微观足够大，保证了微元控制体内包含足够多的粒子，使定义在控制体上的物理量可以代表当地所有粒子的统计平均值；宏观足够小，保证了流场各点物理量具有不同的值，使定义在微元控制体上的物理量平均值对于所要表达的宏观及介观物理现象具有足够的分辨率。双流体模型认为在微元控制体内部，颗粒和流体共存并可相互渗透，各相具有各自的体积分数、速度和压力等性质。这一处理方法使直接应用流体力学中的 Euler 方法建立颗粒和流体的运动方程成为可能，从而在一定程度上避免了直接跟踪每个颗粒运动而带来的巨大计算量。

双流体模型的基础是两相流基本方程组。应用各种平均化技术，可将适用于单相流动的流体力学方程组转化为两相流基本方程组。从方程形式上看，两相流基本方程组和单相流流体力学方程组较为相似。但大量研究表明，两相流和单相流的模拟差别较大。与单相流相比，两相流及多相流的计算流体力学模拟还很不成熟。与之相关的是，两相及多相系统中出现了更为复杂的流动结构。例如：在气固快速流态化系统中，颗粒聚集形成所谓的团聚物（cluster，strand，streamer），导致气固两相之间产生较大的滑移，床层底部形成颗粒浓度较大的密相段；在高气速的气液鼓泡系统中，气体经过分布器的小孔后，形成了所谓的相干结构（coherent structure），上升的气泡羽流和下降的液体旋涡以某种蛇状流或旋转流的方式运动，而气泡间的聚并又会使这种运动减弱。

一般来说，很难直接将适用于单相流的计算流体力学理论简单地推广到两相及多相系统。例如，Sundaresan[3] 认为多相流动的能量传递机制与单相流不同，在单相湍流中惯性控制的大涡旋（eddy）从主流获取能量以维持湍流，能量再从大的涡旋传给较小的涡旋，克服小涡旋的黏性而耗散，故单相流中大尺度的应力对模拟结果起主导作用；而多相系统远比单相系统复杂，多尺度非均匀结构的产生可能是由局部的惯性不稳定性造成的，如气体与颗粒之间的相互作用、曳力对颗粒脉动的衰减作用以及颗粒和颗粒之间的非弹性碰撞等，能量有可能是从小尺度向大尺度传递（和单相流相反），因此，大尺度的应力并不是非均匀结构产生的主要原因。

在两相流基本方程组中，不同于单相流的是，出现了反映固相应力和气固相间作用的项。为使方程组封闭，必须给出这些项的封闭方程。理论上讲，这些封闭方程应该能够描述小尺度结构对大尺度应力的影响，而且能够反映多种因素相对控制和相互协调的物理机制。模拟实践表明，这些封闭方程是双流体模型模拟的关键和难点。Bouré 和 Delhaye[4] 将封闭方程分为三类：本构（constitutional）、传递（transfer）和拓扑（topological）方程。本构方程用于描述各相的物理特性（如黏度和压力）；传递方程用于描述颗粒和流体之间的相间作用；拓扑方程用于描述各相物理量的空间分布对动量传递产生的影响。尽管流体力学中定义的本构方程为应力张量和应变率张量之间的关系式，但习惯上仍将以上各种封闭方程统称为本构方程。

从文献上看，应用双流体模型模拟气固两相流动的方法可以粗略划分为两大类：一类直接求解瞬态的两相流方程，通过统计瞬态模拟结果的时间平均值来模拟气固两相流的非均匀分布。采用这类模型模拟的研究者有 Gidaspow[5]、Kuipers 等[6]。另一类方法是将单相流动中湍流理论的思想推广到两相流，应用 k-ε 模型处理固相湍流。例如，Dasgupta 等[7]将与团聚物相关的脉动看作“颗粒相湍流”，导出了两相充分发展流的雷诺时间平均方程。Hrenya 和 Sinclair[8]扩展了这一工作，将颗粒动理学理论和固相湍流理论结合在一起。

本章 5.2 节讨论两相流基本方程组及其推导过程，5.3 节讨论气固相应力的本构方程，5.4 节讨论气固相间作用的封闭式，5.5 节概述求解双流体模型的计算流体力学方法以及商业软件，5.6 节为鼓泡流化床和循环流化床的模拟举例，5.7 节探讨双流体模型的不足之处和进一步研究的方向。

若无特殊说明，本章一般用小写黑斜体字母表示矢量，用大写黑体字母表示张量。

5.2 基本方程组

20 世纪 60 年代以来，许多研究者开始应用流体力学的方法研究两相流，相继发表了各自的两相流基本方程，如 Marble[9]、Murray[10]、Anderson 和 Jackson[11]、Soo[12]、Ishii[13]、Pai[14]、刘大有[15]、Bouré 和 Delhaye[4]、Drew[16]、Zhang 和 Prosperetti[17]等。时至今日，两相流模型方程虽然得到很大发展，但目前并没有统一的形式且存在争议，需要进一步的工作去完善。两相流基本方程的一种推导方法是应用类似分子动理学理论的方法，对 Boltzmann 方程加权积分后得到本章 5.3.2 节将简要介绍应用这种方法推导颗粒相质量、动量和颗粒“拟温度”守恒方程；另一种推导方法是应用连续介质力学的方法，将适用于单相流体质点的质量和动量守恒方程取平均后，得到描述颗粒和流体的质量和动量守恒方程。由于在推导中采用了不同的平均方法，各种两相流方程的形式也有所差异。基于 Bouré 和 Delhaye[4]、Ishii[13]、刘大有[15]等的研究，本节简要介绍应用连续介质力学推导两相流基本方程的基本思路和方法，详细的推导过程可参阅原始文献。

5.2.1 推导过程

图 5-1 表示了两相流基本方程组的推导过程。总的推导思路为：首先对一个控制体建立气固两相混合物的积分形式的质量、动量和能量等守恒方程组，气固两相混合物在空间任意点任意时刻都满足该守恒方程组；然后由这种守恒方程组导出两组关系式：每一相各自的、瞬时局部的微分形式的守恒方程，以及相界面的间断关系（jump condition），如果两相在控制体内是连续均匀分布的（没有间断面），则第一组关系式也可由单相流微分守恒方程直接导出；再对每一相的守

恒方程取平均（时间、空间或系综平均）后得到平均化的两相流基本方程组；最后结合封闭方程、边界条件和初始条件得到双流体模型。本节将按照图 5-1 中步骤Ⅰ、Ⅱ和Ⅲ的顺序进行讨论，最后导出平均化的两相流方程组。

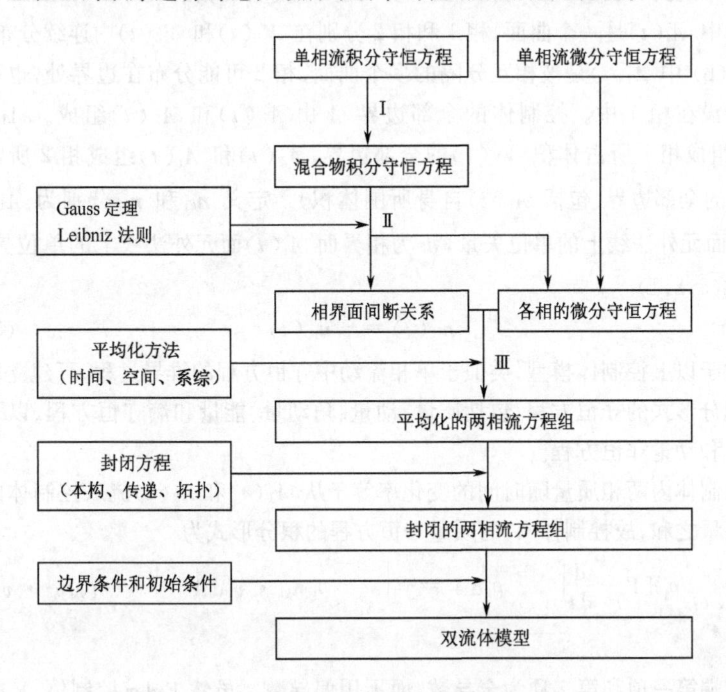

图 5-1　两相流基本方程组的推导过程

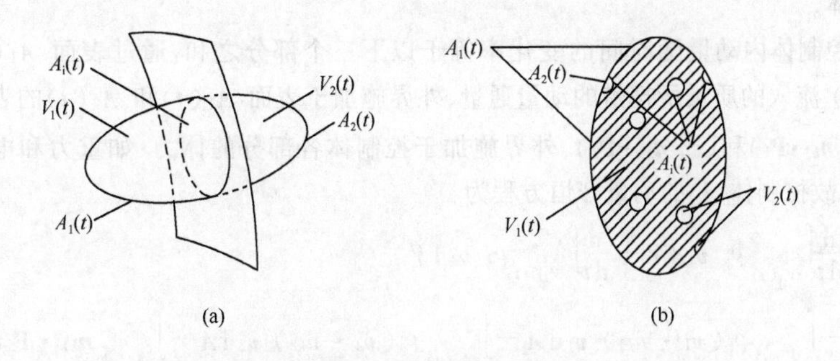

图 5-2　控制体内的两种相介质及相界面分布

1. 混合物的守恒方程

如图 5-1 所示，推导过程的第一步是由单相流积分形式的守恒方程出发，推导混合物积分形式的守恒方程。设 V 为由静止的封闭曲面 A 所包围的控制体,包含1和2两种相介质,如图5-2所示。两相分界面 $A_i(t)$ 可以在控制体内移动,将控制体 V 分为 $V_1(t)$ 和 $V_2(t)$ 两部分,此处i代表两相的交界面(interface)。图5-2(a)中 $A_i(t)$ 是一个曲面,相1和相2分别在 $V_1(t)$ 和 $V_2(t)$ 内连续分布;而在图5-2(b)中 $A_i(t)$ 是被相互分隔的多个曲面,相2可能分布在边界处,也可能离散地浸没在相1中。控制体的全部边界 A 由 $A_1(t)$ 和 $A_2(t)$ 组成。$A_1(t)$ 和 $A_i(t)$ 组成相1所占体积 $V_1(t)$ 的全部边界,$A_2(t)$ 和 $A_i(t)$ 组成相2所占体积 $V_2(t)$ 的全部边界(包括 $A_i(t)$ 自身所围体积)。定义 $\boldsymbol{n}_{k1}$ 和 $\boldsymbol{n}_{k2}$ 分别为 $A_1(t)$ 和 $A_2(t)$ 面元外法线上的单位矢量,$\boldsymbol{n}_i$ 为相界面 $A_i(t)$ 面元外法线上的单位矢量,$\boldsymbol{n}_i$ 满足式(5.2.1)

$$\boldsymbol{n}_{i1}(t)=-\boldsymbol{n}_{i2}(t) \tag{5.2.1}$$

对于以上控制体模型,类似于单相流动中守恒方程的推导过程,可建立两相混合物积分形式的守恒方程,包括质量、动量、角动量、能量和熵守恒方程,以下仅列出质量和动量守恒方程。

控制体内两相质量随时间的变化率等于从 $A_1(t)$ 和 $A_2(t)$ 流入控制体的两相质量通量之和,故控制体 V 的质量守恒方程的积分形式为

$$\frac{\mathrm{d}}{\mathrm{d}t}\int_{V_1(t)}\rho_1\mathrm{d}V+\frac{\mathrm{d}}{\mathrm{d}t}\int_{V_2(t)}\rho_2\mathrm{d}V=-\int_{A_1(t)}\rho_1\boldsymbol{n}_{k1}\cdot\boldsymbol{v}_1\mathrm{d}A-\int_{A_2(t)}\rho_2\boldsymbol{n}_{k2}\cdot\boldsymbol{v}_2\mathrm{d}A \tag{5.2.2}$$

注意左端第一项和第二项为全导数,而不用偏导数。虽然Euler控制体 V 的外表面静止,但相界面 $A_i(t)$ 有一定的移动速度,意味着 $V_1(t)$ 和 $V_2(t)$ 各自并非Euler控制体。

控制体内动量随时间的变化率等于以下三个部分之和:通过表面 $A_1(t)$ 和 $A_2(t)$ 流入的质量所携带的动量通量、外界施加于表面 $A_1(t)$ 和 $A_2(t)$ 的表面应力 $(-\boldsymbol{n}_{k1}\cdot\mathbf{P}_1)$ 和 $(-\boldsymbol{n}_{k2}\cdot\mathbf{P}_2)$、外界施加于控制体各部分的体力(如重力和电磁力等)。故控制体 V 的动量守恒方程为

$$\begin{aligned}&\frac{\mathrm{d}}{\mathrm{d}t}\int_{V_1(t)}\rho_1\boldsymbol{v}_1\mathrm{d}V+\frac{\mathrm{d}}{\mathrm{d}t}\int_{V_2(t)}\rho_2\boldsymbol{v}_2\mathrm{d}V\\&=-\int_{A_1(t)}\rho_1(\boldsymbol{v}_1\cdot n_{k1})\boldsymbol{v}_1\mathrm{d}A-\int_{A_2(t)}\rho_2(\boldsymbol{v}_2\cdot n_{k2})\boldsymbol{v}_2\mathrm{d}A-\int_{A_1(t)}\boldsymbol{n}_{k1}\cdot\mathbf{P}_1\mathrm{d}A\\&\quad-\int_{A_2(t)}\boldsymbol{n}_{k2}\cdot\mathbf{P}_2\mathrm{d}A+\int_{V_1(t)}\rho_1\boldsymbol{b}_1\mathrm{d}V+\int_{V_2(t)}\rho_2\boldsymbol{b}_2\mathrm{d}V\end{aligned} \tag{5.2.3}$$

式中:$-\mathbf{P}_k$ 是表面应力张量;$\boldsymbol{b}_k$ 是外界作用于单位质量相 k 上的彻体力。以上两方程以及其他守恒方程(角动量、能量和熵)可写成类似单相流中对流扩散守恒方程的统一形式

$$\sum_{k=1,2}\frac{\mathrm{d}}{\mathrm{d}t}\int_{V_k(t)}\rho_k\psi_k\mathrm{d}V=-\sum_{k=1,2}\int_{A_k(t)}\rho_k(\boldsymbol{v}_k\cdot\boldsymbol{n}_k)\psi_k\mathrm{d}A+\sum_{k=1,2}\int_{A_k(t)}\boldsymbol{n}_k\cdot\mathbf{J}_k\mathrm{d}A$$
$$+\sum_{k=1,2}\int_{V_k(t)}\rho_k\xi_k\mathrm{d}V+\int_{A_i(t)}\xi_i\mathrm{d}A \qquad (5.2.4)$$

式(5.2.4)中各参量的具体形式见表 5-1。

表 5-1 统一形式的守恒方程中各参量的具体表达式

方程	参量				
	ψ_k	$\mathbf{J}k$	ξ_k	ξ_i	$\boldsymbol{I}_k$
质量方程	1	0	0	0	Γ_k
动量方程	$\boldsymbol{v}_k$	$-\mathbf{P}_k$	$\boldsymbol{b}_k$	0	$\boldsymbol{M}_k$

表 5-1 中 $\boldsymbol{I}_k$ 反映相间作用,其中 Γ_k 表示相间质量交换率,$\boldsymbol{M}_k$ 表示相间动量交换率。由于式(5.2.4)所代表的诸方程均未涉及相间作用,因此 $\boldsymbol{I}_k$ 项未出现在方程中。其他守恒方程(角动量、能量和熵)的各参量表达式未列于表中,对于熵平衡方程 ξ_i 为熵增率 Δ_i,对于其他方程 ξ_i 为零。

2. 各相的守恒方程和相界面的间断关系

如图 5-1 所示,推导过程的第二步为建立每一相瞬时局部的微分形式的守恒方程和相界面的间断关系。首先列出推导时用到的两个数学公式:Leibniz 法则和 Gauss 定理。Leibniz 法则的形式如下

$$\frac{\mathrm{d}}{\mathrm{d}t}\int_{V(t)}f(x,y,z,t)\mathrm{d}V=\int_{V(t)}\frac{\partial f}{\partial t}\mathrm{d}V+\oint_{A(t)}f\boldsymbol{n}\cdot\boldsymbol{v}_A\mathrm{d}A \qquad (5.2.5)$$

式中:$V(t)$是曲面 $A(t)$包围的几何体积;$\boldsymbol{v}_A$ 和 $\boldsymbol{n}$ 分别是边界面 $A(t)$上某点的速度和外法线单位矢量,如图 5-3 所示。类似 Reynolds 输送定理,Leibniz 法则将体积分对时间的全导数转化为体积分对时间的偏导数和一个面积分之和。

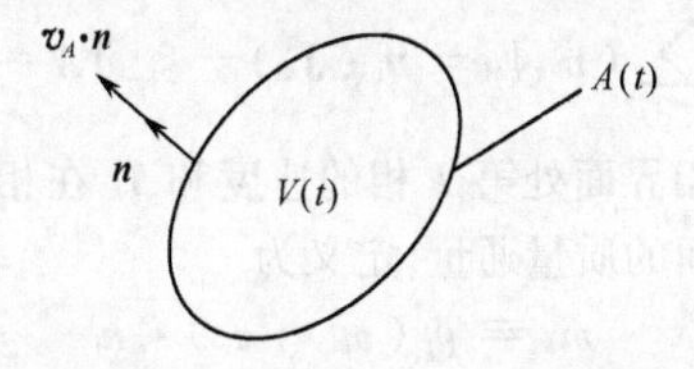

图 5-3 Leibniz 法则中的几何运动体

Gauss 定理将一矢量 $\boldsymbol{b}$ 或张量 $\mathbf{B}$ 的法向分量沿一封闭曲面 A 的积分,转化为其散度的体积分

$$\oint_A \boldsymbol{n}\cdot\boldsymbol{b}\,\mathrm{d}A=\int_V \nabla\cdot\boldsymbol{b}\,\mathrm{d}V \tag{5.2.6a}$$

$$\oint_A \boldsymbol{n}\cdot\mathbf{B}\,\mathrm{d}A=\int_V \nabla\cdot\mathbf{B}\,\mathrm{d}V \tag{5.2.6b}$$

将 Leibniz 法则应用于公式(5.2.4)的左端得

$$\begin{aligned}&\sum_{k=1,2}\left[\int_{V_k(t)}\frac{\partial}{\partial t}(\rho_k\psi_k)\mathrm{d}V+\int_{A_k(t)}\boldsymbol{n}_k\cdot\boldsymbol{v}_A\rho_k\psi_k\mathrm{d}A+\int_{A_\mathrm{i}(t)}\boldsymbol{n}_\mathrm{i}\cdot\boldsymbol{v}_\mathrm{i}\rho_{k\mathrm{i}}\psi_{k\mathrm{i}}\mathrm{d}A\right]\\&=-\sum_{k=1,2}\int_{A_k(t)}\boldsymbol{n}_k\cdot\boldsymbol{v}_k\rho_k\psi_k\mathrm{d}A+\sum_{k=1,2}\int_{A_k(t)}\boldsymbol{n}_k\cdot\mathbf{J}_k\mathrm{d}A\\&\quad+\sum_{k=1,2}\int_{V_k(t)}\rho_k\xi_k\mathrm{d}V+\int_{A_\mathrm{i}(t)}\xi_\mathrm{i}\mathrm{d}A\end{aligned} \tag{5.2.7}$$

式中：$\boldsymbol{v}_A$ 是控制体边界面元的移动速度；$\boldsymbol{v}_\mathrm{i}$ 是两相交界面 $A_\mathrm{i}(t)$面元的移动速度。注意此处应用 Leibniz 法则后，方程左端第三项出现了涉及相界面处的各物理量。此处下标 i 表示相界面，下标 k 表示相界面处的第 k 相。

对于 Euler 控制体 V，外表面 A 处于静止状态，$\boldsymbol{v}_A$ 为零则式(5.2.7)左端第二项为零。将 Gauss 定理应用于式(5.2.7)右端的前两项，即

$$\begin{aligned}&\sum_{k=1,2}\int_{A_k(t)}\boldsymbol{n}_k\cdot\boldsymbol{v}_k\rho_k\psi_k\mathrm{d}A\\&=\sum_{k=1,2}\left[\int_{V_k(t)}\nabla\cdot(\rho_k\psi_k\boldsymbol{v}_k)\mathrm{d}V-\int_{A_\mathrm{i}(t)}\boldsymbol{n}_\mathrm{i}\cdot\boldsymbol{v}_{k\mathrm{i}}\rho_{k\mathrm{i}}\psi_{k\mathrm{i}}\mathrm{d}A\right]\end{aligned} \tag{5.2.8a}$$

$$\begin{aligned}&\sum_{k=1,2}\int_{A_k(t)}\boldsymbol{n}_k\cdot\mathbf{J}_k\mathrm{d}A\\&=\sum_{k=1,2}\int_{V_k(t)}\nabla\cdot\mathbf{J}_k\mathrm{d}V-\sum_{k=1,2}\int_{A_\mathrm{i}(t)}\boldsymbol{n}_\mathrm{i}\cdot\mathbf{J}_{k\mathrm{i}}\mathrm{d}A\end{aligned} \tag{5.2.8b}$$

将式(5.2.8a)和式(5.2.8b)代入式(5.2.7)，整理后得

$$\begin{aligned}&\sum_{k=1,2}\int_{V_k(t)}\left[\frac{\partial}{\partial t}(\rho_k\psi_k)+\nabla\cdot(\rho_k\psi_k\boldsymbol{v}_k)-\nabla\cdot\mathbf{J}_k-\rho_k\xi_k\right]\mathrm{d}V\\&-\int_{A_\mathrm{i}(t)}\left[\sum_{k=1,2}(\dot{m}_k\psi_{k\mathrm{i}}-\boldsymbol{n}_\mathrm{i}\cdot\mathbf{J}_{k\mathrm{i}})+\xi_\mathrm{i}\right]\mathrm{d}A=0\end{aligned} \tag{5.2.9}$$

式中：$\boldsymbol{v}_{k\mathrm{i}}$和 $\mathbf{J}_{k\mathrm{i}}$分别表示相界面处第 k 相的速度和 $\mathbf{J}_k$ 在相界面处的值；$\dot{m}_k$ 表示由于相变从相 k 进入相界面的质量通量，定义为

$$\dot{m}_k\equiv\rho_{k\mathrm{i}}(\boldsymbol{v}_{k\mathrm{i}}-\boldsymbol{v}_\mathrm{i})\cdot\boldsymbol{n}_\mathrm{i} \tag{5.2.10}$$

式(5.2.10)中出现的 $\boldsymbol{v}_\mathrm{i}$ 和 $\boldsymbol{v}_{k\mathrm{i}}$分别是应用 Leibniz 法则和 Gauss 定理的结果。对于任意选取的控制体式(5.2.9)都成立，表明该式中的三个被积函数都为零，即

$$\frac{\partial}{\partial t}(\rho_k\psi_k)+\nabla\cdot(\rho_k\psi_k\boldsymbol{v}_k)-\nabla\cdot\mathbf{J}_k-\rho_k\xi_k=0 \tag{5.2.11}$$

$$\sum_{k=1,2}(\dot{m}_k\psi_{k\mathrm{i}}-\boldsymbol{n}_\mathrm{i}\cdot\mathbf{J}_{k\mathrm{i}})+\xi_\mathrm{i}=0 \tag{5.2.12}$$

式(5.2.11)为相 k 内任意一点应满足的微分方程，而式(5.2.12)为任意一个相界面面元应满足的间断条件。将表 5-1 中的各项代入式(5.2.11)可得

$$\frac{\partial \rho_k}{\partial t}+\nabla\cdot(\rho_k \boldsymbol{v}_k)=0 \tag{5.2.13}$$

$$\frac{\partial(\rho_k \boldsymbol{v}_k)}{\partial t}+\nabla\cdot(\rho_k \boldsymbol{v}_k \boldsymbol{v}_k)+\nabla\cdot\mathbf{P}_k-\rho_k \boldsymbol{b}_k=0 \tag{5.2.14}$$

将表 5-1 中的各项代入式(5.2.12)可得

$$\sum_{k=1,2}\dot{m}_k=0 \tag{5.2.15}$$

$$\sum_{k=1,2}(\dot{m}_k \boldsymbol{v}_{ki}+\boldsymbol{n}_k\cdot\mathbf{P}_{ki})=0 \tag{5.2.16}$$

式(5.2.13)和式(5.2.14)为各相瞬时局部的微分形式的质量和动量守恒方程式。该方程组的意义有三点：一是可直接用于模拟两相具有连续明显的运动分界面的分离流(separated flow)，此时两相各自独立的连续分布，两相可各自作为单相流处理，在分界面处通过边界条件相互耦合；二是对于除分离流外的其他大部分流动情形，理论上可以用于直接模拟，但要求计算的网格和时间步长很小，远小于体系长度和时间的特征尺度，如网格应远小于体系中气泡、液滴和颗粒聚团的特征尺寸，此外，还要处理复杂的运动边界，这将带来巨大的计算量，实际计算中很难实现；三是从该方程出发，在更大尺度上应用各种平均化技术，可进一步推导两相流基本方程组。式(5.2.15)和式(5.2.16)反映了相界面处质量交换和动量交换应满足的平衡关系，被称为第一类间断条件(primary jump condition)。由此还可导出相界面处机械能、内能、焓和熵应满足的平衡关系，被称为第二类间断条件(secondary jump condition)，读者可参阅相关文献[4][13][15]，本章不再赘述。

到目前为止，我们还没有导出两相流基本方程组。混合物守恒方程(5.2.4)和各相单独的微分守恒方程(5.2.13)和方程(5.2.14)中均没有反映相间作用的项，且方程均没有涉及两相的体积分数或存在时间分数。与单相流微分守恒方程不同的是，式(5.2.13)和式(5.2.14)并非独立存在，式(5.2.15)和式(5.2.16)构成了两个约束条件。

3. 两相流基本方程

如图 5-1 所示，推导过程的第三步为应用平均化方法导出两相流基本方程。设物理量 $F(\boldsymbol{r},t)$是空间位置 $\boldsymbol{r}$ 和时间 t 的函数(F 可以是标量、矢量或张量)，$F_k(k=1,2)$为对应于相 k 的物理量 F 的值。实际体系中任一时刻的任一空间点上，任何一相都有可能存在。各相物理量的分布很不均匀，且存在间断。平均化方法就是用 F 的平均值代替某点的 F。求平均的方法有时间平均、空间平均、系综平均等。

首先引入变量平均值定义。选取适当的体积 V，满足宏观足够小、微观足够

大的原则，即，V 应远小于流场的特征尺寸，而远大于单个流体质点的特征尺寸。宏观足够小，保证了流场各点物理量具有不同的值，使流场对于所要表达的宏观或介观物理现象具有足够的分辨率；微观足够大，保证了流体质点（控制体）内包含足够多的粒子，使表征控制体的物理量可以代表当地所有粒子的统计平均值。体积平均的定义式为

$$\overline{F_k} \equiv \frac{1}{V}\int_V F_k \mathrm{d}V \tag{5.2.17}$$

时间平均的定义式为

$$\overline{F_k} \equiv \frac{1}{T}\int_{t-T/2}^{t+T/2} F_k \mathrm{d}\tau \tag{5.2.18}$$

系综平均的定义式为

$$\overline{F_k} \equiv \int_e F_k \mathrm{d}P(\mu) \tag{5.2.19}$$

系综平均指在相同的初始条件和边界条件下，大量重复实验得到的 F_k 的统计平均值。$\mathrm{d}P(\mu)$指观察到事件 μ 发生的概率，e 表示所有可能的情况。用于平均的时间和系综也应满足宏观足够小、微观足够大的原则，但实际系统的情形很复杂，在实际应用时很难严格的满足这一原则，见本章 5.7 节的讨论。

以上各式可写为统一的形式

$$\overline{F_k} \equiv \frac{1}{X}\int_X F_k \mathrm{d}X \tag{5.2.20}$$

当进行体积平均时，X 取体积 V；当进行时间平均时，X 取时间 T。F_k 表示相 k 的物理量 F 的值。式(5.2.20)表示在时间 T 或体积 V 内物理量 F_k 的平均值，显然该式也等价于只对相 k 存在的时间 T_k 或体积 V_k 的积分平均值$\frac{1}{X}\int_{X_k} F_k \mathrm{d}X$。

定义固有平均值(intrinsic average)为

$$\overline{\overline{F_k}} \equiv \frac{1}{X_k}\int_X F_k \mathrm{d}X = \frac{\overline{F_k}}{\varepsilon_k} \tag{5.2.21}$$

式中：ε_k 是 k 相所占的体积分数或时间分数。设 φ_k 为单位质量相 k 所具有的该量的值，其密度加权平均值定义为

$$\widehat{\varphi_k} \equiv \frac{\overline{\rho_k \varphi_k}}{\overline{\rho_k}} = \frac{\overline{\overline{\rho_k \varphi_k}}}{\overline{\overline{\rho_k}}} \tag{5.2.22}$$

利用 Leibniz 法则可导出导数的平均值与平均值的导数之间的关系，利用 Gauss 定理可导出矢量及张量散度的平均值与矢量及张量平均值的散度之间的关系。例如：对于空间平均方法，可导出 F_k 的导数的平均值为

$$\overline{\frac{\partial F_k}{\partial t}} = \frac{\partial \overline{F_k}}{\partial t} - \frac{1}{V}\int_{A_i} F_{ki} \boldsymbol{n}_i \cdot \boldsymbol{v}_i \mathrm{d}A_i \tag{5.2.23}$$

矢量 $\boldsymbol{b}_k$ 或张量 $\mathbf{B}_k$ 平均值的散度分别为

$$\overline{\nabla \cdot \boldsymbol{b}_k} = \nabla \cdot \overline{\boldsymbol{b}_k} + \frac{1}{V}\int_{A_i} \boldsymbol{n}_i \cdot \boldsymbol{b}_{ki} \mathrm{d} A_i \tag{5.2.24a}$$

$$\overline{\nabla \cdot \mathbf{B}_k} = \nabla \cdot \overline{\mathbf{B}_k} + \frac{1}{V}\int_{A_i} \boldsymbol{n}_i \cdot \mathbf{B}_{ki} \mathrm{d} A_i \tag{5.2.24b}$$

应用式(5.2.20)~式(5.2.24),对各相的微分守恒方程(5.2.11)求平均得

$$\frac{\partial}{\partial t}(\varepsilon_k \overline{\overline{\rho}}_k \hat{\psi}_k) - \frac{1}{V}\int_{A_i} \boldsymbol{n}_i \cdot \boldsymbol{v}_i \rho_{ki} \psi_{ki} \mathrm{d} A_i + \nabla \cdot (\varepsilon_k \overline{\overline{\rho_k \boldsymbol{v}_k \psi_k}}) + \frac{1}{V}\int_{A_i} \boldsymbol{n}_i \cdot \boldsymbol{v}_{ki} \rho_{ki} \psi_{ki} \mathrm{d} A_i$$

$$- \nabla \cdot (\varepsilon_k \overline{\overline{\mathbf{J}_k}}) - \frac{1}{V}\int_{A_i} \boldsymbol{n}_i \cdot \mathbf{J}_{ki} \mathrm{d} A_i - \varepsilon_k \overline{\overline{\rho_k}} \hat{\xi}_k = 0 \tag{5.2.25}$$

注意到此处应用平均化技术后,出现了体积分数或时间分数 ε_k。此外方程中出现的 $\boldsymbol{v}_i$ 和 $\boldsymbol{v}_{ki}$、$\mathbf{J}_{ki}$分别是应用 Leibniz 法则和 Gauss 定理的结果,反映了相界面处间断的影响。方程中包含变量乘积的平均值,可以应用下面的方法转化为变量平均值的乘积。

引入脉动量 $\boldsymbol{v}'_k$、ρ'_k 和 ψ'_k 的定义

$$\boldsymbol{v}'_k \equiv \boldsymbol{v}_k - \hat{\boldsymbol{v}}_k \tag{5.2.26}$$

$$\psi'_k \equiv \psi_k - \hat{\psi}_k \tag{5.2.27}$$

应用以上脉动量及其平均值的定义和运算法则,可定义脉动量的二阶相关量为

$$\mathbf{J}_k^f \equiv - \varepsilon_k \overline{\overline{\rho_k \boldsymbol{v}'_k \psi'_k}} = - \varepsilon_k \overline{\overline{\rho_k \boldsymbol{v}_k \psi_k}} + \varepsilon_k \overline{\overline{\rho_k}} \hat{\boldsymbol{v}}_k \hat{\psi}_k \tag{5.2.28}$$

并令

$$\boldsymbol{I}_k \equiv - \frac{1}{V}\int_{A_i} (\dot{m}_k \psi_{ki} - \boldsymbol{n}_i \cdot \mathbf{J}_{ki}) \mathrm{d} A_i \tag{5.2.29}$$

其中 $\dot{m}_k$ 由式(5.2.10)定义。综合式(5.2.28)和式(5.2.29),整理式(5.2.25)后可得

$$\frac{\partial}{\partial t}(\varepsilon_k \overline{\overline{\rho_k}} \hat{\psi}_k) + \nabla \cdot (\varepsilon_k \overline{\overline{\rho_k}} \hat{\boldsymbol{v}}_k \hat{\psi}_k) - \nabla \cdot [\varepsilon_k \overline{\overline{\mathbf{J}_k}} + \mathbf{J}_k^f] - \varepsilon_k \overline{\overline{\rho_k}} \hat{\xi}_k = \boldsymbol{I}_k \tag{5.2.30}$$

一些研究者[19]认为以上分解变量乘积平均值的方法属于湍流中的 Reynolds 分解,而文献[15]认为脉动项 $\mathbf{J}_k^f$ 是颗粒流体系统中一种介于层流和湍流之间的脉动,在封闭时应区别于 Reynolds 应力。

将表 5-1 所列各参量的具体表达式代入式(5.2.30),并将应力张量$-\mathbf{P}_k$ 分解为正应力和剪应力

$$\mathbf{J}_k = - \mathbf{P}_k = - p_k \mathbf{I} + \mathbf{T}_k \tag{5.2.31}$$

式中:$\mathbf{I}$是单位张量。可得质量和动量守恒方程分别为

$$\frac{\partial}{\partial t}(\varepsilon_k \overline{\overline{\rho_k}}) + \nabla \cdot (\varepsilon_k \overline{\overline{\rho_k}} \hat{\boldsymbol{v}}_k) = \Gamma_k \tag{5.2.32}$$

$$\frac{\partial}{\partial t}(\varepsilon_k \overline{\overline{\rho_k}} \hat{\boldsymbol{v}}_k) + \nabla \cdot (\varepsilon_k \overline{\overline{\rho_k}} \hat{\boldsymbol{v}}_k \hat{\boldsymbol{v}}_k)$$

$$= \nabla \cdot (-\varepsilon_k \overline{\overline{p_k}} \mathbf{I} + \varepsilon_k \overline{\overline{\mathbf{T}_k}}) - \nabla \cdot \mathbf{P}_k^f + \varepsilon_k \overline{\overline{\rho_k}} \boldsymbol{b}_k + \boldsymbol{M}_k \tag{5.2.33}$$

注意式(5.2.33)中顶标＝表示取平均，而不是张量符号。式(5.2.32)和式(5.2.33)即为推导所得的两相流基本方程组。式中相间质量交换率 Γ_k 和相间动量交换率 $\boldsymbol{M}_k$ 分别为

$$\Gamma_k \equiv -\frac{1}{V}\int_{A_i} \dot{m}_k \mathrm{d}A_i \tag{5.2.34}$$

$$\boldsymbol{M}_k \equiv -\frac{1}{V}\int_{A_i} (\dot{m}_k \boldsymbol{v}_{ki} + \boldsymbol{n}_i \cdot \mathbf{P}_{ki}) \mathrm{d}A_i \tag{5.2.35}$$

当相界面处没有发生相变时，相间质量交换率 Γ_k 为零。相间动量交换率 $\boldsymbol{M}_k$ 可做进一步的分解。

4.相间作用的分解

文献[15]引入了相界面速度 $\boldsymbol{v}_i$ 和相界面上应力张量 $\mathbf{P}_i$ 的定义。由熵的第二类间断条件和熵不等式可导出相界面处熵源的表达式

$$\begin{aligned}\Delta_i = \sum_{k=1,2}\Bigg\{ & \frac{\dot{m}_k}{T_i}\left[g_{ki} + \frac{1}{2}(\boldsymbol{v}_{ki} - \boldsymbol{v}_i)^2 - \frac{(\mathbf{T}_{ki} \cdot \boldsymbol{n}_i) \cdot \boldsymbol{n}_i}{\rho_{ki}} \right] \\ & + (\boldsymbol{q}_{ki} \cdot \boldsymbol{n}_i + \dot{m}_k s_k T_k)\left[\frac{1}{T_i} - \frac{1}{T_{ki}}\right] \\ & - \frac{1}{T_i}(\mathbf{T}_{ki} \cdot \boldsymbol{n}_i) \cdot (\boldsymbol{v}_{ki} - \boldsymbol{v}_i)\Bigg\} \geqslant 0\end{aligned} \tag{5.2.36}$$

若相界面处发生的过程可逆，相变过程准静态地进行，则相界面处熵源 Δ_i 为零，可推出相界面处两相的切向速度相等并等于相界面的切向速度

$$\boldsymbol{v}_{1i,t} = \boldsymbol{v}_{2i,t} = \boldsymbol{v}_{i,t} \tag{5.2.37}$$

设 $\boldsymbol{t}$ 是相界面面元切平面上的任意一单位矢量，用 $\boldsymbol{t}$ 点乘式(5.2.16)，并结合式(5.2.15)、式(5.2.37)和式(5.2.1)可得

$$\boldsymbol{n}_{i1} \cdot \mathbf{P}_{1i} \cdot \boldsymbol{t} = \boldsymbol{n}_{i1} \cdot \mathbf{P}_{2i} \cdot \boldsymbol{t} \equiv \boldsymbol{n}_i \cdot \mathbf{P}_i \cdot \boldsymbol{t} \tag{5.2.38}$$

式(5.2.38)说明对于外法线为 $\boldsymbol{n}_{i1}$ 的相界面面元，两相应力向量的任意切向分量均相等，由此可定义相界面应力向量的切向分量为 $\boldsymbol{n}_i \cdot \mathbf{P}_i \cdot \boldsymbol{t}$，则式(5.2.38)可改写为

$$\boldsymbol{n}_i \cdot (\mathbf{P}_i - \mathbf{P}_{ki}) \cdot \boldsymbol{t} = 0 \tag{5.2.39}$$

用 $\boldsymbol{n}_{i1}$ 点乘式(5.2.16)，并结合式(5.2.1)和(5.2.15)可得

$$\begin{aligned}\dot{m}_1 \boldsymbol{v}_{1i} \cdot \boldsymbol{n}_{i1} + \boldsymbol{n}_{i1} \cdot \mathbf{P}_{1i} \cdot \boldsymbol{n}_{i1} &= \dot{m}_2 \boldsymbol{v}_{2i} \cdot \boldsymbol{n}_{i2} + \boldsymbol{n}_{i2} \cdot \mathbf{P}_{2i} \cdot \boldsymbol{n}_{i2} \\ &\equiv \dot{m}_k \boldsymbol{v}_i \cdot \boldsymbol{n}_i + \boldsymbol{n}_i \cdot \mathbf{P}_i \cdot \boldsymbol{n}_i\end{aligned} \tag{5.2.40}$$

式中：$\boldsymbol{n}_{i1} \cdot \mathbf{P}_{1i} \cdot \boldsymbol{n}_{i1}$ 和 $\boldsymbol{n}_{i2} \cdot \mathbf{P}_{2i} \cdot \boldsymbol{n}_{i2}$ 分别是外法线为 $\boldsymbol{n}_{i1}$ 或 $\boldsymbol{n}_{i2}$ 的相界面面元上应力向量的法向分量。由此可定义相界面应力向量的法向分量为 $\boldsymbol{n}_i \cdot \mathbf{P}_i \cdot \boldsymbol{n}_i$。式(5.2.10)表明矢量$(\boldsymbol{v}_{ki} - \boldsymbol{v}_i)$的法向分量为 $\dot{m}_k / \rho_{ki}$，而式(5.2.37)表明$(\boldsymbol{v}_{ki} - \boldsymbol{v}_i)$的切向分量为零，则可得

$$\boldsymbol{v}_{ki} - \boldsymbol{v}_i = \frac{\dot{m}_k}{\rho_{ki}} \boldsymbol{n}_i \tag{5.2.41}$$

结合式(5.2.41),式(5.2.40)可改写为

$$\boldsymbol{n}_i \cdot (\mathbf{P}_i - \mathbf{P}_{ki}) \cdot \boldsymbol{n}_i = \dot{m}_k(\boldsymbol{v}_{ki} - \boldsymbol{v}_i) \cdot \boldsymbol{n}_i = \frac{\dot{m}_k^2}{\rho_{ki}} \tag{5.2.42}$$

得到相界面应力向量的切向分量和法向分量的表达式后,由式(5.2.39)和式(5.2.42)可得

$$\mathbf{P}_i - \mathbf{P}_{ki} = \frac{\dot{m}_k^2}{\rho_{ki}} \mathbf{I} \tag{5.2.43}$$

设相界面处的压强张量可分解为相界面的平均值为$\overline{\overline{\mathbf{P}}}_i$和偏离部分 $\mathbf{P}'_i$

$$\mathbf{P}_i \equiv \overline{\overline{\mathbf{P}}}_i + \mathbf{P}'_i \tag{5.2.44}$$

结合式(5.2.43)可得

$$\mathbf{P}_{ki} \equiv \overline{\overline{\mathbf{P}}}_i + \mathbf{P}'_i - \frac{\dot{m}_k^2}{\rho_{ki}} \mathbf{I} = \overline{\overline{p}}_i \mathbf{I} - \overline{\overline{\mathbf{T}}}_i + \mathbf{P}'_i - \frac{\dot{m}_k^2}{\rho_{ki}} \mathbf{I} \tag{5.2.45}$$

将式(5.2.45)代入式(5.2.35),并结合式(5.2.41)可得

$$\boldsymbol{M}_k \equiv -\frac{1}{V} \int_{A_i} \left[\dot{m}_k \boldsymbol{v}_i + \overline{\overline{p}}_i \boldsymbol{n}_i + \boldsymbol{n}_i \cdot (\mathbf{P}'_i - \overline{\overline{\mathbf{T}}}_i) \right] \mathrm{d} A_i \tag{5.2.46}$$

由 Leibniz 公式可导出

$$\nabla \varepsilon_k = -\frac{1}{V} \int_{A_i} \boldsymbol{n}_i \mathrm{d} A_i \tag{5.2.47}$$

定义 $\boldsymbol{F}_k$ 为广义相间阻力

$$\begin{aligned} \boldsymbol{F}_k &\equiv -\frac{1}{V} \int_{A_i} \left[\dot{m}_k \boldsymbol{v}'_i + \boldsymbol{n}_i \cdot (\mathbf{P}'_i - \overline{\overline{\mathbf{T}}}_i) \right] \mathrm{d} A_i \\ &= -(\nabla \varepsilon_k) \cdot \overline{\overline{\mathbf{T}}}_i - \frac{1}{V} \int_{A_i} (\dot{m}_k \boldsymbol{v}'_i + \boldsymbol{n}_i \cdot \mathbf{P}'_i) \mathrm{d} A_i \end{aligned} \tag{5.2.48}$$

定义

$$\boldsymbol{v}' \equiv \boldsymbol{v}_i - \overline{\overline{\boldsymbol{v}}}_i \tag{5.2.49}$$

结合式(5.2.46)~(5.2.49)和式(5.2.34)可得

$$\boldsymbol{M}_k \equiv \overline{\overline{\boldsymbol{v}}}_i \Gamma_k + \boldsymbol{F}_k + \overline{\overline{p}}_i \nabla \varepsilon_k \tag{5.2.50}$$

式(5.2.50)表明相间动量交换率 $\boldsymbol{M}_k$ 包括三个部分:右端第一项为由于相间质量交换引起的动量传递,相间无相变时该项为零;第二项为与相间相对运动有关的广义相间阻力 $\boldsymbol{F}_k$,两相相对静止时该项为零;第三项为与相变和相对运动无关,而与体积分数的不均匀性有关。Ishii[13]认为 $\boldsymbol{F}_k$ 包括形体曳力(form drag)和黏性曳力(viscous drag)两个部分,即

$$\boldsymbol{F}_k = (\overline{\overline{p}}_{ki} - p_k) \boldsymbol{n}_k + \boldsymbol{n}_k \cdot (\overline{\overline{\mathbf{T}}}_{ki} - \mathbf{T}_k) \tag{5.2.51}$$

将式(5.2.50)代入式(5.2.33)可得

$$\frac{\partial}{\partial t}(\varepsilon_k \overline{\overline{\rho_k}}\hat{\boldsymbol{v}}_k)+\nabla\cdot(\varepsilon_k \overline{\overline{\rho_k}}\hat{\boldsymbol{v}}_k\hat{\boldsymbol{v}}_k)=-\varepsilon_k\nabla\overline{\overline{p_k}}+\nabla\cdot(\varepsilon_k\overline{\overline{\mathbf{T}_k}}-\mathbf{P}_k^f)+\varepsilon_k\overline{\overline{\rho_k}}\boldsymbol{b}_k$$

$$+(\overline{\overline{p_i}}-\overline{\overline{p_k}})\nabla\varepsilon_k+\boldsymbol{F}_k+\overline{\overline{\boldsymbol{v}_i}}\Gamma_k \tag{5.2.52}$$

Ishii[13]认为除对分层流(stratified flow)外,一般情况下式(5.2.52)右端第四项的压力差很小,即可认为界面压强和相内压强近似相等

$$\overline{\overline{p_i}}\approx\overline{\overline{p_k}} \tag{5.2.53}$$

若两相无质量交换,且忽略脉动项,并去掉变量顶部的平均符号,则式(5.2.52)变为

$$\frac{\partial}{\partial t}(\varepsilon_k\rho_k\boldsymbol{v}_k)+\nabla\cdot(\varepsilon_k\rho_k\boldsymbol{v}_k\boldsymbol{v}_k)=-\varepsilon_k\nabla p_k+\nabla\cdot(\varepsilon_k\mathbf{T}_k)+\varepsilon_k\rho_k\boldsymbol{b}_k+\boldsymbol{F}_k \tag{5.2.54}$$

式(5.2.32)变为

$$\frac{\partial}{\partial t}(\varepsilon_k\rho_k)+\nabla\cdot(\varepsilon_k\rho_k\boldsymbol{v}_k)=0 \tag{5.2.55}$$

以上为两相流基本方程组的推导过程,实质上是应用连续介质力学和平均化技术,处理两相流中具有大量运动间断面的介质运动问题。尽管具有数学上的严谨性,但它将平均化过程产生的各种未知因素归结于相间作用项中,而没有给出具体的相间作用项的封闭方程。从另一个角度讲,平均化技术将两相流模拟的复杂性转嫁到封闭方程,导致封闭方程的建立成为目前双流体模型模拟两相流动的难点之一。

5.2.2 基本方程的不同形式

由于采用了不同的平均化方法,不同研究者推导出的两相流基本方程的形式也存在差异。例如:van Wachem 等[18]比较了 Anderson 和 Jackson[11]以及Ishii[13]的两相流动量方程,如表 5-2 所示,其中 ε_g 和 ε_p 分别表示气相和固相体积分数。表中动量方程的左端为式(5.2.54)的左端结合连续性方程(5.2.55)得到,而右端的差异有两个方面:一方面,在气相动量方程中气相应力向量的形式不同,Anderson 和 Jackson 方程中气相体积分数在散度符号外,而 Ishii 方程中气相分数在散度符号内,当气相应力的影响较大时(例如在相界面处),这两种方程将产生较大的差别。另一方面,在固相动量方程中,Anderson 和 Jackson 方程包含了气相应力项 $\nabla\cdot\mathbf{T}_g$ 的影响,而 Ishii 方程则没有。van Wachem 认为 Anderson 和 Jackson 的动量方程是对单个颗粒动量方程加权平均的结果,适用于模拟包含固体颗粒和流体的体系;而 Ishii 方程是基于两种流体动量方程的平均化,适用于模拟包含两种流体的体系。应用两种方程对鼓泡流化床的模拟结果表明,尽管两种方程在形式上有所差异,但对宏观现象的定性预测并没有较大差别,而对局部流动结构的定量预测

则有所差异。实际上对于气固流态化系统，多数研究者应用了 Ishii 的方程，计算流体力学商业软件中应用的两相流方程多数也基于 Ishii 方程。此外值得注意的是，在文献中有些研究者将固相体积分数项 ε_p 归于固相应力本构方程中，而有些研究者将 ε_p 提到固相应力项之外，因此，前者应用的固相应力本构式中往往会多乘以一个 ε_p，而其动量方程中的固相应力则相应少乘一个 ε_p，这两种动量方程的最终形式应该是相同的。

表 5-2　两种两相流动量方程的比较

Anderson 和 Jackson[11]	气相	$\rho_g\varepsilon_g\left(\frac{\partial \boldsymbol{v}_g}{\partial t}+\boldsymbol{v}_g\cdot\nabla\boldsymbol{v}_g\right)=-\varepsilon_g\nabla p+\varepsilon_g\nabla\cdot\mathbf{T}_g-\beta(\boldsymbol{v}_g-\boldsymbol{v}_p)+\rho_g\varepsilon_g\boldsymbol{g}$
	固相	$\rho_p\varepsilon_p\left(\frac{\partial \boldsymbol{v}_p}{\partial t}+\boldsymbol{v}_p\cdot\nabla\boldsymbol{v}_p\right)=-\varepsilon_p\nabla p+\varepsilon_p\nabla\cdot\mathbf{T}_g+\nabla\cdot\mathbf{T}_p+\beta(\boldsymbol{v}_g-\boldsymbol{v}_p)+\rho_p\varepsilon_p\boldsymbol{g}$
Ishii[13]	气相	$\rho_g\varepsilon_g\left(\frac{\partial \boldsymbol{v}_g}{\partial t}+\boldsymbol{v}_g\cdot\nabla\boldsymbol{v}_g\right)=-\varepsilon_g\nabla p+\nabla\cdot(\varepsilon_g\mathbf{T}_g)-\beta(\boldsymbol{v}_g-\boldsymbol{v}_p)+\rho_g\varepsilon_g\boldsymbol{g}$
	固相	$\rho_p\varepsilon_p\left(\frac{\partial \boldsymbol{v}_p}{\partial t}+\boldsymbol{v}_p\cdot\nabla\boldsymbol{v}_p\right)=-\varepsilon_p\nabla p+\nabla\cdot(\varepsilon_p\mathbf{T}_p)+\beta(\boldsymbol{v}_g-\boldsymbol{v}_p)+\rho_p\varepsilon_p\boldsymbol{g}$

Gidaspow[5] 推导一维两相流方程时提出了所谓的 A 类和 B 类模型。模型 B 由模型 A 和混合物动量方程导出。模型 B 的提出主要是由于模型 A 的偏微分方程组对于初值问题在某些情况下不适定，容易引起数值计算过程发散。两种模型的差别是 B 类模型中压力项只出现在流体动量方程中，而 A 类模型颗粒相和流体相的动量方程均含有压力项。此外对于相间动量传递系数 β 有以下关系式

$$\beta_B=\beta_A/\varepsilon_g \tag{5.2.56}$$

式中：下标 A、B 分别代表 A 类、B 类模型。对于多维初边值问题，没有研究者分析过方程的适定性问题，因此多数研究者采用模型 A。

5.3　气固相应力的本构方程

如本章 5.1 节所述，封闭方程包括本构、传递和拓扑三种类型。一般认为封闭方程必须满足以下条件[4]：等存在原理(equipresence)、适定性(well-posedness)与坐标系无关(frame indifference)、满足热力学第二定律(fulfilment of the second law of thermodynamics)。等存在原理表明对于所要表达的物理量，其封闭方程应为除独立变量外其他所有变量的函数。适定性要求偏微分方程组的解存在且唯一，并连续地依赖于初始条件和边界条件，此外，封闭方程应不依赖于坐标系的选取，应满足熵不等式，但现有的很多封闭模型并不严格满足这些条件。

从表 5-2 看出，两相流动量方程中的气相和固相应力需要本构方程实现模型

的封闭。实际系统中应力应变的关系是非线性的，但文献中一般仍沿用牛顿黏性假设。对于表 5-2 中的 Ishii 动量方程，其气相应力本构式为

$$\mathbf{T}_g = \mu_g\{[\nabla \boldsymbol{v}_g + (\nabla \boldsymbol{v}_g)^T] - \frac{2}{3}(\nabla \cdot \boldsymbol{v}_g)\mathbf{I}\} \tag{5.3.1}$$

类似地，对于固相有

$$\mathbf{T}_p = [-p_p + \lambda_p(\nabla \cdot \boldsymbol{v}_p)]\mathbf{I} + \mu_p\{[\nabla \boldsymbol{v}_p + (\nabla \boldsymbol{v}_p)^T] - \frac{2}{3}(\nabla \cdot \boldsymbol{v}_p)\mathbf{I}\} \tag{5.3.2}$$

这样就引入了固相“黏度”和“压力”的概念，需要建立其计算公式。此处的固相应力 $\mathbf{T}_p$ 包括其法向分量 p_p。虽然文献中已对固相黏度和压力进行了大量的研究，其物理意义仍未被广泛接受。目前的处理方法主要有两种：经验关联式和颗粒动理学理论。

5.3.1 经验关联式

文献中对于气固两相流黏度有若干种提法，如混合物黏度(mixture viscosity)、表观黏度(apparent viscosity)、有效黏度(effective viscosity)和悬浮物黏度(suspension viscosity)等。对颗粒体积分数小于 3%的情形，Einstein 曾提出了一个混合物黏度计算公式

$$\mu_{mix} = \mu_g[1 + 2.5\varepsilon_p + O(\varepsilon_p)] \tag{5.3.3}$$

Enwald 等[19]总结了文献中的各种混合物黏度经验关联式。在固相颗粒浓度很低时，这些关联式的计算结果较为接近，但当固相浓度较高时，它们的计算结果往往存在数量级上的差别。

对于气固流态化的模拟，式(5.3.2)中的体积黏度 λ_p 常被忽略；而固相黏度 μ_p 的处理方法有三种：忽略固相黏度、假设固相黏度为常数、将固相黏度看作固相浓度的函数。例如：Gidaspow[20]在其早期文献中应用忽略固相黏度的无黏度模型模拟了鼓泡流态化；Tsuo 和 Gidaspow[21]应用常黏度系数模型模拟了循环流化床中的环核流动结构；在 Benyahia 等[22]和 Sun 等[23]的模拟中，固相黏度被表达为固相浓度的函数

$$\mu_p = 0.5\varepsilon_p \tag{5.3.4}$$

固相压力 p_p 反映颗粒和颗粒之间碰撞作用产生的动量传递，Campbell 和 Wang[24]讨论了流化床中由于颗粒间碰撞产生的固相压力。在模拟中固相压力经常表示为

$$\nabla p_p = G(\varepsilon_g)\nabla\varepsilon_p \tag{5.3.5}$$

式中：$G(\varepsilon_p)$ 被称为固相弹性模量。Gidaspow[20]认为此项在模拟中的作用是为了使颗粒保持分离，防止出现颗粒浓度达到很高的非真实的情形，同时也使计算保持稳定。文献中有许多种不同的经验关联式，两种常用的经验关联式分别为

$$G(\varepsilon_g) = 10^{a\varepsilon_g + b} \tag{5.3.6}$$

$$G(\varepsilon_g) = G_0 \exp[-c(\varepsilon_g - \varepsilon^*)] \tag{5.3.7}$$

式(5.3.6)中 a 和 b 的数值在文献中也有所不同,如 Gidaspow[20]取值为-8.76 和 5.43,Sun 等[23]取值为-8.686 和 6.385。式(5.3.7)中 G_0 为常数,c 为压缩模量,ε^* 为颗粒最大堆积浓度,这些参数的取值在文献中也有所不同。Massoudi 等[25]总结了文献中弹性模量的经验关联式,发现各种关联式之间存在数量级上的差别,他认为所谓的固相压力不是影响模拟的主要因素。

5.3.2 颗粒动理学理论

颗粒动理学理论(kinetic theory of granular flow,KTGF)是近年发展起来的另一种固相应力封闭方法,其思想来源于分子动理学理论。作为连接微观分子和宏观流体之间的桥梁,分子动理学理论利用经典力学和统计力学的定律来解释和预期气体的宏观性质。受这种方法的影响,Bagnold[26]首先应用颗粒动理学理论,推导了均匀剪切流中的颗粒相压力。Sinclair 和 Jackson[27]应用动理学理论建立了描述垂直稀相充分发展流动的双流体模型。Ding 和 Gidaspow[28]应用动理学理论模拟了鼓泡床的流动行为,Nieuwland 等[29]应用动理学理论模拟了循环床提升管部分的流动行为。

若将颗粒的运动类比为气体分子的热运动,记实际颗粒速度为 $\boldsymbol{c}$,则可将该速度分解为局部平均速度 $\boldsymbol{v}$ 和脉动速度 $\boldsymbol{C}$。引入"拟温度"以反映颗粒脉动的强弱

$$\frac{3}{2}\theta = \frac{1}{2}\langle \boldsymbol{C} \cdot \boldsymbol{C} \rangle \tag{5.3.8}$$

式中:⟨ ⟩代表系综平均。但颗粒的运动和分子的运动并不完全相同:首先分子间的碰撞是弹性的,在无外力做功时,分子的真实温度不会趋于零,而颗粒之间的非弹性碰撞和相互摩擦会导致颗粒脉动动能的耗散,使颗粒温度衰减到零;其次颗粒需要流体的曳力做功来维持其运动所需的能量。

颗粒动理学理论认为,颗粒的动量传递机制可分解为碰撞传递和两次碰撞之间的悬浮传递两种。悬浮传递机制由单个颗粒的速度分布函数 $f(\boldsymbol{c}, \boldsymbol{r}, t)$描述,也被称为概率密度函数(particle density function)。$f(\boldsymbol{c}, \boldsymbol{r}, t)\mathrm{d}\boldsymbol{c}\mathrm{d}\boldsymbol{r}$ 表示 t 时刻在位置为 $\boldsymbol{r}$ 的体积 $\mathrm{d}\boldsymbol{r}$ 内,且速度在 $\boldsymbol{c}$ 和 $\boldsymbol{c}+\mathrm{d}\boldsymbol{c}$ 之间的颗粒的可能概率数目。碰撞传递机制由双颗粒共分布函数 $f^{(2)}$ 描述。$f^{(2)}(\boldsymbol{c}_1, \boldsymbol{r}_1; \boldsymbol{c}_2, \boldsymbol{r}_2; t)\mathrm{d}\boldsymbol{c}_1\mathrm{d}\boldsymbol{c}_2\mathrm{d}\boldsymbol{r}_1\mathrm{d}\boldsymbol{r}_2$ 表示 t 时刻一对颗粒发生碰撞时的概率,这对颗粒在位置分别为 $\boldsymbol{r}_1$ 和 $\boldsymbol{r}_2$ 的体积 $\mathrm{d}\boldsymbol{r}_1$ 和 $\mathrm{d}\boldsymbol{r}_2$ 内,其速度分别在 $\boldsymbol{c}_1$ 和 $\boldsymbol{c}_1+\mathrm{d}\boldsymbol{c}_1$ 之间以及 $\boldsymbol{c}_2$ 和 $\boldsymbol{c}_2+\mathrm{d}\boldsymbol{c}_2$ 之间变化。

碰撞前后颗粒数目应保持守恒,则 $f(\boldsymbol{c}, \boldsymbol{r}, t)$满足以下方程

$$[f(\boldsymbol{c}+\boldsymbol{F}\mathrm{d}t, \boldsymbol{r}+\boldsymbol{c}\mathrm{d}t, t+\mathrm{d}t) - f(\boldsymbol{c}, \boldsymbol{r}, t)]\mathrm{d}\boldsymbol{c}\mathrm{d}\boldsymbol{r} = \left[\frac{\partial f}{\partial t}\right]_c \mathrm{d}\boldsymbol{c}\mathrm{d}\boldsymbol{r}\mathrm{d}t \tag{5.3.9}$$

$\boldsymbol{F}$ 是单位质量颗粒受到来自流体的外力。将方程两端同除以 $\mathrm{d}\boldsymbol{c}\mathrm{d}\boldsymbol{r}\mathrm{d}t$ 并取极限,

并假设$\boldsymbol{F}$与$\boldsymbol{c}$无关,可得 Boltzmann 方程

$$\frac{\partial f}{\partial t}+\boldsymbol{c}\frac{\partial f}{\partial \boldsymbol{r}}+\boldsymbol{F}\frac{\partial f}{\partial \boldsymbol{c}}=\left[\frac{\partial f}{\partial t}\right]_c \tag{5.3.10}$$

式(5.3.10)两端同乘以反映颗粒特性的物理量 ϕ 后,再求系综平均可得 Maxwell 传递方程

$$\frac{\partial}{\partial t}(n\langle\phi\rangle)+\frac{\partial}{\partial \boldsymbol{r}}(n\langle\phi\boldsymbol{c}\rangle)-n\left[\left\langle\frac{\partial\phi}{\partial t}\right\rangle+\left\langle\boldsymbol{c}\frac{\partial\phi}{\partial \boldsymbol{r}}\right\rangle+\boldsymbol{F}\left\langle\frac{\partial\phi}{\partial \boldsymbol{c}}\right\rangle\right]=\int\left[\frac{\partial f}{\partial t}\right]_c \mathrm{d}\boldsymbol{c} \tag{5.3.11}$$

式中:$\langle\ \rangle$表示取平均;n 是颗粒数密度$\left[\int f(\boldsymbol{c},\boldsymbol{r},t)\mathrm{d}\boldsymbol{c}\right]$。式(5.3.11)左端反映悬浮传递机制,右端反映碰撞传递机制。假设颗粒之间为两体碰撞,方程右端的碰撞源项与双颗粒共分布函数 $f^{(2)}$ 有关。

在方程(5.3.11)中,对时间、空间、速度导数应用链式法则,将 $f(\boldsymbol{c},\boldsymbol{r},t)$转化为 $f(\boldsymbol{C},\boldsymbol{r},t)$,得到 Enskog 方程。若将 ϕ 分别取为 1、$\boldsymbol{C}$ 和 $\boldsymbol{CC}$,并假设颗粒所受外力包括重力、曳力和浮力,则可得到颗粒相的质量和动量守恒方程,以及下面的颗粒"拟温度"方程

$$\frac{3}{2}\left[\frac{\partial}{\partial t}(\varepsilon_\mathrm{p}\rho_\mathrm{p}\theta)+\nabla\cdot(\varepsilon_\mathrm{p}\rho_\mathrm{p}\boldsymbol{u}_\mathrm{p}\theta)\right]=\boldsymbol{T}_\mathrm{p}:\nabla\boldsymbol{u}_\mathrm{p}+\nabla\cdot(k_\mathrm{p}\nabla\theta)-\gamma_\mathrm{p}-J_\mathrm{p} \tag{5.3.12}$$

方程左端表示颗粒脉动动能的累积项和对流项,右端第一项为由于颗粒相剪切应力产生的脉动动能,第二项表示由于脉动动能梯度产生的扩散项,第三项表示颗粒间非弹性碰撞产生的能量耗散,第四项表示气固相间作用对脉动动能的影响。可以看到,和经典的分子动理学不同,由于存在非弹性的颗粒碰撞和颗粒流体相互作用,产生了颗粒脉动动能的耗散。

以上方程的推导过程引入了若干参数。例如,用弹性恢复系数 e 关联碰撞前后颗粒的速度差异。引入固相黏度和压力,用牛顿黏性假设表示固相应力,如式(5.3.2)所示。固相应力的贡献包括悬浮传递和碰撞传递两个部分,分别与颗粒温度和方程(5.3.11)右端的碰撞源项有关。方程(5.3.12)右端第二项和第三项也和碰撞项有关。要得到以上参数的表达式,必须应用 Grad 方法或者 Enskog 方法求解 Boltzmann 方程,得到单颗粒速度分布函数 f 和双颗粒共分布函数 $f^{(2)}$ 的表达式。应用分子混沌假设,即假设颗粒在系统中均匀分布,没有形成结构,所有颗粒的速度分布是各向同性的,发生碰撞的两个颗粒速度之间没有相关关系,则 $f^{(2)}$ 可表达为两个单颗粒速度分布函数 f 与径向分布函数 g_0 的乘积。求解 Boltzmann 方程后,可得到 f 的零阶解及其一阶摄动形式,零阶解为平衡状态时的 Maxwell 速度分布。这样就可以导出颗粒动理学理论中的颗粒相压力、黏度,以及颗粒"拟温度"方程中各参数的表达式。关于颗粒动理学理论的详细推导,有兴趣的读者可参阅 Chapman 和 Cowling[30]、Gidaspow[5]、Jenkins 和 Savage[31]、Ding 和 Gidaspow[28]以及 Nieuwland 等[29]的文献。

颗粒动理学理论中各参数的物理意义和表达式如下：式(5.3.2)中的颗粒相压力 p_p 表示单位时间内通过单位面积交换的颗粒动量，即颗粒法向应力

$$p_p = \rho_p \theta + 2\rho_p \theta (1+e) g_0 \varepsilon_p \tag{5.3.13}$$

式(5.3.13)右端第一项表示悬浮机制的贡献，第二项表示碰撞机制的贡献，e 为弹性恢复系数。式(5.3.2)中的体积黏性系数 λ_p 表示颗粒反抗压缩的能力

$$\lambda_p = \frac{4}{3}\varepsilon_p \rho_p d_p g_0 (1+e)\left[\frac{\theta}{\pi}\right]^{\frac{1}{2}} \tag{5.3.14}$$

式(5.3.2)中的剪切黏性系数 μ_p 反映切向动量传递

$$\mu_p = \frac{4}{5}\varepsilon_p \rho_p d_p g_0 (1+e)\left[\frac{\theta}{\pi}\right]^{\frac{1}{2}} + \frac{2\mu_{p,\text{dil}}}{(1+e)\varepsilon_p g_0}\left[1+\frac{4}{5}g_0 \varepsilon_p (1+e)\right]^2 \tag{5.3.15}$$

其中

$$\mu_{p,\text{dil}} = \frac{5\rho_p d_p (\theta\pi)^{\frac{1}{2}}}{96} \tag{5.3.16}$$

式(5.3.15)中径向分布函数 g_0 用于修正碰撞概率，考虑其他颗粒的影响，在文献中其表达式略有不同，Gidaspow[5]的表达式为

$$g_0 = \frac{3}{5}\left[1-\left[\frac{\varepsilon_p}{\varepsilon_{p,\max}}\right]^{\frac{1}{3}}\right]^{-1} \tag{5.3.17}$$

式中：$\varepsilon_{p,\max}$表示随机堆积时的最大颗粒浓度。颗粒温度方程(5.3.12)中的颗粒脉动动能扩散系数 k_p 和颗粒脉动动能碰撞耗散系数 γ_p 分别为

$$k_p = \frac{150\rho_p d_p (\theta\pi)^{\frac{1}{2}}}{384(1+e)g_0}\left[1+\frac{6}{5}\varepsilon_p g_0 (1+e)\right]^2 + 2\varepsilon_p^2 \rho_p d_p g_0 (1+e)\left[\frac{\theta}{\pi}\right]^{\frac{1}{2}} \tag{5.3.18}$$

$$\gamma_p = 3\varepsilon_p^2 \rho_p g_0 \theta (1-e^2)\left[\frac{4}{d_p}\left[\frac{\theta}{\pi}\right]^{\frac{1}{2}} - \nabla\cdot\overline{u_p}\right] \tag{5.3.19}$$

当颗粒浓度较高时，由于颗粒紧密堆积产生摩擦应力，此时碰撞和悬浮传递机制不占主导作用，一些研究者提出应将摩擦应力加入到颗粒动理学理论中。例如：Johnson 和 Jackson[32]提出一个法向摩擦应力 P_f 的半经验关联式

$$P_f = F_r \frac{(\varepsilon_p - \varepsilon_{p,\min})^n}{(\varepsilon_{p,\max} - \varepsilon_p)^p} \tag{5.3.20}$$

式中：下标 f 表示摩擦应力；$\varepsilon_{p,\min}$表示摩擦应力发生主导作用时的最小颗粒浓度；其余参数为经验常数。由库仑定律可导出摩擦应力的剪切黏性系数 μ_f 为

$$\mu_f = P_f \sin\phi \tag{5.3.21}$$

式中：ϕ是内摩擦角。Syamlal 等[33]也提出了一个经验关联式。这些关联式一般均可由实验数据关联得到。由此，一些研究者将颗粒间动量传递机制概括为悬浮运动（kinetic）、碰撞（collision）和摩擦（friction）三种。Kim 和 Arastoopour[34]将细颗粒之间凝聚作用的影响引入动理学理论。Mathiesen 等[35]研究了具有多粒径分布体系的颗粒动理学理论。

自 Sinclair 等[27]和 Gidaspow 等[5]首先应用动理学理论模拟流化床中的气固两相流动以来，许多研究者继续沿用或改进这一方法。尽管与经验关联方法相比，颗粒动理学理论提供了一种理论性的封闭方法，但实际模拟表明其预测精度未必强于经验关联方法，在某些情形下研究者仍应用经验关联方法。如 Sun 和 Gidaspow[23]在第八届国际流态化会议中应用了经验关联方法，Gidaspow 等[36]在预测饱和夹带量的文献中也应用了经验关联方法。Benyahia 等[37]认为经验关联式和动理学理论的模拟结果相差不大，而 Agrawal 等[38]的理论研究表明与介观尺度非均匀结构产生的应力相比，动理学理论的影响可以忽略。

一些研究者通过实验测量颗粒相的黏度和压力，与动理学理论的计算结果进行了比较。例如：Miller 和 Gidaspow[39]将颗粒流体混合动量方程简化后，由颗粒径向速度和浓度分布计算出剪切黏度。另一种方法是根据颗粒拟温度计算颗粒相黏度，如 Gidaspow 和 Lu[40]应用数码摄像技术和压力传感器测量固相速度脉动来计算颗粒拟温度和颗粒压力，认为在固相浓度接近于零时，固相压力、固相拟温度和密度之间的关系服从于类似理想气体的定律。Polashenski 等[41]总结了文献中各种模型计算得到的固相黏度，并和实验值进行了对比，他们发现对于固相黏度，实验值、动理学理论的计算值和各种经验关联模型的计算值彼此之间存在数量级上的差异。为了判断现有的双流体模型是否足以反映两相流动的本质物理规律，他们认为需要对固相应力进行仔细的实验测量，以检验固相应力在影响整体流动行为诸因素中的相对重要性。Büssing 和 Reh[42]通过实验数据估算了固相黏度，并与颗粒动理学理论的计算结果进行了对比，也发现两者相差很大。他们认为应将团聚物结构的影响考虑到动理学理论的动量传递机制当中。

以上研究结果表明，气固两相流动体系的模拟还很不成熟，仍需要探索影响流动行为的控制机制，并对这些控制机制进行合理的表述。

5.4 气固相间作用关系式

5.4.1 实验关联方法

颗粒在流场中受到的作用力包括重力、曳力、浮力及其他作用力(如 Magnus 旋转升力、Saffman 滑移剪切升力、Basset 力等)。若忽略其他力的作用,则可认为颗粒流体相间作用主要为气固曳力作用。标准曳力系数 C_{d0}(standard drag coefficient)对应于单颗粒在无限大流场中运动的情形,已经得到较为深入的研究。研究者根据实验结果绘出了球形单颗粒标准曳力系数 C_{d0} 随雷诺数 Re 的变化曲线。

对于多颗粒系统，大部分研究者将标准曳力系数 C_{d0} 修正后得到表观曳力系数 C_d，或直接表达为 Re 的函数

$$C_d = \omega C_{d0} \tag{5.4.1}$$

式中：ω 是修正因子。一般认为 ω 是空隙率的函数，即

$$\omega = \varepsilon_g^n \tag{5.4.2}$$

其中 n 值可通过实验数据关联得到。例如：Wen 和 Yu[43] 取 n 值为 -4.7；Di Felice[44] 指出 n 值对于不同的系统（从稀相到密相）具有不同的值。Mostoufi 和 Chaouki[45] 认为 n 还和 Archimedes 数 Ar、流化介质颗粒和流化颗粒直径的比值有关。Xie[46] 认为对于直径小于 100μm 的 FCC 颗粒 n 值应取 -5.1。Makkawi 等[47] 通过对 Geldart 分类法中 B 类和 D 类颗粒的实验，关联出了在不同雷诺数范围内，不同粒度的颗粒在床中心和床墙壁处 n 值的表达式。还有一些研究者以空隙率和表观气速的关系式表达曳力变化规律，如 Richardson 和 Zaki[48]、Garside 和 Al-Dibouni[49]、van der Wielen 等[50]。Yang 和 Renken[51] 提出了改进的表达式。表 5-3 总结了文献中的一些表观曳力系数实验关联式，这些关联式一般均由液固体系的实验数据导出。

值得注意的是，表观曳力系数的具体表达式与研究者采用的力平衡关系式中浮力和滑移速度的计算公式有关。例如：计算浮力时采用流体真实密度 ρ_g 还是床层堆密度 ρ_c，计算曳力时采用滑移速度 V_s 还是表观滑移速度 U_s。即使对于同一组实验数据，选择不同的密度和速度参数计算，导出的表观曳力系数也具有不同的形式。例如：对于 Wen 和 Yu 关联式，如气固滑移速度取为表观速度，则曳力系数表达式为 $C_d = C_{d0}\,\varepsilon_g^{-4.7}$；如气固滑移速度取为气固平均真实速度，曳力系数表达式为 $C_d = C_{d0}\,\varepsilon_g^{-2.7}$，这两种表达式所反映的表观曳力应该是相同的。Khan 和 Richardson[52] 讨论了采用不同参数后计算的曳力系数形式。

在双流体模型中，微元体曳力系数 β 用于反映相间作用强弱的程度，如表 5-2 中所示。文献中也称为相间动量传递系数（interphase momentum transfer coefficient），或相间交换系数（interphase exchange coefficient），或相间摩擦系数（interphase friction coefficient）。在计算微元体曳力系数 β 时，多数研究者采用了 Wen 和 Yu 关联式（$\varepsilon_g \geqslant 0.80$）和 Ergun 方程（$\varepsilon_g < 0.80$）。假设单位体积微元体内所有的颗粒都受到相同的曳力，则单位体积微元体内所有颗粒的总曳力等于微元体内的颗粒总数乘以单颗粒所受的曳力

$$\boldsymbol{F}_d = \frac{(1-\varepsilon_g)}{\frac{\pi}{6}d_p^3}\cdot\frac{1}{2}\rho_g(\boldsymbol{u}_g-\boldsymbol{u}_p)\left|\boldsymbol{u}_g-\boldsymbol{u}_p\right|\varepsilon_g^2\cdot\frac{\pi}{4}d_p^2\cdot C_d \tag{5.4.3}$$

用 Wen 和 Yu 表观曳力系数关联式计算表观曳力系数，即

$$C_d = C_{d0}\,\varepsilon_g^{-4.7} \tag{5.4.4}$$

表 5-3 单颗粒表观曳力系数

作者	关联式	备注
Happel[53]	$f(\varepsilon_g)=\dfrac{3+2(1-\varepsilon_g)^{\frac{5}{3}}}{3-4.5(1-\varepsilon_g)^{\frac{1}{3}}+4.5(1-\varepsilon_g)^{\frac{5}{3}}-3(1-\varepsilon_g)^2}$	$C_d=C_{d0}f(\varepsilon_g)$
Wen 和 Yu[43]	$C_d=C_{d0}\varepsilon_g^{-4.7}$	
Barnea 和 Mizrahi[54]	$C_d=C_{d0}[1+(1-\varepsilon_g)^{\frac{1}{3}}]/\varepsilon_g^3$	
Gibilaro 等[55]	$C_d=C_{d0}\varepsilon_g^{-3.8}$ $\Delta p=\left[\dfrac{17.3}{Re}+0.336\right]\dfrac{\rho u^2 L}{d}(1-\varepsilon_g)\varepsilon_g^{-4.8}$	L:床高 u: 表观气速
Rowe[56]	$\dfrac{4.7-\alpha}{\alpha-2.35}=0.175\,Re^{\frac{3}{4}}$	α:床层膨胀指数 $2.35\leqslant\alpha\leqslant 4.7$
Khan 和 Richardson[52]	$C_d=(24/Re+0.44)\varepsilon_g^{-4.8}$	
Di Felice[44]	$F_d=F_{d0}\varepsilon_g^{-\beta}$ $\beta=3.7-0.65\exp[-(1.5-\lg Re)^2/2]$	适用于直径小于 100μm 的 FCC 颗粒
Xie[46]	$C_d=\varepsilon_g^{1-n}(24\,Re^{-1}+5\,Re^{-0.25})$ $n=\begin{cases}339 & Re_t\geqslant 500\\ 1+4.45\,Re_t^{-0.1} & 1\leqslant Re_t<500\end{cases}$	Re_t:终端雷诺数
Mostoufi 和 Chaouki[45]	$C_d=C_{d0}\varepsilon_g^{-m}$ $m=3.02\,Ar^{0.22}Re_t^{-0.33}(d_p/d_s)^{-0.40}$	d_s:介质颗粒直径 d_p:下落颗粒直径
Koch 和 Hill[57]	$F=F_0(\phi)+F_1(\phi)Re^2 \quad Re<20$	ϕ: 固相体积分数
Koch 和 Sangani[58]	$F_0(\phi)=\begin{cases}\dfrac{1+3(\phi/2)^{\frac{1}{2}}+(135/64)\phi\ln\phi+16.14\phi}{1+0.681\phi-8.48\phi^2+8.16\phi^3} & \phi<0.4\\ \dfrac{10\phi}{(1-\phi)^3} & \phi>0.4\end{cases}$ $F_1(\phi)=0.110+5.10\times10^{-4}\exp(11.6\phi)$ $F=F_0(\phi)+F_3(\phi)Re \quad (Re>20)$ $F_3(\phi)=0.0673+0.212\phi+\dfrac{0.0232}{(1-\phi)^5}$	
Yang 和 Renken[51]	$C_d\dfrac{1}{4}(\pi d_p^2)\dfrac{1}{2}(u^2\rho)=\dfrac{1}{6}(\pi d_p^3 g)(\rho_p-\rho)\times[a\varepsilon_g^{4.78}+(1-a)\varepsilon_g^{2.78}]$ $a=0.7418+0.9670\,Ar^{-0.5} \quad 1<Re_t<50, 24<Ar<3000$	

根据双流体 A 类动力学模型[5]可得

$$\boldsymbol{F}_d=\frac{\beta}{\varepsilon_g}(\boldsymbol{u}_g-\boldsymbol{u}_p) \tag{5.4.5}$$

结合式(5.4.3)～式(5.4.4)可得

$$\beta=\frac{3}{4}\frac{(1-\varepsilon_g)\varepsilon_g}{d_p}\rho_g\left|\boldsymbol{u}_g-\boldsymbol{u}_p\right|C_{d0}\varepsilon_g^{-2.7} \tag{5.4.6}$$

对于空隙率大于 0.8 的体系，假设压降与曳力平衡，再应用 Ergun 方程计算压降，

可导出基于 Ergun 方程的微元体曳力系数 β

$$\beta = 150\frac{(1-\varepsilon_g)^2\mu_g}{\varepsilon_g d_p^2} + 1.75\frac{(1-\varepsilon_g)\rho_g|\boldsymbol{u}_g-\boldsymbol{u}_p|}{d_p} \tag{5.4.7}$$

表 5-4 总结了文献中微元体曳力系数的计算公式。这些关联式一般均按照以上讨论的方法,由单颗粒表观曳力系数或压降实验关联式导出。

表 5-4 微元体曳力系数

作者	关联式	备注
Gidaspow[5]	$\frac{3}{4}\frac{(1-\varepsilon_g)\varepsilon_g\rho_g\lvert\boldsymbol{u}_g-\boldsymbol{u}_p\rvert}{d_p}C_{D0}\varepsilon_g^{-2.7}\quad(\varepsilon_g\geqslant 0.8)$ $150\frac{(1-\varepsilon_g)^2\mu}{\varepsilon_g d_p^2}+\frac{7}{4}\frac{(1-\varepsilon_g)\rho_g\lvert\boldsymbol{u}_g-\boldsymbol{u}_p\rvert}{d_p}\quad(\varepsilon_g<0.8)$	Wen 和 Yu/Ergun 指 A 类动力学模型 $\beta_B=\beta_A/\varepsilon_g$
Arastoopour 等[59]	$\left(\frac{17.3}{Re}+0.336\right)\frac{\rho_g}{d_p}\lvert\boldsymbol{u}_g-\boldsymbol{u}_p\rvert(1-\varepsilon_g)\varepsilon_g^{-2.8}$	由 Gibilaro 关联式导出,见表 5-3
Syamlal 和 O'Brien[60]	$\frac{3}{4}\frac{(1-\varepsilon_g)\varepsilon_g\rho_g\lvert\boldsymbol{u}_g-\boldsymbol{u}_p\rvert}{V_r^2 d_p}\left(0.63+4.8\sqrt{\frac{V_r}{Re}}\right)^2$ $V_r=\frac{1}{2}\left[a-0.06\,Re+\sqrt{(0.06\,Re)^2+0.12\,Re(2b-a)+a^2}\right]$ $a=\varepsilon_g^{4.14}\quad b=\begin{cases}0.8\varepsilon_g^{1.28} & \varepsilon_g\leqslant 0.85\\ \varepsilon_g^{2.65} & \varepsilon_g>0.85\end{cases}$	
O'Brien 和 Syamlal[61]	$\frac{3}{4}\frac{(1-\varepsilon_g)\varepsilon_g\rho_g\lvert\boldsymbol{u}_g-\boldsymbol{u}_p\rvert}{V_{r,cor}^2 d_p}\left(0.63+4.8\sqrt{\frac{V_{r,cor}}{Re}}\right)^2$ V_r 同上, $V_{r,cor}=[1+mRe(1-\varepsilon_g)e^n]V_r$ $n=-0.005(Re-5)^2-90(\varepsilon_g-0.92)^2$ $m=\begin{cases}250 & G_s=98\text{kg}/(\text{m}^2\cdot\text{s})\\ 1500 & G_s=147\text{kg}/(\text{m}^2\cdot\text{s})\end{cases}$	适用于两个实验工况
Xu 和 Yu[62]	$\frac{3}{4}\frac{(1-\varepsilon_g)\varepsilon_g\rho_g\lvert\boldsymbol{u}_g-\boldsymbol{u}_p\rvert}{d_p}\left(0.63+4.8\sqrt{\frac{1}{Re}}\right)^2\varepsilon_g^{-\alpha}$ $\alpha=3.7-0.65\exp\left[-\frac{(1.5-\lg Re)^2}{2}\right]$	由 Di Felice 关联式导出,见表 5-3
Nieuwland 等[63]	$\frac{3}{4}\frac{(1-\varepsilon_g)\varepsilon_g\rho_g\lvert\boldsymbol{u}_g-\boldsymbol{u}_p\rvert}{d_p}C_{D0}f(\varepsilon_p)$ $f(\varepsilon_p)=\frac{1}{0.997+443.35\varepsilon_p-1733.42\varepsilon_p^2}\quad\varepsilon_p<0.1276$ $f(\varepsilon_p)=\frac{1}{29.22}\quad\varepsilon_p\geqslant 0.1276$	一维稳态轴对称双流体模型

5.4.2 平均化方法的不足和解决思路

从文献上可以发现，5.4.1 节中的大多数关联式是由液固流化床或固定床体系的实验数据导出。但在一般情况下，液固体系和固定床体系具有比气固体系更为均匀的流动结构。当将这些关联式应用于气固体系的模拟时，研究者将遇到一系列问题。例如：这些关联式是否能够反映真实的气固相间作用？如果存在误差，对模拟最终结果的真实性有何影响等。实际上，由于缺乏此方面的研究，多数研究者一般仍沿用液固流化床或固定床体系的实验关联式。由式(5.4.6)和式(5.4.7)的推导过程可看出，这些方法并没有考虑非均匀结构，其本质仍是一种平均化的方法。

应用能量最小多尺度(energy-minimization multi-scale，EMMS)模型，Li 等[64]计算了气固流化床中稀密两相内部以及密相团聚物和稀相流体之间的滑移速度和曳力系数，结果表明三种情形下的滑移速度和曳力系数有很大差别：密相团聚物和稀相流体间的曳力系数较小，而滑移速度较大。Li 等[65]进一步比较了单元体内三种简单流动结构的曳力系数，计算结果如图 5-4 所示。

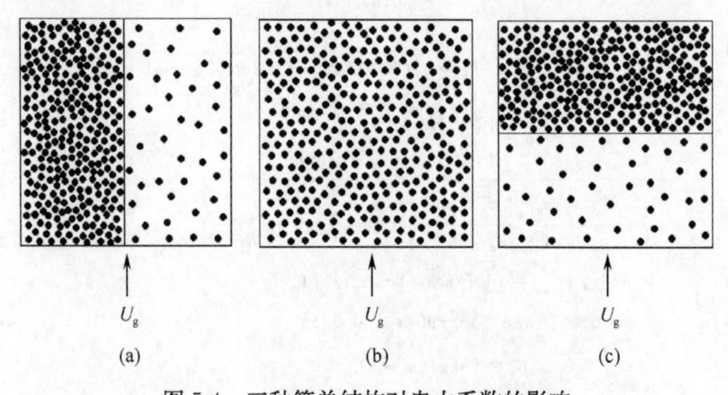

图 5-4 三种简单结构对曳力系数的影响

(a) $C_d=0.032\ C_{d0}$；(b) C_{d0}；(c) $C_d=15.4\ C_{d0}$

FCC/空气：$d_p=54\mu m$，$\rho_p=930 kg/m^3$，$U_g=0.01 m/s$，$\varepsilon_c=0.48$，$\varepsilon_f=0.96$，$f=0.5$

图 5-4(a)和图 5-4(c)分别为稀密两相并联和串联分布的情形，图 5-4(b)为颗粒均匀分布的情形。对于给定相同的稀密相分率、微元体表观气速和颗粒物理性质，计算结果表明三种情形下的曳力系数相差很大。显然，用图 5-4(b)情形的曳力系数来代替图 5-4(a)和 图 5-4(c)的曳力系数，将导致很大误差。实际系统中的非均匀结构远比串连和并联复杂。因此 Li 等[66]认为建立在平均方法上的曳力计算方法不足以描述循环流态化系统中的气固接触。他们指出，即使是在计算流体力学模型所处理的微元控制体内，也必定存在非均匀结构现象，除非深入到微观单颗粒尺度，否则就必须考虑以某种极值方法或类似的处理来弥补平均方法所丢失

的结构信息。

事实上,曳力系数作为双流体模型模拟的关键因素已经引起了研究者的关注。例如:O'Brien 和 Syamlal[61]报道,对于细颗粒体系,必须修正现有的曳力系数关联式以考虑团聚物对曳力系数的影响。他们认为调节模型中的固相应力在物理上并不是正确的解决方法,并根据实验结果提出了一个适用于两个实验工况的曳力关联式。Qi 等[67]报道,如果应用 Ergun 方程计算曳力系数,将使得模拟过程中颗粒很快被夹带出去,导致整个床层浓度很稀。这些模拟结果并不符合快速流态化出现的轴向返混等实验现象。他们认为这是由于 Ergun 方程只适用于低气速和粗颗粒的情形,此时,颗粒的终端速度与表观气速相差不大。Agrawal 等[38]认为所谓的"粗网格模拟"完全忽略了亚网格的"微观结构",导致曳力被高估。Zhang 和 VanderHeyden[68]提出了一种针对守恒方程的双重平均方法,将与介观尺度结构相关的附加质量力和曳力从平均化守恒方程中分离,发现这些力对宏观动量方程有重要影响。Helland 等[69]研究了曳力系数修正因子中空隙率函数的影响,结果表明空隙率函数的微小波动将导致流态化的均匀结构很难稳定存在。Li 和 Kuipers[70]的研究表明非线性曳力对密相流态化中非均匀结构的产生也有重要影响。Zhang 和 Reese[71]认为不仅需要考虑空隙率变化对曳力的影响,还要考虑随机脉动运动的影响。其他研究者的工作也涉及改进曳力系数计算模型的问题[72,73]。这些研究表明,研究者正逐渐从各个角度直接或间接地认识到这一问题的重要性,可以预期相间曳力问题会成为未来研究的一个热点。

另外,大量实验表明,循环流化床体系在形成团聚物后曳力系数有减小的趋势,Wen 和 Yu 的关联式以及 Ergun 方程均不足以刻画此类体系。例如:Gunn 和 Malik[74]发现,对于某一给定流体流率和总体空隙率的体系,如果颗粒以聚团的形式存在,测量所得的曳力系数将会减小。他们认为这是由于颗粒聚团形成后,穿过聚团的流体减少了,而绕流聚团的流体增加了。Mueller 和 Reh[75]发现颗粒聚团的形成将导致曳力大幅度减小,从而使提升管中的加速段增长。鉴于 Wen 和 Yu 的关联式以及 Ergun 方程的不足,Li[76]和 Bai 等[77]分别在其径向平均的实验数据基础上提出了曳力系数关联式。

以上研究结果都预示,基于平均方法的 Wen 和 Yu/Ergun 方程或其他类似的关联式都难以反映非均匀体系的气固相互作用机理。既然曳力系数是模拟的关键参数,而又受到非均匀结构的影响,就需要一种通过考虑介观结构的影响而改进气固相间作用计算的方法。总结文献中的各类方法,可以发现解决这一问题的方法大致可分为四类。

1)跟踪气相和颗粒相的界面

这类方法有很多,如所谓的直接数值模拟(direct numerical simulation,DNS)、拟颗粒方法(pseudo particle modeling,PPM)和格子 Boltzmann 方法(lattice Boltzmann method,LBM)。应用这些方法,可以动态地跟踪气相和颗粒相间界面的运

动,不需要显式的计算相间曳力系数。例如:在直接数值模拟中[78],在每个颗粒表面生成非结构化的贴体网格,网格伴随颗粒的运动而动态地生成;颗粒表面可被看作流场的边界,即流体相当于流过具有复杂边界的空间,颗粒对流体的相间作用通过边界条件进入流体流场的计算,应用有限元方法可求解流场;而流体对颗粒的作用可通过对颗粒表面每一区域的应力积分得到。在拟颗粒方法中,流体被看作由远小于真实颗粒尺寸的离散拟颗粒组成,气固相间作用的计算通过计算拟颗粒和真实颗粒之间的碰撞作用来实现。

2)细化计算网格

一些研究者[38,79]发现,在双流体模型的模拟中,若采用较细的网格,应用传统的平均化曳力关联式,甚至应用单颗粒标准曳力系数公式,也可以模拟出介观尺度的非均匀流动结构。这可能是由于流动结构的非均匀性随网格的细化有所减弱。这种方法类似于单相流的模拟方法,即通过网格设计来优化计算结果。但是对于两相或多相流动,颗粒相连续介质假设对常规粗网格模拟还有争议,网格细化后更难成立。这种方法在物理上是否正确还有待进一步检验。

3)从微观模拟中提取曳力关联式

如果将所有的模拟方法按尺度分类,一般认为可以从底层的模拟方法出发,为上一层的模型提供本构方程。应用格子 Boltzmann 方法或者拟颗粒模型,可能为双流体模型提供曳力本构式,例如:Kandhai 等[80]应用 LBM 方法计算了曳力;Agrawal 等[38]将粗网格模拟中的网格作为模拟区域,采用周期性边界条件,应用双流体模型和更细的网格模拟此区域可得到平均的滑移速度,从而可计算出此区域的平均曳力系数。

4)对控制体建立反映非均匀结构的模型

由于模型的复杂性和巨大的计算量,很难直接应用以上三种方法。一种简单的方法是假设每个微元控制体都具有某种“结构”。通过分解结构和定义“结构参数”,可以建立描述多尺度结构的相间作用模型,由此模型计算出微元体的平均曳力系数,再输入到双流体模型中进行计算。其关键是如何合理地定义非均匀结构参数,以及如何表征非均匀结构参数和曳力系数之间的关系。由 Li 和 Kwauk[81]提出的能量最小多尺度模型是一种分析非均匀结构的有效方法。本章 5.4.3 节将应用该方法计算结构参数和曳力系数。

5.4.3 能量最小多尺度方法

1. 数学模型

EMMS 模型的理论基础和物理模型参见第 4 章。EMMS 模型对非均匀结构和气固相间作用进行了多尺度的分解,如图 5-5 所示。如果将 EMMS 模型的基本思想推广应用于双流体模型的微元体,多尺度结构分解和能量最小方法使计算微元体内的非均匀结构参数成为可能。EMMS 模型原先用于稳态计算,而在微元体内颗粒所受曳力和重力并不平衡,因此又引入微元体平均加速度 a。为建立结构模型,引入以下假设:

(1) 密相以球形团聚物的形式存在,其内部空隙率最小值为起始流化空隙率 ε_{mf};

(2) 颗粒在密相和稀相内均匀分布,因此可以用诸如 Wen 和 Yu 之类适用于均匀系统的关联式计算各相内部单颗粒和流体,以及团聚物与稀相流体之间的相互作用;

(3) 只考虑曳力、重力和浮力,忽略其他作用力的影响(如附加质量力、Basset 力、Magnus 力、Saffman 力等)。

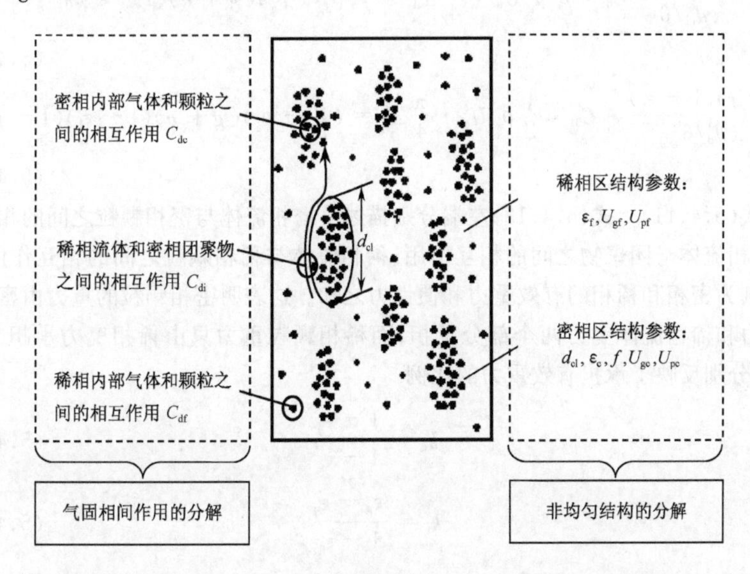

图 5-5 EMMS 模型对非均匀结构和气固相间作用的多尺度分解

密相中颗粒受力包括重力、密相流体的曳力、稀相流体对团聚物整体的曳力、加速度产生的惯性力等,则单位体积微元体内密相颗粒的动量方程为

$$\frac{3}{4} C_{dc} \frac{f(1-\varepsilon_c)}{d_p} \rho_g U_{sc}^2 + \frac{3}{4} C_{di} \frac{f}{d_{cl}} \rho_g U_{si}^2 = f(1-\varepsilon_c)(\rho_p - \rho_g)(g + a) \tag{5.4.8}$$

稀相中颗粒受力包括重力、稀相流体对颗粒的曳力以及加速度产生的惯性力,则单位体积微元体内稀相颗粒的动量方程为

$$\frac{3}{4} C_{df} \frac{(1-f)(1-\varepsilon_f)}{d_p} \rho_g U_{sf}^2 = (1-f)(1-\varepsilon_f)(\rho_p - \rho_g)(g + a) \tag{5.4.9}$$

Li和Kwauk[81]认为流体通过密相产生的压降等于流体通过稀相产生的压降与稀相流体绕流团聚物产生的压降之和，而以上三个部分压降分别等于各自对应的单位体积阻力，则有

$$C_{\mathrm{df}}\frac{1-\varepsilon_{\mathrm{f}}}{d_{\mathrm{p}}}\rho_{\mathrm{g}}U_{\mathrm{sf}}^{2}+\frac{f}{1-f}\quad C_{\mathrm{di}}\frac{1}{d_{\mathrm{cl}}}\rho_{\mathrm{g}}U_{\mathrm{si}}^{2}=C_{\mathrm{dc}}\frac{1-\varepsilon_{\mathrm{c}}}{d_{\mathrm{p}}}\rho_{\mathrm{g}}U_{\mathrm{sc}}^{2} \tag{5.4.10}$$

将方程(5.4.8)～方程(5.4.10)经过适当整理后，可得到以下等价的三个方程

$$\frac{f(1-\varepsilon_{\mathrm{c}})}{\pi d_{\mathrm{p}}^{3}/6}\cdot C_{\mathrm{dc}}\cdot\frac{1}{2}\rho_{\mathrm{g}}U_{\mathrm{sc}}^{2}\cdot\frac{\pi}{4}d_{\mathrm{p}}^{2}=f(\rho_{\mathrm{p}}-\rho_{\mathrm{g}})(g+a)(1-\varepsilon_{\mathrm{c}})k_{\mathrm{c}} \tag{5.4.11}$$

$$\frac{f}{\pi d_{\mathrm{cl}}^{3}/6}\cdot C_{\mathrm{di}}\cdot\frac{1}{2}\rho_{\mathrm{g}}U_{\mathrm{si}}^{2}\cdot\frac{\pi}{4}d_{\mathrm{cl}}^{2}=f(\rho_{\mathrm{p}}-\rho_{\mathrm{g}})(g+a)(1-\varepsilon_{\mathrm{c}})k_{\mathrm{i}} \tag{5.4.12}$$

$$\frac{(1-f)(1-\varepsilon_{\mathrm{f}})}{\pi d_{\mathrm{p}}^{3}/6}\cdot C_{\mathrm{df}}\cdot\frac{1}{2}\rho_{\mathrm{g}}U_{\mathrm{sf}}^{2}\cdot\frac{\pi}{4}d_{\mathrm{p}}^{2}=(\rho_{\mathrm{p}}-\rho_{\mathrm{g}})(g+a)(1-\varepsilon_{\mathrm{f}})(1-f)k_{\mathrm{f}} \tag{5.4.13}$$

式(5.4.11)～式(5.4.13)左端分别描述了密相流体与密相颗粒之间的相互作用、稀相流体与团聚物之间的相互作用、稀相流体与稀相颗粒之间的相互作用；右端分别为密相和稀相的有效重力和惯性力之和。这表明密相颗粒的重力由密相流体曳力和稀相流体曳力两个部分承担，而稀相颗粒重力只由稀相曳力承担。k_{c}、k_{i}、k_{f} 分别反映了承担有效重力的比例

$$k_{\mathrm{c}}=\frac{1-\varepsilon_{\mathrm{g}}}{1-\varepsilon_{\mathrm{c}}} \tag{5.4.14}$$

$$k_{\mathrm{i}}=\frac{\varepsilon_{\mathrm{g}}-\varepsilon_{\mathrm{c}}}{1-\varepsilon_{\mathrm{c}}} \tag{5.4.15}$$

$$k_{\mathrm{f}}=1 \tag{5.4.16}$$

流体的质量守恒方程为

$$U_{\mathrm{g}}=fU_{\mathrm{c}}+(1-f)U_{\mathrm{f}} \tag{5.4.17}$$

颗粒的质量守恒方程为

$$U_{\mathrm{p}}=fU_{\mathrm{pc}}+(1-f)U_{\mathrm{pf}} \tag{5.4.18}$$

团聚物直径和悬浮输送能耗有关，Li和Kwauk[81]提出的表达式为

$$d_{\mathrm{cl}}=\frac{d_{\mathrm{p}}\{U_{\mathrm{p}}/(1-\varepsilon_{\max})-[U_{\mathrm{mf}}+U_{\mathrm{p}}\varepsilon_{\mathrm{mf}}/(1-\varepsilon_{\mathrm{mf}})]\}g}{N_{\mathrm{st}}\rho_{\mathrm{p}}/(\rho_{\mathrm{p}}-\rho_{\mathrm{g}})-[U_{\mathrm{mf}}+U_{\mathrm{p}}\varepsilon_{\mathrm{mf}}/(1-\varepsilon_{\mathrm{mf}})]g} \tag{5.4.19}$$

式中：$\varepsilon_{\max}$是团聚物存在的最大空隙率，Matsen[82]认为对于细颗粒，当流体速度很高而使空隙率达到0.9997时，团聚物消失，颗粒以分散的方式悬浮。N_{st}为单位质量颗粒的悬浮输送能耗，根据Li和Kwauk[81]的定义，其表达式为

$$N_{st}=\left[U_g-\frac{\varepsilon_f-\varepsilon_g}{1-\varepsilon_g}f(1-f)U_f\right](g+a)\frac{\rho_p-\rho_g}{\rho_p} \tag{5.4.20}$$

总能耗 N_T 包括悬浮输送能耗 N_{st} 和由于颗粒碰撞、循环、加速等原因的耗散能耗 N_d。总能耗的定义式为

$$N_T=\frac{\rho_p-\rho_g}{\rho_p}U_g(g+a) \tag{5.4.21}$$

空隙率方程为

$$\varepsilon_g=\varepsilon_c f+\varepsilon_f(1-f) \tag{5.4.22}$$

以上独立的方程包括式(5.4.11)～式(5.4.13)、式(5.4.17)～式(5.4.19)、式(5.4.22)，共七个方程，独立变量为 U_f、U_{pf}、U_c、U_{pc}、ε_c、ε_f、f、d_{cl}、a 共九个，方程组中的其余变量为中间变量。为使方程可以封闭求解，Li 和 Kwauk[81] 认为系统应满足以下稳定性条件，即悬浮输送能耗 N_{st} 占总能耗 N_T 的比例为最小

$$\frac{N_{st}}{N_T}=\frac{[U_g(1-\varepsilon_g)-fU_f(\varepsilon_f-\varepsilon_g)(1-f)]}{U_g(1-\varepsilon_g)}=\min \tag{5.4.23}$$

以上方程组构成一个非线性优化问题。给定 U_g、G_s 和 ε，通过适当的求解方法，可以得到九个变量的解。

2. 非均匀结构参数的计算

Yang 等[83]计算了结构参数随平均空隙率 ε 的变化趋势。计算体系为一个给定表观气速和颗粒流率的 FCC/空气流态化体系[$\rho_p=930\text{kg/m}^3$，$d_p=54\mu\text{m}$，$U_g=1.52\ \text{m/s}$，$G_s=14.3\ \text{kg/(m}^2\cdot\text{s)}$]。发现随着平均空隙率的减小，密相中固相占整体的体积分数 $f(1-\varepsilon_c)$ 增加，而稀相中固相占整体的体积分数 $(1-f)(1-\varepsilon_f)$ 减少。同时，稀相中表观气体流速 U_{gf} 增加，而密相中表观气体流速 U_{gc} 减小。这些计算结果表明，颗粒的运动趋势是进入团聚物中而不是分散分布于稀相，而流体的运动趋势是绕流团聚物而不是从团聚物中穿过。这一结论和实验观察得到的现象相符，说明模型具有合理性。

式(5.4.14)和式(5.4.15)分别给出了参数 k_c 和 k_i 的定义。对于密相而言，只有部分颗粒的重力和惯性力被密相内部的气体对颗粒的曳力作用所平衡，其余部分颗粒的重力和惯性力被气体对团聚物的曳力作用所平衡，这两个部分所占比例分别为 k_c 和 k_i。式(5.4.14)和式(5.4.15)表明这两个参数由 ε_c、ε_g 决定。Yang 等[83, 93]的计算结果表明，当 $\varepsilon_g\to\varepsilon_{mf}$ 时，结构参数 $\varepsilon_c\to\varepsilon_{mf}$；而当 $\varepsilon_g\to 1$ 时，结构参数 $\varepsilon_c\to\varepsilon_g$。我们由此可以推断，当 $\varepsilon_g\to\varepsilon_{mf}$ 时 $k_c\to 1$ 且 $k_i\to 0$；而当 $\varepsilon_g\to 1$ 时，$k_c\to 0$ 且 $k_i\to 1$。k_c 和 k_i 随平均空隙率的变化见图 5-6。可以看出，随平均空隙率 ε_g 的减小，k_c 增加而 k_i 减小。当 $\varepsilon_g\to\varepsilon_{max}$，求解模型的非线性方程组很困难，但我们可以根据前面的推断用虚线表示曲线右端的变化趋势。如果我们将曲线的左端

($\varepsilon_g \to \varepsilon_{mf}$)和右端($\varepsilon_g \to 1$)分别看作流态化的两种极端情形,即散式流化和稀相输送,那么我们发现 k_c 和 k_i 差的绝对值 Δk 可以用于衡量体系非均匀性的强弱程度。Δk 在图中以竖线表示。Δk 的值越大,体系的非均匀性越弱。两条曲线的交叉点,也就是 Δk 为零处,表示密相颗粒所受重力和惯性力的一半被密相内部气体对颗粒的曳力作用所平衡,另一半被绕流团聚物的气体对团聚物整体的曳力作用所平衡。在曲线交叉点的右边部分,Δk 随着空隙率的增大而增大,表明体系的非均匀性迅速减弱,在极限情况下达到稀相输送状态。在曲线交叉点的左边部分,随着空隙率的减小,Δk 开始时逐渐增大,表明非均匀程度减小;当空隙率减小到一个转折点时(图中圆圈),Δk 突然大幅度增大,表明体系迅速地趋向于均匀,并趋于另一个极端情形,即散式流态化。实际上,该转折点也出现在其他结构参数(如 f、d_{cl}、ε_c)的变化曲线中,本质上反映了体系由密相流化向散式流化的流域转变过程,这一点可参见文献[83]的论述。

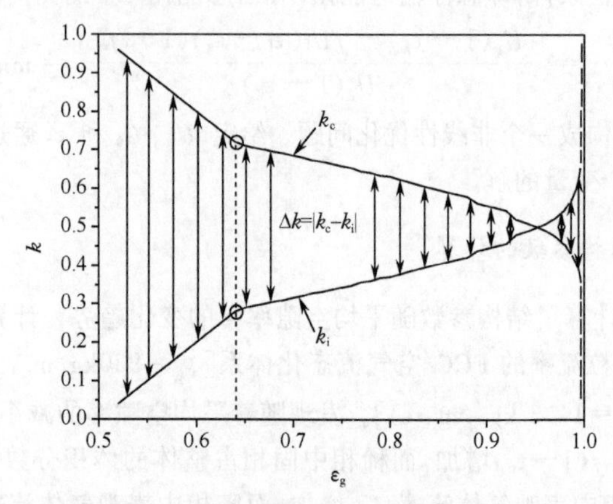

图 5-6　结构参数随平均空隙率的变化

3. 曳力系数的计算

1)表征相间作用强弱的物理量

在连续介质模型中,曳力系数用于计算相间动量传递,反映颗粒流体相间作用的强弱。本节讨论单颗粒表观曳力系数 C_d、微元体曳力系数 β、曳力系数修正因子 ω、加速度 a、弛豫时间 τ 等表征颗粒流体相间作用的物理量。

单颗粒表观曳力系数 C_d 的表达式为

$$C_d = \frac{F_d}{(\pi/4)\, d_p^2 \cdot (1/2)\, \rho_g\, U_s^2} \tag{5.4.24}$$

式中:F_d 是单个颗粒所受曳力;C_d 是无量纲量。对于均匀系统可通过测量床层压降和空隙率的关系导出 C_d 的实验关联式。

微元体曳力系数 β 表示单位体积微元体内所有颗粒的曳力除以平均滑移速度，其量纲为 kg/(m^3·s)

$$\beta/\varepsilon_g = \frac{\sum F_d}{U_s/\varepsilon_g} \tag{5.4.25}$$

这里的微元体曳力系数为 A 类[5]。本章 5.4.1 节推导了基于 Wen 和 Yu/Ergun 方程的微元体曳力系数，如果忽略微元体内的非均匀结构，则微元体曳力系数和单颗粒表观曳力系数之间的关系为

$$\beta = \frac{3}{4}\frac{(1-\varepsilon_g)\varepsilon_g}{d_p}\rho_g\left|\boldsymbol{u}_g - \boldsymbol{u}_p\right| C_{d0}\,\varepsilon_g^{-2.7} \qquad \varepsilon_g \geqslant 0.8 \tag{5.4.26}$$

空隙率小于 0.8 时，由 Ergun 方程得

$$\beta = 150\frac{(1-\varepsilon_g)^2\mu_g}{\varepsilon_g d_p^2} + 1.75\frac{(1-\varepsilon_g)\rho_g\left|\boldsymbol{u}_g - \boldsymbol{u}_p\right|}{d_p} \qquad \varepsilon_g < 0.8 \tag{5.4.27}$$

Gidaspow[5]应用以上两式计算微元体曳力系数，即以空隙率 0.8 为分界点，用式(5.4.26)和式(5.4.27)分别计算微元体曳力系数，以后的研究者多沿用这一方法。

结合式(5.4.25)和微元体总体动量平衡方程，可导出微元体曳力系数与加速度的关系式

$$\beta = \frac{\varepsilon_g^2}{U_s}(\rho_p - \rho_g)(1-\varepsilon_g)(g+a) \tag{5.4.28}$$

由式(5.4.28)可以看出，对于给定的 ε_g 和 U_s，β 和 a 之间为一一对应关系。如果 β 计算不准确，导致相间曳力计算不准确，从而使曳力产生的加速度也不准确，最终导致微元平均加速度 a 也不准确。因此，β 和 a 在本质上为同一问题的两种不同表达形式，双流体模型中相间曳力的问题也就是加速度的问题。

曳力系数修正因子 ω 由式(5.4.29)定义

$$\omega = \beta/\beta_0 \tag{5.4.29}$$

其中

$$\beta_0 = \frac{3}{4}\frac{(1-\varepsilon_g)\varepsilon_g}{d_p}\rho_g\left|\boldsymbol{u}_g - \boldsymbol{u}_p\right| C_{d0} \tag{5.4.30}$$

弛豫时间 τ 在文献中有不同的定义。系统中颗粒和流体之间存在速度差异，颗粒追赶流体以使系统由非平衡向平衡过渡，这一过程为弛豫过程，弛豫时间表征了弛豫过程的快慢程度。单颗粒系统的标准弛豫时间 τ_0 定义为

$$\frac{\mathrm{d}\boldsymbol{u}_p}{\mathrm{d}t} = \boldsymbol{g} + \frac{(\boldsymbol{u}_g - \boldsymbol{u}_p)}{\tau_0} \tag{5.4.31}$$

式(5.4.31)右端第二项为曳力产生的加速度，结合式(5.4.24)可导出标准弛豫时

间 τ_0 和单颗粒标准曳力系数 C_{d0}之间的关系为

$$\frac{1}{\tau_0}=\frac{3}{4}\cdot C_{d0}\cdot\frac{Re\mu_g}{\rho_p d_p^2} \tag{5.4.32}$$

若用 Shiller 和 Naumann 公式计算 C_{d0},则有

$$C_{d0}=\frac{24}{Re}(1+0.15\,Re^{0.687}) \tag{5.4.33}$$

则式(5.4.32)可转化为

$$\tau_0=\frac{\rho_p d_p^2}{18\mu_g(1+0.15\,Re^{0.687})} \tag{5.4.34}$$

对于多颗粒系统,Helland 等[69]应用 Richardson 和 Zaki 或 Wen 和 Yu 关系式,将单颗粒表观曳力系数表达为空隙率的函数,导出弛豫时间 τ 的表达式为

$$\tau=\frac{\rho_p d_p^2}{18\mu_g(1+0.15\,Re^{0.687})}\varepsilon_g^{n-1} \tag{5.4.35}$$

在一些双流体模型的基本方程中,相间作用通过弛豫时间表达,弛豫时间越短,相间作用越强。显然,式(5.4.35)只适用于均匀系统。由式(5.4.31)可导出多颗粒系统中加速度与弛豫时间的关系

$$a=\frac{U_s}{\varepsilon_g\tau}-g \tag{5.4.36}$$

结合式(5.4.28)可导出微元体曳力系数 β 与弛豫时间 τ 的关系为

$$\tau=\frac{\varepsilon_g(1-\varepsilon_g)(\rho_p-\rho_g)}{\beta} \tag{5.4.37}$$

综上所述,单颗粒表观曳力系数 C_d、微元体曳力系数 β、加速度 a、弛豫时间 τ 以及曳力系数修正因子 ω 均可用于表征相间作用的强弱。

2)微元体曳力系数与结构参数的关系

EMMS 模型认为微元体内部的流动结构可分解为密相和稀相,颗粒和流体的相间作用不仅发生在密相和稀相内部单个颗粒和周围流体之间,也发生在团聚物整体与稀相流体之间,这三种气固相间作用可用密相表观曳力系数 C_{dc}、稀相表观曳力系数 C_{df}、相间表观曳力系数 C_{di}来表示,如图 5-5 所示。由于将相内假设为均匀流动结构,这三个系数可用 Wen 和 Yu 关联式或其他类似的公式计算。用 F_{dense}、F_{dilute}、$F_{cluster}$表示密相中流体对单颗粒的表观曳力、稀相中流体对单颗粒的表观曳力、稀相流体对单个团聚物的表观曳力。

式(5.4.11)~式(5.4.13)分别为三种气固相间作用力与重力和惯性力的平衡方程。左端为单位体积微元体内各相的曳力,右端为单位体积微元体内所有颗粒的重力和惯性力之和。根据总体动量方程可得单位体积微元体内所有颗粒的总曳力为

$$\sum F_{\mathrm{d}}=(\rho_{\mathrm{p}}-\rho_{\mathrm{g}})(1-\varepsilon_{\mathrm{g}})(g+a) \tag{5.4.38}$$

将式(5.4.11)~式(5.4.13)两端分别相加,并结合式(5.4.38)可得

$$\sum F_{\mathrm{d}}=\frac{f(1-\varepsilon_{\mathrm{c}})}{\pi d_{\mathrm{p}}^{3}/6}\cdot F_{\mathrm{dense}}+\frac{f}{\pi d_{\mathrm{cl}}^{3}/6}\cdot F_{\mathrm{cluster}}+\frac{(1-f)(1-\varepsilon_{\mathrm{f}})}{\pi d_{\mathrm{p}}^{3}/6}\cdot F_{\mathrm{dilute}} \tag{5.4.39}$$

其中

$$F_{\mathrm{dense}}=C_{\mathrm{dc}}\cdot\frac{1}{2}\rho_{\mathrm{g}}U_{\mathrm{sc}}^{2}\cdot\frac{\pi}{4}d_{\mathrm{p}}^{2} \tag{5.4.40}$$

$$F_{\mathrm{cluster}}=C_{\mathrm{di}}\cdot\frac{1}{2}\rho_{\mathrm{g}}U_{\mathrm{si}}^{2}\cdot\frac{\pi}{4}d_{\mathrm{cl}}^{2} \tag{5.4.41}$$

$$F_{\mathrm{dilute}}=C_{\mathrm{df}}\cdot\frac{1}{2}\rho_{\mathrm{g}}U_{\mathrm{sf}}^{2}\cdot\frac{\pi}{4}d_{\mathrm{p}}^{2} \tag{5.4.42}$$

由式(5.4.39)和式(5.4.25)可得

$$\beta=\frac{\varepsilon_{\mathrm{g}}^{2}}{U_{\mathrm{s}}}\left[\frac{f(1-\varepsilon_{\mathrm{c}})}{\pi d_{\mathrm{p}}^{3}/6}\cdot C_{\mathrm{dc}}\cdot\frac{1}{2}\rho_{\mathrm{g}}U_{\mathrm{sc}}^{2}\cdot\frac{\pi}{4}d_{\mathrm{p}}^{2}+\frac{f}{\pi d_{\mathrm{cl}}^{3}/6}\cdot C_{\mathrm{di}}\cdot\frac{1}{2}\rho_{\mathrm{g}}U_{\mathrm{si}}^{2}\cdot\frac{\pi}{4}d_{\mathrm{cl}}^{2}+\frac{(1-f)(1-\varepsilon_{\mathrm{f}})}{\pi d_{\mathrm{p}}^{3}/6}\cdot C_{\mathrm{df}}\cdot\frac{1}{2}\rho_{\mathrm{g}}U_{\mathrm{sf}}^{2}\cdot\frac{\pi}{4}d_{\mathrm{p}}^{2}\right] \tag{5.4.43}$$

由式(5.4.43)可以看出微元体曳力系数 β 与结构参数有密切关系,而这些结构参数在一般基于平均方法的曳力关联式(如 Wen 和 Yu/Ergun)均被忽略,因此,这些关联式计算出的微元体曳力系数是不准确的。

3) 曳力系数的计算

Gunn 和 Malik[74]的实验表明,对于给定流体流率和空隙率的系统,颗粒聚集使曳力系数减小。两种颗粒排列方式可对流体产生较小的阻力:颗粒在平行于流动轴向的方向成链状排列,对应于雷诺数曳力系数可减小 2~3 倍;当颗粒浓度较高时,颗粒在垂直于流动的平面内聚集。大部分气体绕流团聚物,从而使从团聚物中穿过的气体流量减少,曳力的减小程度依赖于穿过气体流量的减少程度。

图 5-7(a)比较了分别应用两种方法计算得到的曳力系数修正因子 ω。可以看出,EMMS 模型的计算结果远小于 Wen 和 Yu/Ergun 关联式的计算结果,这一点和实验得到的结论一致,即团聚物的形成将导致曳力系数减小。在 EMMS 模型计算结果曲线的左侧,随平均空隙率的减小,修正因子在某一转折点处突然增加,并趋向于 Ergun 方程的计算曲线。这一转折点对应于图 5-6 中结构参数的变化曲线,表明曳力系数受结构参数变化的影响,可参见文献[81]。曲线右侧的虚线表明 EMMS 模型的计算结果趋于 1,此时 Wen 和 Yu 关联式的计算结果也趋于 1。

图 5-7(b)比较了分别应用两种方法计算得到的微元体平均曳力系数 β。从中可以看出,EMMS 模型的计算结果远小于 Wen 和 Yu/Ergun 关联式的计算结果。此外,两条曲线的最左端和最右端趋于一致。这一结果的合理解释是,在极浓和极

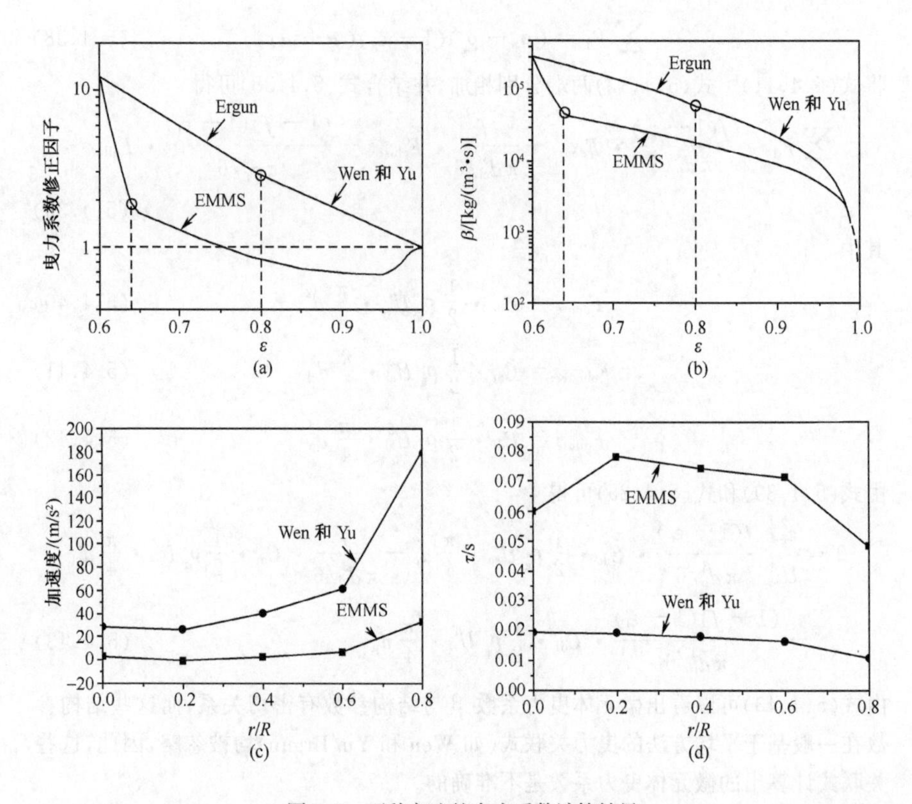

图 5-7　两种方法的曳力系数计算结果

稀的两种极端情况下，由于非均匀流动结构消失，两种方法计算得到的曳力系数应该趋于一致。

Mueller 和 Reh[75] 的实验报道，直径为 1mm 的颗粒聚团在静止空气中下落时，颗粒速度远大于单颗粒的终端速度，团聚物内部颗粒的加速度几乎等于自由下落时的加速度，表明施加在颗粒上的曳力近似为零。图 5-7(c)比较了分别应用两种方法计算得到的平均加速度 a。计算对象为一个循环流化床提升管的截面。局部表观气速、颗粒流率和平均空隙率取自 Bader[84] 等的实验数据。可以看出，Wen 和 Yu 关联式计算得到的平均加速度远大于 EMMS 模型的计算结果，特别是在近壁区。这种很高的平均加速度对于流化床中颗粒的运动似乎并不合理，除非颗粒间的碰撞作用可以抵消大部分由曳力产生的加速度。

图 5-7(d)比较了分别应用两种方法计算得到的颗粒平均弛豫时间 τ。结果表明，Wen 和 Yu 关联式的计算值很小，远小于 EMMS 模型的计算结果。这意味着对于 Wen 和 Yu 关联式，颗粒对周围流体的响应很快。如果应用该关联式模拟，颗粒的夹带速率将远大于 EMMS 模型的模拟结果，颗粒将很快被流体夹带出床层，

难以形成团聚物或形成内循环。

5.5 计算方法与商业软件

双流体模型由一组偏微分方程组构成，一般情况下很难用解析方法求解。应用计算流体力学(computational fluid dynamics，CFD)方法，将求解区域和偏微分方程离散化后，可求得各个离散点(空间或时间)的数值解。CFD 方法是 20 世纪 70 年代以来在实验流体力学和理论流体力学领域之外兴起的第三种流体力学研究方法。它是流体力学、计算方法和计算机科学等多学科交叉发展的综合产物。不同于单纯的数值计算方法(numerical analysis)，CFD 所要处理的流体动力学方程组常常需要特殊的数值计算理论、方法和技术，同时 CFD 又和工程实际紧密结合，以解决工程中的实际流体力学问题为目标。

首先，CFD 方法将计算区域离散化，用定义在离散空间点和时间点上的变量值代替原来的连续场变量，生成计算网格。根据计算区域的复杂程度，可以选择生成不同类型的网格，如结构化网格、块结构化网格和非结构化网格等。结构化网格(structured grid)由几组网格线组成，本组网格线之间互不交叉，而不同组网格线之间彼此仅交叉一次，这类网格在拓扑结构上比较简单，有利于编写程序及求解离散化后的代数方程组矩阵，缺点是只适用于几何比较简单的计算区域。块结构化网格(block-structured grid)将计算区域划分为若干子块，子块内的网格是结构化的，子块之间允许相互重叠，如果子块与子块交界处的网格不完全匹配，则需要特殊的技术处理。这类网格的优势是可以适用于较为复杂的几何，同时在子块内可以应用结构化网格的计算方法。非结构化网格(unstructured grid)适用于具有复杂几何结构的计算区域，生成不规则形状的网格，如三角形和四边形(二维)、四面体或六面体(三维)，非结构化网格的流场通常应用有限元或有限体积法求解。这类网格在编写网格生成等前处理程序时比较复杂。

然后，CFD 方法应用离散化方法，将原来的偏微分方程组用一系列代数方程组近似代替。主要的离散化方法包括有限差分法、有限体积法和有限元法，其他还有谱方法和边界元法等等，当计算网格很细时，这些方法的计算结果应该相同，但不同的方法适合求解不同类型的问题。有限差分法(finite difference)是最古老的求解偏微分方程的方法，变量存储在每个网格结点处，用网格结点变量之间的差分近似代替偏导数，差分格式可由 Taylor 级数展开或者多项式拟合得到，最后在每个网格结点处得到对应的一个代数方程，这类方法通常应用于结构化网格，可以获得高精度的差分格式。有限体积法(finite volume)包含两层近似，即积分近似和差值近似，变量一般存储在控制体中心，在每个控制体上对守恒方程积分，应用适当的积分中值定理将面积分和体积分近似表达为控制体边界面处变量的函数，并应用适当的差值方法用控制体中心的变量值计算控制体边界面处的变量值，最后在每个控制体上得到对应的一个代数方程，这类方法可以应用于不规则网格，并具有明确的物理意义，保证了守恒性，因此在工程计算中应用最为广泛，缺点是与有限差分法相比难以获得高精度的格式。有限元法(finite element)将计算区域划分为单元体，这些单元体往往是非结构化的，构造分段函数来近似表达单元体内变量的局部变化，将这些函数代入控制方程后必然产生误差，误差乘以权函数并积分后得到误差的权积分，令权积分的导数为零，使误差趋于最小，最后得到一系列非线性代数方程组，这类方法的优点是适用于具有各种复杂几何的体系，由于应用了非结构化网格，需要求解的代数方程组的矩阵结构比较复杂。

CFD 方法的第三步是求解离散化后得到的非线性代数方程组。根据求解的偏微分方程组具有不同的数学特性，计算方法也有很大差异。例如无黏性非稳态 Euler 方程属于双曲线型偏微分方程，应用步进方法(time-marching)求解，而稳态不可压缩无黏性流的控制方程属于椭圆型，可以通过迭代松弛技术求解。不可压缩黏性流的控制方程同时具有椭圆型和抛物线型的特性，可应用压力修正技术求解，如所谓的 SIMPLE(semi-implicit method for pressure-linked equation)方法。这一方法也可以用于求解可压缩流问题，在工程计算中得到广泛应用。通常情况下，求解离散化后的非线性代数方程组需要两层迭代，内层迭代求解线性化后的代数方程，外层迭代处理不同方程之间的非线性耦合。

计算流体力学发展到一定阶段，较为成熟的部分形成了专门的计算程序和商业软件。针对颗粒流体系统，国外的一些大学和研究所开发了相应的计算程序(如 MFIX、SATURNE)。商用软件则具有一定的通用性，常见的有 PHOENICS、FLUENT、CFX、STAR-CD 等。这些软件一般都基于有限体积法，由前处理器、解算器和后处理器组成。前处理器用于生成网格，并提供选择模型和输入参数的界面；解算器用于求解偏微分方程组；后处理器用于处理计算所得的各种数据，生成各种图形，如可生成二维等值面、流场矢量图等。一些商业软件还提供用户接口，可嵌入用户自己的模型。此外，还有一些专门的商业前处理软件(如 ICEMCFD、GRIDGEN)和后处理软件(如 TECPLOT、ENSIGHT、FIELDVIEW)。

对于多相流动，求解多相流体力学方程组的 CFD 方法目前主要有两种：Spalding[85]开发的相间滑移算法(inter-phase slip algorithm，IPSA)，以及 Harlow 和 Amsden[86]开发的 IMF 算法(implicit multifield method)。IPSA 算法来源于求解单相流体力学方程组的 SIMPLE 算法[87]，但是在求解上更为困难。这是由于多相流体力学方程组中有多个相互耦合的质量、动量或能量方程。除了各相内部压力-速度之间的耦合外，各相之间还存在质量传递、动量传递和能量传递的耦合关系。这些相间作用项使各相的流体力学方程组强烈地耦合在一起，导致求解过程不稳定以致发散。为避免迭代过程发散，一些研究者提出了全隐式和半隐式的相间耦合算法，用于加速收敛过程，如 Spalding[85]提出的 PEA(partial elimination algorithm)算法、Karema 和 Lo[88]提出的 SINCE(simultaneous solution of non-linearly coupled equations)算法等。

由于 CFD 方法本身是一个独立且宽广的研究领域，包括许多专门的分支，如网格生成、流体力学有限元等，本章难以详细叙述，有兴趣的读者可参阅相关的 CFD 书籍或以上所列的参考文献。最后需要指出的是，尽管 CFD 方法已经得到广泛应用，但实际过程中需要处理的问题往往很复杂，不仅需要研究者具备流体力学和数值分析的知识，还需要实际的工程背景去判断所得解的合理性，有时甚至依赖于研究者的计算经验。对于两相流或多相流问题，模拟成败的关键更可能首先来自于物理模型。此外，CFD 方法的计算结果不仅需要宏观反应器尺度上的实验结果验证，还需要更多精细测量技术验证介观尺度的现象。片面的夸大或贬低 CFD 方法的作用似乎并不可取。

5.6 模拟举例

5.6.1 鼓泡流化床的模拟

对鼓泡流化床的模拟已有大量的文献报道。Gidaspow[20]在其早期工作中对单孔射流鼓泡床进行了模拟。Kuipers 等[6]、Enwald 等[89]、van Wachem 等[90]进一步应用双流体模型研究了鼓泡流化床中的气固两相流动。除了得到气固两相流场的模拟结果，研究者还根据这些结果统计出气泡的特性，如气泡尺寸、出现频率、气泡上升速度等。这些模拟结果和实验结果较为接近。但是随着气速增大，当流型过渡到所谓的湍动流化状态时，实验结果表明，流动结构发生剧烈的变化，此时双流体模型的模拟结果与实验结果甚至在趋势上也很难吻合，只能得到一些唯象的结果。

以下举例说明应用双流体模型模拟鼓泡流化的过程。模拟对象为一个二维流化床，宽度为 0.57m，高度为 1m，厚度为 0.015m。流化介质为空气和玻璃珠(密度 3060kg/m^3，直径 285μm)。空气从中央孔口以 10m/s 的速度射流而入，中央孔口两侧的分布板气速为最小流化气速。初始时刻玻璃珠以 0.4 的空隙率堆积，高度为 0.5m。

应用表 5-2 中的 Ishii 两相流方程。相间曳力模型可选择表 5-4 中的关联式。固相应力采用 van Wachem 提出的一种简化的颗粒动理学理论[90]，即忽略颗粒温度方程(5.3.12)中的其他项，只保留第一和第三项后得

$$0 = \boldsymbol{T}_{\mathrm{p}} : \nabla \boldsymbol{u}_{\mathrm{p}} - \gamma_{\mathrm{p}} \tag{5.6.1}$$

van Wachem 的计算表明，对于密相流化的模拟，该方法在保持准确性的前提下可加快收敛速度。取弹性恢复系数为 0.611，模拟所用网格数为 80×76，应用计算流体力学商业软件 CFX4.4 进行模拟。

模拟结果如图 5-8 和图 5-9 所示。应用 Syamlal 曳力系数关联式后的空隙率分布见图 5-8，颜色由深到浅对应空隙率由小到大，可以看出气泡从生成并逐渐长

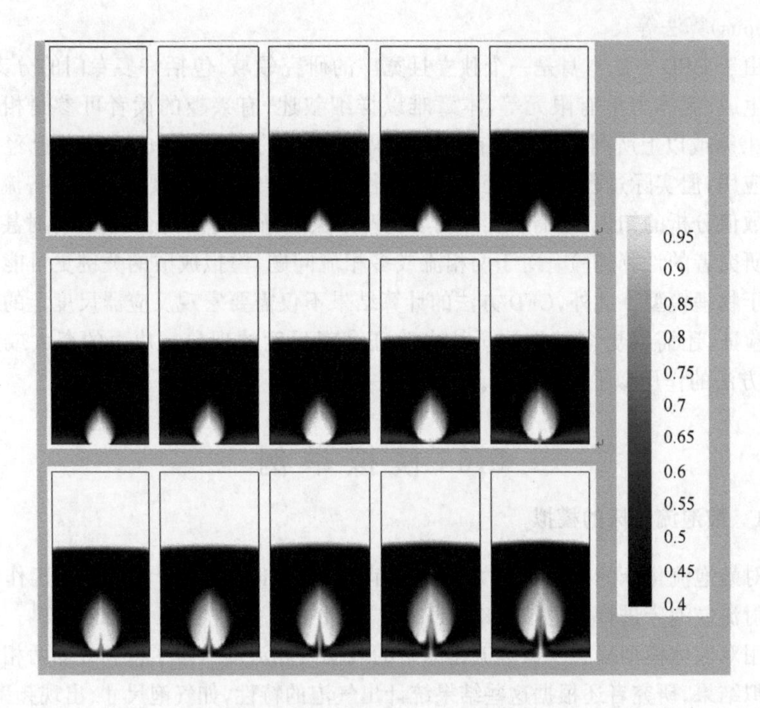

图 5-8　气泡生成和长大的动态模拟结果

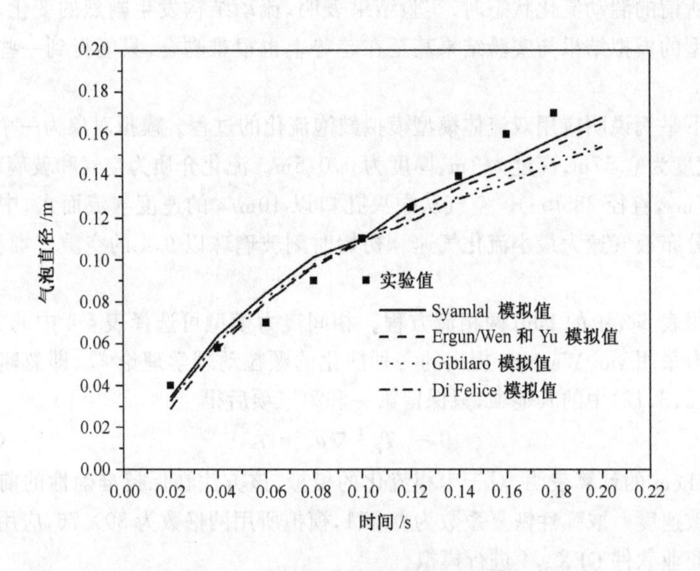

图 5-9　气泡尺寸的模拟值和实验值

大的动态过程。定义空隙率大于 0.85 的微元控制体为气泡占有的体积，则可统计出每一时刻气泡的尺寸。分别采用 Syamlal、Ergun/Wen 和 Yu、Gibilaro、Di Felice 四种曳力关联式，得到的气泡尺寸随时间的变化曲线见图 5-9。图中的散点为 Nieuwland[91] 的实验测量值。可以看出，在模拟初期四种曳力关联式的模拟结果虽然彼此有所差异，但和实验结果相差不大，但随时间增长，气泡尺寸逐渐增大，此时模拟结果和实验结果出现较大差异。

5.6.2 循环流化床的模拟

1. 模型与参数设置

Yang 等[92, 93]对一个循环流化床的提升管部分进行了模拟。提升管的几何尺寸如图 5-10 所示。流化介质为空气和 FCC(fluid catalytic cracking)催化剂颗粒。空气以一定的表观速度由提升管底部的两侧进入，从顶部两侧的出口流出。初始时刻颗粒以最小流化空隙率在床层底部堆积。颗粒被向上运动的气体夹带流化后，从顶部两侧的出口流出。设定顶部流出的颗粒全部由底部进口返回提升管，以省略副床部分的模拟。通过动态检测顶部出口的颗粒流量，并令底部进口的颗粒流量等于此出口流量，可以实现这一过程。提升管部分的初始颗粒堆积高度可以由实验测量得到的空隙率轴向分布曲线估算。初始堆积高度反映床层轴向压降或固体存料量的影响。实验表明，在表观气速和固体循环速度相同的操作条件下，不同的固体存料量对应着不同的轴向空隙率分布。因此在模拟中通过设置初始颗粒堆积高度，可以反映存料量的影响。

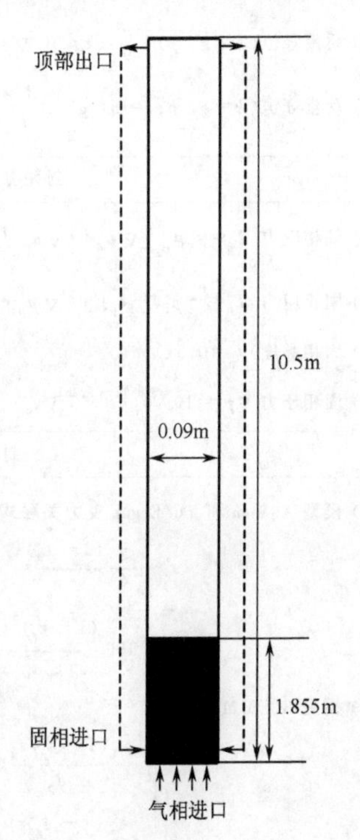

图 5-10 提升管模拟几何的示意图

模型的流体力学方程组和封闭方程如表 5-5所示。应用表 5-2 中的 Ishii 两相流方程。固相黏度和压力用经验关联式(5.3.4)～式(5.3.6)计算。为比较微元体曳力系数对模拟结果的影响，分别应用模型 A(Wen 和 Yu/Ergun 关联式)和模型 B(EMMS 模型)计算曳力系数。对于 EMMS 模型，理论上应将局部各处微元的 U_g、G_s 和 ε_g 作为输入参数，通过求解非线性方程组得到结构参数，进而计算出微元体曳力系数 β，最后代入双流体模型计算。但由于原有模型适用于整体流化床，推广到局部微元必然带来一些限制，而且模型中非线性方程组的求解过程包括内层的多次迭代和外层的寻优过程，如果每个微元体均按此方法求解，将导致整个过程的计算量很大甚至无法求解。为减小计算量，将模型按以下方法简化处理。以全床操作参数为输入，令密相空隙率为常数，可得曳力系数修正因子与空隙率的函数变化关系 $\omega(\varepsilon_g)$，将此函数推广应用于每个局部微元体。将局部微元体的空隙率 ε_g 和气固滑移速度 u_{slip} 代入式(5.4.30)可计算出微元体标准曳力系数 β_0，再将 $\omega(\varepsilon_g)$ 和 β_0 代入式(5.4.29)可计算出微元体曳力系数 β。

表 5-5 基本控制方程和封闭方程

基本控制方程
(1) 质量守恒($k=g,\ p$) $\dfrac{\partial}{\partial t}(\varepsilon_k\rho_k)+\nabla\cdot(\varepsilon_k\rho_k\boldsymbol{u}_k)=0$
(2) 动量守恒($k=g,\ p;\ i=p,\ g$) $\dfrac{\partial}{\partial t}(\varepsilon_k\rho_k\boldsymbol{u}_k)+\nabla\cdot(\varepsilon_k\rho_k\boldsymbol{u}_k\boldsymbol{u}_k)=-\varepsilon_k\nabla p_g+\nabla\cdot\boldsymbol{T}_k-\beta(\boldsymbol{u}_k-\boldsymbol{u}_i)+\varepsilon_k\rho_k\boldsymbol{g}$
封闭方程(气固相应力的本构方程)
(1) 气相应力 $\boldsymbol{T}_g=\varepsilon_g\mu_g\left\{[\nabla\boldsymbol{u}_g+(\nabla\boldsymbol{u}_g)^T]-\dfrac{2}{3}(\nabla\cdot\boldsymbol{u}_g)\boldsymbol{I}\right\}$
(2) 固相应力 $\boldsymbol{T}_p=-p_p\boldsymbol{I}+\varepsilon_p\mu_p\left\{[\nabla\boldsymbol{u}_p+(\nabla\boldsymbol{u}_p)^T]-\dfrac{2}{3}(\nabla\cdot\boldsymbol{u}_p)\boldsymbol{I}\right\}$
(3) 固相黏度 $\mu_p=0.5\varepsilon_p$
(4) 固相压力 $\nabla p_p=10^{-8.686\varepsilon_g+6.385}\nabla\varepsilon_p$
封闭方程(气固相间作用)
(1) 模型 A(Wen 和 Yu/Ergun 曳力关联式) $\beta=\begin{cases}\dfrac{3}{4}\dfrac{(1-\varepsilon_g)\varepsilon_g}{d_p}\rho_g\lvert\boldsymbol{u}_g-\boldsymbol{u}_p\rvert C_{D0}\varepsilon_g^{-2.7} & \varepsilon_g>0.8\\ 150\dfrac{(1-\varepsilon_g)^2\mu_g}{\varepsilon_g d_p^2}+1.75\dfrac{(1-\varepsilon_g)\rho_g\lvert\boldsymbol{u}_g-\boldsymbol{u}_p\rvert}{d_p} & \varepsilon_g\leqslant 0.8\end{cases}$
(2) 模型 B(EMMS 模型) $\beta=\begin{cases}\dfrac{3}{4}\dfrac{(1-\varepsilon_g)\varepsilon_g}{d_p}\rho_g\lvert\boldsymbol{u}_g-\boldsymbol{u}_p\rvert C_{D0}\cdot\omega(\varepsilon_g) & \varepsilon_g>0.74\\ 150\dfrac{(1-\varepsilon_g)^2\mu_g}{\varepsilon_g d_p^2}+1.75\dfrac{(1-\varepsilon_g)\rho_g\lvert\boldsymbol{u}_g-\boldsymbol{u}_p\rvert}{d_p} & \varepsilon_g\leqslant 0.74\end{cases}$ $\omega(\varepsilon_g)=\begin{cases}-0.5760+\dfrac{0.0214}{4(\varepsilon_g-0.7463)^2+0.0044} & 0.74<\varepsilon_g\leqslant 0.82\\ -0.0101+\dfrac{0.0038}{4(\varepsilon_g-0.7789)^2+0.0040} & 0.82<\varepsilon_g\leqslant 0.97\\ -31.8295+32.8295\varepsilon_g & \varepsilon_g>0.97\end{cases}$

模拟参数如表 5-6 所示。在径向和轴向均采用均匀分布的网格。气相在墙壁处为无滑移条件，即有

$$u_{g,w}=v_{g,w}=0 \tag{5.6.2}$$

式中：u 和 v 分别代表轴向和径向速度。固相速度采用自由滑移边界条件，即有

$$u_{p,w}=0 \quad v_{p,w}=-\frac{d_p}{(1-\varepsilon)^{1/3}}\frac{\partial v_{p,w}}{\partial x} \tag{5.6.3}$$

应用计算流体力学商业软件 CFX4.4(AEA technology)进行模拟。两种曳力模型通过软件的用户自定义子程序接口加入双流体模型的计算中。

表 5-6 模拟参数

参数	数值
颗粒直径	54μm
固相密度	930kg/m^3
时间步长	5.0×10^{-4}s
网格大小(径向)	2.25×10^{-3}m
网格大小(轴向)	3.5×10^{-2}m
颗粒团聚时的最大空隙率	0.9997
密相空隙率	0.69
表观气体速度	1.52m/s
固相存料量 I=15kg 时的初始床层高度	H=1.225m
固相存料量 I=20kg 时的初始床层高度	H=1.855m

2. 颗粒夹带速率

图 5-11 为颗粒夹带速率随时间的变化曲线，分别对应于固体存料量为 15kg

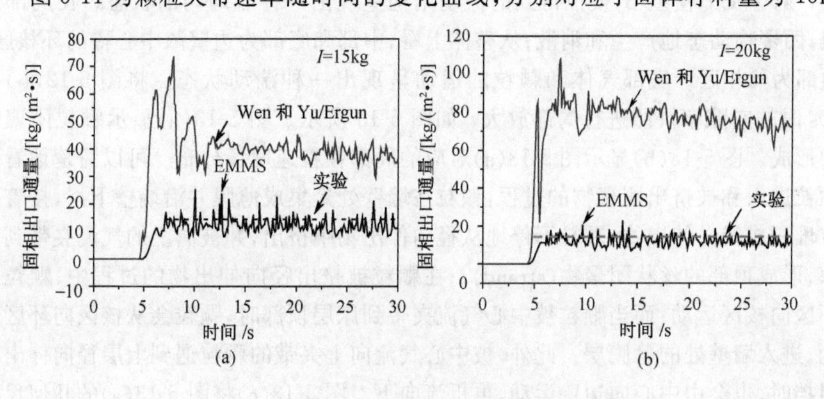

图 5-11 颗粒夹带速率随时间变化的曲线

和 20kg 的情形。采样时间间隔为 0.1s。从图中可看出,当 $t<5s$ 时,颗粒出口通量几乎为零,床层的空隙率约为 ε_{mf},此时曳力模型 A 和 B 均应用 Ergun 方程计算。在此之后,两种曳力模型的模拟曲线以不同的方式变化。对于存料量为 15kg 的情形[图 5-11(a)],模型 A 应用 Wen 和 Yu/Ergun 曳力关联式,颗粒夹带速率曲线瞬间突然上升,然后由于出口的阻碍而回落,最终在平均值为 39.03kg/(m^2·s)附近波动;而模型 B 应用 EMMS 模型计算曳力,模拟曲线在平均值为 12.17kg/(m^2·s)附近波动。与 Li 和 Kwauk[79] 的实验值[14.3kg/(m^2·s)]相比,EMMS 模型的模拟值与实验值较为接近,而 Wen 和 Yu/Ergun 关联式的模拟值远大于实验值,这显然是由于 Wen 和 Yu/Ergun 关联式过高估计了微元体曳力系数,导致颗粒加速度很大,颗粒弛豫时间很短,颗粒很快被气流夹带出去,从而使模拟结果出现很大误差。类似的情形也出现在存料量为 20kg 的情形 [图 5-11(b)]中,Wen 和 Yu/Ergun 关联式过高地预测了颗粒夹带速率[77.8 kg/(m^2·s)],而 EMMS 模型的预测结果[12.1 kg/(m^2·s)]和实验值接近。

3. *动态流动结构*

存料量 I 为 20kg、时间在 20～30s 内空隙率的瞬间快照见图 5-12,图(a)和图(b)分别为应用曳力模型 A 和 B 的模拟结果。颜色由深到浅表示空隙率由小到大。由这些图可看出,应用曳力模型 A 和 B 模拟得到的动态流动结构完全不同。

对于曳力模型 A,除床层底部进口处外,床层的整体流动结构较为均匀,没有出现快速流态化中的颗粒团聚现象,而非常类似于稀相输送时的流动结构。这一模拟结果和图 5.11(a)中颗粒夹带速率的模拟结果相对应,即由于过高估计了微元体曳力系数,颗粒被气流很快夹带出床层,出口通量很大,颗粒在床内的停留时间很短,难以形成团聚物,从而形成均匀的流动结构,这与快速流态化中的实验现象明显不符。

对于曳力模型 B,模拟得到的流动结构呈现出一种非均匀的状态。在局部区域,团聚物动态地产生和消散;从整体上看,中部和底部为边壁浓中心稀的环核区,顶部为稀相区。底部气体和颗粒的运动呈现出一种湍动状态。将图 5-12(b)中 20s 时的空隙率快照进行局部放大,如图 5-13 所示。图 5-13(a)显示颗粒团聚物的形成。图 5-13(b)显示图 5-13(a)对应的局部颗粒速度场分布。可以清楚地看到颗粒进入和被挤出团聚物的过程:颗粒在墙壁处聚集成薄膜并沿墙壁下滑,接着颗粒堆积成径向伸出物,颗粒不停地从径向伸出物中挤出,并被向上的气流夹带到顶部,形成顶部的丝状团聚物(strand)。在颗粒被挤出径向伸出物的过程中,颗粒由环区向核区运动;而当颗粒被中心气流夹带到床层顶部时,颗粒会从核区向环区运动,进入墙壁处的薄膜层。此外,被中心气流向上夹带的颗粒遇到上层径向伸出物阻挡时,也会由中心向边壁运动,再折流向下。图 5-13(c)将图 5-13(a)的几何尺寸延伸至床层顶部,反映了颗粒运动和团聚物形成的全貌。

应用曳力模型 A 和 B,模拟得到的气固相速度场矢量图分别见图 5-14 和图 5-15。其中(a)和(b)对应于存料量 I 为 15kg 的情形,(c)和(d)对应于存料量 I 为

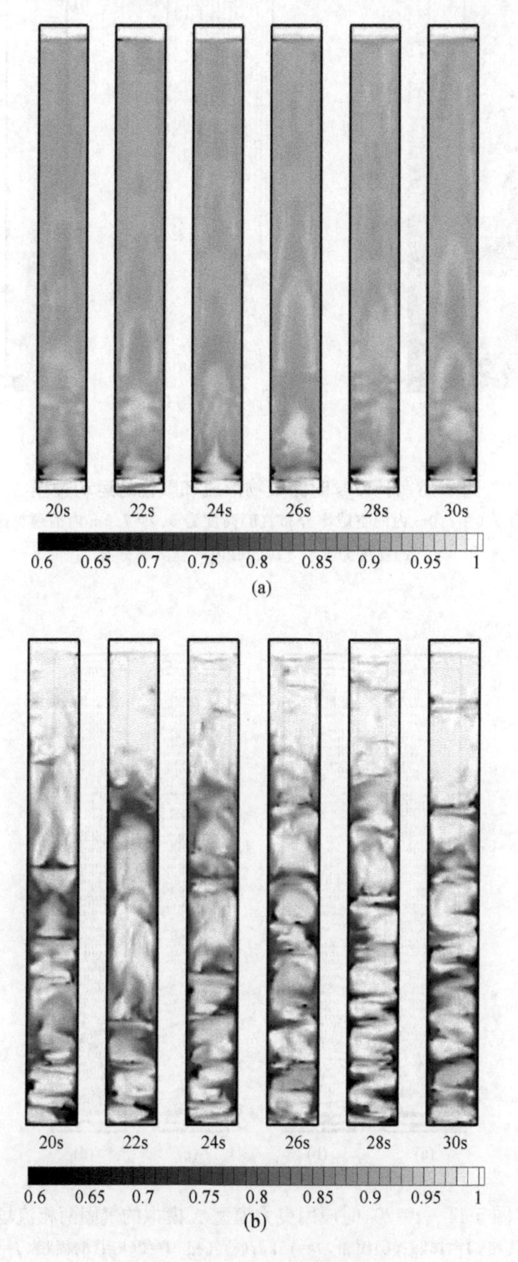

图 5-12 空隙率瞬间快照

(a)曳力模型 A, $I=20$kg;(b)曳力模型 B, $I=20$kg

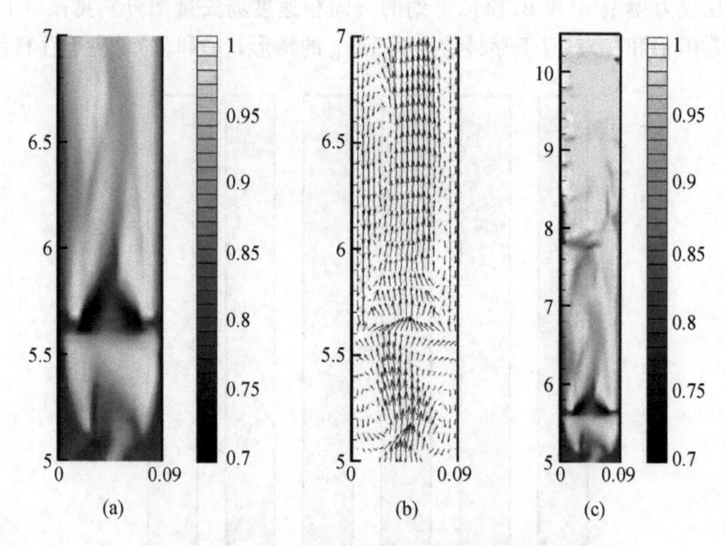

图 5-13　$t=20s$ 时团聚物形成和颗粒的运动过程

(a)高度为 5.0～7.0m 内的空隙率分布；(b)高度为 5.0～7.0m 内的颗粒速度矢量；(c)高度为 5.0～10.5m 内的空隙率分布

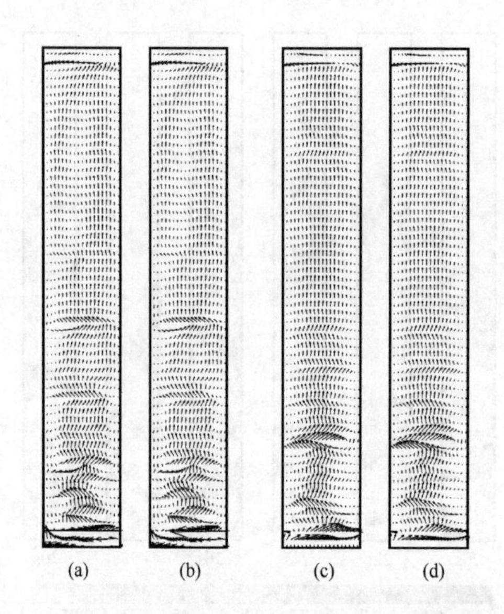

图 5-14　$t=20s$ 时应用曳力模型 A 模拟的气固两相流场

(a)气相，$I=15kg$；(b)固相，$I=15kg$；(c)气相，$I=20kg$；(d)固相，$I=20kg$

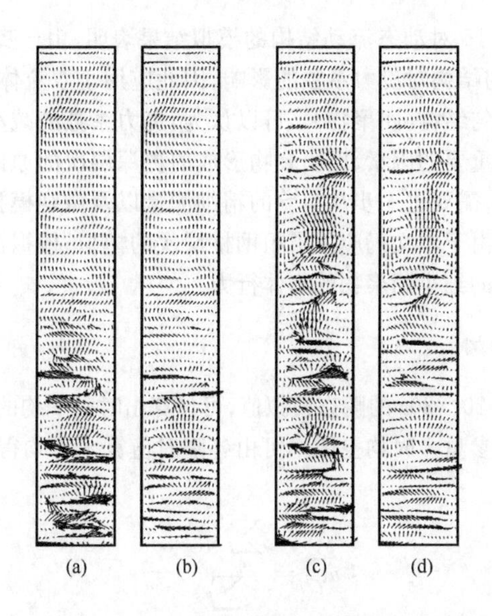

图 5-15 $t=20s$ 时应用曳力模型 B 模拟的气固两相流场

(a)气相，$I=15kg$；(b)固相，$I=15kg$；(c)气相，$I=20kg$；(d)固相，$I=20kg$

20kg 的情形。可以看出，两种曳力模型对气固两相速度场的模拟结果也不相同。对于曳力模型 A，除底部进口处外，气固两相的速度场较为均匀，两相的速度一般均为垂直向上。对于曳力模型 B，顶部气固两相速度场垂直向上，而底部则呈现一种混沌状态：气固两相具有很强的侧向运动，气流以一种蜿蜒的蛇状流方式向上运动，说明团聚物可能受到径向伸出物的阻碍而被迫改变其垂直向上的运动方式。

曳力模型 B 对气固两相运动和存在形式的模拟结果与一些研究者的实验结论类似。例如：Rhodes 等[94]认为，提升管上部环区的下降流与下部环区的上升流相遇，形成一个动量很低的界面，在此界面处颗粒的运动方式主要为沿径向从环区向核区运动。Davidson[95]认为，循环流化床中的颗粒以两种形式聚集：一种是颗粒以团聚物(cluster)的形式存在；另一种是颗粒团聚后以薄膜的形式沿墙壁下降，这层薄膜类似松散的填充床，其流动行为可类比为黏性液体薄膜沿垂直表面下降，颗粒从沿墙壁下降的薄膜中分离后进入稀相流体中。Davidson 基于以上观点建立了一种简单的环核模型，计算结果和其实验相符。

团聚物形成的过程比较复杂，涉及气体和颗粒之间的相互作用、颗粒和颗粒之间的相互作用以及气固混合物与墙壁之间的相互作用等。对此研究者的观点并不一致，一些研究者认为气固之间的非线性曳力作用导致了团聚物的形成，而另一些研究者认为，墙壁的作用使气固混合物的运动受阻，从而促进了颗粒团聚物和环核结构的形成，还有一些研究者认为颗粒和颗粒之间的非弹性碰撞作用是团聚物形成的原因。

图 5-12～图 5-15 对动态流动结构的模拟结果表明，由于曳力模型 B(EMMS 模型)考虑到非均匀结构对曳力系数的影响，因此应用于双流体模型后，可以模拟出介观尺度的非均匀结构(团聚物)。可以认为，曳力系数的减小对于团聚物的形成至少是一个非常重要的因素，而团聚物形成的更深层次的原因可能涉及多种相互作用的相互耦合，需要进一步从实验的精细测量以及微观模拟和理论分析等几个方面进行研究。由于本文仍应用了粗网格层次的模拟，模拟出的团聚物可能代表了小于网格尺度的细小团聚物的集体行为。

4. 时均流动结构

统计空隙率在 20～30s 的瞬态模拟值，可计算出时间平均的空隙率、速度等反映时均流动结构的参量。时均空隙率可由各瞬时值算术平均得到，而时均速度由式(5.6.4)计算

$$\overline{u_{i,j}} = \frac{\sum_t \varepsilon_{i,j} u_{i,j}}{\sum_t \varepsilon_{i,j}} \tag{5.6.4}$$

式中：$\varepsilon_{i,j}$和 $u_{i,j}$分别代表控制微元体(i,j)在各个瞬时 t 的空隙率和速度值。存料量 I 为 15kg 时，分别应用曳力模型 A 和 B 模拟得到的空隙率沿径向的分布曲线见图 5-16。存料量 I 为 20kg 时的空隙率沿径向的分布曲线见图 5-17。对于本节模拟的循环流化床提升管，Tung 等[96]和 Zhang 等[97]根据实验数据得到了空隙率沿径向分布的实验关联式。由于他们的实验体系与本节模拟的对象一致，因此可以用实验关联式和模拟结果进行对比。

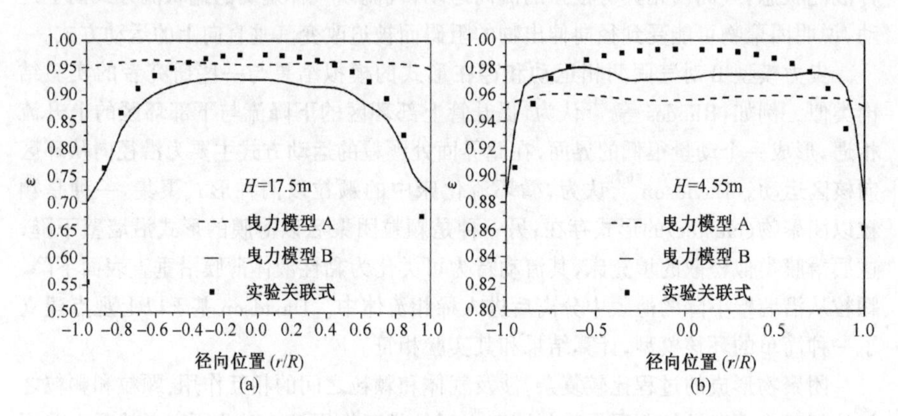

图 5-16 径向空隙率分布(I=15kg)

从这些图中可看出，曳力模型 A 对空隙率沿径向分布的模拟曲线比较平坦，实际上对应于前述的均匀流动结构，而与实验关联式的计算值差别较大。多数情

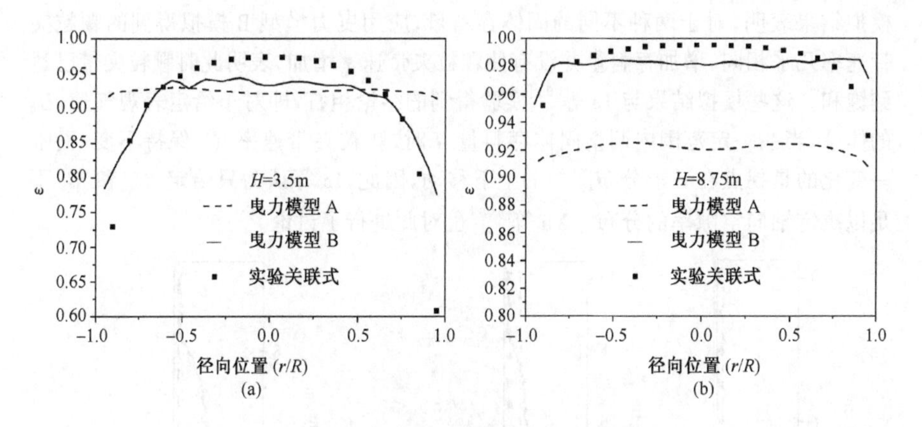

图 5-17　径向空隙率分布（$I=20\text{kg}$）

况下高估了两侧环区的空隙率，而低估了中心核区的空隙率。对于中心环区，曳力模型 A 的模拟值一般均远低于实验关联式的计算值和模型 B 的模拟值。这是由于在模拟中已设定顶部被夹带出去的颗粒全部由底部返回提升管，在模拟过程中提升管的平均颗粒浓度将保持不变。如果过高估计了密相环区的空隙率，则稀相核区的空隙率必然被低估。如果不设定出口颗粒全部返回提升管，而是给定底部颗粒进口速率，则曳力模型 A 的模拟结果是，整个床层颗粒浓度很稀，在整个床层高度上的空隙率都会被高估，床层将很快被吹空。Qi 等[67]报道过类似的现象。

在两侧的环区，曳力模型 B 的模拟结果与实验关联式较好地吻合，但低估了中心核区的空隙率。由于快速流态化中大部分颗粒以聚团的形式集中在两侧的环区，对中心稀相核区的模拟误差并不严重影响模拟的准确性。此外，从图中可看出，紧临壁面处的模拟值一般均大于实验关联式的计算值。Xu 等[98]曾指出 Tung 等[96]的实验关联式实际上低估了壁面处的实际空隙率值，因此，模拟值可能更具有真实性。

将径向截面各点的空隙率取平均后可得到该截面空隙率的平均值，然后可以得到空隙率沿轴向的分布。图 5-18 比较了分别应用两种模型得到的轴向空隙率分布。图中的离散点为 Li 和 Kwauk[81]的实验数据。对于曳力模型 A，除在底部进口处外，轴向空隙率分布曲线几乎为一条垂直的直线，和实验结果相差较大。曳力模型 B 则减小了模拟误差，可以得到 S 形分布曲线。对颗粒初始堆积高度的设定可能存在误差，模拟为二维且没有考虑真实进出口边界条件的影响，因此，模型 B 的模拟结果和实验值仍存在误差。

为了分析固体存料量对轴向空隙率分布的影响，图 5-19 比较了应用曳力模型 B 对两种不同存料量的模拟结果。从图中可看出，两条曲线的唯一区别是拐点不同，而在底部密相段和顶部稀相段的截面平均空隙率保持不变。此外，图 5-11 的模拟结果表明，对于两种不同的固体存料量，应用曳力模型 B 模拟得到的颗粒夹带速率几乎相同，增加存料量并没有使颗粒夹带速率增加，表明此时颗粒夹带已达到饱和。这些模拟结果与 Li 等[99]实验得到的结论相符，即对于给定表观气速 U_g 的体系，当在一定范围内调整固体存料量 I 时，颗粒夹带速率 G_s 保持不变，而唯一变化的是拐点在 S 形分布图中的上下移动，因此，Li 等认为只给定 U_g 和 G_s 不足以决定轴向空隙率的分布。Xu 等[100]也对此进行了讨论。

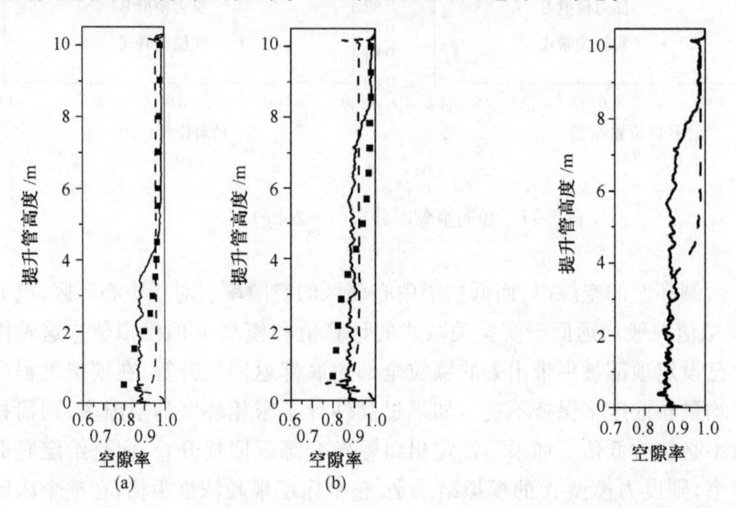

图 5-18　轴向空隙率分布

(a) $I=15$kg；(b) $I=20$kg

- - -曳力模型 A；—曳力模型 B；■实验值

图 5-19　固体存料量对轴向空隙率分布的影响

- - -$I=15$kg；—$I=20$kg

图 5-20 为气固两相轴向速度的时均值沿径向的分布。图 5-20(a)和图 5-20(c)为曳力模型 A 的模拟结果。对比图 5-20(a)和图 5-20(c)，可发现气固两相的轴向速度曲线非常相似，表明固相对气相具有很强的跟随性，意味着颗粒的弛豫时间很短。实际上图 5-14 中气固两相在 $t=20$s 时的瞬态矢量图也已表明，应用曳力模型 A，气固两相速度场的模拟值非常相似。图 5-20(b)和图 5-20(d)为应用曳力模型 B 的模拟结果，表明气固两相速度场有较大差异。此外可以看出，曳力模型 A 的速度场模拟值均高于曳力模型 B 的模拟值，由于缺乏速度场的实验数据，此处没有和实验进行对比。

综上所述，对于曳力模型 A 和 B，曳力模型 A 中应用了 Wen 和 Yu/Ergun 关联式，缺乏对介观尺度非均匀结构的描述；而在曳力模型 B 中应用了 EMMS 模型以考虑介观尺度非均匀结构的影响，因此与双流体模型结合后提高了模拟的准确性。这一方法中密相空隙率对曳力系数影响很大，需要进一步模化，此外还需要针对其他体系进行进一步的模拟验证和改进。尽管如此，EMMS 模型仍有望发展成

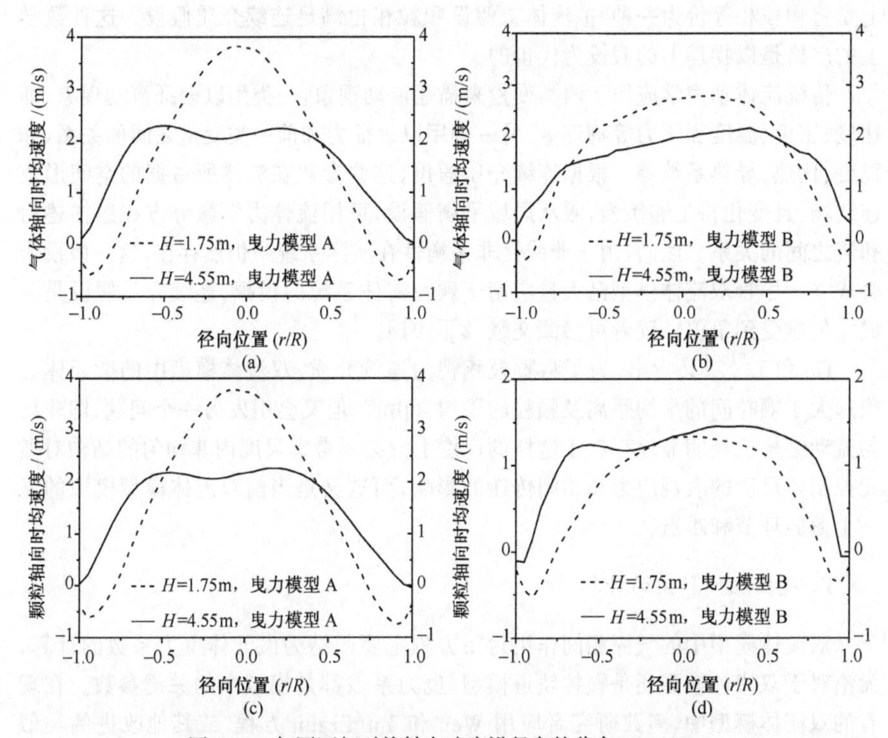

图 5-20 气固两相时均轴向速度沿径向的分布($I=15$kg)

为一种解决曳力封闭方程问题的有效方法。

5.7 结 束 语

本章讨论了双流体模型的基本方程组、固相应力本构方程、颗粒与流体的相间作用、计算方法和商业软件等，并对鼓泡和快速流化体系进行了模拟。在各种两相流模型当中，双流体模型是近年来研究和应用最多的一种模型，但由于颗粒流体系统的复杂性，应用双流体模型模拟颗粒流体系统仍然是一个很不成熟的领域。在本章的结尾，作者分以下几个方面探讨双流体模型的不足之处和进一步研究的方向。

1. 连续介质假设的争议

在本章的概述中曾提到，双流体模型建立在连续介质假设的基础之上。从表5-1看出，在推导两相流基本方程组时，将混合物积分形式的守恒方程转化为各相瞬时局部的微分方程组和相界面的间断关系。对于混合物积分形式的守恒方程，积分控制体内允许不连续；而对各相微分形式的守恒方程而言，两相必须满足连续介质假设，唯有如此才能应用 Gauss 散度定理。因此这里可看出，双流体模型实质上是将颗粒相等价为一种“拟流体”，假设颗粒相也满足连续介质假设。这种数学上的严格是以物理上的假设为代价的。

传统流体动力学应用了两类变量来描述流动现象：一类用以表征流动现象，即速度、密度、温度和压力等物理量；另一类用以表征力和前一类变量之间的关系，如黏度、比热、导热系数等。根据连续介质假设，这些参数在流体所占据的空间形成连续场，且变化得足够缓慢，服从局域平衡假设，可用流体力学微分方程组描述力和流之间的关系。然而，由于非线性非平衡性在实际系统中仍然存在，这一假设未必成立。尽管双流体模型已大量应用于颗粒流体系统的模拟，连续介质假设是否成立仍然受到争议。读者可参阅文献[2][101]。

Ge 和 Li[102] 又指出，为了将颗粒相视为连续介质，双流体模型中的微元体必须远大于颗粒间的平均距离及颗粒的平均自由程，但又会引发另一个问题，即非均匀流动结构已经明显地存在于这样的尺度上。必须考虑尺度内非均匀的结构对微元控制体尺度的表观应力和相间传递的影响，而这又是当前双流体模型模拟的又一个薄弱环节和难点。

2. 气固相间作用的计算

双流体模型中的气固相间作用封闭方程主要归结为微元体曳力系数的计算，无论对于双流体模型还是颗粒轨道模型，曳力系数都是模拟中的关键参数。在现有的双流体模型中，多数研究者应用 Wen 和 Yu/Ergun 方程，或其他改进的类似关联式计算曳力系数。这类关联式一般均由液固流化床(散式)或固定床等流动结构相对均匀体系的实验数据导出，但是在气固流态化系统中，即使是在计算流体力学模型所处理的微元控制体内，也存在非均匀结构，如团聚物的形成。因此，应用均匀体系的曳力关联式来描述非均匀体系的相间作用机理是值得怀疑的，气固相间作用的计算一直被认为是双流体模型的一个薄弱环节。5.4.3 节应用 EMMS 模型改进了曳力系数的计算，进一步的工作需要在介观尺度非均匀结构的形成机理方面进行深入探讨，以建立更为广泛适用的气固相间作用封闭方程。

3. 固相应力本构方程的建立

虽然颗粒动理学理论从理论的角度弥补了经验关联式的不足，但在模拟真实系统时的模拟效果未必强于经验关联式。这是由于其本身存在许多不完善之处。虽然其思想来源于分子动理学理论，但不同的是分子动理学理论具有较坚实的物理基础，而颗粒流体系统的情况更为复杂。例如：现有颗粒动理学理论中的单参数颗粒碰撞模型只考虑到法向碰撞力，可能低估了碰撞中的能量耗散。相比之下，所谓的离散颗粒模拟应用多参数的硬球和软球模型，可以更详细地描述颗粒间相互作用。现有的动理学理论在推导时没有考虑颗粒浓度较大时产生的摩擦应力以及细颗粒之间的黏附作用，尽管部分研究者在这方面对动理学理论做了改进，但其摩擦应力和黏附作用力的表达式仍然依赖于实验关联式。现有的动理学理论在推导中应用了分子混沌假设，认为颗粒速度分布在空间是各向同性的，从而符合Maxwellian分布规律，而Goldschmidt等[103]用离散颗粒模拟发现，只有在理想情况下(光滑的颗粒间发生弹性碰撞)，才会满足这一分布，实际系统中颗粒速度分布是各向异性的，他们认为这与颗粒团聚物的形成有关，而Simonin等[104]认为各向异性是由于气体对颗粒的曳力引起的。当颗粒动理学理论应用于多颗粒粒径系统时，情况更为复杂，需要考虑不同粒径颗粒的相互作用和颗粒速度分布的各向异性。此外，动理学理论固相应力的计算结果与实验对比仍嫌不足，部分研究者的文献表明其计算结果与实验仍有很大差异。

4. 介观尺度结构的影响

正如本章开始所述，双流体模型应用平均化技术，将"局部微元体"上的变量平均值代替"局部点"变量，将各相瞬时的"局部点"上的控制微分方程组转化为平均化的两相流方程组。但对流体相而言，"局部点"已经暗含了这些点满足微观足够大(远大于分子脉动尺度)、宏观足够小(远小于宏观变化)的原则，而平均化技术所选取的"局部微元体"仍然要求继续满足这一原则，由于流体和颗粒进行平均的尺度一般相同，这意味着颗粒相的平均实际上是在更大的尺度上进行的，因此，双流体模型的模拟在实际计算中被称为粗网格模拟(coarse grid simulation)。粗网格模拟往往忽视了网格内的非均匀结构，但研究表明这种介尺度的结构对动量方程中的各种应力有重要影响。

例如：5.4.2节中提到Li等[65]研究了介尺度结构对相间曳力的影响，5.6.2节应用考虑介尺度结构的EMMS模型修正双流体模型的计算。Sundaresan[3]注意到介尺度结构对多相流模拟的影响。Agrawal等[38]的研究表明，忽视介尺度结构的模拟将导致对曳力、颗粒脉动动能的产生和耗散，以及颗粒压力和黏度等无法准确计算，他们认为需要建立亚格子模型描述介尺度结构的影响。Zhang和VanderHeyden[68]报道了与介尺度相关的附加质量力和曳力对动量方程有重要影响，他们应用系综平均技术建立了一组包含介尺度结构应力的动量方程。关于介尺度结构的研究正逐渐得到研究者的重视。

5. 气相和固相湍流的认识

两相流基本方程(5.2.33)中的脉动项需要方程封闭。对于气相，一般认为大颗粒使气相湍流增强，而小颗粒使气相湍流减弱。一些研究者将单相湍流的理论推广应用于模拟气相湍流，例如：Simonin[105]提出一种修正的k-ε模型模拟气相湍流，并考虑到相间湍动动能传递，模型中的经验常数一般沿用单相湍流理论中的常数，这些常数对于多相体系的适用性仍需验证。

对于两相流基本方程(5.2.33)中的颗粒脉动项，研究者对其认识还存在不同看法。一些研究者[19]将颗粒脉动视为湍流，这一颗粒脉动项可以用 Boussinesq 假设模化。Simonin[105]用二阶矩输送方程描述颗粒脉动项，二阶矩方程中产生的三阶矩用 Boussinesq 假设，对于方程中的相间湍动动能传递项，需要建立对颗粒流体速度关联的输送方程。另一些研究者[15]认为这种脉动应为准层流层次的脉动，而不同于 Reynolds 平均的湍流脉动。Sinclair 和 Jackson[27]、Pita 和 Sundaresan[106]发现模拟结果对弹性恢复系数很敏感。当取为完全弹性碰撞时（$e=1.0$），可以模拟出边壁颗粒浓度较大的现象；然而当取 e 为 0.99 时，模拟结果中发现在床中心处出现颗粒聚集现象，与实验结果不符。Sinclair[107]认为，类似于单相湍流中的旋涡，可将两相流中的湍流分解为两种机制：一种为单颗粒层次上的“层流”脉动；另一种为颗粒聚集体层次上的脉动，称之为颗粒相湍流。对于颗粒浓度密集或中等密集的两相流动，必须同时考虑两种机制。颗粒团聚体层次上的脉动强度可由所谓的颗粒相湍动动能 k_p 描述，而颗粒温度 Θ 只反映单颗粒层次上的脉动强度。如果只考虑颗粒相湍流，模拟结果发现当 e 小于 1 时只在墙壁处出现颗粒聚集现象，颗粒团聚现象依赖于这两种机制的相对主导作用。Cheng 等[108]应用此类模型对下行床进行了模拟。团聚物的形成原因比较复杂，涉及多种作用的相互耦合，仅将团聚物的形成归因于颗粒相互作用或颗粒相湍流似乎仍然不够，因此，认识多种机制的相对控制和协调机制是必要的。关于颗粒流体系统中的湍流理论，读者可参阅文献[105][109][110]。

6．*多种因素的相对控制和相互协调*

由于颗粒流体系统的复杂性，研究者对双流体模型模拟的控制因素存在争议。除直接应用双流体模型进行模拟外，还需要建立一种多尺度方法，用于分析颗粒流体复杂系统中多种因素相对控制和相互协调的机制。一方面这可能有助于探索介观尺度非均匀结构形成的机理；另一方面有助于分析双流体模型基本方程组中，由于各种相互作用而产生的加速度项的相对强弱，从而为建立底层的封闭方程提供理论依据。Li 等[111]建立的多尺度方法（multi-scale methodology）有可能为双流体模型的研究开辟新的思路。

符 号 说 明

符号	意义	单位
英文字母		
a	微元体颗粒平均加速度	m/s^2
C_d	单颗粒有效曳力系数	
C_{dc}	密相中单颗粒有效曳力系数	

符号	意义	单位
C_{df}	稀相中单颗粒有效曳力系数	
C_{di}	单个团聚物的有效曳力系数	
C_{d0}	单颗粒标准曳力系数	
d_{cl}	颗粒团聚物当量直径	m
d_p	颗粒直径	m
e	弹性恢复系数，$0<e\leqslant1$	
f	密相体积分率	
$\boldsymbol{g}$	重力加速度	m/s^2
G	固相压力弹性模量	N/m^2
G_s	固体循环速率	$kg/(m^2\cdot s)$
H	流化床总高度	m
I	设备内的总存料量	kg
N_{st}	流体单位流过单位质量颗粒组成的床层消耗于悬浮和输送颗粒的能量	W/kg
N_T	流体单位流过单位质量颗粒组成的床层消耗的总能耗	W/kg
Re	Reynolds 数	
t	时间	s
$\boldsymbol{u}$	流体速度矢量	m/s
U_g	表观流体速率	m/s
U_{gc}	密相中表观流体速度	m/s
U_{gf}	稀相中表观流体速度	m/s
U_{mf}	最小流态化速度	m/s
U_p	表观颗粒速度	m/s
U_{pc}	密相中表观颗粒速度	m/s
U_{pf}	稀相中表观颗粒速度	m/s
U_s	气固表观滑移速度	m/s
U_{sc}	密相表观滑移速度	m/s
U_{sf}	稀相表观滑移速度	m/s
U_{si}	稀密两相表观滑移速度	m/s
$\dot{m}_k$	相界面上从相 k 流出的质量流量密度	$kg/(m^2\cdot s)$
希腊字母		
β	微元体曳力系数	$kg/(m^3\cdot s)$
ε	空隙率	
ε_c	密相空隙率	
ε_f	稀相空隙率	
ε_{max}	团聚物能够存在的最大空隙率(0.9997)	
ε_{mf}	最小流化状态下的空隙率 (0.5)	

符号	意义	单位
μ_g	气相黏度	Pa•s
μ_p	固相黏度	Pa•s
ρ_g	流体密度	kg/m^3
ρ_p	颗粒密度	kg/m^3
τ	颗粒平均弛豫时间	s
ω	曳力系数修正因子	

参 考 文 献

1 Soo S L. Multiphase Fluid Dynamics. Beijing: Science Press, 1990

2 刘大有. 颗粒群与连续介质——关于二相流近壁层的讨论. 见:第五届全国流体力学学术报告会. 北京, 1995.252~256

3 Sundaresan S. Modeling the hydrodynamics of multiphase flow reactors: current status and challenges. AIChE J, 2000, 46(6): 1102~1105

4 Boué J A, Delhaye J M. General equations and two-phase flow modeling. In: Hetsroni G, ed. Handbook of Multiphase Systems. Hemisphere: McGraw Hill, 1982

5 Gidaspow D. Multiphase Flow and Fluidization: Continuum and Kinetic Theory Description. Boston: Academic Press, 1994

6 Kuipers J A M, van Duin K J, van Beckum F P H, van Swaaij W P M. A numerical model of gas-fluidized beds. Chem. Eng. Sci, 1992, 47, 1913~1924

7 Dasgupta S, Jackson R, Sundaresan S. Turbulent gas-particle flow in vertical risers. AIChE J, 1994, 40: 215~228

8 Hrenya C M, Sinclair J L. Effects of particle-phase turbulence in gas-solid flows. AIChE J, 1997, 43: 853~869

9 Marble F E. Dynamics of a gas containing small solid particles. In: Hagerty R P, Jaumotte A L, Lutz O, Penner S S, ed. Proceedings of the Fifth AGARD Combustion and Population Colloquiums. London: Pergamon Press, 1962. 175~215

10 Murray J D. On the mathematics of fluidization: fundamental equations and wave propagation. J. Fluid Mech, 1965, 21(3): 465~493

11 Anderson T B, Jackson R. A fluid mechanical description of fluidized beds. Ind. Eng. Chem. Fundam, 1967, 6: 527~539

12 Soo S L. Fluid Dynamics of Multiphase Systems. Waltham: Blaisdell, 1967

13 Ishii M. Thermo-Fluid Dynamic Theory of Two-Phasc Flow. Paris: Eyrolles, 1975

14 Pai S I. Two-Phase Flow. Braunschweig: Vieweg-Verlag, 1977

15 刘大有. 二相流体动力学. 北京:高等教育出版社, 1993, 441~533

16 Drew D A. Mathematical modelling of two-phase flow. Ann. Rev. Fluid Mech, 1983, 15: 261~291

17 Zhang D Z, Prosperetti A. Averaged equations for inviscid disperse two-phase flow. J. Fluid. Mech, 1994, 267, 185~219

18 van Wachem B G, Schouten J C, van den Bleek C M et al. Comparative analysis of CFD models of dense gas-solid systems. AIChE J, 2001, 47(5): 1035~1051

19 Enwald H, Peirano E, Almstedt A E. Eulerian two-phase flow theory applied to fluidization. International Journal of Multiphase Flow, 1996, 22 (Suppl): 21~66

20 Gidaspow D. Hydrodynamics of fluidization and heat transfer: supercomputer modeling. Appl. Mech. Rev, 1986, 39: 1~23

21 Tsuo Y P, Gidaspow D. Computation of flow patterns in circulating fluidized beds. AIChE J, 1990, 36: 885~896

22 Benyahia S, Arastoopour H, Knowlton T. Prediction of solid and gas flow behavior in a riser using a computational multiphase flow approach. In: Fan L S, Knowlton T M, ed. Fluidization Ⅸ. New York: Engineering Foundation, 1998. 493~500

23 Sun B, Gidaspow D. Computation of circulating fluidized-bed riser flow for the fluidization Ⅷ benchmark test. Ind. Eng. Chem. Res, 1999, 38: 787~792

24 Campbell C S, Wang D G. Particle pressures in gas-fluidized beds. J. Fluid Mechanics, 1991, 227: 495~508

25 Massoudi M, Rajagopal K R, Ekmann J M, Mathur M P. Remarks on the modeling of fluidized systems. AIChE J, 1992, 38(3): 471~472

26 Bagnold R A. Experiments on a gravity-free dispersion of large solid spheres in a Newtonian fluid under shear. Proc. Roy. Soc, 1954, 225: 49~63

27 Sinclair J L, Jackson R. Gas-particle flow in a vertical pipe with particle-particle interaction. AIChE J, 1989, 35(5): 1473~1486

28 Ding J, Gidaspow D. A bubbling fluidization model using kinetic theory of granular flow. AIChE J, 1990, 36 (4): 523~538

29 Nieuwland J J, Annaland M V, Kuipers J A M, van Swaaij W P M. Hydrodynamic modelling of gas/particle flows in riser reactors. AIChE J, 1996, 42: 1569~1582

30 Chapman A, Cowling T G. The Mathematical Theory of Non-Uniform Gases: Cambridge University Press, 1970

31 Jenkins J T, Savage S B. A theory for the rapid flow of identical, smooth, nearly elastic, spherical particles. J. Fluid Mech, 1983, 130: 187~202

32 Johnson P C, Jackson R. Frictional-collisional constitutive relations for granular materials, with application to plane shearing. J. Fluid Mech, 1987, 210: 67~93

33 Syamlal M, Rogers W, O'Brien T J. Mfix Documentation Theory Guide. http://www.mfix.org,1993

34 Kim H, Arastoopour H. Extension of kinetic theory to cohesive particle flow. Powder Technol, 2002, 122: 83~94

35 Mathiesen V, Solberg T, Arastoopour H, Hjertager B H. Experimental and computational study of multiphase gas/particle flow in a CFB riser. AIChE J, 1999, 45(12): 2503~2518

36 Gidaspow D, Mostofi R. Maximum carrying capacity and granular temperature of A, B and C particles. AIChE J, 2003, 49(4): 831~843

37 Benyahia S, Arastoopour H, Knowlton T M. Numerical simulation of a large-scale circulating fluidized bed. In: Grace J R, Zhu J, Lasa H,ed. Ottawa: Canadian Society for Chemical Engineering, 2002. 451~458

38 Agrawal K, Loezos P N, Syamlal M, Sundaresan S. The role of meso-scale structures in rapid gas-solid flows. J. Fluid Mech, 2001, 445: 151~185

39 Miller A, Gidaspow D. Dense, vertical gas-solid flow in a pipe. AIChE J, 1992, 38(11): 1801~1815

40 Gidaspow D, Lu H L. Collisional viscosity of FCC particles in a CFB. AIChE J, 1996, 42: 2503~2510

41 Polashenski W, Chen J C. Measurement of particle phase stresses in fast fluidized beds. Ind. Eng. Chem.

Res, 1999, 38: 705～713

42 Büssing W, Reh L. On viscous momentum transfer by solids in gas-solids flow through risers. Chem. Eng. Sci, 2001, 56: 3803～3813

43 Wen C Y, Yu Y H. Mechanics of fluidization. Chem. Eng. Prog. Symp. Ser, 1966, 62(62): 100～111

44 Di Felice R. The void function for fluid-particle interaction systems. Int. J. Multiphase Flow, 1994, 20: 153～159

45 Mostoufi N, Chaouki J. Prediction of effective drag coefficient in fluidzed beds. Chem. Eng. Sci, 1999, 54: 851～858

46 Xie H Y. Drag coefficient of fluidized particles at high reynolds numbers. Chem. Eng. Sci, 1997, 52 (17): 3051～3052

47 Makkawi Y T, Wright P C. The voidage function and effective drag force for fluidized beds. Chem. Eng. Sci, 2003, 58: 2035～2051

48 Richardson J F, Zaki W N. Sedimentation and fluidization. Trans. Instn. Chem. Engrs, 1954, 32: 35～53

49 Garside J, Al-Dibouni M R. Velocity-voidage relationships for fluidization and sedimentation in solid-liquid systems. Ind. Eng. Chem. Pro. Des. Dev, 1977, 16(2): 206～216

50 van der Wielen L A M, van Dam M H H, Luyben K Ch A M. On the relative motion of a particle in a swarm of different particles. Chem Eng. Sci, 1996, 51(6): 995～1008

51 Yang J Z, Renken A. A generalized correlation for equilibrium of forces in liquid-solid fluidized beds. Chem. Eng. J, 2003, 92: 7～14

52 Khan A R, Richardson J F. Pressure gradient and friction factor for sedimentation and fluidization of uniform spheres in liquids. Chem. Eng. Sci, 1990, 45(1): 255～265

53 Happel J. Viscous flow in multi-particle systems: slow motion of fluids relative to beds of spherical particles. AIChE J, 1958, 4: 197～202

54 Barnea E, Mizrahi J. Generalized approach to the fluid dynamics of particulate systems. Part Ⅰ. general correlation for fluidization and sedimentation in solid multiparticle systems. Chem. Eng. J, 1973, 5(2): 171～189

55 Gibilaro L G, Di Felice R, Waldram S P, Foscolo P U. Generalized friction factor and drag coefficient correlations for fluid-particle interactions. Chem. Eng. Sci, 1985, 40 (10): 1817～1823

56 Rowe P N. A convenient empirical equation for estimation of Richard-Zaki exponent. Chem. Eng. Sci, 1987, 42: 2795～2796

57 Koch D L, Hill R J. Inertial effects in suspension and porous-media flows. Annual Rev. Fluid Mech, 2001, 33: 619～625

58 Koch D L, Sangani A S. Particle pressure and marginal stability limits for a homogeneous mono-disperse gas fluidized bed: kinetic theory and numerical simulations. J. Fluid Mech, 1999, 400: 229～236

59 Arastoopour H, Pakdel P, Adewumi M. Hydrodynamic analysis of dilute gas-solids flow in a vertical pipe. Powder Technol, 1990, 62: 163～170

60 Syamlal M, O'Brien T J. Simulation of granular layer inversion in liquid fluidized beds. Int. J. Multiphase Flow, 1988, 14(4): 473～481

61 O'Brien T J, Syamlal M. Particle cluster effects in the numerical simulation of a circulating fluidized bed. In: Avidan A A, ed. Preprint Volume for CFB IV. Somerset: AIChE, 1994. 430～435

62 Xu B H, Yu A B. Numerical simulation of the gas-solid flow in a fluidized bed by combining discrete particle method with computational fluid dynamics. Chem. Eng. Sci, 1997, 52(16): 2785～2809

63 Nieuwland J J, Huizenga P, Kuipers J A M, van Swaaij W P M. Hydrodynamic modelling of circulating flu-

idized beds. Chem. Eng. Sci, 1994, 48(24B): 5803～5811

64 Li J, Chen A, Yan Z et al. Particle-fluid contacting in circulating fluidized beds. In: Avidan A A, ed. Preprint Volume for CFB IV. Somerset: AIChE, 1994. 49～54

65 Li J, Kwauk M. Multiscale nature of complex fluid-particle systems. Ind. Eng. Chem. Res, 2001, 40: 4227～4237

66 Li J, Cheng C, Zhang Z et al. The EMMS model—its application, development and updated concepts. Chem. Eng. Sci, 1999, 54: 5409～5425

67 Qi H, You C, Boemer A, Renz U. Eulerian simulation of gas-solid two-phase flow in a CFB-riser under consideration of cluster effects. In: Xu D, Mori S, ed. Fluidization 2000: Science and Technology, Xi'an: Xi'an Publishing House, 2000. 231～237

68 Zhang D Z, VanderHeyden W B. The effects of mesoscale structures on the macroscopic momentum equations for two-phase flows. Int. J. Multiphase Flow, 2002, 28: 805～822

69 Helland E, Occelli R, Tadrist L. Numerical study of cluster formation in a gas-particle circulating fluidized bed. Powder Technol, 2000, 110: 210～221

70 Li J, Kuipers J A M. Gas-particle interactions in dense gas-fluidized beds. Chem. Eng. Sci, 2003, 58: 711～718

71 Zhang Y, Reese J M. The drag force in two-fluid models of gas-solid flows. Chem. Eng. Sci, 2003, 58: 1641～1644

72 王维. 两相流数值模拟及在循环流化床锅炉上的软件实现（博士学位论文）.北京:中国科学院过程工程研究所,2001

73 肖海涛. 欧拉气固曳力模型的理论研究与数值模拟（硕士学位论文）. 北京:清华大学,2002

74 Gunn D J, Malik A A. The structure of fluidized beds in particulate fluidization. In: Dringkenbrug A A, ed. Proceedings of the International Symposium on Fluidization. Eindhoven: Netherlands University Press, 1967. 52～65

75 Mueller P, Reh L. Particle drag and pressure drop in accelerated gas-solid flow. In: Avidan A A, ed. Preprint Volume for CFB-Ⅳ. NewYork: AIChE, 1993. 193～198

76 Li Y. Hydrodynamics. In: Kwauk M, ed. Advances in Chemical Engineering. San diego: Academic Press, 1994. 85～146

77 Bai D R, Jin Y, Yu Z. Acceleration of particles and momentum exchanges between gas and solids in fast fluidized beds. In: Kwauk M, Kunni D, ed. Fluidization: Science and Technology. Beijing: Science Press, 1991. 46～55

78 Hu H H. Direct simulation of flows of solid-liquid mixtures. Int. J. Multiphase Flow, 1996, 22: 335～352

79 Zhang D Z, VanderHeyden W B. High-resolution three-dimensional numerical simulation of a circulating fluidized bed. Powder Technol, 2001, 116: 133～141

80 Kandhai D, Derksen J J, van den Akker H E A. Interphase drag coefficients in gas-solid flows. AIChE J, 2003, 49 (4): 1060～1065

81 Li J, Kwauk M. Particle-Fluid Two-Phase Flow: The Energy-Minimization Multi-Scale Method. Beijing: Metallurgical Industry Press, 1994. 9～15

82 Matsen J M. Mechanisms of choking and entrainment. Powder Technol, 1982, 32: 21～33

83 Yang N, Wang W, Ge W, Li J. Analysis of flow structure and calculation of drag coefficient for concurrent-up gas-solid flow. Chinese J. Chem. Eng, 2003, 11: 79～84

84 Bader R, Findlay J, Knowlton T M. Gas/solid flow patterns in a 30.5 cm diameter circulating fluidized bed. In: Basu P, Large J F, ed. Circulating Fluidized Bed Technology Ⅱ. Toronto: Pergamon, 1988. 123～128

85 Spalding D B. Numerical computation of multi-phase fluid flow and heat transfer. In: Taylor C, Morgan K, ed. Recent Advances in Numerical Methods in Fluids. Swansea: Pineridge, 1980. 139~167
86 Harlow F H, Amsden A A. Numerical calculation of multiphase fluid flow. J. Comp. Physics, 1975, 17: 19~52
87 Patankar S V. Numerial Heat Transfer and Fluid Flow. New York: Hemisphere, 1980
88 Karema H, Lo S. Efficiency of interphase coupling algothrithms in fluidzed bed conditions. Comp. & Fluids, 1999, 28: 323~360
89 Enwald H, Almstedt A E. Fluid dynamics of a pressurized fluidized bed: comparison between numerical solutions from two-fluid models and experimental results. Chem. Eng. Sci, 1999, 54: 338~342
90 van Wachem B G M. Derivation, Implementation, and Validation of Computer Simulation Models for Gas-Solid Fluidized Beds (PhD. thesis). Netherlands: Delft University of Technology, 2000
91 Nieuwland J J. Hydrodynamic modeling of gas-solid two-phase flows(PhD. thesis). Netherlands: Twente University, 2000. 208
92 Yang N, Wang W, Ge W, Li J. CFD simulation of concurrent-up gas-solid flow in circulating fluidized beds with structure-dependent drag coefficient. Chem. Eng. J, 2003, 96: 71~80
93 Yang N, Wang W, Ge W et al. Simulation of heterogeneous structure in a circulating fluidized-bed riser by combining the two-fluid model with the EMMS approach. Ind. Eng. Chem. Res, 2004, 43: 5548~5561
94 Rhodes M J, Sollaart M, Wang X S. Flow structure in a fast fluid bed. Powder Technol, 1998, 99: 194~200
95 Davidson J F. Circulating fluidized bed hydrodynamics. Powder Technol, 2000, 113: 249~260
96 Tung Y, Li J, Kwauk M. Radial voidage profiles in a fast fluidized bed. In: Kwauk M, Kunii D, ed. Fluidization'88: Science and Technology. Beijing: Science Press, 1988. 139~145
97 Zhang W, Tung Y, Johnsson F. Radial voidage profiles in fast fluidized beds of different diameters. Chem. Eng. Sci, 1991, 46, 3045~3052
98 Xu G, Sun G, Gao S. Estimating radial voidage profiles for all fluidization regimes in circulating fluidized bed risers. Powder Technol, 2004, 139, 186~192
99 Li J, Wen L, Ge W et al. Dissipative structure in concurrent-up gas-solid flow. Chem. Eng. Sci, 1998, 53 (19): 3367~3379
100 Xu G, Gao S. Necessary parameters for specifying the hydrodynamics of circulating fluidized bed risers—a review and reiteration. Powder Technol, 2003, 137, 63~76
101 葛蔚. 流态化系统的多尺度模拟（博士学位论文）. 哈尔滨:哈尔滨工业大学,1998
102 Ge W, Li J. Physical mapping of fluidization regimes—the EMMS approach. Chem. Eng. Sci, 2002, 57: 3993~4004
103 Goldschmidt M J V, Beetstra R, Kuipers J A M. Hydrodynamic modelling of dense gas-fluidised beds:comparison of the kinetic theory of granular flow with 3D hard-sphere discrete particle simulations. Chem. Eng. Sci, 2002, 57: 2059~2075
104 Simonin O, Deutsch E, Boivin M. Large eddy simulation and second-moment closure model of particle fluctuating motion in two-phase turbulent shear flows. In: Durst F, ed. Selected Papers from the Ninth Symposium on Turbulent Shear Flows. Berlin: Springer-Verlag, 1995, 85~115
105 Simonin O. Continuum modelling of dispersed two-phase flows. In: Combustion and Turbulence in Two-Phase Flows. von Karman Institute for Fluid Dynamics Lecture Series. 1996
106 Pita J A, Sundaresan S. Gas-solid flow in vertical tubes. AIChE J, 1991, 37(7): 1009~1018
107 Sinclair J. Hydrodynamic modeling. In: Grace J R, Avidan A A, Knowlton T M, ed. Circulating Fluidized

Beds. London: Chapman & Hall, 1996. 149～177

108 Cheng Y, Wei F, Guo Y, Jin Y. CFD simulation of hydrodynamics in the entrance region of a downer. Chem. Eng. Sci, 2001, 56: 1687～1696

109 Peirano E, Leckner B. Fundamentals of turbulent gas-solid flows applied to circulating fluidized bed combustion. Prog. Energy Combust. Sci, 1998, 24: 259～296

110 周力行. 多相湍流反应流体力学. 北京:国防工业出版社,2002

111 Li J, Kwauk M. Exploring complex systems in chemical engineering—the multi-scale methodology. Chem. Eng. Sci, 2003, 58: 521～535

第 6 章　确定性颗粒轨道模型

近年来，确定性颗粒轨道模型在颗粒流体系统的研究中取得了重要的研究成果。这类模型将流体相处理为连续介质，固体相处理为独立的离散颗粒。由于这类模型对固相运动进行的是颗粒层次的分析，因而可以从介观尺度与宏观尺度模拟颗粒流体系统的多尺度结构。对于颗粒流体系统介观尺度的模拟以及多尺度分析，确定性颗粒轨道模型是很有发展前景的模型。它的运用对于研究由宏观转向介观、由时均转向动态、由整体平均转向局部瞬时有着实验方法以及双流体模型、两相模型无法比拟的优点。并且，运用确定性颗粒轨道模型对颗粒流体系统模拟的优势将随着计算机硬件的发展而愈趋明显。

确定性颗粒轨道模型在 Euler 坐标系下考察连续流体相的运动，在 Lagrange 坐标系下考察离散颗粒相的运动。该模型中，流体运动在考虑颗粒对流体作用的基础上，用两相耦合的 Navier-Stokes 方程进行描述；颗粒运动则在考虑颗粒间相互作用以及流体对颗粒作用的基础上，通过直接跟踪颗粒的运动轨迹进行描述。由于流体运动的控制方程可“借用”单相流中流体运动已有的方程，因此，确定性颗粒轨道模型中主要需要研究的是颗粒间相互作用以及两相间相互作用的处理方法。在目前确定性颗粒轨道模型的研究中，颗粒间相互作用的处理方法根据处理颗粒碰撞的方式分为三类：第一类是软球模型[1~17]，也称离散单元法或 DEM（descrete element method，distinct element method）法。这类模型通过弹性、阻尼以及滑移的力学机理考虑颗粒间的相互作用。第二类是硬球模型[18~27]。这类模型假定颗粒间的碰撞是二体瞬时碰撞，用动量守恒原理处理颗粒间的相互作用。第三类是 DSMC（direct simulation Monte Carlo）方法[28~30]，也称直接 Monte Carlo 方法。这种方法运用概率抽样确定颗粒碰撞事件，但运用硬球模型关联碰撞前后的颗粒速度与角速度。因此，DSMC 方法也可视为硬球模型的变化形式。在这三类模型中，软球模型由于可以考虑颗粒在碰撞过程中的受力特征而应用广泛。在考虑颗粒间相互作用的同时，颗粒流体两相间的耦合作用通常根据 Newton 第三定律来处理[7,20,24,26]，即在各个控制微元体中，流体对该微元体中所有单个颗粒的作用力等于该微元体中所有颗粒对该微元体内流体的作用力。

值得指出的是，在颗粒轨道模型的建模过程中，有些模型考虑了颗粒相或流体相的湍流脉动（称为随机性轨道模型），而有些模型则不考虑颗粒相或流体相的湍流脉动（称为确定性轨道模型）。本章仅阐述纯粹 Lagrange 坐标系下处理离散颗粒运动的确定性颗粒轨道模型，即模型本身的建模过程中，不引入颗粒漂移速度、服从概率分布的流体脉动速度等非确定性参数，且颗粒运动本身服从确定性的运动方程。但对于在建模过程中不引入随机变量的确定性模型，其处理方法仍有确定性方法（如硬球模型、软球模型）与随机性方法（DSMC 方法以及其他方法）之分。目前，对于确定性或随机性颗粒轨道模型的分类，不同文献还有不同的表述而并无统一的定义。

下面介绍目前确定性颗粒轨道模型中颗粒运动、流体运动以及相间耦合关系的研究概况，概述硬球模型、软球模型以及 DSMC 方法在国内外气固两相流研究中的应用成果，阐述颗粒间相互作用处理方法的特点及优缺点，指出确定性颗粒轨道模型研究的动向以及进一步发展亟待解决的问题。并且，在作者研究工作的基础上，对于影响确定性颗粒轨道模型应用效果的关键技术问题，如曳力的计算、空隙率的计算、颗粒碰撞的搜索技术以及不同模型适用的系统等，也将做相应的评述。

严格地讲，相距较远的颗粒/颗粒以及颗粒/流体间也有相互影响。但作为确定性颗粒轨道模型应用时的简化，在较短的时间步长内，通常假设远处的流体及颗粒的影响可以忽略。所以下面所涉及的颗粒/颗粒以及颗粒/流体间的相互作用均指相互接触时的作用。

6.1 颗粒运动的研究概况

计算颗粒运动轨迹是确定性颗粒轨道模型的关键。在颗粒流体系统中，每个运动的颗粒受到流体及其邻近颗粒对它的作用。因此在确定性颗粒轨道模型中，每个颗粒的运动过程可分解为在流体作用下运动的悬浮过程及在其他颗粒对其作用下运动的碰撞过程[22]。根据这一思路，这里将颗粒运动的研究概况分为悬浮过程与碰撞过程两个部分。

6.1.1 悬浮过程

悬浮过程中颗粒运动轨迹的计算取决于颗粒在悬浮运动中所受的作用力。从理论上讲，颗粒在悬浮过程中的运动是颗粒在流场中所受各种作用力的结果。如果能够考虑颗粒在流体中所受的曳力、重力、压力梯度力、浮力、附加质量力、Magnus 力、Saffman 力、Basset 力等，则可运用 Newton 第二定律对每个单颗粒建立一个颗粒运动控制方程

$$m_k \frac{\mathrm{d}\,\boldsymbol{v}_k}{\mathrm{d}t} = \left[\sum \boldsymbol{F}\right]_k \tag{6.1.1}$$

式中：$\boldsymbol{v}_k$ 是颗粒 k 的运动速度；m_k 是颗粒 k 的质量；$m_k \frac{\mathrm{d}\,\boldsymbol{v}_k}{\mathrm{d}t}$ 是颗粒 k 的惯性力；$\left[\sum \boldsymbol{F}\right]_k$ 表示颗粒 k 所受的合力，它包括曳力、重力、压力梯度力、浮力、

附加质量力、Basset 力、Magnus 力、Saffman 力、热泳力等。但是，颗粒在流体中的受力研究，除曳力外，多限于单颗粒，如 Magnus 力、Saffman 力、Basset 力等。对于多颗粒构成的密相颗粒流体系统，由于流体的湍流脉动、颗粒的密集、多颗粒间的相互影响等，目前还无法给出颗粒群的各种受力表达式，并且在颗粒流体系统中，影响流动特征的因素很多。在现有认识水平上，我们非但不能无遗漏地列举影响颗粒运动的全部因素，而且对许多因素怎样影响颗粒运动，如何定量表达等都知之甚少。所以对于颗粒流体系统，要建立完全普适的颗粒运动方程几乎是不可能的。

尽管作用在颗粒上的力相当复杂，但一般情况下并非所有作用力都同样重要。因此实际计算中，经常针对研究的问题，在颗粒运动方程中选用某些作用力。在气固两相流中，气体的密度通常远小于颗粒的密度，因此与颗粒本身的惯性力相比，浮力、附加质量力等很小，可以忽略不计；而 Basset 力只发生在黏性流体中；Saffman 力仅在速度边界层中才变得很明显；Magnus 力相对于 Saffman 力较小。所以为节省计算时间，许多计算都忽略了上述影响较小的作用力。

在所有相间力中，曳力相对而言是最重要的力，它对流动、传热、传质等都起着十分重要的作用。根据颗粒动力学，单颗粒在气体中所受的曳力可表示为

$$\boldsymbol{F}_{\mathrm{d}}=\frac{\pi r_{\mathrm{p}}^{2}}{2}C_{\mathrm{d0}}\rho_{\mathrm{g}}\,|\boldsymbol{u}-\boldsymbol{v}|\,(\boldsymbol{u}-\boldsymbol{v}) \tag{6.1.2}$$

其中单颗粒曳力系数 C_{d0} 与单颗粒 Reynolds 数 Re_{p} 的一般关系如下

$$C_{\mathrm{d0}}=\begin{cases}\dfrac{24}{Re_{\mathrm{p}}} & Re_{\mathrm{p}}<1\\ \dfrac{24}{Re_{\mathrm{p}}}(1+0.15\,Re_{\mathrm{p}}^{0.687}) & 1\leqslant Re_{\mathrm{p}}<1000\\ 0.44 & Re_{\mathrm{p}}\geqslant 1000\end{cases} \tag{6.1.3}$$

其中

$$Re_{\mathrm{p}}=\frac{\rho_{\mathrm{g}}\,|\boldsymbol{u}-\boldsymbol{v}|\,d_{\mathrm{p}}}{\mu_{\mathrm{g}}} \tag{6.1.4}$$

单个颗粒在无界流场中所受曳力的研究已非常充分。但在颗粒流体系统中，颗粒群中颗粒所受曳力的大小还受到许多因素的影响，如流体的不稳定流动、湍流流动、壁面的存在、颗粒群的稠密度等。因此，在不同的情况下，需要对单颗粒的曳力系数进行修正。目前大部分研究工作是归纳得到各种操作条件下的经验关联式，但不同研究者的关联式相差较大[31]。迄今为止还没有很可靠的计算公式。

在确定性颗粒轨道模型中，曳力计算直接关系到颗粒运动、流体运动、相间耦合的全方位计算。因此，曳力计算对流动结构的正确模拟最为重要。对于气固流动系统，目前确定性颗粒轨道模型中计算颗粒曳力的公式主要有以下三种：

(1) 基于曳力平衡与双流体模型中两相间的耦合关系[32]，文献［20］［21］所用的曳力公式为

$$(\boldsymbol{F}_{\mathrm{d}})_k = \frac{(V_{\mathrm{p}})_k \beta_k}{1-\varepsilon_k}(\boldsymbol{u}_k - \boldsymbol{v}_k) \qquad k = 1, \cdots, N \tag{6.1.5}$$

式中：$(\boldsymbol{F}_{\mathrm{d}})_k$ 是颗粒 k 所受曳力；$(V_{\mathrm{p}})_k$ 是颗粒 k 的体积；$\boldsymbol{v}_k$ 是颗粒 k 的速度；ε_k、β_k 分别代表颗粒 k 的局部空隙率、局部相间动量交换系数；$\boldsymbol{u}_k$ 是颗粒 k 质心处的虚拟气体速度。当 $\varepsilon_k < 0.8$，β_k 由 Ergun 方程[33]给出，当 $\varepsilon_k \geqslant 0.8$，$\beta_k$ 由 Wen 和 Yu 的关联式[34]给出，即

$$\begin{cases} \beta_k = 150\dfrac{(1-\varepsilon_k)^2}{\varepsilon_k}\dfrac{\mu_{\mathrm{g}}}{(d_{\mathrm{p}})_k^2} + 1.75(1-\varepsilon_k)\dfrac{\rho_{\mathrm{g}}}{(d_{\mathrm{p}})_k}\left|\boldsymbol{u}_k - \boldsymbol{v}_k\right| & \varepsilon_k < 0.8 \\ \beta_k = \dfrac{3}{4}(C_{\mathrm{d0}})_k \dfrac{\varepsilon_k(1-\varepsilon_k)}{(d_{\mathrm{p}})_k}\rho_{\mathrm{g}}\left|\boldsymbol{u}_k - \boldsymbol{v}_k\right|\varepsilon_k^{-2.65} & \varepsilon_k \geqslant 0.8 \end{cases} \tag{6.1.6}$$

其中单颗粒曳力系数为

$$(C_{\mathrm{d0}})_k = \begin{cases} \dfrac{24}{(Re_{\mathrm{p}})_k}\left[1 + 0.15(Re_{\mathrm{p}})_k^{0.687}\right] & (Re_{\mathrm{p}})_k < 1000 \\ 0.44 & (Re_{\mathrm{p}})_k \geqslant 1000 \end{cases} \tag{6.1.7}$$

颗粒群中颗粒 k 的 Reynolds 数为

$$(Re_{\mathrm{p}})_k = \frac{\varepsilon_k \rho_{\mathrm{g}}\left|\boldsymbol{u}_k - \boldsymbol{v}_k\right|(d_{\mathrm{p}})_k}{\mu_{\mathrm{g}}} \tag{6.1.8}$$

(2) 基于对单颗粒曳力公式进行修正，Helland 等运用 Wen 和 Yu 的公式[34]所得的曳力公式[26]为

$$(\boldsymbol{F}_{\mathrm{d}})_k = \frac{\pi(r_{\mathrm{p}})_k^2}{2}(C_{\mathrm{d0}})_k \rho_{\mathrm{g}}\left|\boldsymbol{u}_k - \boldsymbol{v}_k\right|(\boldsymbol{u}_k - \boldsymbol{v}_k)\varepsilon_k^2 \varepsilon_k^{-4.7} \qquad k = 1, \cdots, N \tag{6.1.9}$$

其中曳力系数与颗粒 Reynolds 数的表达式同式（6.1.7）与式（6.1.8）。

(3) 基于对单颗粒曳力公式进行修正，Xu 等运用 Di Felice 的公式[35]所得曳力公式[7]为

$$(\boldsymbol{F}_{\mathrm{d}})_k = \frac{\pi(r_{\mathrm{p}})_k^2}{2}(C_{\mathrm{d0}})_k \rho_{\mathrm{g}}\left|\boldsymbol{u}_k - \boldsymbol{v}_k\right|(\boldsymbol{u}_k - \boldsymbol{v}_k)\varepsilon_k^2 \varepsilon_k^{-\chi} \qquad k = 1, \cdots, N \tag{6.1.10}$$

其中

$$(C_{\mathrm{d0}})_k = \left[0.63 + \frac{4.8}{(Re_{\mathrm{p}})_k^{0.5}}\right]^2 \tag{6.1.11}$$

$$\chi = 4.7 - 0.65\exp\left\{-\frac{\left[1.5 - \lg(Re_{\mathrm{p}})_k\right]^2}{2}\right\} \tag{6.1.12}$$

颗粒 Reynolds 数的表达式同式（6.1.8）。

针对鼓泡流化床、循环流化床、垂直气力输送系统、水平气力输送系统，作者曾用上述三种公式计算曳力并模拟系统的动态行为。其模拟结果表明：采用后两种曳力公式，能够较好地模拟密相气固系统的动态行为，且二者模拟的基本特征相差不大，而直接运用文献［20］［21］的公式对颗粒所受曳力进行计算是否完全合理还需进一步研究。

观察式（6.1.5）、式（6.1.9）、式（6.1.10）可见：曳力为空隙率的非线性函数。因此，空隙率的计算对曳力乃至颗粒轨迹的计算是另一个至关重要的技术问题。在受计算机硬件条件限制的二维模拟系统中，需要合理地给出可与三维空隙率比拟的二维空隙率。后面将给出目前确定性颗粒轨道模型中二维空隙率与三维空隙率转换关系的研究概况。

6.1.2 碰撞过程

确定性颗粒轨道模型早就提出，但受计算机硬件的限制，过去的确定性颗粒轨道模型往往忽略颗粒间的碰撞以及颗粒对流体的作用，以至于这类模型仅限于研究颗粒浓度很低的两相流动问题。然而当系统中颗粒浓度较高，颗粒间的碰撞频频发生，这时不应忽略颗粒间的相互碰撞。

目前确定性颗粒轨道模型中处理颗粒碰撞的基本模型有软球模型（也称离散单元法或 DEM 法）[1～17]、硬球模型[18～27]以及 DSMC 方法（也称直接 Monte Carlo 方法）[28～30]。对于颗粒运动而言，软球模型、硬球模型与 DSMC 方法都属于 Lagrange 方法，但它们处理颗粒间相互作用的原理并不相同。硬球模型是考虑二体碰撞的模型，软球模型是考虑多体碰撞的模型，DSMC 方法则是处理碰撞的概率模型。在硬球模型中，碰撞后的颗粒速度、角速度由碰撞前的颗粒运动状态以及恢复系数与摩擦系数确定；在软球模型中，弹性、阻尼、滑移机理被用来分析颗粒相互作用时的接触力，进而由此运用 Newton 定律计算颗粒的运动速度；在 DSMC 方法中，则是通过概率抽样确定碰撞事件，通过硬球模型获得运动概貌。这三类模型中，硬球模型是确定性颗粒轨道模型的原始雏形，是应用最早的模型，但软球模型则由于可以考虑颗粒在碰撞过程中的受力特征而应用较为广泛。

在硬球模型[18～27]中，颗粒间的碰撞被假设为具有顺序的二体瞬时碰撞。在此假设基础上，硬球模型根据碰撞力学中的动量守恒原理处理颗粒间的相互作用。即已知碰撞前颗粒运动的状态，根据颗粒速度、角速度在碰撞前后的关系，则可得到碰撞后颗粒的运动状态。

硬球模拟的思想是由 Alder 和 Wainwright[36]在分子系统的相变研究中提出的，但在近 30 年后，硬球模拟才被发现对于颗粒动力学的研究也是有用的工具[37]。早期将硬球模型用于水平管中气固两相流模拟的是日本的 Tsuji 等[38]。

他们运用不规则的反弹模型研究了颗粒与壁面的相互作用。随后 Frank 等[39]也进行了相似的模拟，但他们重点是对实验进行校验。

Hoomans 等[18~21]是较早将硬球模型用于流化床模拟的研究者。他们模拟了气固流化床中气泡的长大、聚并、破碎以及颗粒分离等现象，讨论了恢复系数与摩擦系数对模拟结果的影响，并对部分模拟结果进行了实验验证。在 Hoomans 等的研究基础上，Goldschmidt 等[27]又用三维硬球模型研究了颗粒速度分布及颗粒碰撞特征，并与动理学理论预测的结果进行了比较与讨论。

较早将硬球模型用于循环流化系统模拟的是 Ouyang 和 Li[22~23]，他们运用简化的硬球模型模拟了循环流化系统中稀、密共存的非均匀结构及其空间的突变行为，讨论了操作条件对非均匀结构形成的影响。在模拟循环流化系统的同时，他们也对鼓泡流化系统进行了模拟。其模拟结果复现了当时国际上确定性颗粒轨道模型还无法模拟的气泡尾涡现象及双流体模型还无法模拟的节涌现象，并且，采用 900 个颗粒对鼓泡形成及节涌现象进行动态模拟的结果与真实现象很相似，其真实度高于当时国际上已有确定性颗粒轨道模型采用 2400 个颗粒及 40 000 个颗粒进行模拟所得的结果[2,6,18]。与此同时，他们的模型还可模拟垂直输运系统中的塞状流[40]以及水平输运系统中的波状流[41]。

Helland 等[25,26]将 Foerster 等[42]引入切向恢复系数的硬球模型用于循环流化系统的模拟。观察到空隙率函数、碰撞参数对流动结构有一定影响，而气流的湍动黏性对流动结构影响不大。

周浩生等[43]则将硬球模型用于宽筛分流化床的模拟，其研究结果表明单颗粒运动速度具有不可预测性，且颗粒的总体速度不完全满足正态分布。

软球模型[1~17]不同于硬球模型。在软球模型中，颗粒被处理为具有弹性的球。颗粒间的相互作用有一定的接触时间，而且允许一个颗粒和多个颗粒同时接触。当颗粒发生接触时，颗粒间就有接触力。软球模型通过变形、缓冲、滑移过程的受力分析来处理颗粒间的接触力。由于软球模型直接计算颗粒间的接触力，且接触力连同颗粒所受外力造成颗粒的空间状态发生变化，因而该模型中通常将颗粒的碰撞过程与悬浮过程合并考虑，并通过交替运用 Newton 第二定律和接触力计算公式来完成其位移的计算。其中接触力计算公式[44]用来计算颗粒接触时产生的接触力，Newton 第二定律则给出由所有施加在颗粒上的力引起的颗粒运动。

软球模型中应用最广的是从研究岩石变形发展起来的可以考虑粒子流中多个颗粒间相互作用的 DEM 法。它是 1979 年由 Cundall 与 Strack[45]提出的。在 Cundall 与 Strack 的模型中，DEM 是 distinct element method 的缩写。但随着时间的推演，大部分文献中则根据方法的内在含义视 DEM 为 discrete element method 的缩写。目前，人们对软球模型与 DEM 并不加以区分。通常所谈及的软球模型就是指 DEM。

首先将软球模型用于流化床模拟的是日本的Tsuji[1,2]。针对气固流态化，Tsuji所领导的小组[2,5]用软球模型得到了与实验一致的最小鼓泡速度、压力波动频率以及不同气速下鼓泡床内的颗粒运动信息，比较了软球模型与双流体模型模拟鼓泡流化床中基本现象的差异。他们还用二维软球模型与三维软球模型[3]得到了鼓泡床中与实验一致的压降一速度分布规律，比较了二维模拟与三维模拟中，气体速度、隔板以及摩擦系数对颗粒动态行为的影响。在模拟气固流态化的同时，他们也运用软球模型模拟了水平管道[1]与垂直管道[4]中密相流输运的颗粒流型。

澳大利亚的Xu和Yu[6]则运用软球模型复现了实验中确定最小流化速度的过程，模拟了流态化中的鼓泡与节涌现象。并且，他们也模拟了侧向进气的气固流化床[7]，讨论了气速对该系统中气固行为的影响。

日本Horio领导的小组则将软球模型频频引入工业应用之中。Rong等[9~11]运用软球模型考察了流化床燃烧器中插有管道时，管道周围颗粒与鼓泡的动态行为，讨论了流化床中煤燃烧时NO_x的传播情况以及高温情况下管道的腐蚀情况。Mikami等[8]以及Kuwagi和Horio[15]将软球模型用于黏性粉末流化床的研究。Kuwagi等[13,14]用软球模型研究了考虑颗粒表面粗糙度影响的金属颗粒的高温流态化以及流体润滑性能对颗粒间作用力的影响。Kaneko等[12]则研究了带有化学反应的流化床反应器中颗粒与气体的行为。另外，在Mikami等模型[8]的基础上，澳大利亚的Rhodes等[16,17]也运用类似的软球模型研究了颗粒的黏性行为。

软球模型不仅可用于流化床的模拟，也可用于气力输送、漏斗流、颗粒混合、颗粒分离等工业过程的模拟。日本是软球模型应用最为广泛的国家，Tsuji[46]曾对软球模型在日本的应用现状做了概述。

东南大学袁竹林所在的课题组近年来也运用软球模型进行了一系列研究，其中包括喷动流化床的研究[47]、流化床中颗粒流化运动的研究[48]、移动颗粒层除尘的研究[49]以及陶瓷过滤器滤饼结构的研究[50]。黎明等[51]则用软球模型模拟了不同入口气速下流化床内随时间变化的鼓泡行为。

在颗粒位置、颗粒速度已知后，为了准确地描述颗粒流体系统中颗粒的运动，理想的方法是直接确定颗粒间的相互碰撞，并跟踪系统中每个颗粒的运动轨迹。但遇到的困难是：如果物理（实际）颗粒很多，若要准确判断颗粒间是否发生相互碰撞，其计算工作量非常大。DSMC方法[28~30]就是解决这一困难的方法，它并不直接确定颗粒碰撞事件，而是通过概率抽样的方法判断颗粒间是否发生碰撞。

Yonemura等[28]以及Tanaka等[29]曾用DSMC方法模拟了团聚物的结构，考察了操作条件对团聚物的影响。Tsuji等[30]曾用DSMC方法对提升管中的团聚物进行了模拟，并将其结果与双流体模型的模拟结果[52]进行了对比。袁竹林等[53,54]则用软球模型与DSMC方法讨论了颗粒自转对流态化的影响，并用

DSMC 方法对循环床中的颗粒分离特性进行了研究。张槛等[55]则用 DSMC 方法模拟了循环流化床内局部稠密的颗粒团聚现象。

在颗粒轨道的追踪中，还可用其他随机方法[56~59]处理颗粒间的碰撞。

上述应用成果说明：确定性颗粒轨道模型在气固两相流的模拟中，已展示出其潜在的预测性能。然而，这仅仅是国内外气固两相流领域的部分工作，相关的研究还有很多，如文献［60］至［68］。目前，确定性颗粒轨道模型已越来越广泛地应用于颗粒流体系统的研究之中，其研究深度与广度也较前几年有了很大的发展。除了气固流动系统的模拟外，确定性颗粒轨道模型还被应用于液固系统、气液系统、气液固系统、材料、粉末冶金、能源等许多领域。这些方面的文章在此不再一一赘述。

下面，具体介绍处理颗粒碰撞的硬球模型、软球模型以及 DSMC 方法。

1. 硬球模型

设颗粒为钢球，且发生如图 6-1 所示的相互碰撞。则动量方程为

$$m_1(\boldsymbol{v}_1-\boldsymbol{v}_1^{(0)})=\boldsymbol{J} \tag{6.1.13a}$$

$$m_2(\boldsymbol{v}_2-\boldsymbol{v}_2^{(0)})=-\boldsymbol{J} \tag{6.1.13b}$$

$$I_1(\omega_1-\omega_1^{(0)})=r_1\boldsymbol{n}\times\boldsymbol{J} \tag{6.1.14a}$$

$$I_2(\omega_2-\omega_2^{(0)})=r_2\boldsymbol{n}\times\boldsymbol{J} \tag{6.1.14b}$$

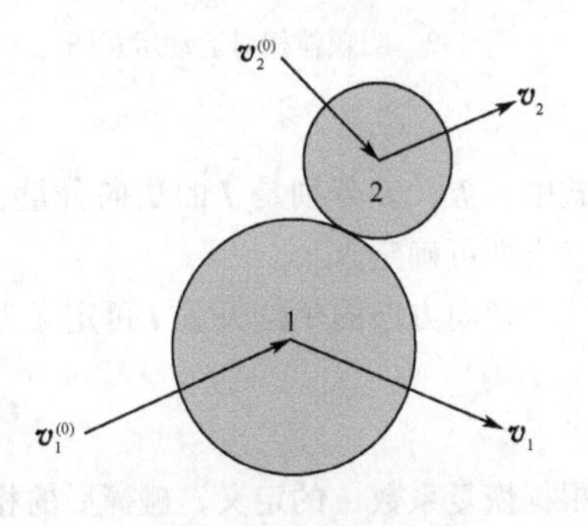

图 6-1　颗粒间碰撞示意图

式中：$\boldsymbol{n}$ 是碰撞瞬时由颗粒 1 质心指向颗粒 2 质心的单位法向量；$\boldsymbol{J}$ 是施加于颗粒 1 的冲量（施加于颗粒 2 则方向相反）；下标 1，2 代表两个颗粒；上标（0）表示碰撞前的状态；m 是颗粒质量；r 是颗粒半径；$I=\frac{2}{5}mr^2$ 是转动惯量。颗粒碰撞前的速度 $\boldsymbol{v}_1^{(0)}$、$\boldsymbol{v}_2^{(0)}$ 与角速度 $\boldsymbol{\omega}_1^{(0)}$、$\boldsymbol{\omega}_2^{(0)}$ 以及颗粒在碰撞前的位置是给定的。未知的变量有冲量 $\boldsymbol{J}$ 以及颗粒碰撞后的速度 $\boldsymbol{v}_1$、$\boldsymbol{v}_2$ 与角速度 $\boldsymbol{\omega}_1$、$\boldsymbol{\omega}_2$。

对上述问题的求解，给定如下假设：

(1) 在碰撞过程中，忽略颗粒变形，以致碰撞发生时介于颗粒质心的距离等于颗粒的半径之和；

(2) 滑动过程中，颗粒的摩擦服从 Coulomb 摩擦定律；

(3) 一旦一个颗粒停止滑动，则无进一步的滑动发生。

如图 6-2 所示，令颗粒质心处碰撞前后的相对速度为 $\boldsymbol{G}^{(0)}$ 和 $\boldsymbol{G}$，即

$$\boldsymbol{G}^{(0)}=\boldsymbol{v}_1^{(0)}-\boldsymbol{v}_2^{(0)} \tag{6.1.15}$$

$$\boldsymbol{G}=\boldsymbol{v}_1-\boldsymbol{v}_2 \tag{6.1.16}$$

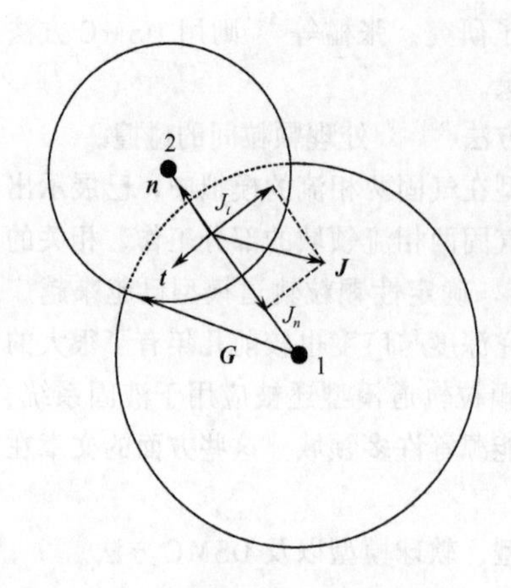

图 6-2　两颗粒相对运动示意图

则碰撞开始时，接触点的相对速度为

$$G_c^{(0)} = G^{(0)} + r_1 \omega_1^{(0)} \times n + r_2 \omega_2^{(0)} \times n \tag{6.1.17}$$

上述方程右端第二、三项的速度矢量方向为切向方向，而第一项的速度矢量方向则既有法向分量，又有切向分量。于是相对速度 $G_c^{(0)}$ 的切向分量为

$$\begin{aligned} G_{ct}^{(0)} &= G_c^{(0)} - (G^{(0)} \cdot n) n \\ &= G^{(0)} - (G^{(0)} \cdot n) n + \\ &\quad r_1 \omega_1^{(0)} \times n + r_2 \omega_2^{(0)} \times n \end{aligned} \tag{6.1.18}$$

设冲量 J 分解为

$$J = J_n n + J_t t \tag{6.1.19}$$

式中：J_n、J_t 分别是 J 的法向分量、切向分量。若 J 求得后，两颗粒碰撞后的状态即可确定。

切向方向的单位矢量 t 可定义为

$$t = \frac{G_{ct}^{(0)}}{\left| G_{ct}^{(0)} \right|} \tag{6.1.20}$$

根据恢复系数 e 的定义，碰撞后的相对速度与碰撞前的相对速度满足关系式

$$n \cdot G = - e (n \cdot G^{(0)}) \tag{6.1.21}$$

式中：e 是已知的常数。由方程（6.1.13）解出 v_1、v_2，再根据相对速度 $G^{(0)}$ 和 G 的定义，可得

$$G = G^{(0)} + \frac{m_1 + m_2}{m_1 m_2} J \tag{6.1.22}$$

两边同时与 n 进行标量积，则有

$$n \cdot G = n \cdot G^{(0)} + \frac{m_1 + m_2}{m_1 m_2} n \cdot J \tag{6.1.23}$$

将方程（6.1.21）代入方程（6.1.23）的左端有

$$- e (n \cdot G^{(0)}) = n \cdot G^{(0)} + \frac{m_1 + m_2}{m_1 m_2} J_n \tag{6.1.24}$$

由式（6.1.24），冲量的法向分量 J_n 可表示为

$$J_n = - \frac{m_1 m_2}{m_1 + m_2} (1 + e)(n \cdot G^{(0)}) \tag{6.1.25}$$

假定颗粒滑动，根据 Coulomb 摩擦定律应有 $J_t < 0$。故当 $n \cdot G^{(0)} > 0$（$v_1^{(0)} - v_2^{(0)}$ 在法向上的投影分量与 n 同向）时，应取 $J_t = \xi J_n$；当 $n \cdot G^{(0)} < 0$

时，应取 $J_t=-\xi J_n$。下面给出 $\boldsymbol{n}\cdot\boldsymbol{G}^{(0)}>0$ 时速度与角速度的公式，当 $\boldsymbol{n}\cdot\boldsymbol{G}^{(0)}<0$ 时的公式可类似推导。设 $\boldsymbol{n}\cdot\boldsymbol{G}^{(0)}>0$，则

$$J_t=\xi J_n \tag{6.1.26}$$

式中：ξ 是已知的摩擦系数。

将方程 (6.1.25)、方程 (6.1.26) 给出的冲量代入方程 (6.1.13)、方程 (6.1.14)，则碰撞后的速度与角速度可由下列公式求得

$$\boldsymbol{v}_1=\boldsymbol{v}_1^{(0)}-(\boldsymbol{n}+\xi\boldsymbol{t})(\boldsymbol{n}\cdot\boldsymbol{G}^{(0)})(1+e)\frac{m_2}{m_1+m_2} \tag{6.1.27a}$$

$$\boldsymbol{v}_2=\boldsymbol{v}_2^{(0)}+(\boldsymbol{n}+\xi\boldsymbol{t})(\boldsymbol{n}\cdot\boldsymbol{G}^{(0)})(1+e)\frac{m_1}{m_1+m_2} \tag{6.1.27b}$$

$$\omega_1=\omega_1^{(0)}-\left(\frac{5}{2r_1}\right)(\boldsymbol{n}\cdot\boldsymbol{G}^{(0)})(\boldsymbol{n}\times\boldsymbol{t})\xi(1+e)\frac{m_2}{m_1+m_2} \tag{6.1.28a}$$

$$\omega_2=\omega_2^{(0)}-\left(\frac{5}{2r_2}\right)(\boldsymbol{n}\cdot\boldsymbol{G}^{(0)})(\boldsymbol{n}\times\boldsymbol{t})\xi(1+e)\frac{m_1}{m_1+m_2} \tag{6.1.28b}$$

式 (6.1.27)、式 (6.1.28) 给出两颗粒在碰撞过程中有滑动时速度、角速度的计算公式。但如果两颗粒在碰撞过程中停止滑动，则其结果不同。

从接触点相对速度切向分量的值，我们能够用下述方法判断颗粒继续滑动或停止滑动。

根据颗粒碰撞后接触点的相对速度公式

$$\boldsymbol{G}_c=\boldsymbol{G}+r_1\omega_1\times\boldsymbol{n}+r_2\omega_2\times\boldsymbol{n} \tag{6.1.29}$$

利用式(6.1.14)、式(6.1.17)、式(6.1.22)与向量运算法则$(\boldsymbol{a}\times\boldsymbol{b})\times\boldsymbol{c}=(\boldsymbol{a}\cdot\boldsymbol{c})\boldsymbol{b}-(\boldsymbol{b}\cdot\boldsymbol{c})\boldsymbol{a}$,得

$$\begin{aligned}\boldsymbol{G}_c&=\boldsymbol{G}^{(0)}+\frac{m_1+m_2}{m_1m_2}\boldsymbol{J}+\left(r_1\omega_1^{(0)}+\frac{r_1^2}{I_1}\boldsymbol{n}\times\boldsymbol{J}+r_2\omega_2^{(0)}+\frac{r_2^2}{I_2}\boldsymbol{n}\times\boldsymbol{J}\right)\times\boldsymbol{n}\\&=\boldsymbol{G}_c^{(0)}+\frac{m_1+m_2}{m_1m_2}\boldsymbol{J}+\frac{5}{2}\left(\frac{1}{m_1}+\frac{1}{m_2}\right)(\boldsymbol{n}\times\boldsymbol{J})\times\boldsymbol{n}\\&=\boldsymbol{G}_c^{(0)}+\frac{m_1+m_2}{m_1m_2}\boldsymbol{J}+\frac{5}{2}\left(\frac{m_1+m_2}{m_1m_2}\right)(\boldsymbol{J}-J_n\boldsymbol{n})\\&=\boldsymbol{G}_c^{(0)}+\left(J_n\boldsymbol{n}+\frac{7}{2}J_t\boldsymbol{t}\right)\frac{m_1+m_2}{m_1m_2}\end{aligned} \tag{6.1.30}$$

注意 $\boldsymbol{t}=\dfrac{\boldsymbol{G}_{ct}^{(0)}}{|\boldsymbol{G}_{ct}^{(0)}|}$，则得 $\boldsymbol{G}_c$ 在切向 $\boldsymbol{t}$ 的分量为

$$\boldsymbol{G}_{ct}=\frac{\boldsymbol{G}_{ct}^{(0)}}{|\boldsymbol{G}_{ct}^{(0)}|}\left(|\boldsymbol{G}_{ct}^{(0)}|+\frac{7}{2}J_t\frac{m_1+m_2}{m_1m_2}\right) \tag{6.1.31}$$

若颗粒在碰撞过程中继续滑动，则 $\boldsymbol{G}_{ct}$ 与 $\boldsymbol{G}_{ct}^{(0)}$ 同号。故碰撞过程中颗粒继续滑动的条件为

$$J_t > -\frac{2}{7}\frac{m_1 m_2}{m_1 + m_2}\left|\boldsymbol{G}_{ct}^{(0)}\right| \tag{6.1.32}$$

由式（6.1.25）与式（6.1.26），有

$$J_t = -\frac{m_1 m_2}{m_1 + m_2}\xi(1+e)(\boldsymbol{n}\cdot\boldsymbol{G}^{(0)}) \tag{6.1.33}$$

故颗粒在碰撞过程中继续滑动的条件也可写为

$$\frac{\boldsymbol{n}\cdot\boldsymbol{G}^{(0)}}{\left|\boldsymbol{G}_{ct}^{(0)}\right|} < \left(\frac{2}{7}\right)\frac{1}{\xi(1+e)} \tag{6.1.34}$$

这里 $\boldsymbol{G}^{(0)}$ 由式（6.1.15）给出，$\boldsymbol{G}_{ct}^{(0)}$ 由式（6.1.18）给出。

如果条件（6.1.34）不成立，则颗粒停止滑动。这时，接触点处碰撞后的相对速度在切向方向为零，即 $\boldsymbol{G}_{ct}=0$，所以颗粒停止滑动时有

$$J_t = -\frac{2}{7}\frac{m_1 m_2}{m_1 + m_2}\left|\boldsymbol{G}_{ct}^{(0)}\right| \tag{6.1.35}$$

由式（6.1.25）、式（6.1.35）与式（6.1.19）可得 $\boldsymbol{J}$，再将 $\boldsymbol{J}$ 代入式（6.1.13）、式（6.1.14），则对于颗粒在碰撞过程中停止滑动的情形，碰撞后两颗粒的速度与角速度由下列公式给出

$$\boldsymbol{v}_1 = \boldsymbol{v}_1^{(0)} - \left[(1+e)(\boldsymbol{n}\cdot\boldsymbol{G}^{(0)})\boldsymbol{n} + \frac{2}{7}\left|\boldsymbol{G}_{ct}^{(0)}\right|\boldsymbol{t}\right]\frac{m_2}{m_1+m_2} \tag{6.1.36a}$$

$$\boldsymbol{v}_2 = \boldsymbol{v}_2^{(0)} + \left[(1+e)(\boldsymbol{n}\cdot\boldsymbol{G}^{(0)})\boldsymbol{n} + \frac{2}{7}\left|\boldsymbol{G}_{ct}^{(0)}\right|\boldsymbol{t}\right]\frac{m_1}{m_1+m_2} \tag{6.1.36b}$$

$$\omega_1 = \omega_1^{(0)} - \frac{5}{7r_1}\left|\boldsymbol{G}_{ct}^{(0)}\right|(\boldsymbol{n}\times\boldsymbol{t})\frac{m_2}{m_1+m_2} \tag{6.1.37a}$$

$$\omega_2 = \omega_2^{(0)} - \frac{5}{7r_2}\left|\boldsymbol{G}_{ct}^{(0)}\right|(\boldsymbol{n}\times\boldsymbol{t})\frac{m_1}{m_1+m_2} \tag{6.1.37b}$$

上述公式[44]给出了两颗粒碰撞时速度与角速度的计算公式。用硬球模型处理颗粒与墙发生碰撞的方法可参见文献［44］。另外，Hoomans 等[18～21]、Ouyang 和 Li[22～24]、Helland 等[25,26]也曾给出其他形式的硬球模型。

如果恢复系数和摩擦系数给定，硬球模型能够给出碰撞后的颗粒速度与角速度。但在硬球模型中，需要从大量颗粒中找出最先发生碰撞的颗粒对。一般的方法是：通过每个颗粒的运动轨迹确定其中两颗粒发生碰撞的最短时间，从而确定出最先发生碰撞的颗粒对。但直接搜索颗粒碰撞对的工作量很大，因而出现了后面的 DSMC 方法。该方法通过对碰撞事件的概率抽样确定颗粒碰撞对。由于软球模型中并不需要直接搜索最先发生两体碰撞的颗粒碰撞对，故 DSMC 方法一般与硬球模型相结合。即在 DSMC 方法中，碰撞后的颗粒速度、角速度也用硬球模型计算。

2. 软球模型

计算颗粒在碰撞过程中的接触力有三类模型：线性模型、非线性模型和非线

性滞后模型[6]。通常完善的模型能够给出较好的模拟结果，但线性模型由于它的简单性而被广泛使用。目前软球模拟中计算颗粒接触力的方法均采用 Cundall 和 Strack[45]提出的 DEM 模型，它是一种线性模型。

用 DEM 模型处理颗粒间相互作用时，允许颗粒在碰撞过程中有变形，故 DEM 也称为软球模型。我们将颗粒的变形用图 6-3 所示的法向变形位移 δ_n 和切向变形位移 δ_t 表示。

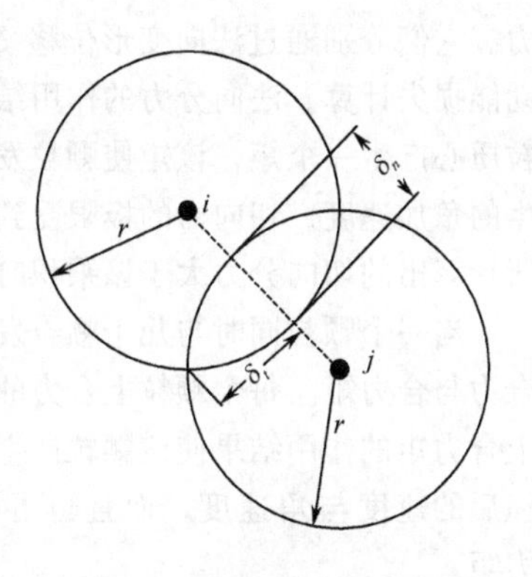

图 6-3　颗粒接触时的变形

在软球模型中，颗粒间的相互作用通过图 6-4 所示的力学系统[44]来模拟。其中接触力根据弹性、阻尼以及滑移机理计算，弹性模拟变形效应，阻尼模拟缓冲效应。

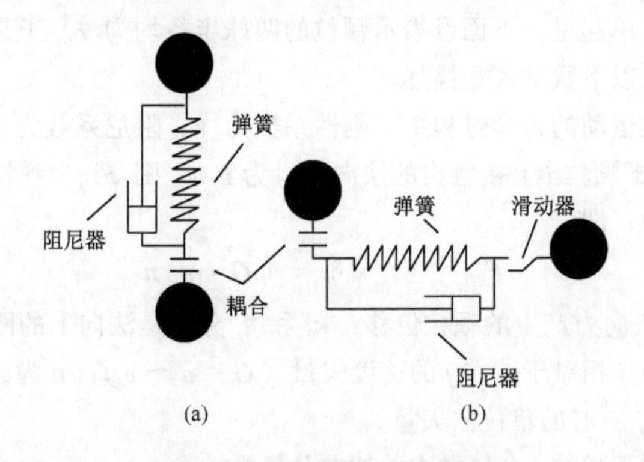

图 6-4　模拟接触力的力学系统

(a) 法向力；(b) 切向力

软球模型跟踪模拟系统中的每个颗粒，并在固定的时间步长内直接判断颗粒是否发生碰撞。如果颗粒发生碰撞，则计算颗粒间的接触力。下面给出接触力的计算公式。

当两颗粒发生对心弹性碰撞时，在接触点处发生弹性变形，颗粒在前进方向受到阻力，该阻力的大小与法向的变形位移及材料刚性系数成正比。当达到最大变形位移时，颗粒停止运动。随后颗粒在该力的作用下，沿原运动方向直线反弹。对于非完全弹性碰撞，碰撞后颗粒的动能发生损失，动能损失的大小与颗粒材料的物性和碰撞时的相对速度有关。该部分动能损失可归结为颗粒在碰撞过程中受到一个与颗粒运动方向相反的力，该力的大小等于两颗粒相对速度与阻尼系数的乘积。

当两颗粒发生偏心碰撞时，相撞点处的接触力可分解为法向分力和切向分力。它们分别通过法向变形位移 δ_n 和切向变形位移 δ_t 以及法向动能损失和切向动能损失计算。法向分力的作用结果如同对心碰撞。切向分力的作用结果是对颗粒质心产生一个矩，该矩使颗粒发生转动。由该矩和颗粒的转动惯量可求出所产生的角加速度。切向力的极限受到颗粒表面摩擦系数与法向分力乘积的限制。当所计算出的切向分力大于该乘积时，两相撞颗粒在接触表面发生滑移。

当一个颗粒同时与几个颗粒发生碰撞时，通过矢量叠加可算出该颗粒受到的合力与合力矩。每个颗粒上合力的作用结果使该颗粒产生平动加速度，每个颗粒上合力矩的作用结果使该颗粒产生角加速度。这样在软球模型中，不仅能得到碰撞后的速度与角速度，而且也可得到碰撞过程中，施加于颗粒上的作用力与力矩。

与硬球模型不同的是，软球模型中允许多颗粒间的相互碰撞。因此在软球模型中，我们将下标1、2用 i、j 取代，以使下面的分析易于推广到多颗粒相互接触的情形。为简单起见，下面设表示颗粒的两球半径均为 r。于是，前面所述的物理过程可通过以下数学模型描述：

设模拟颗粒运动的力学过程中，刚性系数为 κ，阻尼系数为 η，摩擦系数为 ξ，颗粒 j 作用于颗粒 i 上接触力的法向分量为 $\boldsymbol{F}_{nij}$。则 $\boldsymbol{F}_{nij}$为弹性力与阻尼力在法向上的投影和，即

$$\boldsymbol{F}_{nij} = (-\kappa_n\delta_n - \eta_n\boldsymbol{G}\cdot\boldsymbol{n})\boldsymbol{n} \tag{6.1.38}$$

式中：δ_n 是由法向力产生的颗粒位移；κ_n 和 η_n 分别是法向上的刚性系数与阻尼系数；$\boldsymbol{G}$ 是颗粒 i 相对于颗粒 j 的速度矢量（$\boldsymbol{G}=\boldsymbol{v}_i-\boldsymbol{v}_j$）；$\boldsymbol{n}$ 为碰撞瞬时由颗粒 i 质心指向颗粒 j 质心的单位法矢量。

颗粒 j 作用于颗粒 i 上接触力的切向分量为

$$\boldsymbol{F}_{tij} = -\kappa_t\delta_t\boldsymbol{t} - \eta_t\boldsymbol{G}_{ct} \tag{6.1.39}$$

式中：δ_t 是由切向力产生的颗粒位移；κ_t 和 η_t 分别是切向上的刚性系数与阻尼系数；$\boldsymbol{G}_{ct}$ 是接触点在切向的相对速度，即滑移速度。式（6.1.38）、式（6.1.39)中的下标 n 与 t 分别表示法向与切向。

类似于式（6.1.18)，可得接触点的滑移速度为

$$\boldsymbol{G}_{ct} = \boldsymbol{G} - (\boldsymbol{G}\cdot\boldsymbol{n})\boldsymbol{n} + r(\omega_i + \omega_j)\times\boldsymbol{n} \tag{6.1.40}$$

若

$$|\boldsymbol{F}_{tij}| > \xi|\boldsymbol{F}_{nij}| \tag{6.1.41}$$

则颗粒 i 发生滑动，其切向力为

$$\boldsymbol{F}_{tij} = -\xi|\boldsymbol{F}_{nij}|\boldsymbol{t} \tag{6.1.42}$$

式中：$\boldsymbol{t}$ 是切向上的单位矢量，即

$$\boldsymbol{t} = \frac{\boldsymbol{G}_{ct}}{|\boldsymbol{G}_{ct}|} \tag{6.1.43}$$

通常同一瞬时，颗粒 i 与多个颗粒发生如图 6-5 所示的碰撞。所以，作用于颗粒 i 上总的接触力与总的转矩为

$$\boldsymbol{F}_{ci} = \sum_j (\boldsymbol{F}_{nij} + \boldsymbol{F}_{tij}) \tag{6.1.44}$$

$$\boldsymbol{T}_{ci} = \sum_j (r\boldsymbol{n} \times \boldsymbol{F}_{tij}) \tag{6.1.45}$$

当 $\boldsymbol{F}_{ci}$ 与 $\boldsymbol{T}_{ci}$ 已知后，由 $\dot{\boldsymbol{v}}_i = \boldsymbol{F}_{ci}/m$ 与 $\dot{\omega} = \boldsymbol{T}_{ci}/I$ 则可求得碰撞后的速度与角速度。

在软球模型中，通常将悬浮过程中流体对颗粒 i 的作用力和颗粒 i 与其他颗粒碰撞时的接触力综合考虑。即令 $\boldsymbol{F}_i = \boldsymbol{F}_{ci} + \left[\sum \boldsymbol{F}\right]_{fi}$，其中 $\boldsymbol{F}_{ci}$ 表示颗粒 i 在碰撞过程中所受的接触力，$\left[\sum \boldsymbol{F}\right]_{fi}$ 为颗粒 i 在悬浮过程中流体作用于它的合力。这样在固定的时间步长 Δt 内，颗粒 i 的碰撞过程与悬浮过程可统一用 Newton 第二定律 $\dot{\boldsymbol{v}}_i = \boldsymbol{F}_i/m$ 描述。运用数值微分公式即可求得颗粒在 Δt 后具有的速度与角速度。

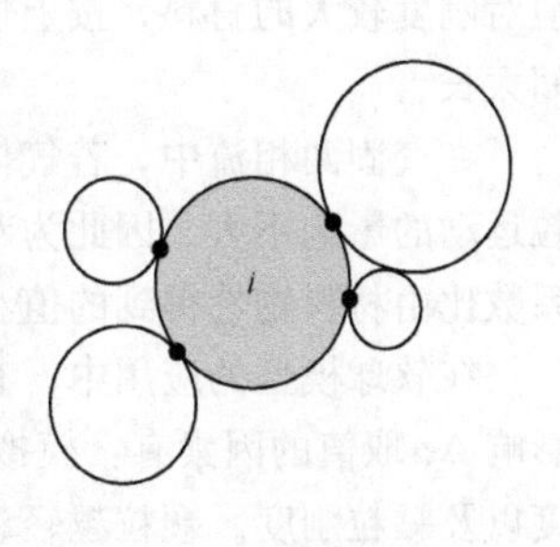

图 6-5　多颗粒碰撞示意图

如果采用一阶数值微分公式，则 Δt 后颗粒的速度、角速度以及位置可由下列公式计算

$$\boldsymbol{v}_i = \boldsymbol{v}_i^{(0)} + \frac{\boldsymbol{F}_i}{\boldsymbol{m}}\Delta t \tag{6.1.46}$$

$$\boldsymbol{r}_i = \boldsymbol{r}_i^{(0)} + \boldsymbol{v}_i\Delta t \tag{6.1.47}$$

$$\omega_i = \omega_i^{(0)} + \frac{\boldsymbol{T}_i}{\boldsymbol{I}}\Delta t \tag{6.1.48}$$

式中：上标（0）表示前一瞬时的值；$\boldsymbol{T}_i$ 是由颗粒间相互作用和颗粒与墙作用对颗粒 i 所产生的转矩。

当用软球模型考虑颗粒与墙的作用时，可将墙假设为运动速度为零、直径为无穷大且无位移的颗粒。

接触力的模型建立后，则需要刚性系数 κ，阻尼系数 η 以及摩擦系数 ξ。这些参数中，摩擦系数 ξ 是由测量而得，因而是实验值。当材料的 Young 模量与 Poisson 比已知后，刚性系数 κ 能够根据 Hertzian 接触理论[44]求得，而阻尼系数 η 则可通过刚性系数求得。如果运用 Cundall 和 Strack[45]提出的公式进行计算，则有[44]

$$\eta_n = 2\sqrt{m\kappa_n} \tag{6.1.49a}$$

$$\eta_t = 2\sqrt{m\kappa_t} \tag{6.1.49b}$$

阻尼系数的计算也有其他公式[1,44]。

在软球模型中，刚性系数、阻尼系数、摩擦系数确定后，对模拟结果影响很大的因素是时间步长的选取。从理论上讲，时间步长 Δt 的选取与材料的刚度及颗粒的质量有关。因此，Tsuji[2,44] 曾给出时间步长与刚性系数、颗粒质量的参考关系式

$$\Delta t < \frac{2\pi\sqrt{\dfrac{m}{|\kappa|}}}{10} \tag{6.1.50}$$

但对刚度较大的材料，按上述公式计算出的时间步长 Δt 太小，从而导致计算时间太长。

在气固两相流中，若气体作用对颗粒运动起支配控制作用，则刚性系数对颗粒运动的影响不大。因此为节省计算时间，在此类系统的计算中，常常假设刚性系数比由材料物性得到的值小。

在软球模型的应用中，有时也根据影响 Δt 取值的因素人为对 Δt 进行调整。影响 Δt 取值的因素有：模拟系统中颗粒的质量、颗粒的最小直径、颗粒运动速度以及颗粒刚度。颗粒越轻、粒径越小、运动速度越快、刚度越大，则时间步长 Δt 应取得越小。较小的时间步长，可能提高计算精度，但不利之处是计算时间增加。至于如何合理地选取时间步长，目前尚无严格的理论结果。

在 Xu 和 Yu[6] 对鼓泡流化床进行模拟时，他们运用预估一校正格式代替常规的一阶向前数值微分公式求解颗粒运动的微分方程，从而使得计算中可以使用较大的刚性系数。

3. DSMC 方法

在颗粒位置、颗粒速度已知后，我们可以直接确定颗粒间的相互碰撞。但如果物理（实际）颗粒很多，直接确定碰撞事件的计算工作量将会很大。DSMC 方法就是为减少确定碰撞事件的计算工作量而提出的一种概率抽样方法。

DSMC 方法起源于稀薄气体模拟的方法[69]。在 DSMC 方法中，用于模拟的计算颗粒被视为多个物理颗粒的代表，其模拟系统的颗粒数远小于物理（实际）系统的颗粒数。DSMC 方法并不直接跟踪每个物理颗粒，而是通过概率抽样的方法判断颗粒间是否发生碰撞。

DSMC 方法的基本原理如下：设真实系统的 n 个物理颗粒由 N 个计算颗粒所代替（即 N 为样本颗粒数），其中每个计算颗粒代表性质相同的一组物理颗粒，且 $N<n$。如图 6-6 所示，实际的物理颗粒场用简单的计算颗粒场代替。这里图 6-6(a) 是一个网格中的物理颗粒场，其中各个颗粒具有不同的速度。为方便起见，图 6-6(b) 给出该网格上具有不同速度的三个样本颗粒，实际 DSMC 方法中样本颗粒数要大得多。在图 6-6(c) 所示的同一网格中，具有同样速度的样本颗粒是随机分布的。每个样本颗粒代表的颗粒数密度为：$n_1=\frac{n}{N}$，$n_2=\frac{n}{N}$，

$n_3=\dfrac{n}{N}$，…这样在DSMC方法中，图6-6（a）的物理颗粒场就被图6-6（c）的样本颗粒场取代。尽管图6-6（a）中每个颗粒有不同的速度，但在图6-6（c）中，同类的样本颗粒有相同的速度。数学上已经证明，如果样本颗粒数足够大，图6-6（a）与图6-6（c）的颗粒场在统计意义下相同[30]。

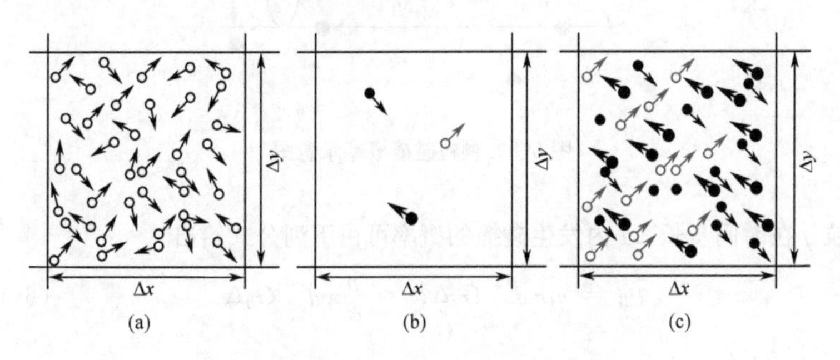

图6-6 物理颗粒场与样本颗粒场示意图

（a）物理颗粒场；（b）样本颗粒；（c）样本颗粒场

当物理颗粒场用样本颗粒场代替后，颗粒间是否发生碰撞以及颗粒速度、角速度的计算仅限于少量的样本颗粒。显然，对于数目不大的样本颗粒场，DSMC方法处理颗粒碰撞的计算工作量较软球模型、硬球模型大为减少（如对于图6-6(a)的情形，仅需对图6-6(b)中的三个样本颗粒进行计算），因而有效地节省了计算时间与计算机内存。

图6-6（b）中样本颗粒的轨迹可用图6-7表示。在图6-7中每个点为经过时间步长Δt后的颗粒位置。颗粒运动改变方向的点必然发生了颗粒间的碰撞。

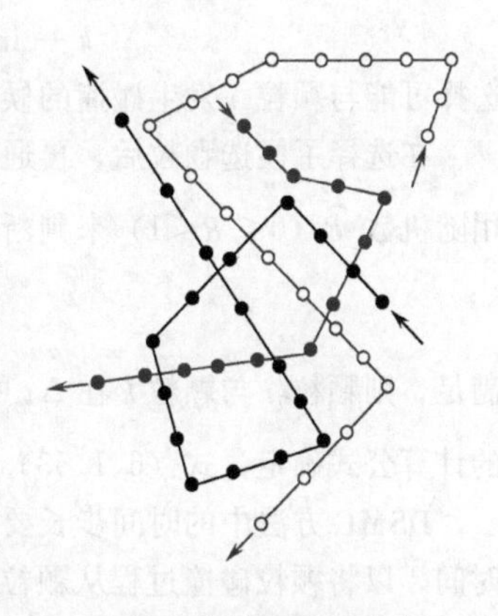

图6-7 样本颗粒的轨迹

下面介绍DSMC中确定颗粒碰撞概率的方法[30]。设颗粒i的运动速度为$\boldsymbol{v}_i$，一组具有相同速度$\boldsymbol{v}_j$的颗粒在空间自由分布，且用颗粒j表示。这时，颗粒i与颗粒j的碰撞概率等价于颗粒j固定，颗粒i以相对速度$\boldsymbol{G}_{ij}=\boldsymbol{v}_i-\boldsymbol{v}_j$运动的情形。为简单起见，假设所有颗粒直径均为$d_p$。

如图6-8所示，颗粒i与颗粒j发生碰撞的概率与颗粒i以相对于颗粒j的速度$\boldsymbol{G}_{ij}$在Δt时间内掠过的体积和该体积内颗粒j的浓度有关。在时间Δt内，颗粒i运动的距离为$|\boldsymbol{G}_{ij}\Delta t|$，颗粒$i$与颗粒$j$发生碰撞的概率等于在长为$|\boldsymbol{G}_{ij}\Delta t|$、直径为$2d_p$的圆柱内颗粒$j$的数目。即颗粒$i$

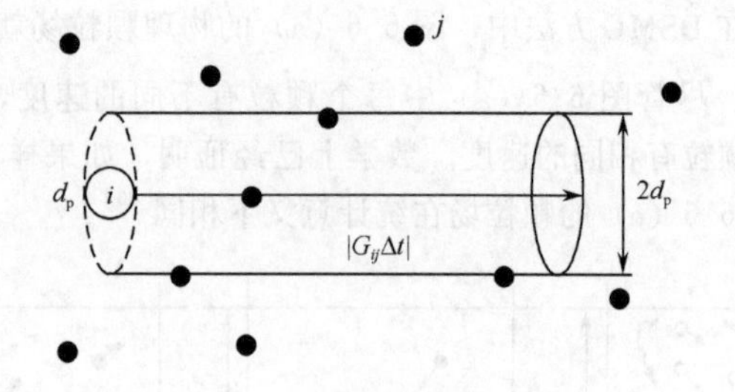

图 6-8　颗粒碰撞概率示意图

与颗粒 j 在时间步长 Δt 内发生碰撞的概率可由下列公式给出

$$\hat{P}_{ij} = n_j \pi d_p^2 \left| \boldsymbol{G}_{ij} \Delta t \right| = \frac{n}{N} \pi d_p^2 \left| \boldsymbol{G}_{ij} \Delta t \right| \tag{6.1.51}$$

式中：$n_j=\dfrac{n}{N}$是颗粒 j 的数密度（颗粒 j 所代表的物理颗粒个数）。

根据公式（6.1.51），可运用修正的 Nanbu 法[30,44,70]确定与颗粒 i 发生碰撞的颗粒。修正的 Nanbu 法之优点在于：产生一次随机数，就可找出与颗粒 i 可能发生碰撞的候选颗粒，并决定哪些候选颗粒将与颗粒 i 发生碰撞。

在修正的 Nanbu 法中，首先由随机数给出可能与颗粒 i 发生碰撞的候选颗粒。它表示颗粒 i 与任何其他颗粒发生碰撞的可能性是随机的。即在产生[0，1]之间的均匀随机数 $\hat{R}$后，用

$$k = \mathrm{int}[\hat{R} N] + 1 \qquad k \neq i \tag{6.1.52}$$

选择可能与颗粒 i 发生碰撞的候选颗粒。其中 int [] 表示一个数的整数部分。

在选择了候选颗粒后，再通过概率决定颗粒 i 与哪个候选颗粒发生碰撞。即用随机数 $\hat{R}$（$0<\hat{R}<1$）来判断颗粒 i 是否与候选颗粒 k 发生碰撞。若

$$\hat{R} > \frac{k}{N} - \hat{P}_{ik} \tag{6.1.53}$$

满足，则颗粒 i 与颗粒 k 在 Δt 中发生碰撞。颗粒 i 的速度、角速度由硬球模型的计算公式确定，式（6.1.53）中 $\hat{P}_{ik}$为颗粒 i 与颗粒 k 碰撞的概率。

DSMC 方法中的时间步长要远远小于颗粒自由运动（即不发生碰撞）的平均时间，以将颗粒碰撞过程从颗粒自由运动的过程中分离出来。

软球模型中，对于固定的时间步长，根据所有颗粒的空间位置即可确定发生碰撞的颗粒，它并不需要直接搜索最先发生两体碰撞的颗粒碰撞对。所以，DSMC 方法一般与硬球模型结合使用。即在 DSMC 方法中，通常运用概率抽样确定颗粒碰撞事件，运用硬球模型关联碰撞前后的颗粒速度、角速度。因此，DSMC 方法可视为硬球模型的变化形式。

与硬球模型、软球模型类似，DSMC 方法中颗粒相与流体相的计算也是相互耦合的。假设已知时间 $t=t^{(0)}$ 时刻样本颗粒的位置、速度以及流体在各个网格点上的信息，则与硬球模型结合的 DSMC 方法可按下列基本步骤进行计算[30]：

(1) 在已知流场下，运用悬浮过程颗粒运动的计算公式，计算 $t=t^{(0)}+\Delta t$ 时刻样本颗粒的新速度与新位置。

(2) 在时间 Δt 内，用概率方法对所有样本颗粒逐个搜索颗粒间是否发生碰撞。如果发生碰撞，则用硬球模型计算碰撞后的速度，但它们的位置并不改变。

(3) 每个样本颗粒的位置已知，因而可以得到每个流场网格中样本颗粒的数目。从物理颗粒数 n 与样本颗粒数 N 的权因子 $\frac{n}{N}$，则可以求得每个流场网格上的空隙率。运用插值法即可得到流场网格节点上颗粒速度、空隙率等信息，从而求解新的流场，并返回步骤 (1)，直至时间终止。

对于颗粒碰撞事件的确定，DSMC 方法仅仅是一种用的较为广泛的概率抽样方法。实际上，在颗粒轨道的追踪过程中，处理颗粒碰撞还可运用其他随机方法[56～59]。

6.2 流体运动的研究概况

在确定性颗粒轨道模型中，流体相的数学模型基本相同。即以单相流体动力学方程作为流体相的基础方程，并添加考虑两相作用的耦合项。通常确定性颗粒轨道模型中流体相的控制方程取 Navier-Stokes 方程或 Navier-Stokes 方程的简化形式。但由于简化的方式不同或研究的问题不同，所得的基本方程也不尽相同。例如：Tsuji 等[1]最早对水平管道中塞状流进行模拟时，将流体控制方程简化为一维。后来 Tsuji 所领导的小组[2,3,5,30]，在流体控制方程中均忽略了流体黏性。Mikami 等[8]、Rong 等[9～11]、Kuwagi 等[13,14]则沿用了 Tsuji 等忽略黏性的流体控制方程。Kawaguchi 等[4]在对垂直管道中塞状流进行模拟时，也运用了柱坐标系下的 Euler 方程，而 Hommon 等[18～21]、Xu 和 Yu[6,7]、Ouyang 和 Li[22～24]所用的流体控制方程中均包含了黏性项。另外，Kaneko 等[12]为了模拟带有化学反应的流化床反应器，在控制方程中加入了能量方程。Helland 等对循环流化床模拟时，最初在气体控制方程中引入了考虑气流湍动的耗散项。但其研究结果表明，气流湍动引起的耗散项对模拟结果影响不大[25]，以至于他们后来去掉了气体控制方程中的耗散项[26]。

值得注意的是，随着单相湍流研究的深入，目前确定性颗粒轨道模型中流体运动的研究中已逐步引入了介观尺度的湍流模型。尽管统观模拟（reynolds association numerical simulation，RANS）是研究历史较长、应用领域较广的湍流模拟方法，但由于确定性颗粒轨道模型基于颗粒尺度，因此近期的研究中，流体运动的湍流模型已由统观模拟逐步拓宽到了介观尺度的直接数值模拟（direct numerical simulation，DNS）、大涡模拟（lagre eddy simulation，LES）以及离散涡模拟(discrete vortex simulation，DVS)。然而，在目前的计算机条件下，DNS只能求解中等Reynolds数且几何边界简单的湍流问题。对于实际工程中高Reynolds数下的湍流问题，DNS还难以胜任。目前，这种方法主要用来做湍流的基础研究[71~75]。与DNS、DVS相比，LES是较接近于研究实际问题的介观湍流模型。除了文献［76］列出的一些相关研究成果外，气固两相流中的LES还有许多文献[77~80]。与DNS一样，LES是三维非定常的，故计算量仍然很大。但是，LES目前最主要的困难在于模型本身很不完善，因而该方法用于解决复杂的工程问题也面临不少困难。在DNS、LES用于流体运动方程求解的同时，DVS也被用于流体方程的求解[81~83]，但目前DVS基本只能用于二维简单流型的计算。尽管DNS、LES以及DVS的研究还不成熟，但随着多相流体动力学及单相湍流研究的深入，运用颗粒轨道模型研究颗粒流体系统的介观行为，其流体运动模拟的必然发展趋势是需要结合介观尺度的湍流模型。

6.3 气固相间耦合关系的研究概况

最初的确定性颗粒轨道模型是基于单颗粒动力学的模型。它不考虑颗粒存在对流体流动的影响，只考虑互不相关的单个粒子在流体中的受力及运动。这样的模型既不考虑颗粒对流体的作用，也不考虑颗粒之间的作用，因而只适用于稀疏两相流的研究。近年来，随着计算机硬件的飞速发展，确定性颗粒轨道模型中已经考虑了两相间的相互作用以及颗粒间的相互作用。

除了颗粒间相互作用外，两相流研究和单相流研究的主要差别在于两相流模拟需要考虑两相间的相互作用，即相间耦合作用。如果颗粒载荷较低，颗粒的存在对流体速度场的影响很小，则流体的流动决定着颗粒的轨道，这种情况叫单向耦合。这时，对流体相的模拟直接采用单相流的模型而无需修改。在早期的数值模拟中，人们常采用单向耦合假定。但Govan等[84]的模拟结果表明：如果固体载荷比较高，则不但要考虑流体相对颗粒的影响，还要考虑颗粒对流体相的影响，即双向耦合。许进和葛满初[85]的研究结果则表明：当颗粒浓度小于6.5%时，可以应用单向耦合模型；而当颗粒浓度大于6.5%时，固体对气体的作用比较强烈，两相间的相互作用不能忽略，必须进行双向耦合。

在确定性颗粒轨道模型中，过去的研究大都只考虑流体对颗粒的单向作用，并在早期的研究中，两相耦合关系的处理有一些不妥之处。但这一问题后来得到了认识[86,87]，目前确定性颗粒轨道模型中两相耦合关系大都进行了修正[3,7,14,20,24]。现在，模拟密相颗粒流体系统的确定性颗粒轨道模型基本均运用了双向耦合的处理方法建立数学模型。然而，相间耦合关系的研究仍然是一个值得关注的方面。Kafui 等[88]曾建立了两种耦合关系的表达式，但后续的工作则又表明：对于单一尺寸的颗粒，两种耦合关系相同；而对于尺寸不同的颗粒系统，不同耦合关系的适用性还有待考察[89,90]。

事实上，合理给出相间耦合关系对模拟的真实度也很重要。目前，确定性颗粒轨道模型中两相间的耦合作用通常根据 Newton 第三定律来处理[7,20,24,26]，即在各个控制微元体中，流体对该微元体中所有单个颗粒的作用力等于该微元体中所有颗粒对该微元体内流体的作用力。基于 Newton 第三定律，确定性颗粒轨道模型中相间耦合关系建立的常规方法有两种：一是将双流体模型气相方程中的耦合项推广到颗粒轨道模型的气相方程中，再反作用于颗粒相[20]；二是对控制微元体内所有单颗粒进行曳力叠加，再由反作用原理给出流体控制方程的耦合项[26]。作者曾对这两种方法进行了比较，其研究表明：后者应用的适用面宽，且获得的模拟结果较好。

6.4 确定性颗粒轨道模型中数值计算技术的研究概况

6.4.1 二维空隙率与三维空隙率转换关系的研究概况

在确定性颗粒轨道模型中，三维系统中的颗粒用圆球表示，二维系统中的颗粒用圆碟表示。但为叙述方便，通常对“碟”与“球”并不加以区分。受模拟规模的限制，目前的确定性颗粒轨道模型以二维模型为主。圆碟在二维系统中占据的体积分数与圆球在三维系统中占据的体积分数不同，因此要使二维系统的模拟能够逼近三维系统，需要二维空隙率能够比拟三维空隙率。在确定性颗粒轨道模型中，空隙率的计算对于颗粒所受曳力以及两相间的耦合作用影响很大。因此，二维空隙率与三维空隙率的转换关系对于颗粒流体系统动态行为的模拟也具有举足轻重的影响。

二维计算区域中，每个控制微元中的空隙率 ε_{2d} 能够根据该微元中颗粒占据的面积来计算，即

$$\varepsilon_{2d} = 1 - \frac{1}{\Delta x \cdot \Delta y}\sum_{k=1}^{N^*} A_k \tag{6.4.1}$$

式中：N^* 是二维流场中单个控制微元所包含的颗粒数；$\sum_{k=1}^{N^*} A_k$ 是控制微元内所有颗粒占据的面积；Δx、Δy 分别是控制微元在水平方向、垂直方向的几何步长。

三维颗粒流体系统中的气体，不像二维系统中的气体那样会受到颗粒的阻断，所以，真实颗粒流体系统中的三维空隙率大于二维系统中的空隙率。对于气固系统，真实空隙率在 0.4 左右到 1 取值，但若运用公式 (6.4.1)，则计算得到的二维空隙率 $\varepsilon_{2d} \in [0,1]$。

为了修正三维真实系统与二维模拟系统中空隙率的差异，Ouyang 和 Li[22～24]采用区间映射法将二维空隙率 ε_{2d}映射为三维空隙率 ε_{3d}。设

$$\varepsilon_{3d} = 1 - \theta(1 - \varepsilon_{2d})^{\frac{3}{2}} \qquad \theta > 0 \tag{6.4.2}$$

当 $\theta>0, \varepsilon_{2d}\in[0,1)$，对式 (6.4.2) 求导得

$$\frac{d\varepsilon_{3d}}{d\varepsilon_{2d}} = \frac{3}{2}\theta(1 - \varepsilon_{2d})^{\frac{1}{2}} > 0 \tag{6.4.3}$$

即对 $\varepsilon_{2d}\in[0,1)$，ε_{3d}为 ε_{2d}的单增函数。由于 $\varepsilon_m\approx0.4$，$\sqrt{\frac{2}{\pi\sqrt{3}}}\approx0.606$，故取

$$\varepsilon_{3d} = 1 - \frac{\sqrt{2}}{\sqrt{\pi\sqrt{3}}}(1 - \varepsilon_{2d})^{\frac{3}{2}} \tag{6.4.4}$$

这样，当 $\varepsilon_{2d}\in(0,1)$时，$\varepsilon_{3d}\in(0.394,1)$。在文献［22～24］的模拟中，$\varepsilon_{3d}$用式 (6.4.4) 计算。

Hoomans 等[18]则给出 ε_{3d}与 ε_{2d}的如下关系式

$$\varepsilon_{3d} = 1 - \frac{2}{\sqrt{\pi\sqrt{3}}}(1 - \varepsilon_{2d})^{\frac{3}{2}} \tag{6.4.5}$$

Helland 等[26]运用的关系式如下

$$\varepsilon_{3d} = 1 - \frac{2}{3}(1 - \varepsilon_{2d}) \tag{6.4.6}$$

在定义拟三维控制微元的基础上，Xu 和 Yu[6]计算三维空隙率的公式如下

$$\varepsilon_{3d} = 1 - \frac{\sum_{k=1}^{N^*} V_k}{\Delta x \cdot \Delta y \cdot d_p} \tag{6.4.7}$$

式中：d_p 是颗粒直径；$\sum_{k=1}^{N^*} V_k$ 是控制微元内所有颗粒占据的体积。

van Wachem 等[91]则运用 Hoomans 等[18]与 Xu 和 Yu[6]的转换关系以及修正公式

$$\varepsilon_{3d} = 1 - \frac{1 - \varepsilon_{3d,\text{experimental minimum}}}{1 - \varepsilon_{3d,\text{theoretical minimum}}} \cdot \frac{2}{\sqrt{\pi\sqrt{3}}}(1 - \varepsilon_{2d})^{\frac{3}{2}} \tag{6.4.8}$$

计算三维空隙率，并用它们模拟了鼓泡流化床。然而 van Wachem 等[91]的研究表明：他们采用的三种公式均无法获得可与实验对比的结果，但是二维空隙率与三维空隙率的转换关系确实对模拟结果有很大影响。

事实上，必须对二维空隙率与三维空隙率的转换建立较好的关联式，使得颗粒所受曳力的计算比较合理，才能使得受计算条件限制的二维模拟能够较好地逼近三维系统。但遗憾的是这一问题仍有待于探索。

6.4.2 颗粒碰撞事件确定技术的研究概况

在确定性颗粒轨道模型的硬球模拟中，需要确定最先发生两体碰撞的颗粒对。当已知所有颗粒的位置与运动速度后，我们可以直接计算出颗粒发生两体碰撞所需的最短时间，从而确定首先发生两体碰撞的颗粒对。但对于由成千上万个颗粒，甚至几十万、几百万个颗粒构成的模拟系统，若对一个指定颗粒，在其余的颗粒中直接寻找与之发生两体碰撞的颗粒，现有的计算机硬件条件还无法在可接受的时间内进行如此巨大的工作。因此，实际计算中应该采用一些计算技术，以在适当的时间内确定颗粒的碰撞事件。

除了 DSMC 方法可对颗粒碰撞事件进行概率抽样来确定发生碰撞的颗粒外，在直接搜索发生碰撞的颗粒对时，常先将流场划分为若干个区域，然后再对指定颗粒周围的邻近区域进行搜索，以节省计算时间。

在 Hoomans 等[18]的硬球模型中，他们对每个颗粒建立一个包含该颗粒在内的、5 倍于颗粒直径的矩形邻域，并在此邻域内直接搜索与指定颗粒最先发生碰撞的颗粒。但在 Hoomans 等[18]的方法中，固定的流场计算时间步长内，允许颗粒的多次碰撞，从而使得颗粒可在两次碰撞之间不受流体作用而自由运动。

Ouyang 和 Li[22]则将软球模型与硬球模型相结合。即在固定的时间步长内，将颗粒运动分解为碰撞过程与悬浮过程，并按照一定的顺序找出在该固定时间步长内发生碰撞的颗粒。与此同时，他们也建立了用于搜索颗粒碰撞的网格。该网格是以步长等于颗粒半径的网格划分流场，从而使得每个网格中最多只有一个颗粒的质心位于其中（图 6-9）。当判断第 k（$k=1, 2, 3, \cdots, N$）个颗粒是否与其他颗粒发生碰撞时，只需对该颗粒近邻的八个格子及次近邻的十六个格子进行搜索。运用这种方法，不必计算颗粒间发生两体碰撞的最短时间，且对循环流化床的模拟能够获得较好的模拟结果[23]。但对颗粒堆积的流动结构，如果时间步长较大，则会遗漏颗粒的碰撞而造成颗粒重叠，并且，对粒径不同的颗粒系统，这一方法也需要改进。

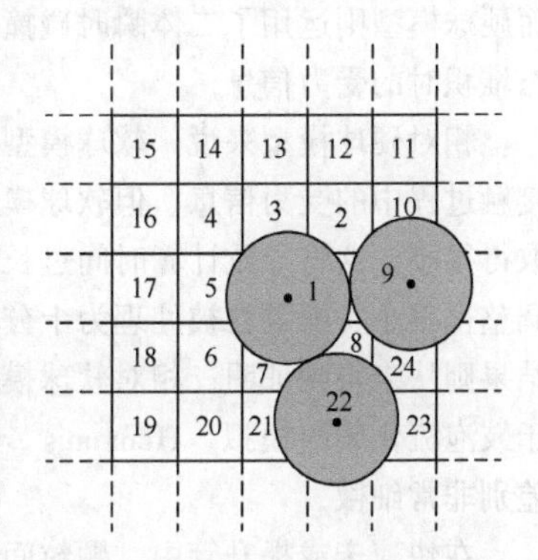

图 6-9 文献［22］中搜索颗粒碰撞的网格

Helland 等[26]的颗粒搜索技术则结合了文献［18］与文献［22］的方法。他们并非计算颗粒间发生碰撞的最短时间，而是给定一个小于流场计算时间步长的颗粒计算时间步长。然后在颗粒计算时间步长内，按一定的顺序，对位于指定颗粒邻域内的颗粒，通过判断这些颗粒是否与指定颗粒发生重叠来决定颗粒间是否发生碰撞。该方法对颗粒堆积的流动结构，也会遗漏颗粒的碰撞而造成颗粒重叠。

软球模型是在固定的时间步长内，逐个判断颗粒是否发生碰撞。它不必像硬球模型那样寻找最先发生两体碰撞的颗粒对。但实际计算中，软球模型与硬球模型中确定颗粒碰撞事件的方法可以结合使用。在 Xu 和 Yu[6] 使用软球模型进行模拟时，就应用了硬球模型确定颗粒碰撞事件的技术，而 Ouyang 和 Li[22] 则在硬球模型中，又用了软球模型确定颗粒碰撞事件的技术。

确定颗粒碰撞事件，是确定性颗粒轨道模型（特别是硬球模型）实施及程序设计中艰巨而复杂的任务，且最初往往难以引起足够的重视，而这一技术性环节直接影响到计算规模乃至模拟的真实程度。所以，尽管上述确定颗粒碰撞事件的技术各有利弊，但运用确定性颗粒轨道模型研究任何问题，必须设法优化此项技术。

6.5 颗粒碰撞模型的比较

处理颗粒间相互作用的碰撞模型是确定性颗粒轨道模型的核心。目前，软球模型是确定性颗粒轨道模型中处理颗粒碰撞常用的模型。该模型由于可以考虑颗粒运动过程中的受力细节，而有望考虑颗粒间相互作用的机理以及颗粒的传热、传质、颗粒间的黏性等，并且，软球模型还可处理多颗粒接触的静态颗粒堆积，而硬球模型则运用了二体瞬时碰撞假设，它无法得到颗粒运动过程中以及颗粒静态堆积时的受力信息。

相对硬球模型来说，软球模型能够处理多个颗粒间的相互作用，了解颗粒在接触过程中的受力信息。但软球模型中，对刚性系数较大的物料，时间步长必须取得很小，这将导致计算时间过长。目前软球模型的应用中，刚性系数都被人工调整得很小，即颗粒被处理为十分软的球。但刚性系数的人工选取不会影响模拟结果则从未得到证明。相对软球模型来说，硬球模型中各个参数均为真实值。对于鼓泡流化床的模拟，Hoomans[19] 的模拟结果曾表明，软球逼近与硬球逼近的差别非常细微。

在快速床或提升管中，颗粒间的作用主要由颗粒碰撞决定，这时可用硬球模型对之进行模拟；对于颗粒间接触、聚集概率很高的密相流化床，则可首选软球模型处理颗粒间的相互作用。然而，受计算机容量和速度的限制，目前软球模型与硬球模型的应用成果仍局限于大颗粒、小规模的装置以及短时间的模拟。

与软球模型、硬球模型相比，DSMC 是为减少计算时间而提出的颗粒碰撞模型。DSMC 方法将整个系统中的物理颗粒用较少的计算颗粒表示，碰撞事件的发生用统计抽样的方法确定。鉴于 DSMC 方法中，实际系统中颗粒运动的细节并未具体计算，且巨大的计算工作量由于样本颗粒的引入而减少，因而 DSMC 方法与硬球模型的结合，使得其模拟系统的颗粒数可比软球模型及硬球模型的颗粒数大很多。可以认为在循环流化床中，团聚物的形成是颗粒重复碰撞的结果。因此对于循环流化床中团聚物的模拟，可以使用 DSMC 方法。

DSMC方法意在减少计算时间的同时，通过对碰撞事件的概率抽样得到系统动态行为的概貌。如果仅仅要求得到运动概貌，DSMC方法的计算量较少。然而该方法中，对任意样本颗粒，均需要通过随机数来产生可能发生碰撞的候选颗粒，再用概率决定碰撞是否发生。所以若要使模拟具有较高的精度，DSMC方法由于需要选取一定数量的样本颗粒并产生大量的随机数而依然较为耗时，这时则不应运用DSMC方法。与此同时，DSMC方法也削弱了确定性颗粒轨道模型描述介观特征的真实性。

表6-1给出确定性颗粒轨道模型的基本框架，概述了各种碰撞模型的主要特征及优缺点。

表6-1　确定性颗粒轨道模型的基本框架

模型	软球模型	硬球模型	DSMC方法
流体	局部平均的Navier-Stokes方程或相应的简化形式		
颗粒	用弹性、阻尼及滑移机理处理	用动量守恒原理处理	用动量守恒原理处理，但用统计抽样确定颗粒碰撞事件
典型特征	(1) 跟踪所有颗粒 (2) 允许所有颗粒接触，可以对静态系统模拟	(1) 跟踪所有颗粒 (2) 假设两体瞬时碰撞，不能对静态系统模拟	(1) 仅跟踪样本颗粒 (2) 假设两体瞬时碰撞，不能对静态系统模拟 (3) 用统计抽样确定颗粒碰撞事件
系统	大颗粒系统		任意颗粒尺寸的系统
优点	(1) 可以对颗粒接触过程进行受力分析 (2) 可以通过材料的Young模量和Poisson比确定颗粒间相互作用的参数	(1) 选取的各个参数是真实值 (2) 推导的公式具有合理的理论基础	计算时间最少，可用于大规模的模拟
问题	(1) 时间步长很小 (2) 经常人为选取小的材料刚度 (3) 计算机硬件大大限制了模拟系统的颗粒数目	(1) 二体碰撞假设适用的系统有待考察 (2) 模拟系统的颗粒数目不能太大	(1) 需要合理地选取样本颗粒数 (2) 随机数的产生需要优良的随机数发生器

6.6　确定性颗粒轨道模型的应用示例

在确定性颗粒轨道模型中，硬球模型不需人为调整参数。但在现有计算机硬件条件下，硬球模型的计算工作量依然很大。为此，文献[22][23][24]将硬球模型进一步简化。这种简化的硬球模型，不仅能够模拟鼓泡流化，而且还能模拟循环流化以及垂直输运系统中的塞状流、水平输运系统中的波状流。下面给出文献

[22][23][24]中运用的简化硬球模型以及该模型用于气固系统的一些模拟结果。

6.6.1 数学模型

1. 气体运动的控制方程

气体运动的控制方程为两相耦合的 Navier-Stokes 方程。其向量形式的质量守恒、动量守恒方程为

$$\frac{\partial(\varepsilon\rho_g)}{\partial t}+\nabla\cdot(\varepsilon\rho_g\boldsymbol{u})=0 \tag{6.6.1}$$

$$\frac{\partial(\varepsilon\rho_g\boldsymbol{u})}{\partial t}+\nabla\cdot(\varepsilon\rho_g\boldsymbol{uu})=-\varepsilon\nabla p-\boldsymbol{S}_p+\nabla\cdot(\varepsilon\tau_g)+\varepsilon\rho_g\boldsymbol{g} \tag{6.6.2}$$

其中气体黏性应力张量 τ_g 为

$$\begin{aligned}\tau_g&=\left[-\frac{2}{3}\mu_g\right](\nabla\cdot\boldsymbol{u})\boldsymbol{I}+\mu_g[(\nabla\boldsymbol{u})+(\nabla\boldsymbol{u})^T]\\&=-\frac{2}{3}\mu_g\left[\frac{\partial u_x}{\partial x}+\frac{\partial u_y}{\partial y}\right]\begin{bmatrix}1&0\\0&1\end{bmatrix}+\mu_g\begin{bmatrix}\frac{\partial u_x}{\partial x}&\frac{\partial u_x}{\partial y}\\\frac{\partial u_y}{\partial x}&\frac{\partial u_y}{\partial y}\end{bmatrix}+\mu_g\begin{bmatrix}\frac{\partial u_x}{\partial x}&\frac{\partial u_y}{\partial x}\\\frac{\partial u_x}{\partial y}&\frac{\partial u_y}{\partial y}\end{bmatrix}\end{aligned} \tag{6.6.3}$$

式中：μ_g 是表示剪切黏性的动力黏性系数；$\boldsymbol{S}_p$ 是动量交换源项，它代表颗粒相施加于流体相的单位体积的力。

方程（6.6.1）、方程（6.6.2）的二维标量形式为

$$\frac{\partial(\varepsilon\rho_g)}{\partial t}+\frac{\partial(\varepsilon\rho_g u_x)}{\partial x}+\frac{\partial(\varepsilon\rho_g u_y)}{\partial y}=0 \tag{6.6.4}$$

$$\begin{aligned}&\frac{\partial(\varepsilon\rho_g u_x)}{\partial t}+\frac{\partial(\varepsilon\rho_g u_x u_x)}{\partial x}+\frac{\partial(\varepsilon\rho_g u_x u_y)}{\partial y}\\&=-\varepsilon\frac{\partial p}{\partial x}-(S_p)_x+\frac{\mu_g}{3}\left[\frac{\partial}{\partial x}\left(\varepsilon\frac{\partial u_x}{\partial x}\right)+\frac{\partial}{\partial x}\left(\varepsilon\frac{\partial u_y}{\partial y}\right)\right]\\&\quad+\mu_g\left[\frac{\partial}{\partial x}\left(\varepsilon\frac{\partial u_x}{\partial x}\right)+\frac{\partial}{\partial y}\left(\varepsilon\frac{\partial u_x}{\partial y}\right)\right]\end{aligned} \tag{6.6.5a}$$

$$\begin{aligned}&\frac{\partial(\varepsilon\rho_g u_y)}{\partial t}+\frac{\partial(\varepsilon\rho_g u_y u_x)}{\partial x}+\frac{\partial(\varepsilon\rho_g u_y u_y)}{\partial y}\\&=-\varepsilon\frac{\partial p}{\partial y}-(S_p)_y+\frac{\mu_g}{3}\left[\frac{\partial}{\partial y}\left(\varepsilon\frac{\partial u_x}{\partial x}\right)+\frac{\partial}{\partial y}\left(\varepsilon\frac{\partial u_y}{\partial y}\right)\right]\\&\quad+\mu_g\left[\frac{\partial}{\partial x}\left(\varepsilon\frac{\partial u_y}{\partial x}\right)+\frac{\partial}{\partial y}\left(\varepsilon\frac{\partial u_y}{\partial y}\right)\right]-\varepsilon\rho_g g\end{aligned} \tag{6.6.5b}$$

由于流化床中气体的 Mach 数小于 1，故可设其气体为不可压缩的气体，即气相密度 ρ_g 为常数。因此式 (6.6.4)、式 (6.6.5) 中，未知数为气体压强 p 以及气体在 x、y 方向的速度分量 u_x、u_y。

2. 颗粒运动的控制方程

在气固两相流中，每个颗粒的运动过程可以分解为在其他颗粒作用下运动的碰撞过程与在流体作用下运动的悬浮过程[22]。

对于颗粒间相互作用的碰撞过程，在简化的二维硬球模型[22～24]中，颗粒间的碰撞运动服从二体碰撞动力学原理，其中给定的基本假设如下：

(1) 颗粒为等直径的球体，且碰撞后形状不变；

(2) 碰撞为二体双向瞬时碰撞，接触点为一点；

(3) 碰撞运动发生在颗粒质心所在的二维平面内；

(4) 忽略摩擦因素的影响。

瞬时碰撞假设，意味着碰撞过程中动量交换是瞬时完成的。因此，可在此瞬时忽略其他作用力。这样就可根据碰撞动力学确定碰撞后颗粒速度的变化。

设颗粒 1 与颗粒 2 发生对心碰撞时，$\boldsymbol{v}_1^{(0)}$、$\boldsymbol{v}_2^{(0)}$ 为碰撞前颗粒 1、颗粒 2 质心处的速度；$\boldsymbol{v}_1$、$\boldsymbol{v}_2$ 为碰撞后颗粒 1、颗粒 2 质心处的速度；$\boldsymbol{k}_{12}$ 为碰撞瞬时由颗粒 1 质心指向颗粒 2 质心的距离矢量。自颗粒 1 质心指向颗粒 2 质心的单位矢量为 $\boldsymbol{n}=\dfrac{\boldsymbol{k}_{12}}{|\boldsymbol{k}_{12}|}$。$e$ 为碰撞过程中的弹性恢复系数 ($0<e\leqslant 1$)。当 $e=1$ 为理想弹性碰撞，即碰撞中没有动能损失；当 $e<1$ 为非理想弹性碰撞，表示碰撞过程中，动能出现耗散。

根据碰撞动力学，当颗粒发生对心碰撞时，有动量方程

$$m_1(\boldsymbol{v}_1-\boldsymbol{v}_1^{(0)})=\boldsymbol{J} \tag{6.6.6a}$$

$$m_2(\boldsymbol{v}_2-\boldsymbol{v}_2^{(0)})=-\boldsymbol{J} \tag{6.6.6b}$$

设碰撞前颗粒的相对速度为 $\boldsymbol{v}_1^{(0)}-\boldsymbol{v}_2^{(0)}$，碰撞后颗粒的相对速度为 $\boldsymbol{v}_1-\boldsymbol{v}_2$，则有

$$\boldsymbol{n}\cdot(\boldsymbol{v}_1-\boldsymbol{v}_2)=-e\boldsymbol{n}\cdot(\boldsymbol{v}_1^{(0)}-\boldsymbol{v}_2^{(0)}) \tag{6.6.7}$$

将 m_2、m_1 分别与式 (6.6.6a)、式 (6.6.6b) 相乘后所得的两式相减，并注意式 (6.6.7)，有

$$\begin{aligned}(m_1+m_2)\boldsymbol{n}\cdot\boldsymbol{J}&=m_1m_2\boldsymbol{n}\cdot[(\boldsymbol{v}_1-\boldsymbol{v}_1^{(0)})-(\boldsymbol{v}_2-\boldsymbol{v}_2^{(0)})]\\&=-m_1m_2(1+e)\boldsymbol{n}\cdot(\boldsymbol{v}_1^{(0)}-\boldsymbol{v}_2^{(0)})\end{aligned} \tag{6.6.8}$$

故

$$J_n=\boldsymbol{n}\cdot\boldsymbol{J}=-\frac{m_1m_2}{m_1+m_2}(1+e)\boldsymbol{n}\cdot(\boldsymbol{v}_1^{(0)}-\boldsymbol{v}_2^{(0)}) \tag{6.6.9}$$

将式 (6.6.9) 代入式 (6.6.6)，得

$$
\begin{cases}
\boldsymbol{v}_1 = \boldsymbol{v}_1^{(0)} + \dfrac{J_n}{m_1}\boldsymbol{n} = \boldsymbol{v}_1^{(0)} - \dfrac{m_2}{m_1+m_2}(1+e)\dfrac{(\boldsymbol{v}_1^{(0)} - \boldsymbol{v}_2^{(0)})\cdot \boldsymbol{k}_{12}}{|\boldsymbol{k}_{12}|^2}\boldsymbol{k}_{12} \\
\boldsymbol{v}_2 = \boldsymbol{v}_2^{(0)} - \dfrac{J_n}{m_2}\boldsymbol{n} = \boldsymbol{v}_2^{(0)} + \dfrac{m_1}{m_1+m_2}(1+e)\dfrac{(\boldsymbol{v}_1^{(0)} - \boldsymbol{v}_2^{(0)})\cdot \boldsymbol{k}_{12}}{|\boldsymbol{k}_{12}|^2}\boldsymbol{k}_{12}
\end{cases}
\tag{6.6.10}
$$

当 $m_1 = m_2$ 时，有

$$
\begin{cases}
\boldsymbol{v}_1 = \boldsymbol{v}_1^{(0)} - \dfrac{1}{2}(1+e)\dfrac{(\boldsymbol{v}_1^{(0)} - \boldsymbol{v}_2^{(0)})\cdot \boldsymbol{k}_{12}}{|\boldsymbol{k}_{12}|^2}\boldsymbol{k}_{12} \\
\boldsymbol{v}_2 = \boldsymbol{v}_2^{(0)} + \dfrac{1}{2}(1+e)\dfrac{(\boldsymbol{v}_1^{(0)} - \boldsymbol{v}_2^{(0)})\cdot \boldsymbol{k}_{12}}{|\boldsymbol{k}_{12}|^2}\boldsymbol{k}_{12}
\end{cases}
\tag{6.6.11}
$$

若颗粒 1 与壁面发生对心碰撞，则有 $\boldsymbol{v}_2 = \boldsymbol{v}_2^{(0)} = 0$，$m_2 \to \infty$，此时，速度变化公式为

$$
\boldsymbol{v}_1 = -e\boldsymbol{v}_1^{(0)} \tag{6.6.12}
$$

简化硬球模型[22~24]的简化之处在于忽略了摩擦因素的影响。事实上，Helland等[26]的研究结果也证明了取大小不同的摩擦系数对于气固系统流动结构的模拟几乎没有什么影响。因而为节省计算时间，在文献［22］［23］［24］的模拟中，忽略了摩擦因素的影响。

对于不考虑颗粒碰撞的悬浮过程，若忽略影响较小的作用力后，每个颗粒的运动规律由牛顿动力学方程给出

$$
m_k \frac{\mathrm{d}\,\boldsymbol{v}_k}{\mathrm{d}t} = m_k\boldsymbol{g} + (\boldsymbol{F}_\mathrm{d})_k - (V_\mathrm{p})_k \nabla p_k \qquad k = 1, \cdots, N \tag{6.6.13}
$$

式中：m_k、$\boldsymbol{v}_k$、$(V_\mathrm{p})_k$ 分别表示颗粒 k 的质量、速度、体积；$(\boldsymbol{F}_\mathrm{d})_k$、$\nabla p_k$ 分别是颗粒 k 的曳力、压力梯度；N 是系统中的颗粒数。

3. 气固耦合项的选取

当固体载荷较高时，不但要考虑流体对颗粒的影响，还要考虑颗粒对流体的影响。因此针对密相气固流动系统，必须采用双向耦合的方法处理两相间的相互作用。

在颗粒的悬浮过程中，运动方程（6.6.13）涉及流体对单颗粒的曳力项 $(\boldsymbol{F}_\mathrm{d})_k$，而控制流体运动的 Navier-Stokes 方程（6.6.2）又涉及因颗粒存在产生的动量交换源项 $\boldsymbol{S}_\mathrm{p}$，这两者之间的关系即为气固相间的耦合关系。根据牛顿第三定律，在各个控制微元体中，流体对该微元体中所有单个颗粒的作用力等于该微元体中所有颗粒对该微元体内流体的作用力。因此，颗粒运动中单颗粒曳力项 $(\boldsymbol{F}_\mathrm{d})_k$ 的计算与流体运动中动量交换源项 $\boldsymbol{S}_\mathrm{p}$ 的计算并非独立。下面基于两种方法，给出单颗粒曳力项 $(\boldsymbol{F}_\mathrm{d})_k$ 与动量交换源项 $\boldsymbol{S}_\mathrm{p}$ 间的耦合方式。

1）以双流体模型为基础

对于气固流动系统的模拟，双流体模型已有多年的历史。一个自然的方法就是将双流体模型气相方程中的耦合项推广到颗粒轨道模型，再反作用于颗粒相[21]，即流体运动方程中的动量交换源项取为[32]

$$\boldsymbol{S}_{\mathrm{p}} = \beta(\boldsymbol{u} - \boldsymbol{v}) \tag{6.6.14}$$

其中相间动量交换系数 β 为

$$\begin{cases} \beta = 150\,\dfrac{(1-\varepsilon)^2}{\varepsilon}\,\dfrac{\mu_{\mathrm{g}}}{d_{\mathrm{p}}^2} + 1.75(1-\varepsilon)\,\dfrac{\rho_{\mathrm{g}}}{d_{\mathrm{p}}}\,|\,\boldsymbol{u}-\boldsymbol{v}\,| & \varepsilon < 0.8 \\ \beta = \dfrac{3}{4}\,C_{\mathrm{d0}}\,\dfrac{\varepsilon(1-\varepsilon)}{d_{\mathrm{p}}}\,\rho_{\mathrm{g}}\,|\,\boldsymbol{u}-\boldsymbol{v}\,|\,\varepsilon^{-2.65} & \varepsilon \geqslant 0.8 \end{cases} \tag{6.6.15}$$

式中：$\boldsymbol{u}$ 表示气体速度；$\boldsymbol{v}$ 是颗粒相的速度；ε 是空隙率。单颗粒曳力系数为

$$C_{\mathrm{d0}} = \begin{cases} \dfrac{24}{Re_{\mathrm{p}}}\left[1 + 0.15(Re_{\mathrm{p}})^{0.687}\right] & Re_{\mathrm{p}} < 1000 \\ 0.44 & Re_{\mathrm{p}} \geqslant 1000 \end{cases} \tag{6.6.16}$$

颗粒群中的颗粒 Reynolds 数为

$$Re_{\mathrm{p}} = \frac{\varepsilon\rho_{\mathrm{g}}\,|\,\boldsymbol{u}-\boldsymbol{v}\,|\,d_{\mathrm{p}}}{\mu_{\mathrm{g}}} \tag{6.6.17}$$

上述公式中的 ε、$\boldsymbol{v}$ 均应根据离散的颗粒运动来计算。但由于数值求解方程 (6.6.2) 时，使用的是 $\boldsymbol{S}_{\mathrm{p}}$ 在流场网格点上的数值，故计算 $\boldsymbol{S}_{\mathrm{p}}$ 时，所涉及的 ε、$\boldsymbol{v}$ 实际上是某一局域内的平均值。

流场求解后，颗粒质心处的虚拟值可通过各网点的信息采用双线性插值法计算。这样，在 $\boldsymbol{S}_{\mathrm{p}}=\beta(\boldsymbol{u}-\boldsymbol{v})$ 的基础上，根据牛顿第三定律，单颗粒 k 所受的曳力 $(\boldsymbol{F}_{\mathrm{d}})_k$ 为

$$(\boldsymbol{F}_{\mathrm{d}})_k = \frac{(V_{\mathrm{p}})_k\beta_k}{1-\varepsilon_k}(\boldsymbol{u}_k - \boldsymbol{v}_k) \qquad k = 1,\cdots,N \tag{6.6.18}$$

式中：ε_k、β_k 分别代表颗粒 k 的局部空隙率、局部相间动量交换系数；$\boldsymbol{u}_k$ 是颗粒 k 质心处的虚拟气体速度。

基于双流体模型的耦合方法与文献 [22] 中的颗粒运动分解技术，确定性颗粒轨道模型实施的基本步骤为：

(1) 给定初始流场、初始颗粒位置、初始颗粒速度（赋零或取模很小的随机速度）以及固定的时间步长。

(2) 计算各控制体中的空隙率及平均颗粒速度，并对相邻控制体的空隙率及平均颗粒速度进行局域平均，得到流场网格点上所需的空隙率及平均颗粒速度。再根据式 (6.6.14) 得到流场网格点上所需 $\boldsymbol{S}_{\mathrm{p}}$ 的数值。

(3) 数值求解方程 (6.6.1)、方程 (6.6.2)，确定气体流动。

(4) 对所有颗粒判断是否发生瞬时碰撞（若初始速度为零，则跳过此步骤），如发生瞬时碰撞，则根据碰撞过程中颗粒速度的计算公式（6.6.10)，确定碰撞后的颗粒速度。若颗粒与壁面发生碰撞，则根据公式（6.6.12)，计算碰撞后的颗粒速度。

(5) 采用双线性插值计算颗粒质心处 ε_k、$\boldsymbol{u}_k$ 与 β_k 的虚拟值，根据式(6.6.18) 计算所有颗粒所受的曳力。再由颗粒运动方程（6.6.13)，采用数值积分法计算悬浮过程中各个颗粒的运动速度及运动轨迹。

(6) 将所得流场及各颗粒的位置、速度作为新的运动初始状态，转到步骤(2)。直到时间终止。

由式（6.6.14）可以看出：基于双流体模型的耦合方法，$\boldsymbol{S}_\text{p}$ 的计算不涉及三维控制微元。因此在这种耦合方法中，相间耦合作用的计算与流场网格剖分无关。

2) 以颗粒曳力模型为基础

如果从颗粒所受曳力出发，并要求各控制体上的相间作用满足牛顿第三定律，则对控制体内所有单颗粒进行曳力叠加，再由反作用原理即可给出流体控制方程中的耦合项。注意

$$\begin{aligned}\sum_{k=1}^{N^*}(\boldsymbol{F}_\text{d})_k &= \sum_{k=1}^{N^*}\frac{(V_\text{p})_k\beta_k}{1-\varepsilon_k}(\boldsymbol{u}_k-\boldsymbol{v}_k) \approx \frac{\beta(\boldsymbol{u}-\boldsymbol{v})}{1-\varepsilon}\sum_{k=1}^{N^*}(V_\text{p})_k \\ &= V_\text{cell}\,\beta(\boldsymbol{u}-\boldsymbol{v}) = V_\text{cell}\,\boldsymbol{S}_\text{p}\end{aligned} \tag{6.6.19}$$

则流体运动方程中动量交换源项 $\boldsymbol{S}_\text{p}$ 可由离散颗粒所受曳力叠加而得

$$\boldsymbol{S}_\text{p} = \frac{1}{V_\text{cell}}\sum_{k=1}^{N^*}(\boldsymbol{F}_\text{d})_k \tag{6.6.20}$$

这里颗粒所受曳力 $(\boldsymbol{F}_\text{d})_k$ 根据式（6.6.18）[或式（6.1.9)、式（6.1.10）等] 计算，V_cell 是拟三维控制体的体积，N^* 是该控制体中所含的颗粒数。

基于颗粒曳力模型的耦合方法与文献 [22] 中的颗粒运动分解技术，确定性颗粒轨道模型实施的基本步骤为：

(1) 给定初始流场、初始颗粒位置、初始颗粒速度（赋零或取模很小的随机速度）以及固定的时间步长。

(2) 对所有颗粒判断是否发生瞬时碰撞（若初始速度为零，则跳过此步骤），如发生瞬时碰撞，则根据碰撞过程中颗粒速度的计算公式（6.6.10)，确定碰撞后的颗粒速度。若颗粒与壁面发生碰撞，则根据公式（6.6.12)，计算碰撞后的颗粒速度。

(3) 采用双线性插值计算颗粒质心处 ε_k、$\boldsymbol{u}_k$ 与 β_k 的虚拟值，根据式(6.6.18) [或式（6.1.9)、式（6.1.10）等] 计算所有颗粒所受的曳力。再由颗粒运动方程（6.6.13)，采用数值积分法计算悬浮过程中各个颗粒的运动速度及运动轨迹。

(4) 根据式 (6.6.20)，计算各控制体中的动量交换源项 S_p。再对相邻控制体的 S_p 进行局域平均，得到流场网格点上的数值。

(5) 数值求解方程 (6.6.1)、方程 (6.6.2)，确定气体流动。

(6) 将所得流场及各颗粒的位置、速度作为新的运动初始状态，转到步骤 (2)。直到时间终止。

由公式 (6.6.20) 可见，基于颗粒曳力模型的动量交换源项具有单位体积受力的量纲。因此，该模型计算中涉及拟三维控制体的体积而使得相间作用的计算与网格剖分有关。在文献 [7] 中，控制体体积 $V_{cell}=\Delta x\times\Delta y\times d_p$，它涉及颗粒直径 d_p 及流场网格在 x、y 方向的步长 Δx、Δy。在文献 [92] 中，V_{cell}的计算与之不同，但该定义也涉及颗粒尺寸及二维流场的网格剖分。因此，对于基于颗粒曳力模型进行相间耦合的二维系统，数学模型均将涉及控制体体积 V_{cell}，这是这种耦合方法的缺点。

对比上述两种耦合方法的实施步骤，可知：以双流体模型为基础的耦合方法，动量交换源项由式 (6.6.14) 给出；而以颗粒曳力模型为基础的耦合方法，动量交换源项由式 (6.6.20) 给出。作者曾考察了上述两种耦合方法对模拟结果的影响，研究结果表明：一般情况下，应该以颗粒曳力模型为基础建立相间耦合关系，且式 (6.1.9) 与式 (6.1.10) 给出的曳力公式能够较好地模拟鼓泡流化床与循环流化床的基本流动特征。然而，用这种耦合方法模拟具有非均匀结构的气固流化床时，不能将网格步长取得太大，但网格步长的减小，又将导致计算工作量的迅速增加。所以，二维计算中网格步长的选取必须根据计算经验在计算量与准确性之间寻找合适的平衡点。若要使 V_{cell}的计算完全合理，则必须进行三维模拟。至于如何更合理地给出确定性颗粒轨道模型中气固耦合相的计算公式，仍是有待于进一步研究的问题之一。

6.6.2 数值方法

下面给出作者[22～24]在确定性颗粒轨道模型中所用的数值方法。

1. 流体运动方程的数值求解

对于式 (6.6.1)、式 (6.6.2) 表示的 Navier-Stokes 方程，文献 [22～24] 采用第 3 章介绍的 SIMPLER (semi-implicit method for pressure-linked equation revised) 算法[93]求解。

如图 6-10、图 6-11 所示，其压力 p 定义

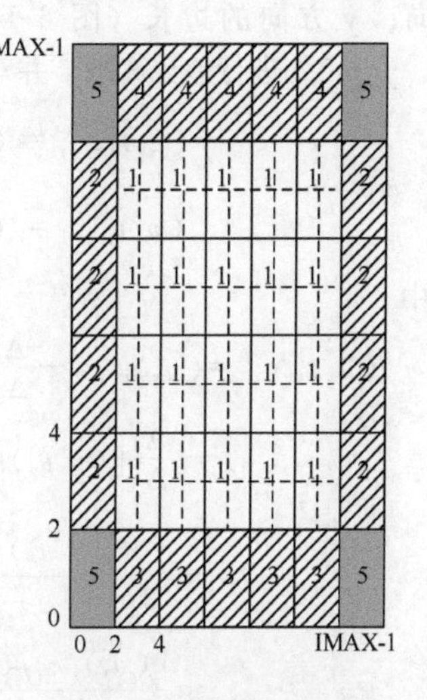

图 6-10 流场网格示意图

1. 内部网格；2. 边壁网格；3. 入口网格；4. 连续外流网格；5. 角落网格

在控制微元中心，气体速度分量 u_x、u_y 定义在控制微元边界的中心上。其中 i，j 同为偶数（$i=0,2,4,\cdots,I_{\max}-1$；$j=0,2,4,\cdots,J_{\max}-1$；$I_{\max}$、$J_{\max}$ 均为奇数）的网格线围成控制微元；i，j 同为奇数（$i=1,3,5,\cdots,I_{\max}-2$；$j=1,3,5,\cdots,J_{\max}-2$）的点表示控制微元中心。

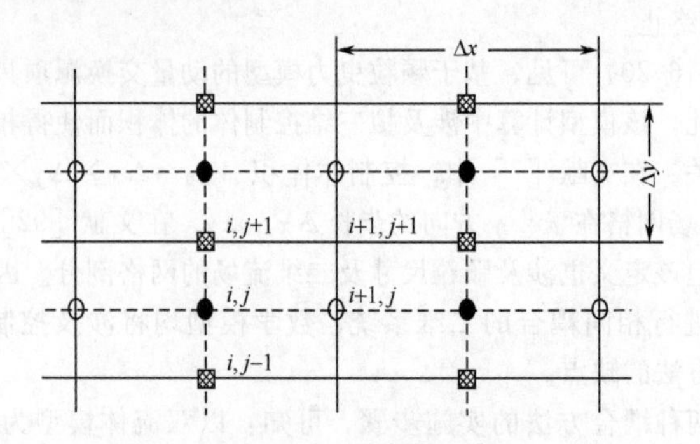

图 6-11 速度交错网格中的控制微元

●标量；○ x 方向的速度分量；⊠ y 方向的速度分量

在流场计算时，离散流场的网格尺度应大于颗粒尺寸，但小于所描述现象（如气泡、团聚物等）的尺度。

令 $P=\frac{p}{\rho_g}$（下面为简单起见，仍称 P 为压力场），Δx、Δy 为控制微元在 x 方向、y 方向的边长（图 6-11）。对动量方程（6.6.5）在点（$i+1$，j），（i，$j+1$）处进行差分离散，并对空隙率采用局部线性化的方法后可得

$$(u_x)_{i+1,j}^{n+1}=(\hat{u}_x)_{i+1,j}-\frac{\Delta t}{\Delta x}(P_{i+2,j}-P_{i,j}) \tag{6.6.21a}$$

$$(u_y)_{i,j+1}^{n+1}=(\hat{u}_y)_{i,j+1}-\frac{\Delta t}{\Delta y}(P_{i,j+2}-P_{i,j}) \tag{6.6.21b}$$

其中

$$\begin{aligned}(\hat{u}_x)_{i+1,j}=&(u_x)_{i+1,j}-\frac{\Delta t}{\Delta x}[(u_x^2)_{i+2,j}-(u_x^2)_{i,j}]\\&-\frac{\Delta t}{\Delta y}[(u_xu_y)_{i+1,j+1}-(u_xu_y)_{i+1,j-1}]-\frac{\Delta t}{\varepsilon\rho_g}[(S_p)_x]_{i+1,j}\\&+\frac{\Delta t\mu_g}{3\rho_g}\Big\{\frac{(u_x)_{i+3,j}-2(u_x)_{i+1,j}+(u_x)_{i-1,j}}{\Delta x^2}\\&+\frac{[(u_y)_{i+2,j+1}-(u_y)_{i,j+1}]-[(u_y)_{i+2,j-1}-(u_y)_{i,j-1}]}{\Delta x\Delta y}\Big\}\\&+\frac{\Delta t\mu_g}{\rho_g}\Big[\frac{(u_x)_{i+3,j}-2(u_x)_{i+1,j}+(u_x)_{i-1,j}}{\Delta x^2}\end{aligned}$$

$$+\frac{(u_x)_{i+1,j+2}-2(u_x)_{i+1,j}+(u_x)_{i+1,j-2}}{\Delta y^2}\Bigg] \tag{6.6.22a}$$

$$\begin{aligned}(\hat{u}_y)_{i,j+1}=&(u_y)_{i,j+1}-\frac{\Delta t}{\Delta y}[(u_y^2)_{i,j+2}-(u_y^2)_{i,j}]\\&-\frac{\Delta t}{\Delta x}[(u_xu_y)_{i+1,j+1}-(u_xu_y)_{i-1,j+1}]-\frac{\Delta t}{\varepsilon\rho_g}[(S_p)_y]_{i,j+1}-g\cdot\Delta t\\&+\frac{\Delta t\mu_g}{3\rho_g}\left\{\frac{[(u_x)_{i+1,j+2}-(u_x)_{i+1,j}]-[(u_x)_{i-1,j+2}-(u_x)_{i-1,j}]}{\Delta x\Delta y}\right.\\&\left.+\frac{(u_y)_{i,j+3}-2(u_y)_{i,j+1}+(u_y)_{i,j-1}}{\Delta y^2}\right\}\\&+\frac{\Delta t\mu_g}{\rho_g}\left[\frac{(u_y)_{i+2,j+1}-2(u_y)_{i,j+1}+(u_y)_{i-2,j+1}}{\Delta x^2}\right.\\&\left.+\frac{(u_y)_{i,j+3}-2(u_y)_{i,j+1}+(u_y)_{i,j-1}}{\Delta y^2}\right]\end{aligned} \tag{6.6.22b}$$

式（6.6.21）左边的量指 t_{n+1}时刻的值，右边的量均指 t_n 时刻的值。当 t_n 时刻的气体速度及气体压力已知时，可由此公式直接得出 t_{n+1}时刻的气体速度及气体压力。所需微元中心及边缘的速度分量$(u_x)_{i,j}$、$(u_y)_{i,j}$、$(u_x)_{i,j+1}$、$(u_y)_{i+1,j}$、$(u_x)_{i+1,j+1}$、$(u_y)_{i+1,j+1}$可由插值方法求得。

为推导压力场满足的方程，将连续方程（6.6.4）在点（i，j）处离散

$$\frac{(u_x)_{i+1,j}^{n+1}-(u_x)_{i-1,j}^{n+1}}{\Delta x}+\frac{(u_y)_{i,j+1}^{n+1}-(u_y)_{i,j-1}^{n+1}}{\Delta y}=0 \tag{6.6.23}$$

把式（6.6.21）代入式（6.6.23），得

$$\begin{aligned}&\frac{P_{i+2,j}-2P_{i,j}+P_{i-2,j}}{(\Delta x)^2}+\frac{P_{i,j+2}-2P_{i,j}+P_{i,j-2}}{(\Delta y)^2}\\&=\frac{(\hat{u}_x)_{i+1,j}-(\hat{u}_x)_{i-1,j}}{\Delta x\Delta t}+\frac{(\hat{u}_y)_{i,j+1}-(\hat{u}_y)_{i,j-1}}{\Delta y\Delta t}\end{aligned} \tag{6.6.24}$$

式（6.6.21）～式（6.6.24）是 SIMPLER 迭代算法的基本公式。

求解速度场及压力场的 SIMPLER 算法之基本步骤如下：

1）估计速度场

由一估计的初始速度场开始计算。

2）计算拟速度

根据式（6.6.22）计算拟速度。

3）计算压力场近似值

将拟速度代入式（6.6.24），求解压力场的近似值 P^*（这时可给较大的误差限或较小的迭代次数上限）。

4）计算速度场的近似值

将拟速度及压力场的近似值代入方程（6.6.21），得到可能不满足连续方程的近似速度场 u_x^*、u_y^*，即

$$(u_x^*)_{i+1,j}^{n+1}=(\hat{u}_x)_{i+1,j}-\frac{\Delta t}{\Delta x}(P_{i+2,j}^*-P_{i,j}^*) \tag{6.6.25a}$$

$$(u_y^*)_{i,j+1}^{n+1}=(\hat{u}_y)_{i,j+1}-\frac{\Delta t}{\Delta y}(P_{i,j+2}^*-P_{i,j}^*) \tag{6.6.25b}$$

5）求解压力场校正方程

设 $P=P^*+P'$，P'为压力场校正值。将式（6.6.21）与式（6.6.25）相减，得

$$(u_x)_{i+1,j}^{n+1}=(u_x^*)_{i+1,j}^{n+1}-\frac{\Delta t}{\Delta x}(P'_{i+2,j}-P'_{i,j}) \tag{6.6.26a}$$

$$(u_y)_{i,j+1}^{n+1}=(u_y^*)_{i,j+1}^{n+1}-\frac{\Delta t}{\Delta y}(P'_{i,j+2}-P'_{i,j}) \tag{6.6.26b}$$

将式（6.6.26）代入式（6.6.23），得压力场校正值 P'满足的方程

$$\frac{P'_{i+2,j}-2P'_{i,j}+P'_{i-2,j}}{(\Delta x)^2}+\frac{P'_{i,j+2}-2P'_{i,j}+P'_{i,j-2}}{(\Delta y)^2}=b \tag{6.6.27}$$

其中

$$b=\frac{(u_x^*)_{i+1,j}^{n+1}-(u_x^*)_{i-1,j}^{n+1}}{\Delta x\Delta t}+\frac{(u_y^*)_{i,j+1}^{n+1}-(u_y^*)_{i,j-1}^{n+1}}{\Delta y\Delta t} \tag{6.6.28}$$

因此，通过求解压力场校正方程（6.6.27）可得到压力场校正值 P'。

6）校正速度场

利用所求得的压力场校正值，根据式（6.6.26）校正速度场。

7）迭代循环

在压力场校正方程（6.6.27）中，若 $b=0$，则表示所求速度场满足连续性方程。故在求解过程中给定误差限 δ。当 $|b|\geqslant\delta$，将校正速度场作为新的初始速度场，并返回步骤（2）；当 $|b|<\delta$，迭代停止，且由 $P=P^*+P'$计算压力场 P。

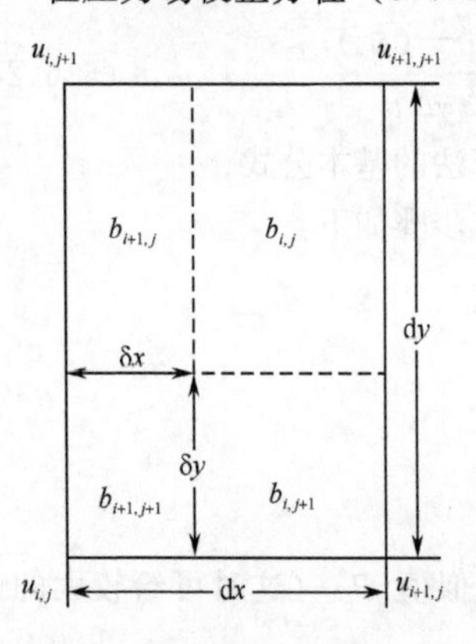

图 6-12　双线性插值示意图

2. 颗粒质心处虚拟流速的计算

在实际计算中，各个网格节点处的流速可以求得。但已知流速计算颗粒运动轨迹时，需要计算颗粒质心处的虚拟流速。文献［22］［23］［24］中采用双线性插值计算流场中任一位置的流速，即通过已知网格节点处的流速可求得微元中任意位置所具有的流速。如图 6-12 所示，设

$$\mathrm{d}x = \frac{\Delta x}{2} \quad \mathrm{d}y = \frac{\Delta y}{2}$$

$$b_{i,j} = (\mathrm{d}x - \delta x)(\mathrm{d}y - \delta y)$$

$$b_{i+1,j} = \delta x(\mathrm{d}y - \delta y)$$

$$b_{i,j+1} = (\mathrm{d}x - \delta x)\delta y$$

$$b_{i+1,j+1} = \delta x \delta y$$

又设速度分量 u_x 或 u_y 在点（$x_i+\delta x$，$y_j+\delta y$）处的值用 u 表示，速度分量 u_x 或 u_y 在网格节点处的值用 $u_{i,j}$、$u_{i+1,j}$、$u_{i,j+1}$、$u_{i+1,j+1}$表示，则点（$x_i+\delta x$，$y_j+\delta y$）处的流速可用下述公式计算

$$u = \frac{b_{i,j}u_{i,j} + b_{i+1,j}u_{i+1,j} + b_{i,j+1}u_{i,j+1} + b_{i+1,j+1}u_{i+1,j+1}}{\mathrm{d}x\mathrm{d}y} \tag{6.6.29}$$

颗粒质心处其他变量的插值方法与之相同。

3．流场边界上颗粒运动的处理

当颗粒运动到管壁、进出口处，我们称颗粒位于流场边界。对运动到管壁上的颗粒，可用碰撞动力学中非弹性碰撞的方法进行处理。在循环系统中，由于颗粒的补给与流出，需要对进入系统及随气体夹带而流出系统的颗粒给出它们在入口、出口边界的处理方法。文献［22］［23］中对出口处的颗粒，不做任何处理，即出口处的颗粒在气速作用下，自由流出；入口处，则通过离散颗粒流率控制颗粒的进入。

离散颗粒流率 Q_p 定义为单位时间内进入系统的颗粒料量，即

$$Q_\mathrm{p} = \frac{m_\mathrm{p} \cdot N_\mathrm{enter}}{w \cdot \Delta z \cdot t} = \frac{\pi r_\mathrm{p}^2 \cdot d_\mathrm{p} \cdot \rho_\mathrm{p} \cdot N_\mathrm{enter}}{w \cdot d_\mathrm{p} \cdot t} \tag{6.6.30}$$

式中：w 是系统几何宽度；d_p 是二维系统的虚拟厚度；N_enter表示时间间隔 t 内从系统底部进入的颗粒数，即$\frac{N_\mathrm{enter}}{t}$为单位时间内进入系统的颗粒数。实际循环系统中，颗粒在气速作用下连续进入。但在计算机模拟中，需按离散的时间步长 Δt 补充颗粒。定义颗粒进入系统所间隔的时间步数为 t_step，则 $t = t_\mathrm{step} \cdot \Delta t$。因此有

$$Q_\mathrm{p} = \frac{\pi r_\mathrm{p}^2 \rho_\mathrm{p}}{w \Delta t} \cdot \frac{N_\mathrm{enter}}{t_\mathrm{step}} \tag{6.6.31}$$

式中：$\frac{N_\mathrm{enter}}{t_\mathrm{step}}$是模拟计算中颗粒的引入速率。

6.6.3 模拟示例

1．鼓泡流化系统的模拟

在实验中，Davidson 等[94]与 Gidaspow[95]用二维床研究气泡行为时，拍摄的

照片表明气泡的形状为底部上凹的腰子状，且在底部形成尾涡。图 6-13 真实地复现了气泡的形成过程[22]。由图 6-13 可见：随着气泡的不断长大，气泡的底部形成尾涡。当气泡到达床层表面时，气泡破裂，此时气泡中带有的尾迹显然可见。

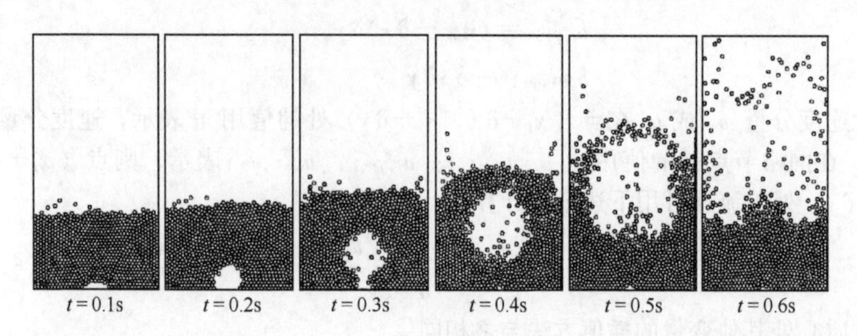

图 6-13　鼓泡形成的模拟

当流化床的床径较小时，气泡在上升途中会形成节涌，即气泡与乳化相间隔向上运动，床面起伏变化。图 6-14 显示了节涌形成过程及床面崩塌现象[22]。

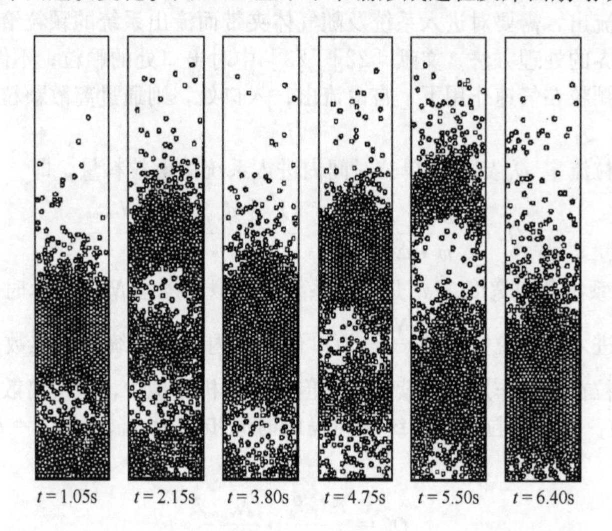

图 6-14　节涌的模拟

图 6-15 是气泡侧向汇合的模拟[23]。其中靠近边壁的气泡受边界效应的影响，其尺寸较小。因此，在与大气泡并排上升并逐渐靠近的过程中，最终被大气泡拖入尾部而发生气泡的吞并，其结果是形成尺寸更大的气泡。

图 6-16 则给出气泡平行上升不发生汇合的模拟图像[23]。由此可见，气泡也可逐渐上升直至达到床层表面而发生破碎。

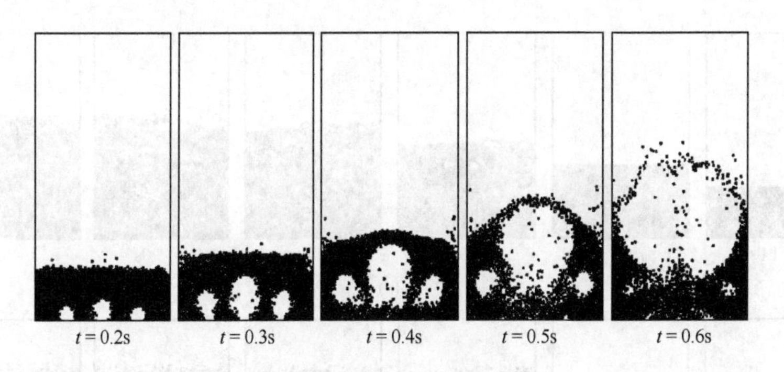

图 6-15　气泡侧向汇合的模拟

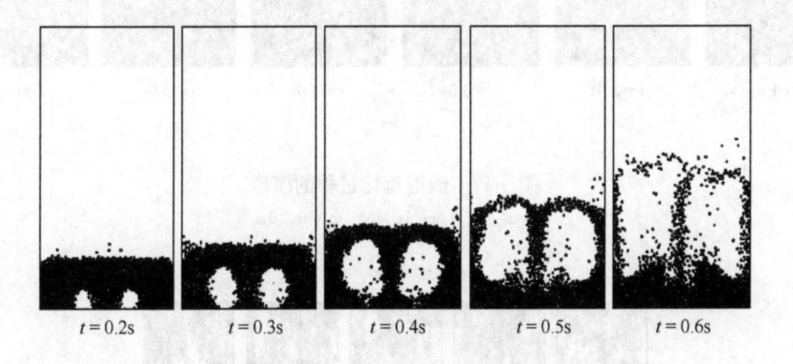

图 6-16　气泡不发生汇合的模拟

小粒径、多颗粒系统鼓泡流化过程的模拟图像见图 6-17[96]。由图 6-17 可见：最初床层表面在气体作用下由固定床逐渐膨胀。当达到鼓泡流化状态后，气泡不断地产生，床层表面基本稳定在某一高度。并且，一些气泡上升到床层表面后破裂，导致床层表面不断波动。如果增加气速，则气泡的数量和尺寸均将增加，从而颗粒间的混合程度得以加强。

2. 循环流化系统的模拟

1）局部非均匀结构的模拟

图 6-18 给出循环流化床中团聚物的模拟[23]。由图 6-18 可见，循环流化床中的颗粒分布除了以单颗粒形式存在的分散相外，还有以颗粒团聚体形式存在的聚团相。

当操作条件发生变化时，循环流化床中稀浓两相的比例以及在空间的分布将发生相应的变化。图 6-19 的模拟给出气速对团聚物形成的影响[23]。由图 6-19 可见，气速越小，颗粒间的碰撞越少，颗粒所受流体的曳力越小，颗粒就越容易形成团聚物而造成流动结构越不均匀。但气速较大时，颗粒则不易形成聚团或聚团趋于消失。

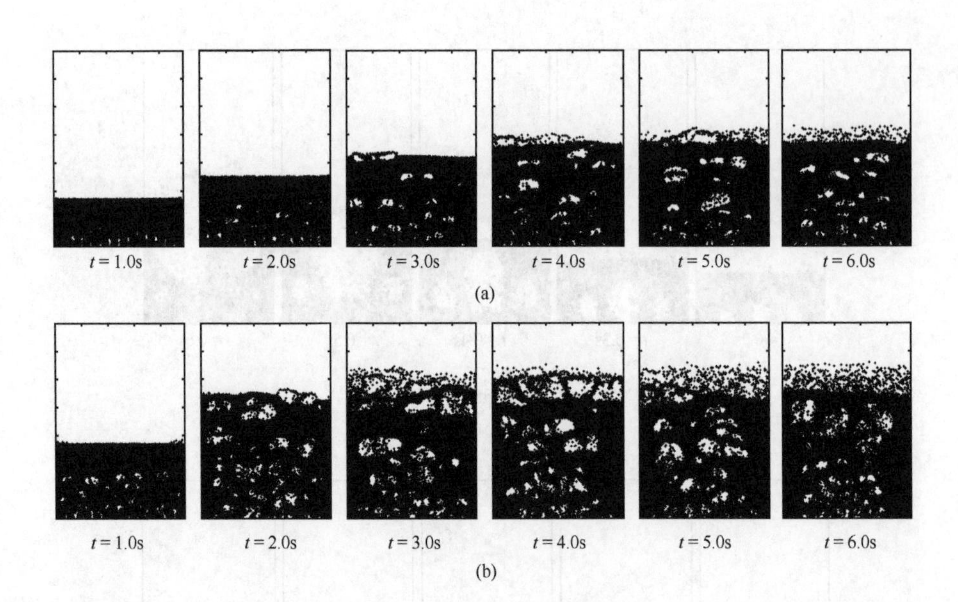

图 6-17 鼓泡流化过程的模拟

(a) $u_g=0.17$m/s；(b) $u_g=0.20$m/s

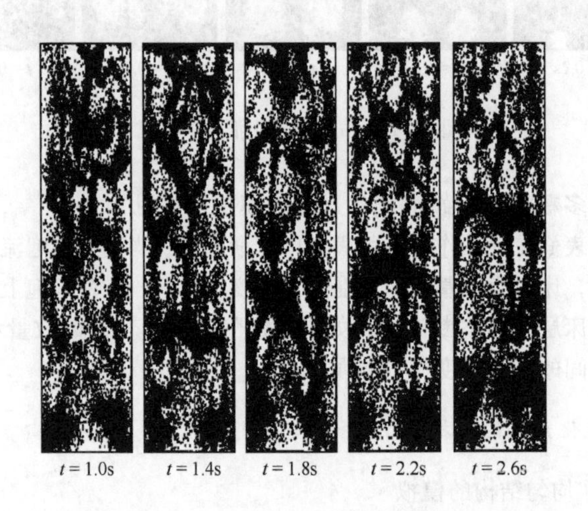

图 6-18 循环流化床中团聚物的模拟

图 6-20 的模拟给出颗粒流率对团聚物形成的影响[23]。由图 6-20 可见，颗粒流率增加会造成床内颗粒聚集行为增强。即颗粒流率越大，越容易形成团聚物，

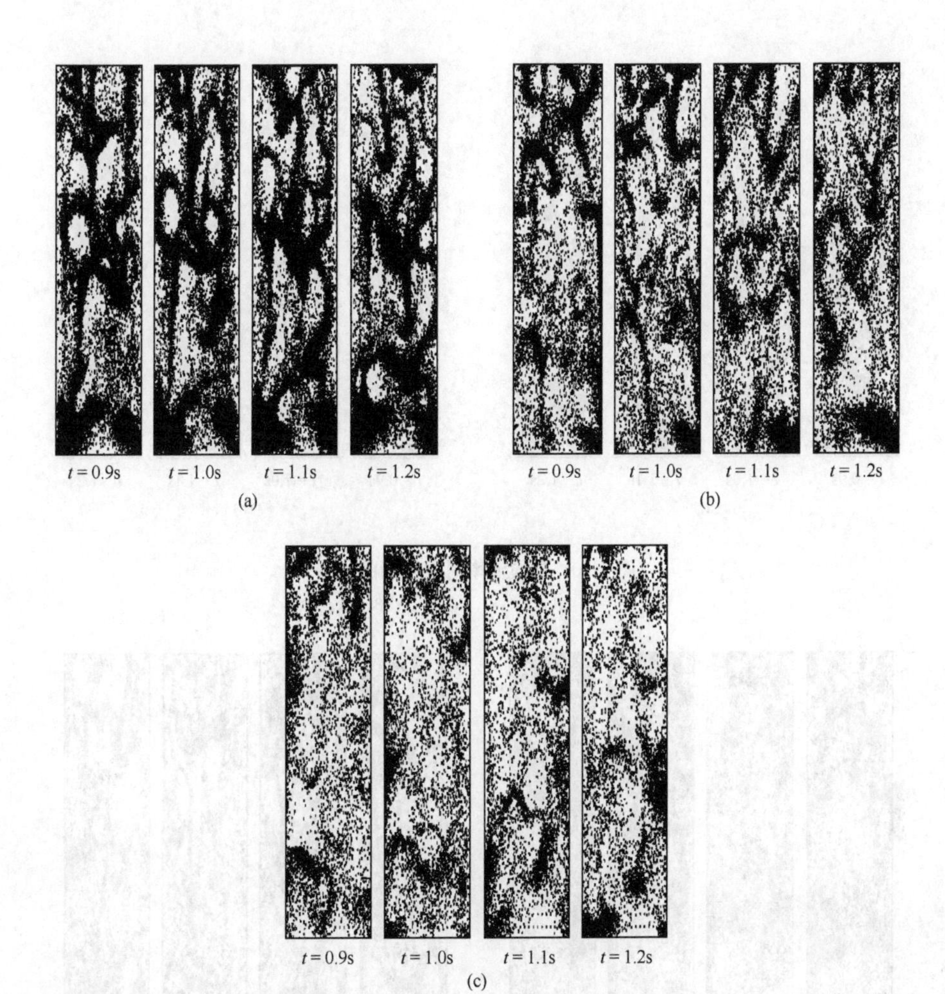

图 6-19　气速对团聚物的影响

(a) $u_g=0.54\text{m/s}$；(b) $u_g=0.62\text{m/s}$；(c) $u_g=0.70\text{m/s}$

其流动结构越不均匀。

团聚物的形成也与物料特性有关，图 6-21 的模拟给出弹性恢复系数对团聚物形成的影响[23]。由图 6-21 可见，弹性恢复系数越小，颗粒间的黏性越大，从而越容易形成团聚物。

2）整体非均匀结构的模拟

大量的实验结果表明，循环流化床中的宏观流动结构呈现出径向与轴向的非均匀特性。图 6-22 给出循环流化床中径向环核结构瞬态行为的模拟[97]。

对颗粒位置进行时间与空间平均后，所给出的径向空隙率分布表明，床中心

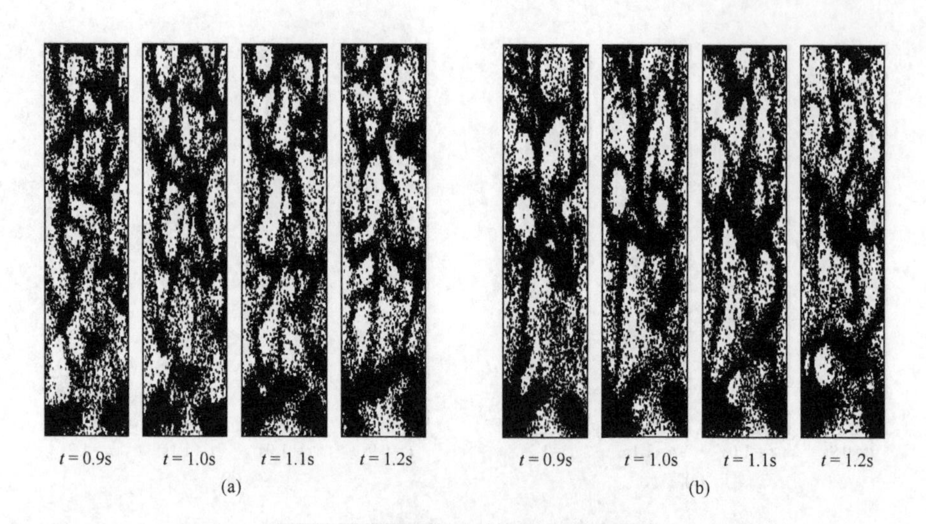

图 6-20　颗粒流率对团聚物的影响

(a) $Q_p=9.42kg/m^2 \cdot s$；(b) $Q_p=18.85kg/m^2 \cdot s$

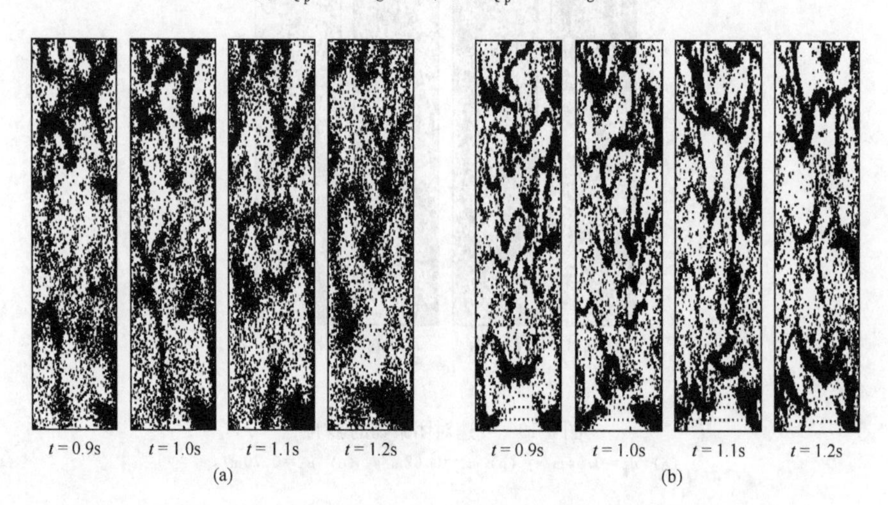

图 6-21　弹性恢复系数对团聚物的影响

(a) $e=0.9$；(b) $e=0.4$

处的局部空隙率较大，而靠近壁面处的局部空隙率较小。即颗粒在床层中径向分布特征呈颗粒在边壁区密集、中心区较稀的环核结构。对颗粒速度进行时间与空间平均后的结果则反映出在床层中心处，颗粒主要向上运动，其运动速度较大；而在边壁处，颗粒则向下运动，其运动速度较小。对气体速度的模拟结果也显示了气速径向分布的环核特征，且气体速度的最小值出现在近壁环形区。这方面的

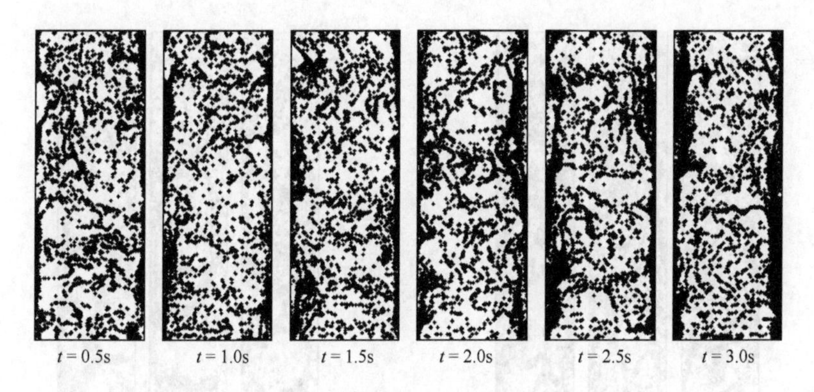

图 6-22　径向环核结构的模拟

工作可参见文献［97］［98］。

作为循环流化床轴向非均匀结构模拟的算例，图 6-23、图 6-24 直观地给出循环流化床中流动结构在轴向变化的特征[23]。

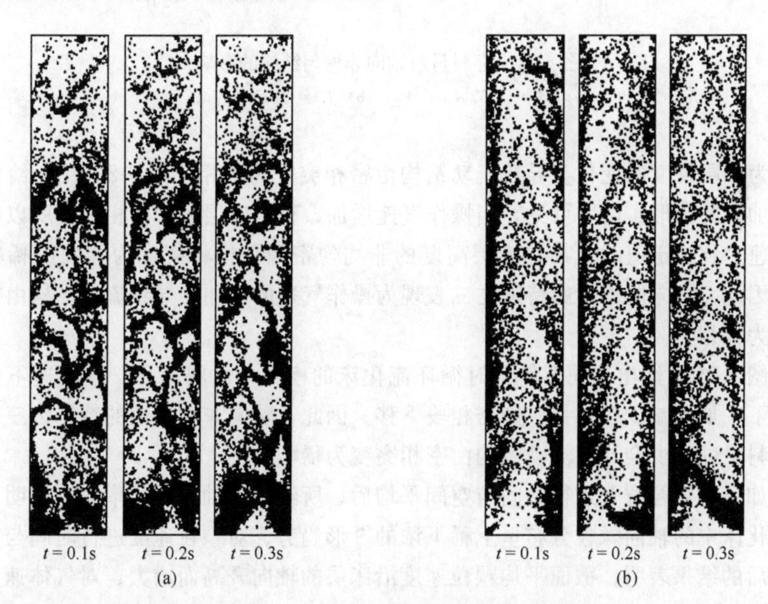

图 6-23　稀密相结构与稀相结构的模拟

(a) u_g=0.70m/s；(b) u_g=0.76m/s

图 6-23（a）给出某操作气速下循环流化床中的颗粒分布。由图可见，循环流化床中的颗粒分布呈上稀下浓的非均匀结构，且稀相段与密相段有一明显的分界线。即在某一床层高度之上，颗粒浓度较稀。因此，轴向非均匀性的特征之一

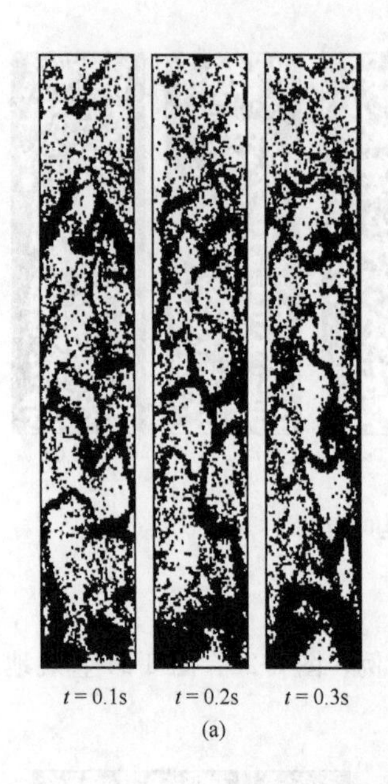

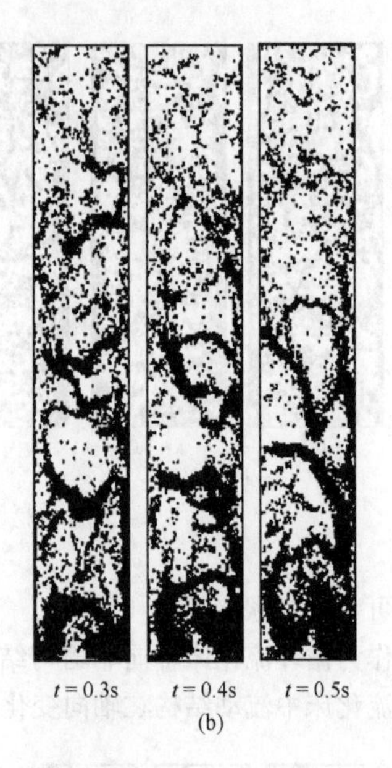

图 6-24　存料量对轴向非均匀结构的影响

（a）$I^* = 1153\times10^{-5}$kg；（b）$I^* = 933\times10^{-5}$kg

表现为床层高度的变化会导致流动结构由密相突变为稀相。图 6-23（b）给出气速增加时的情形。由图可见：当操作气速增加，整个床层成为稀相区。所以在操作气速达到一定值时，某一床层高度的非均匀密相结构将突变为均匀的稀相结构。因此，轴向非均匀的特征之二表现为操作气速的增加会导致流动结构由密相突变为稀相。

图 6-24 则给出不同存料量时循环流化床的模拟。由图可见：在气速不变的条件下，如果减少存料量，则密相段下移。因此，轴向非均匀性的特征之三表现为存料量的减少会导致流动结构由密相突变为稀相。

如果对颗粒位置进行时间与空间平均后，所给出的轴向空隙率分布表明，循环流化床中的轴向颗粒分布呈上稀下浓的 S 形趋势。对颗粒速度进行时间与空间平均后的结果表明，截面平均颗粒速度沿床层的轴向升高而增大。对气体速度的模拟结果则显示了截面平均气体速度在接近分布板的入口段较大，但当流动充分发展后趋于平稳。这方面的工作可参见文献［98］。

3．气力输送系统的模拟

1）垂直管道中塞状流的模拟

塞状流是气固两相流中密相流的典型代表，密相流中两相间强烈的耦合作用将使得运用确定性颗粒轨道模型对其进行模拟的困难较大。图 6-25 给出垂直管道中颗粒塞状流的模拟图像[40]。由图可见，在上升的气流中，颗粒聚集在一起形成塞状物。尽管塞状物后端有一些颗粒下落，但它们落在下一个塞状物的前端，从而导致塞状物的长度几乎保持不变。并且，气速的增加将使得塞状物的运动速度增加。

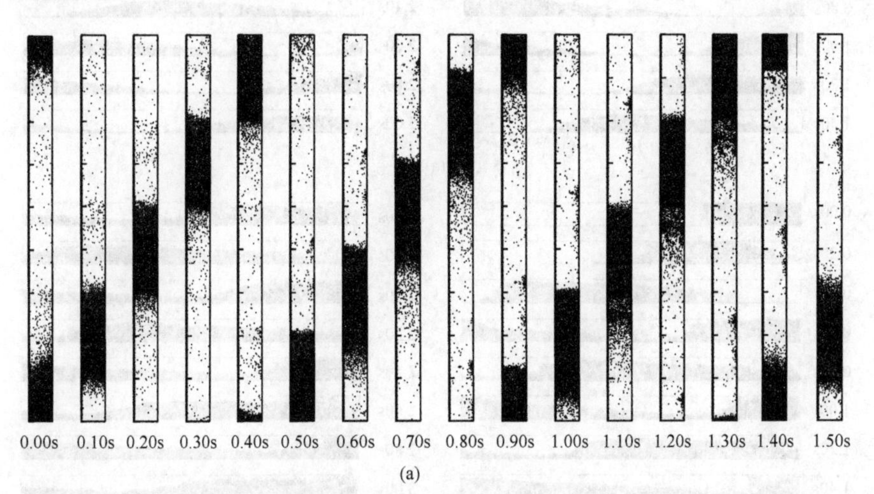

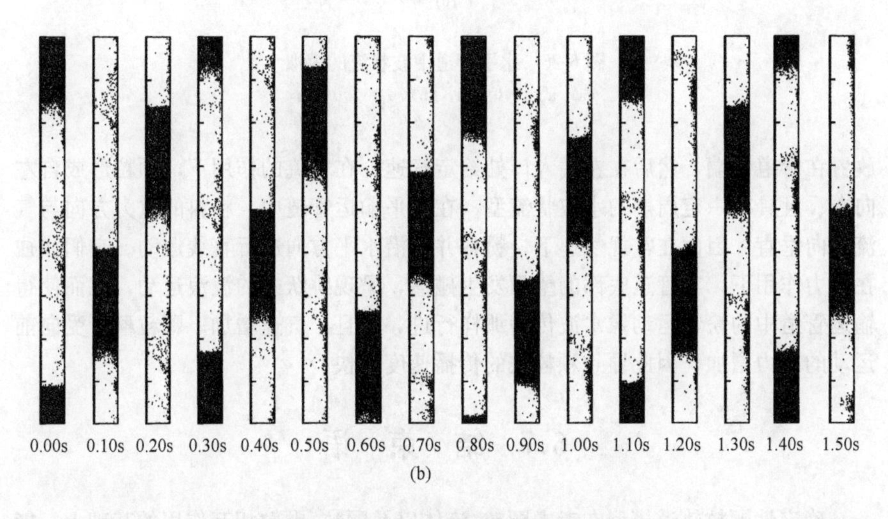

图 6-25 垂直管道中塞状流的模拟

(a) $u_g = 2.1$ m/s；(b) $u_g = 3.3$ m/s

2）水平管道中波状流的模拟

水平输运系统中颗粒波状流的模拟图像[41]如图 6-26 所示。最初颗粒被均匀

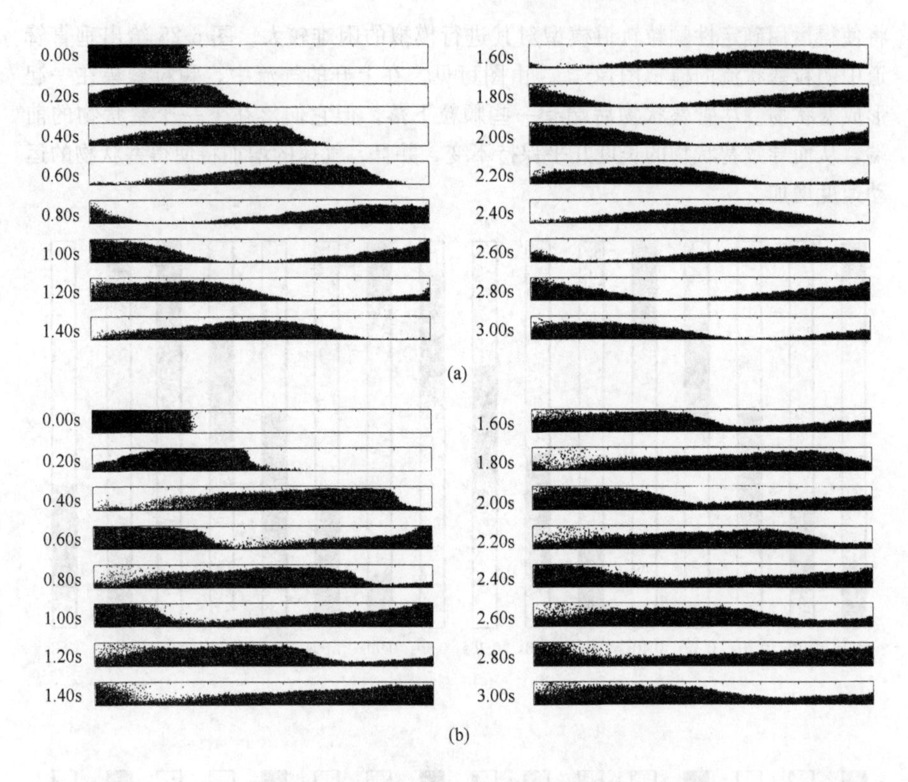

图 6-26　水平管道中波状流的模拟

(a) $u_g=1.0$ m/s; (b) $u_g=2.0$ m/s

放置在管道左端，然后在左端入口处给定气速。在气流的作用下，颗粒形成自左向右、且具有一定周期的水波状流型。在水平输运管道中，粉料的重力方向与气流方向垂直。因而在常规气速下，粉料并非沿水平方向进行直线运动。它们往往在重力作用下，与管道底部的壁面发生碰撞，呈现跳跃式的波浪运动，从而使得输运管道中的粉料运动像水波传播那样行进，并且，气速增加，颗粒群所受向前运动的推力增加，因此导致颗粒波的传播速度加快。

6.7 结束语

确定性颗粒轨道模型在考虑颗粒/流体以及颗粒/颗粒相互作用的基础上，能够直接提供各个瞬时颗粒的尺寸分布、密度分布，详细给出颗粒尺度中个体颗粒运动的动态信息。因而对于颗粒流体系统介观尺度的模拟以及多尺度分析，确定性颗粒轨道模型有着双流体模型与两相模型无法比拟的优点。若将直接数值模拟、大涡模拟等湍流模型用于确定性颗粒轨道模型中的流场计算，则对于颗粒流体系统介观尺度的研究，确定性颗粒轨道模型是很有发展前景的模型。并且，对于多相流中借助各类模型以及实验手段所研究的一些焦点问题，如颗粒湍流脉动的影响、颗粒对流体湍流脉动的作用、颗粒扩散的影响等，确定性颗粒轨道模型无疑也是非常有力的研究工具之一。

虽然确定性颗粒轨道模型已经取得许多研究成果，但该模型用以解决工业问题的关键取决于模拟系统中的颗粒规模。对于一个真实系统，需要运用多少计算颗粒，才能较为准确地量化系统的动态行为还没有可以遵循的依据。在现有计算机硬件条件下，确定性颗粒轨道模型的发展迫切需要具有合理计算时间与合适储存量的数学模型，以扩大模拟规模。但是，作为研究颗粒间相互作用、两相间相互作用的机理模型，确定性颗粒轨道模型定会随着计算机硬件的发展，在揭示颗粒流体系统深层次的多尺度机理方面展示出其巨大的潜能。

符号说明

符号	意义	单位
英文字母		
A_k	控制微元内颗粒 k 占据的面积	m^2
C_{d0}	单颗粒曳力系数	
d_p	颗粒直径	m
dx，dy	x 方向，y 方向网格点间的距离	m
e	弹性恢复系数，$0<e\leqslant 1$	
$\boldsymbol{F}$	作用力	$kg\cdot m/s^2$
$\boldsymbol{F}_d$	曳力	$kg\cdot m/s^2$
$\boldsymbol{G}$	颗粒的相对速度	m/s
$\boldsymbol{g}$	重力加速度	m/s^2
$\boldsymbol{I}$	单位张量	
I^*	系统内存料量	kg
I	颗粒的转动惯量	$kg\cdot m^2$
I_{max}，J_{max}	x 方向，y 方向的网格点数	
$\boldsymbol{J}$	颗粒的冲量	kg·m/s
$\boldsymbol{k}_{12}$	自颗粒 1 质心指向颗粒 2 质心的距离矢量	m
k	记数标记	
m	单颗粒质量	kg
N	模拟系统的颗粒数、样本空间的颗粒数	
N^*	二维流场中单个控制微元所包含的颗粒数	
N_{enter}	进入系统的颗粒数	

符号	意义	单位
$\boldsymbol{n}$	单位法向量	
n	物理系统的颗粒数	
p	压力	$kg/(m \cdot s^2)$
Q_p	离散颗粒流率	$kg/(m^2 \cdot s)$
Re_p	颗粒 Reynolds 数	
r，r_p	颗粒半径	m
$\boldsymbol{S}_p$	动量交换源项	$kg \cdot m^2/s^2$
$\boldsymbol{T}$	颗粒的转矩	$kg \cdot m^2/s^2$
$\boldsymbol{t}$	单位切向量	
t	时间	s
t_{step}	时间步数	
$\boldsymbol{u}$	流体速度矢量	m/s
u_g	垂直于进气口平面的入口气速	m/s
u_x，u_y	流体速度在 x 方向，y 方向的分量	m/s
u_x^*，u_y^*	流体速度在 x 方向，y 方向的近似分量	m/s
$\hat{u}_x$，$\hat{u}_y$	流体拟速度在 x 方向，y 方向的分量	m/s
V_k	控制微元内颗粒 k 占据的体积	m^3
V_p	单颗粒体积	m^3
V_{cell}	拟三维控制微元体的体积	m^3
$\boldsymbol{v}$	颗粒速度矢量	m/s
w	系统几何宽度	m
希腊字母		
β	气固相间动量交换系数	$kg/(m^3 \cdot s)$
δx，δy	颗粒到指定网格点的距离	m
$\bar{\delta}$	迭代收敛的误差限	$1/s^2$
δ_n，δ_t	颗粒变形的法向位移、切向位移	m
Δx，Δy，Δz	控制微元在 x 方向，y 方向，z 方向的步长	m
Δt	时间步长	s
ε	空隙率	
ε_m	最小空隙率	
ε_{2d}，ε_{3d}	二维，三维系统中的空隙率	
η	阻尼系数	kg/s
κ	刚性系数	kg/s^2
μ_g	气体剪切黏性系数	$kg/(m \cdot s)$
ξ	摩擦系数	
ρ_g	气体密度	kg/m^3
ρ_p	颗粒密度	kg/m^3

符号	意义	单位
τ_g	气体黏性应力张量	$kg/(m \cdot s^2)$
ω	颗粒旋转的角速度矢量	1/s
上标		
n	t方向的网格点标记	
(0)	前一状态、前一时间步	
下标		
c	密相	
g	气体	
i，j，k	x方向，y方向的网格点标记或颗粒标记	
n	法向	
p	颗粒	
t	切向	
x，y	直角坐标标记	
1，2	颗粒标记	

参考文献

1 Tsuji Y, Tanaka T, Ishida T. Lagrangian numerical simulation of plug flow of cohesionless particles in a horizontal pipe. Powder Technol, 1992, 71(3): 239～250

2 Tsuji Y, Kawaguchi T, Tanaka T. Discrete particle simulation of two-dimensional fluidized bed. Powder Technol, 1993, 77(1): 79～87

3 Kawaguchi T, Tanaka T, Tsuji Y. Numerical simulation of two-dimensional fluidized bed using the discrete element method (comparison between the two- and three- dimensional model). Powder Technol, 1998, 96(2): 129～138

4 Kawaguchi T, Tanaka T, Tsuji Y. Discrete particle simulation of plug conveying in a vertical pipe. In: proceeding of 6th international conference on bulk materials storage, handling and transportation. Australia: The Institution of Engineering, 1998. 321～327

5 Gera D, Gautam M, Tsuji Y et al. Computer simulation of bubbles in large-particle fluidized beds. Powder Technol, 1998, 98(1): 38～47

6 Xu B H, Yu A B. Numerical simulation of the gas-solid flow in a fluidized bed by combining discrete particle method with computation fluid dynamics. Chem. Eng. Sci, 1997, 52(16): 2785～2809

7 Xu B H, Yu A B, Chew S J, Zuli P. Numerical simulation of the gas-solid flow in a bed with lateral gas blasting. Powder Technol, 2000, 109(1～3): 13～26

8 Mikami T, Kamiya H, Horio M. Numerical simulation of cohesive powder behavior in a fluidized bed. Chem. Eng. Sci, 1998, 53(10): 1927～1940

9 Rong D, Mikami T, Horio M. Particle and bubble movements around tubes immersed in fluidized beds—a numerical study. Chem. Eng. Sci, 1999, 54(23): 5737～5754

10 Rong D, Horio M. DEM simulation of char combustion in a fluidized bed. In: proceeding of 2nd international conference on CFD in mineral and process industries. Australia: CSIRO Press, 1999. 65～70

11 Rong D, Horio M. Behavior of particles and bubbles around immersed tubes in a fluidized bed at high temperature and pressure: a DEM simulation. Int. J. Multiphase Flow, 2001, 27(1): 89～105

12 Kaneko Y, Shiojima T, Horio M. DEM simulation of fluidized beds for gas-phase olefin polymerization. Chem. Eng. Sci, 1999, 54(24): 5809～5821

13 Kuwagi K, Mikami T, Horio M. Numerical simulation of metallic solid bridging particles in a fluidized bed at high temperature. Powder Technol, 2000, 109(1～3): 27～40

14 Kuwagi K, Takano K, Horio M. The effect of tangential lubrication by bridge liquid on the behavior of agglomerating fluidized beds. Powder Technol, 2000, 113(3): 287～298

15 Kuwagi K, Horio M. A numerical study on agglomerating formation in a fluidized bed of fine cohesive particles. Chem. Eng. Sci, 2002, 57(10): 4737～4744

16 Rhodes M J, Wang X S, Nguyen M et al. Use of discrete element method simulation in studying fluidization characteristics: influence of inter-particle force. Chem. Eng. Sci, 2001, 56(1): 69～76

17 Rhodes M J, Wang X S, Nguyen M et al. Onset cohesive behavior in gas fluidized bed: a numerical study using DEM simulation. Chem. Eng. Sci, 2001, 56(14): 4433～4438

18 Hoomans B P B, Kuipers J A M, Briels W J, van Swaaij W P M. Discrete particle simulation of bubble and slug formation in a two-dimensional gas-fluidized: a hard-sphere approach. Chem. Eng. Sci, 1996, 51(1): 99～108

19 Hoomans B P B. Granular Dynamics of Gas-Solid Two-Phase flow. Netherlands: Maastricht, 1999

20 Hoomans B P B, Kuipers J A M, van Swaaij W P M. Granular dynamics simulation of segregation phenomena in bubbling gas-fluidized beds. Powder Technol, 2000, 109(1～3): 41～48

21 Hoomans B P B, Kuipers J A M, Mohd Salleh M A et al. Experimental validation of granular dynamics simulations of gas-fluidized beds with homogenous in-flow conditions using positron emission particle tracking. Powder Technol, 2001, 116(2～3): 166～177

22 Ouyang J, Li J H. Particle-motion-resolved discrete model for simulating gas-solid fluidization. Chem. Eng. Sci, 1999, 54(13): 2077～2083

23 Ouyang J, Li J H. Discrete simulation of heterogeneous structure and dynamic behavior in gas-solid fluidization. Chem. Eng. Sci, 1999, 54(22): 5427～5440

24 Ouyang J, Li J H, van den Schaaf J, van den Bleek C M. Discrete simulations of bubbling fluidization. In: proceeding of 10th international conference on fluidization Ⅹ. New York: United Engineering Foundation Incorporation, 2001. 285～292

25 Helland E, Occelli R, Tadrist L. Numerical study of cluster formation in a gas-particle circulating fluidized bed. Powder Technol, 2000, 110(3): 210～221

26 Helland E, Occelli R, Tadrist L. Computation study of fluctuating motion and cluster structures in gas-particle flows. Int. J. Multiphase Flow, 2002, 28(2): 199～223

27 Goldschmidt M J V, Beetstra R, Kuipers J A M. Hydrodynamic modeling of dense gas-fluidize beds: comparison of the kinetic theory of granular flow with 3D hard-sphere discrete particle simulations. Chem. Eng. Sci, 2002, 57(11): 2059～2075

28 Yonemura S, Tanaka T, Tsuji Y. Cluster formation in gas-solid flow predicted by the DSMC Method. Gas-Solid Flows, ASME/FED, 1993, 166: 303～309

29 Tanaka T, Yonemura S, Tsuji Y. Effect of particle properties on the structure of cluster. Gas-Particle Flows, ASME/FED, 1995, 228: 297～302

30 Tsuji Y, Tanaka T, Yonemura S. Cluster patterns in circulating fluidized beds predicted by numerical simulation (discrete particle model versus two-fluid model). Powder Technol, 1998, 95(3): 254～264

31 张政,谢灼利. 流体-固体两相流的数值模拟. 化工学报,2000,52(1):1～11

32 Kuipers J A M, van Duin K J, van Beckum F P H, van Swaaij W P M. A numerical model of gas-fluidzed beds. Chem. Eng. Sci,1992,47(8): 1913～1924

33 Ergun S. Fluid flow through packed columns. Chem. Eng. Prog,1952,48(2):89～94

34 Wen C Y, Yu Y H. Mechanics of fluidization. Chem. Eng. Prog,Symp. Ser,1966,62(62): 100～111

35 Di Felice R. The voidage function for fluid-particle interaction systems. Int. J. Multiphase Flow,1994,20(1):153～159

36 Alder B J, Wainwright T E. Phase transition for hard-sphere system. J. Chem. Phys,1957,27(5): 1208～1209

37 Campbell C S, Brennen C E. Computer simulations of granular shear flows. J. Fluid. Mech,1985,151(1): 167～188

38 Tsuji Y, Morikawa Y, Tanaka T et al. Numerical simulation of gas-solid two-phase flow in a two-dimensional horizontal channel. Int. J. Multiphase Flow,1987,13(5): 671～684

39 Frank Th, Schade K P, Petrak D. Numerical simulation and experimental investigation of a gas-solid two-phase flow in a horizontal channel. Int. J. Multiphase Flow,1992,19(1): 187～211

40 欧阳洁,孙国刚,Yu A B. 垂直管道中塞状流的模拟. 过程工程学报,2003,3(3):193～199

41 欧阳洁,孙国刚,Yu A B. 水平输运管道中颗粒波状流的模拟. 西北工业大学学报,2003,21(6): 671～674

42 Foerster S F, Louge M Y, Chang H, Allia K. Measurements of the collision properties of small spheres. Phys. Fluids,1994,6(3): 1108～1115

43 周浩生,陆继东,钱诗智. 宽筛分流化床气固两相流动结构的离散颗粒模型. 燃烧科学与技术,1999,5(3): 270～275

44 Crowe C, Sommerfeld M, Tsuji Y. Multiphase Flow with Droplets and Particles. New York: CRC Press, 1998

45 Cundall P A, Strack O D L. A discrete numerical model for granular assemblies. Geotechnique,1979,29(1): 47～65

46 Tsuji Y. Activities in discrete particle simulation in Japan. Powder Technol,2000,113(3): 278～286

47 徐军伟,袁竹林,徐益谦. 喷动流化床的数值模拟研究. 工程热物理学报,2000,21(5): 628～632

48 袁竹林. 流化床中颗粒流化运动的直接数值模拟. 燃料科学与技术,2001,7(2): 120～122

49 陈敏,袁竹林,许世森. 用直接数值模拟对移动颗粒层除尘的研究及实验对比. 燃料化学学报,2002,30(1): 67～70

50 蔡桂英,袁竹林. 用离散颗粒数值模拟对陶瓷过滤器滤饼结构的研究. 能源研究与应用,2001,6: 6～9

51 黎明,谢灼利,张政. 应用离散单元法对二维流化床内流态进行数值模拟研究. 北京化工大学学报,2002,29(2): 6～10

52 Tsuo Y P, Gidaspow D. Computation of flow patterns in circulating fluidized beds. AIChE J,1990,36(6): 885～896

53 袁竹林,徐益谦. 从软球、硬球模型探讨颗粒自转对流化状态的影响. 工程热物理学报,2001,22(3): 363～366

54 袁竹林,马明. 稀疏气固两相流动中颗粒分离特性的数值模拟. 燃料科学与技术,2001,7(4): 235～238

55 张槛,由长福,许旭常. 循环床内气固两相流动稠密颗粒相间碰撞的数值模拟. 工程热物理学报,1998,19(2): 256～260

56 Sommerfeld M, Zivkovic G. Recent advances in the numerical simulation of pneumatic conveying through pipe system. In: Ch. Hirsch, ed. Computational Methods in Applied Science. London: Elsevier Science Publishers,

1992.201～212

57 Oesterle B, Petitjean A. Simulation of particle-to-particle interaction in gas-solid flows. Int. J. Multiphase Flow, 1993, 19(1): 199～211

58 Wassen E, Frank T. Simulation of cluster formation in gas-solid flow induced by particle-particle collision. Int. J. Multiphase Flow, 2001, 27(3): 437～458

59 樊建人，姚军，张新育，岑可法．气固两相流中颗粒-颗粒随机碰撞新模型．工程热物理学报，2001，22(5)：629～632

60 Lun C C K, Liu H S. Numerical simulation of dilute turbulent gas-solid flows in horizontal channels. Int. J. Multiphase Flow, 1997, 23(3): 575～605

61 Yuu S, Umekage T, Johno Y. Numerical simulation of air and particle motions in bubbling fluidized bed of small particles. Powder Technol, 2000, 110(1～2): 158～168

62 Patankar N A. Modeling and numerical simulation of particulate flows by the Eulerian-Lagrangian approach. Int. J. Multiphase Flow, 2001, 27(10): 1659～1684

63 Zhou H S, Flamant G, Gauthier D, Lu J D. Lagrangian approach for simulating the gas-particle flow structure in a circulating fluidized bed riser. Int. J. Multiphase Flow, 2002, 28(11): 1801～1821

64 Limtrakul S, Chalermwattanatai A, Unggurawirote K, Tsuji Y. Discrete particle simulation of solids motion in a gas-solid fluidized bed. Chem. Eng. Sci, 2003, 58(3～6): 915～921

65 Wang X S, Rhodes M J. Determination of particle residence time at the walls of gas fluidized bed by discrete element method simulation. Chem. Eng. Sci, 2003, 58(2): 387～395

66 Wang X S, Rhodes M J. Mechanistic study of defluidization by numerical simulation. Chem. Eng. Sci, 2004, 59(1): 215～222

67 Ye M, van der Hoef M A, Kuipers J A M. A numerical study of fluidization behavior of Geldart A particles using discrete particle model. Powder Technol, 2004, 139(2): 129～139

68 Tatemoto Y, Mawatari Y, Yasukawa T et al. Numerical simulation of particles motion in vibrated fludized bed. Chem. Eng. Sci, 2004, 59(2): 437～447

69 Bird G A. Molecular Gas Dynamic and Direct Simulation of Gas Flow. Oxford: Clarendon, 1976

70 Illner R, Neunzert H. On simulation methods for the Boltzmann equation. Trans. Theory and Stat. Phys, 1987, 16 (2～3): 141～154

71 Pan Y, Tanka T, Tsuji Y. Direct numerical simulation of particle-laden rotating turbulent channel flow. Phys. Fluids, 2001, 13(8): 2320～2337

72 Pan Y, Tanka T, Tsuji Y. Turbulence modulation by dispersed solid particle in rotating channel flow. Int. J. Multiphase Flow, 2002, 28(2): 527～552

73 樊建人，郑友取，岑可法．三维气固两相混合层湍流拟序结构的直接数值模拟．工程热物理学报，2001，22(2)：241～244

74 林建忠，石兴．气固两相混合层流场双相耦合的数值模拟．工程热物理学报，2001，22(4)：496～499

75 林建忠，游振江，石兴．混合层中柱状粒子运动的研究．工程热物理学报，2003，24(6)：972～975

76 周力行．多相湍流反应流体力学．北京：国防工业出版社，2002．171～174

77 Wang Q, Squire K D. Large-eddy simulation of particle deposition in a vertical turbulent channel flow. Int. J. Multiphase Flow, 1996, 22(2): 667～683

78 Yamamoto Y, Potthoff M, Tanaka T et al. Large-eddy simulation of turbulent gas-particle flow in a vertical channel: effect of considering inter-particle collisions. J. Fluid. Mech, 2001, 442(2): 303～334

79 Yuu S, Umekage T, Ueno T. Numerical simulation of the high Reynolds number slit nozzle gas-particle jet using subgrid-scale couple large eddysimulation. Chem. Eng. Sci, 2001, 56(14): 4293～4307

80 范全林,张会强,郭印诚等. 气粒两相平面湍流拟序结构的大涡模拟. 燃烧科学与技术,2001,7(1):21～25

81 黄远东,阎满存,张红武等.气固两相流体绕圆柱流动的数值模拟. 中国沙漠,2001,21(2):200～203

82 张会强,王赫阳,王希麟等.气固两相平板混合层流动的离散涡模拟. 燃烧科学与技术,2001,7(2):126～130

83 王赫阳,张会强,王希麟等.两相平板混合层流动的双向耦合离散涡法数值模拟. 工程热物理学报,2002,23(增刊):201～204

84 Govan A H,Heiwitt G F,Ngan C F. Particle motion in a turbulent pipe flow. Int. J. Multiphase Flow,1989,15(3):471～481

85 许进,葛满初. 气固两相流动的数值计算. 工程热物理学报,1998,19(2):233～236

86 Hoomans B P B,Kuipers J A M,Briels W J,van Swaaij W P M. Comments on the paper "Numerical simulation of the gas-solid flow in a fluidized bed by combining discrete particle method with computation fluid dynamics" by B. H. Xu and A. B. Yu. Chem. Eng. Sci,1998,53(14):2645～2646

87 Xu B H,Yu A B. Authors reply to the comments of B. P. B. Hoomans,J. A. M. Kuipers,W. J. Briels and W. P. M. van Swaaij. Chem. Eng. Sci,1998,53(14):2646～2647

88 Kafui K D,Thornton C,Adams M J. Discrete particle-continuum fluid modeling of gas-solid fluidized beds. Chem. Eng. Sci,2002,57(13):2395～2410

89 Feng Y Q,Yu A B. Comments on "Discrete particle-continuum fluid modeling of gas-solid fluidized beds" by Kafui et al. Chem. Eng. Sci,2004,59(3):719～722

90 Kafui K D,Thornton C,Adams M J. Reply to comments by Feng and Yu on "Discrete particle-continuum fluid modeling of gas-solid fluidized beds" by Kafui et al. Chem. Eng. Sci,2004,59(3):723～725

91 van Wachem B G M,van der Schaaf J,Schouten J C et al. Experimental validation of Lagrangian-Eulerian simulations of fluidized beds. Powder Technol,2001,116(2～3):155～165

92 Delnoij E,Kuipers J A M,van Swaaij W P M. Dynamic simulation of gas-liquid two-phase flow: effect of column aspect ration on the flow structure. Chem. Eng. Sci,1997,52(21～22):3759～3772

93 Patankar S V. Numerical Heat Transfer and Fluid Flow. New York: Hemisphere Publishing Corporation, 1980

94 Davidson J F,Clift R,Harrison D. Fluidization. 2nd ed. London: Academic Press,1985

95 Gidaspow D. Multiphase Flow and Fluidization. San Diego: Academic Press,1994

96 Ouyang J,Li J H,Sun G G,van den Bleek C M. Simulation of dynamic characteristics for gas-solid fluidization. 应用基础与工程科学学报,2002,10(4):338～346

97 Ouyang J,Li J H,Sun G G. The simulations of annulus-core structure in CFB. Chinese Journal of Chemical Engineering,2004,12 (1):27～32

98 欧阳洁,李静海. 循环流化床中宏观非均匀结构的计算机模拟. 化工冶金,1999,20(2):144～149

第7章 拟颗粒模拟

前几章讨论的模拟方法中流体都被看作连续介质，但从物质世界的本质上说，基于离散粒子观点的模拟似乎更加直接。本章试图以我们提出的“拟颗粒”模拟为例，从多尺度模拟的角度分析这种处理的必要性与合理性，并介绍一些初步的研究结果。

7.1 拟颗粒模拟提出的背景

颗粒流体系统几乎是过程工程中最常见和最典型的处理对象，因而集中体现了它的复杂性。如相间滑移速度和作用力的强非线性关系、分相和界面行为、多态性和突变现象，以及放大效应等，对此第1章已做了深入介绍。对于这样的系统，传统的连续介质模拟方法遇到了严峻的挑战。

7.1.1 连续介质方法的局限性

连续介质模型需要在微观足够大和宏观足够小的尺度上进行平均化。这样研究对象就被处理成了一组相互关联的微元。原则上假设状态参数在微元内是均匀的而在微元间是缓变的，这时它们可以采用从近平衡系统获得的简单本构式，如牛顿内摩擦定律，从而可以通过数值手段预测系统的时空变化（能解析求解的情况极少）。但从过程放大考虑，由于系统的复杂性及由此产生的多尺度结构，真正能满足这种要求的微元尺度与系统尺度相比往往过于微小，如几十米尺度的工业装置内湍流的耗散涡可小于毫米尺度，同时结构的界面大多具有明显的间断性以及分裂、合并等复杂的行为。因此，无论从数值方法还是计算量上说，严格计算几乎是不可能的，甚至如此精确的边界和初值条件也无法给定。

为得到应用，现在连续介质方法常常只能采用并不十分合适的微元，这些微元内部含有丰富而显著的结构，并且很难说处于近平衡状态。这时简单的本构关系已不再适用。但由于对多尺度结构的形成和相互作用的机理缺乏了解，这种差别经常被不合理却又是无奈地忽略了，最多是用经验或粗略的理论估计来修正结构的影响，如各种湍流模型、相间作用模型等。这些修正主要是从现象的描述入手，适用范围和可靠性都很受限制；而且由于没有系统而严格的理论基础，各种庞杂的修正间在应用中还很容易造成相互冲突和违背基本原理的情况。

当然目前也有一些模型，如 Davidson 鼓泡模型[1]、环核结构模型[2]和 EMMS 模型[3]等已经考虑了不均匀结构和间断性的存在，但它们都结合了具体系统的特性，对结构设定了先验的轮廓，而且只是对系统中典型的整体和时均行为的描述，因而还是相当粗略的，难以系统地改进微元模型。

7.1.2 微观模拟方法的发展

显然，为了能准确地模拟颗粒流体系统在连续介质尺度上的行为，必须从更小的尺度上模拟颗粒及其周围流体的运动。这既是建立模型本构关系的需要，更是探索系统本质机理的需要。这一点将在 7.2 节中更深入地讨论，下面先简单介绍现有的一些亚颗粒尺度模拟方法。

1. 直接数值模拟

直接数值模拟（direct numerical simulation，DNS）是用传统的有限差分或有限元等方法直接数值求解 Navier-Stokes 方程。这对含有大量运动边界（即颗粒表面）的流动是相当困难的。若采用结构化网格，则同一微元中存在物性完全不同的固体和流体势必带来的计算方法和精度上的困难。非结构化网格可使颗粒与网格的边界重合，从而简化微元内的处理，但这使得网格要随着颗粒的运动而频繁地重新生成，所以相当繁琐，也影响计算精度。近来比较流行的 level set（水平集）[4]等方法虽然能在一定程度上自动识别和跟踪界面，但要处理大量颗粒的长时间运动还非常困难。

2. Stokes 流体动力学

当颗粒的 Reynolds 数 $Re_p \ll 1$ 时，颗粒绕流可视为纯黏性流动，即 Stokes 流。Navier-Stokes 方程因惯性项可忽略而线性化，使流场具有可加性，这样各颗粒所受的流体作用力、其运动轨迹和周围的流场均可由反射法[5]模拟。该方法已复现了小规模的节涌和鼓泡现象[6]。但可惜很多系统不满足 $Re_p \ll 1$，而且颗粒的直径 d_p 并不是决定流体流型的唯一（甚至不是主要的）特征尺度，而其他尺度的不均匀结构对应的 Reynolds 数可能会大得多。也就是说，众多的颗粒绕流上叠加了更大尺度的非 Stokes 流，如气泡和聚团的尾涡以及更大的系统中可能出现的湍流，而这些都只能被该方法忽略。同时反射法虽然已发展了几十年，但其理论证明仍限于流场中仅有两个球体的情况，而且对它的建模和算法仍有许多争议[7]。另外，该方法的计算量正比于颗粒数的平方至立方，这也严重制约了它的应用规模。

3. 分子动力学

Navier-Stokes 方程所涉及的流体物性均决定于其组成分子的性质。对常见的牛顿流体，分子动理学已将它们提炼为分子直径（d）或势函数[$h(r)$]、数密度（n）、质量（m）、均方根速度（v）等少量经典力学的简单属性与运动状态，并能定量预测或设计相应的物性或分子属性。因此，理论上可将以偏微分方程表示的 Navier-Stokes 方程转换为分子在周围多个分子形成的保守力场中运动的常微分方程（大多数应用系统中流体可视为理想气体或常物性的，采用硬球分子即可模拟，所以甚至只需求解代数方程），从而通过模拟大量分子的行为直接模拟流体的运动，这就是分子动力学（molecular dynamics，MD）方法，而且，通常固体颗粒可近似为硬质的简单几何体，故只需作为整体处理。MD 模拟的算法比较简单，也已相当成熟，收敛性好，而且本质上无需任何网格作为建立平衡方程的参照系，因而能方便地处理复杂的初边值条件。

此方法几乎仅有的但却是致命的弊端是计算量太大。当然直接模拟实际系统中的每个分子是不必要的，流体力学相似律使其只需模拟具有相同准数（很多情况下可仅保证一两个准数）且满足一定精度要求（即涨落足够小）的最小规模系统。MD 模拟的原理在 20 世纪 50 年代末已出现[8]，并应用于流体状态方程和输运性质的平衡态研究。但按传统流体力学和分子动理学的预计[9]，为获得流动现象，至少需在大于分子间平均自由程 λ 两个量级的尺度上，因此直到 60 年代末发现了长时尾效应[10]，意味着宏观流动可存在于几个 λ 的尺度上后，才开始了对非平衡系统的尝试[11]。随着计算技术特别是并行计算的发展，MD 方法在 80 年代末才实现了典型单相流动的模拟，如对圆柱[12]和平板[13]的绕流以及一些对流动稳定性的研究[14]。

4. 直接模拟 Monte Carlo

直接模拟 Monte Carlo（direct simulation Monte Carlo，DSMC）方法（如文献［15］的评述）可视为 MD 方法的变种，它首先令所有分子自由飞行一段时间后选择几对分子进行抽样碰撞（不考虑分子是否相接），使之足以代表该时段的所有实际碰撞，然后重复以上步骤。Bird 等 20 世纪 60 年代提出该方法时的动机是将当时 MD 方法 O（N^2）（N 为分子总数）的计算量降至 O（N）。当 $N\sim10^3$ 时 DSMC 方法可快约 10^3 倍。但以后 MD 方法也达到 O（$N\ln N$）[16~17]，且许多模拟中 N 只需 DSMC 方法的 $10^{-3}\sim10^{-2}$，因此，现在其优势主要在于对对称流场可降低维数计算和对复杂碰撞也只需做抽样处理，从而减少了计算量。但该方法毕竟不像 MD 方法那样完全采用真实的物理过程，而需假设分子混沌且只发生瞬时二体碰撞并做随机处理，因此只适合模拟稀薄气体，难以达到含加压气体或液体的系统中的流动准数。故总的来说，MD 方法更加严格而通用，但特定情况下 DSMC 方法的效率更高。

5. 格子气方法

DSMC 方法说明合理简化分子运动的物理图景可保持相同的流动行为而提高模拟效率。格子气（lattice gas automaton，LGA）方法（参阅文献［18］的综述）正是基于此思想，将分子抽象为沿一定的规则网格（如正三角形）按一定的节拍同步运动的几何点。节拍的起止时刻各分子都在网格点上。若多个分子相遇则按简单的规则改变各自的速度，并保证动量和能量守恒以及分子的统计行为符合 Navier-Stokes 方程。其突出优点是模型简单、无收敛问题；纯整形运算、无计算误差；和完全并行。所以，尽管它要采用细密的网格和众多的分子，但仍然是一种比较高效的模拟方法，特别是在采用专门的硬件实现的时候。但 LGA 模型与 Navier-Stokes 方程的完全对应还有不少限制，而对颗粒流体系统来说，最主要的问题是颗粒不能处理为几何点，它与流体粒子碰撞后两者的速度均不一定属于被网格确定的离散速度集合。虽然平均或随机处理能将它们圆整到该集合中，但都难以达到原模型理论上的严密性和简单性。其后发展的格子 Boltzmann (lattice Boltzmann，LB) 方法（参阅文献［19］的综述）虽然通过引入连续的密度分布函数而使问题得到部分解决，但在流固耦合的处理上仍引入了不尽合理的假设或限制条件[20]。

6. 混合方法

以网格中的粒子（particle-in-cell，PIC）方法（参阅文献［21］的综述）为先导的另一类将连续和离散模拟相结合的方法其实在电子计算机发明后不久就已提出了。PIC 将网格中的流体分解为许多“流体粒子”，而驱动它们的外力和输运势则按传统的 CFD 方法通过网格点间的差分获得。后来发展的光滑粒子流体动力学（smoothed particle hydrodynamics，SPH）（参阅文献［22］的综述）避免了网格的使用，而将偏微分方程转化为常微分方程。这是通过一种将任意函数近似表达为它在一组不规则点上的数值之加权平均的插值方法实现的。这两种方法与传统 CFD 方法仍较接近，因为其“流体粒子”并不具备微观粒子的性质而更像移动的流体微元。对较大规模的模拟，它们在粒子方法中具有效率优势，不过对于一些简单流动的模拟，它们反而会比传统方法更费时，精度也较低。

20 世纪 90 年代以来出现了一些更加平衡的传统 CFD 和 MD 模拟的结合。其中包括耗散粒子动力学（dissipative particle dynamics，DPD[23]）和流体粒子模型（fluid particle model，FPM[24]）。这些粒子因具有黏度和非弹性等流体微元才具有的宏观性质而比流体分子更复杂，但它们依然是无质量交换、离散和脉动的，因而比流体微元更微观。有关 DPD 应用的报道[25]在不断出现，但主要集中在胶体悬浮的研究中。它们要全面模拟实际的流体行为还较困难，因为动理学理论的推导表明其宏观物性较常见的流体更复杂[26]。

7.2 拟颗粒模型的建立

7.2.1 基本思想

流体动力学被广泛地认为是一种自含的理论，即宏观的流体动力学行为不会受到流体分子运动的微观细节的影响，除了能在微元尺度上确切定义的近平衡的统计性质。因此上述各种粒子方法，特别是分子动力学类型的，只被认为是当传统 CFD 方法遇到数学或计算上的困难（而不是物理上的困难）时“退而求其次”的选择，而这些方法所提供的微观细节被当成了会降低计算效率的无用而又不可避免的“副产物”。所以一般认为，如果计算机具备足够的计算能力，在耗散涡尺度以下的传统的直接数值模拟最终还是能够揭示湍流这样的世纪难题。

但是我们怀疑如果粒子方法最后只被看作一类新的 CFD 算法，那么它揭示流动现象更深层机理的能力就会被埋没。前面提到的传统意义下 MD 模拟流动时对规模的要求本质上是目前通过流体力学和分子动力学上下两个相对独立的层次描述流动行为的体系所造成的，即为了满足局域平衡假设的两个方面：宏观足够小和微观足够大。

值得指出的是，跟踪一个微元中所有分子的运动即使在现代标准来看也是不现实的，因此，分子动理学在推导中引入的各种限制严格地讲是假设或者仅有间接证明的，而前面提到的“长时尾”效应正说明了这些假设有时是不合理的。即稠密气体中分子的速度自相关函数（VAF）随碰撞次数（或以经历时间计）呈幂函数下降，而不是基于分子“混沌”假设的动理学理论所预测的呈指数函数的下降。更引人关注的是，当一个分子被看作是沉浸在其他分子组成的连续介质中流动的固体颗粒时，数值计算得到的其速度和周围流场与模拟中的测量结果能很好吻合，这意味着流动现象甚至能存在于分子的尺度上，而不是如传统理论框架所预计的，需要在比它大两个量级的尺度上。

“长时尾”效应已在理论和实验上得到了验证[27]，并得到广泛承认。但传统理论框架很难接受像分子尺度上的连续介质这样的提法。因此，许多研究者试图建立所谓的广义流体力学（GH）[28]，它保持了传统的两个层次的描述方式和流体力学方程组的基本框架，但流体的物性可依赖于流体动力学变量发生显著改变的大范围时空区域内的系统状态，而在传统流体动力学中流体的物性最多只取决于当时当地一点上的状态，因此，GH 必须用偏微分－重积分方程组表达。显然这种描述极其复杂，使原已相当困难的流体力学方程组的求解变得更加棘手。即使这样 GH 也只适用于力和流近似呈线性关系的情况，而对激波那样的非线性非平衡现象仍无能为力。其他现有的解释也都存在类似的复杂性和局限性[27]。

在此我们想指出，作为普适定律的具体表达，Navier-Stokes 方程本身几乎是一个能够表达许多不同系统的动力学的“空筐”。所以，不难想像虽然一个分子的即时运动是直接由其周围若干分子的状态决定的，但如果我们愿意，仍可回到连续介质的方法而构造一套本构关系式。但是如果这样做非常复杂，而又不能完全揭示流动的机理，是不是有必要再寻找别的途径呢？

从某种意义上说，流体是相对简单的系统，大量不可辨别的离散粒子通过并不复杂的近程相互作用就可直接组成典型的流体系统。这里所谓离散是指粒子内部的相互作用及其稳定性要比它们之间的强得多，并且它们的相互作用强度在时间上起伏很大，具有间歇性。所谓直接是指在上述粒子结构层次上，流体没有更多的本征结构存在。虽然流场中能存在不同尺度的涡以及边界层等，但这些都是由具体的边界和初始条件所引发并随之变化的，因此只能看作流体的行为特征。简单的微观结构与复杂的宏观现象描述间的反差必然引发对更简洁描述的探索。

现在已可认为流动行为并不是在系统达到连续介质的规模后才突然出现的，而是直接根源于离散粒子的行为，并随系统规模的扩大而逐渐变得明显。另外，现在对流动的处理最终也都是基于对分子行为的研究。因此，流动行为应当能够直接通过组成它的离散粒子的性质及相互作用来描述，即双层次的处理方法可能是不必要的。

其实现有的理论体系在很大程度上是由历史的原因造成的。流体动力学是从宏观和唯象的角度建立起来的，当时对流体微观上的基本行为还没有充分的认识，不足以用来解释流动行为（奠定流体动力学基础的 Navier-Stokes 方程是在 1822 年发表的[29]，而 Maxwell 气体速度分布率最初发表于 1860 年[30]）。这很自然地将从微观和离散的角度对流体的研究引向为已建立的流体动力学寻找理论依据的道路，而不是去独立地构造新的关于流动现象的理论体系。严格地说表征流动现象的变量是从直观上总结出来的，其合理性一直没有从理论上证明过，现在流体动力学的困难很可能不是源于系统本身的复杂性，而是在于刻画现象的变量与形成现象的机理间的不一致性。

实际上，在一种框架（或称角度）下看来相当复杂的现象在另一框架下会显得非常简单。数学上的分形研究也许能直观地提供这样的一个例子。描述云、植物和山脉的形状对传统几何学来说是非常困难的，但它们却能在分形几何学中得到非常简洁而逼真的描述。从某种角度说，“长时尾”效应意味着对流体行为的描述中也可能出现类似的情况。现在流体力学和分子动力学对流体的研究就类似于从整体和局部上用传统几何方法来拟合自然的形状，而对流体行为能否找到类似分形几何那样的简单描述呢？物理上，“长时尾”效应可理解为耗散中的流体粒子推挤其前面的分子而为其后面的分子进入其尾涡留出空位的一种平均效果[27]。因此，它反映了相邻分子间速度和位置上的关联，而在分子“混沌”假设下它们是不相关的。对硬球分子而言这种关联随分子间距离的增大而迅速减弱。这可作为“长时尾”效应在稀薄气体中未能被观察到的一个一般性解释，因为分子间足够接近时，其相互作用总是斥性的且趋于无穷，否则也谈不上是什么粒子了，所以它们总是可以近似为硬球。但无论如何微弱，这种关联仍将蕴涵在任何分子间的作用中，如果流动在强度上足够显著或尺度上足够大，它的某种集体效应就会表现出来。这可解释为什么通常的牛顿流体在剪切率足够大时会呈现非牛顿特性，而我们认为湍流的产生也可能与此有关。

综上所述，即使在一对分子的碰撞中也蕴涵着一种自组织机制，因而结构和秩序能在远小于连续介质的时空尺度上存在，而不一定是传统上认为的由随机运动主导。换言之，每个分子都在流动而每种流动都是脉动的，所谓流动和分子热运动的区分并不是截然的，而多少取决于我们主观的判断。宏观流动现象也应遵从同样的机制，而传统的框架之所以一般能给出看来真实的描述是因为（现代意义上的）混沌的分子运动与真正的随机运动在动量输运的宏观性质上极为相似。

既然有必要和可能从分子的层次上讨论流动的起源和机理，那么前面介绍的几种离散粒子模型与连续介质模型相比，除了对颗粒流体系统在计算方法上的简单性，又增加了物理上的合理性。一方面由于能够期待在更小的规模上复现宏观的流动现象，它们的计算量可以大大缩小；而另一方面多付出很多计算量也是值得的，因为粒子模型毕竟能获得连续介质模型遗漏的有价值的微观信息，用来探索更深层次的理论问题。从长远来说，理论上的突破有可能带来更简便的预测手段。从这种意义上说，理想的离散粒子模型应该尽可能保留对形成流动有贡献的分子属性，并在此基础上尽可能减少计算量。当然这两者间会存在矛盾，而在目前我们对从分子水平上直接阐明流动现象还缺乏理论的情况下，我们更需要偏重于前者，使之首先成为一种理论探索的工具，而不是主要是一种实用的流动行为的预测工具。拟颗粒模型正是在寻找这样一种方法的过程中的一个初步结果。

7.2.2 模型的建立

虽然从探索流动机理的角度说，粒子方法比传统 CFD 方法具有明显优势，但它们内部仍存在差别。PIC 和 SPH 本质上还是依赖于我们想重新考察的传统描述框架，而 DPD 和 FPM 使用了介观尺度的假想粒子，能量守恒也只是统计地实现，因此，发现这些粒子的严格的物理意义自然是困难的。其模拟结果的合理性无法在其本身的框架内得到证明，最终仍需回到传统的描述框架。这方面 LGA 倒具有物理上的自含性，尽管它是流体极端简化的模型。对单相流而言，其模拟系统能完全按照牛顿运动定律没有误差地演化。对某些机理探索而言，它是十分理想的工具。但总体上说它太简单，以至于无法在分子尺度保持足够的对称性和分辨率。LBM 通过引入连续的单粒子分布函数提高了对称性，但这就引入了先验的动理学规律。同时这两种方法应用于运动颗粒边界时就失去了物理上的一致性。DSMC 也引入了动理学规律统计地处理粒子间的碰撞。MD 虽然能最全面地反映流动的微观状况并无需引入任何统计规律，但要模拟从微观到宏观的流动的全景目前还是不现实的，而且我们发现也可能是不必要的。

分子动力学模型大致分为两类，即软球模型和硬球模型。前者能将能量守恒保持到计算的字长精度，但因为系统是被异步地推演的，很难加入外界动力学约束或对系统进行频繁的采样和统计。实际上，约束还能使碰撞的检测过程复杂化。即使只引入一个简单的可变体积力，对每对分子间碰撞时间的预测也要解一个四次方程。另外，硬球模型的并行性较差，因为每个分子的演化显式地与其他所有分子相关。软球模型没有这些困难，而且更符合分子间作用的实际图景，但能量守恒受到数值计算精度的限制，因为分子的势能曲线必须被数值积分，而且相当于硬球碰撞的反弹过程是靠多步减速和加速过程实现的，故从某种意义上说它的效率较低。能否找到一种结合了两种模型的优势而又不失去它们的共同本质的方法呢？我们提出的拟颗粒模型[31～34]看来给出了肯定的答案。其想法是来自这样一种观察，即如果不考虑计算误差，软球模型仍比实际分子间作用简单得多，因此虽然它已真实地重现了许多微观流动现象，但对分子间作用的较确切的描述不可能是一个主要的贡献。回顾粒子方法中不同的离散尺度，我们发现在分子的层次以上流体并没有什么本征的结构和尺度，而就流动行为的探索而言，分子尺度之所以特别，是因为这里所有能量都显式地以动能和势能存在而不再耗散，故系统成为一个保守体系而显式地按牛顿运动定律演化。所以，如果这些性质能保留在模型中，我们可设想分子间作用的处理还能进一步简化而不带来流动行为质的改变。当然，分子间的作用也不能像在 DSMC 和 LGA 中那样过度简化。由此我们提出拟颗粒作为流动中的最基本单元。

我们目前采用的拟颗粒没有内部结构。每个拟颗粒具有 4 个属性：质量（m）、半径（r）、位置（$\boldsymbol{P}$）和速度（$\boldsymbol{v}$）。前两个在模拟中可以是恒定的。模拟中拟颗粒按相同的时间步长（Δt）同步地演化。在各步间，拟颗粒先各自独立运动（可能受到外力和约束），然后在各步结束时，如果两个拟颗粒（如 1 和 2）满足$|\boldsymbol{P}_1-\boldsymbol{P}_2|<r_1+r_2$，则它们会像两个光滑刚性球（或二维时的刚性碟）那样发生碰撞，即 $\boldsymbol{P}_1$ 和 $\boldsymbol{P}_2$ 不变而

$$\boldsymbol{v}_1'=\boldsymbol{v}_1+\frac{2m_2}{m_1+m_2}(\boldsymbol{v}_1-\boldsymbol{v}_2)\cdot\frac{(\boldsymbol{P}_2-\boldsymbol{P}_1)(\boldsymbol{P}_1-\boldsymbol{P}_2)}{(\boldsymbol{P}_2-\boldsymbol{P}_1)^2} \tag{7.2.1}$$

$$\boldsymbol{v}_2'=\boldsymbol{v}_2-\frac{2m_1}{m_1+m_2}(\boldsymbol{v}_1-\boldsymbol{v}_2)\cdot\frac{(\boldsymbol{P}_2-\boldsymbol{P}_1)(\boldsymbol{P}_1-\boldsymbol{P}_2)}{(\boldsymbol{P}_2-\boldsymbol{P}_1)^2} \tag{7.2.2}$$

式中：上角$'$表示碰撞后的数值。碰撞按预先确定的能保证空间上的随机性和各向同性的顺序进行。

当 $v\Delta t$（其中 v 是拟颗粒的均方根速度）很小时，它似乎也可以被认为是对硬球模型的一种算法上的简化，但从 7.2.1 节的讨论我们可以发现，它实际上是一种具有不同物理背景的新模型。因为 $v\Delta t$ 不必非常微小以防止拟颗粒间有显著的重叠（与拟颗粒半径和其平均间距 l 相比）。我们认为它可与 r 和 l 中的较大者相当。如果更大，那么一个拟颗粒的演化对邻近拟颗粒的具体状态的真实依赖关系就会有所改变，而在此限度内，$v\Delta t$ 原则上只是涉及效率问题。实际上，要精确确定最佳的 $v\Delta t$ 是比较困难的，它与模拟的目的，所使用的计算机的性能和我们在优化程序上愿意付出的精力有关。

我们可以将拟颗粒模型与其相关模型做一比较。从微观表现力和计算量上看，PPM 处于 MD 和 DSMC 之间。在 MD 中，粒子间通过势函数相互作用（包

括硬球模型)，因此每个粒子的运动与每个邻近粒子的运动有直接的依赖关系，而在 DSMC 中，这种作用被简化为只统计地依赖于周围粒子状态的碰撞。PPM 简化了粒子间的作用但保持了对特定相邻粒子的确定性的依赖关系，从而在 DSMC 的效率、并行性和能量守恒优势上结合了 MD 的可靠性及微观表现力。

7.2.3 拟颗粒的物性估计

虽然通过拟颗粒模拟我们可能找到不同于经典流体力学和分子动力学的流动描述体系和未知的机理，但在这个过程中我们还必须用经典体系的语言去指定我们的研究对象并与已得到实验验证的结果进行比较。因此，我们依然需要研究拟颗粒在经典体系中的物性，但是可以突破经典体系在尺度上的一些要求。

当 $v\Delta t$ 比较小时，为估计二维拟颗粒的物性，可将它近似为光滑刚性圆碟。对此 Santos 等[35]提出其状态方程为

$$p=\frac{nkT}{Z_1}$$

$$T=\frac{mv^2}{2k}$$

$$Z_1=1-2\eta+(2\eta_0-1)\frac{\eta^2}{\eta_0^2}$$

式中：p 是二维拟颗粒气体的压强；n 是二维拟颗粒的数密度；k 是 Boltzmann 常量；T 是二维拟颗粒气体的温度；η 是二维拟颗粒的体积份额；η_0 是二维拟颗粒紧密堆积时的体积份额。而 Gass[36]采用 Enskog 理论的分析表明

$$\mu=\mu_0 Y$$

$$\mu_0=0.511\sqrt{\frac{mkT}{4\pi r^2}}$$

$$Y=\frac{1}{\chi}+2\eta+3.4916\eta^2\chi$$

式中：μ 是二维拟颗粒的动力黏度；χ 是 Enskog 放大因子。

其中 χ 反映了圆碟稠密（η 高）时圆碟间碰撞频率 f 的增加。分析表明，采用稠密拟颗粒能降低计算量，因此有必要详细研究其取值。如将查普曼等[37]对三维硬球的分析应用于二维硬碟可得（详细推导见文献［38］第 2 章）

$$\chi=\frac{\left[1-\left(\frac{4}{3}+\frac{2\sqrt{3}}{\pi}\right)\eta\right]}{1-4\eta}$$

但推导中的假设使此式也仅适用于中等密度下，即仍有 $\pi nr^2\ll 1$。

对更高的密度我们可以先通过平衡态模拟测得拟颗粒真实的平均自由程 λ，再求得不计稠密效应时硬碟的理论平均自由程 λ_0，这样就能间接测得 $\chi=\frac{\lambda_0}{\lambda}$。

若碟 a 以碟间平均相对速率 v_r 在假设静止的其他碟间穿行，则中心位于距碟 a 中心轨迹 $2r$ 以内曲折的带状“相关区”里的各碟均将与之发生碰撞。不计圆碟面积时单位时间内相关区总面积精确等于 $4rv_r$，使 a 遭 $4rv_r n$ 次碰撞。由此可得（详细推导见第 2 章文献［38］）

$$\lambda=\frac{1}{4\sqrt{2}nr} \tag{7.2.3}$$

模拟结果显示当 $\eta<0.07$ 时，式（7.2.3）与模拟结果吻合很好，而当 $\eta>0.13$ 后误差急剧增大。有趣的是，在所模拟范围 $\eta\in[0.026,0.35]$ 内，模拟的 λ 曲线可由理论结果平行下移得到，进而得 χ 的关联式。特别是对于目前模拟中常用的 $v\Delta t=0.04r$ 的状态，存在简单的关系

$$\frac{\lambda}{d}=\frac{1}{2\sqrt{2}nd^2}-0.393 \tag{7.2.4}$$

$$\frac{1}{\chi}=-\sqrt{2}\eta \tag{7.2.5}$$

其理论依据还不清楚，但式（7.2.4）、式（7.2.5）具有满意的精度。

7.2.4 模型的检验

到目前为止，拟颗粒模型的模拟结果还都是在单 CPU 的计算机上实现的，因而由于计算量的限制，这些模拟都是二维的，并且基于比较特殊的系统规模，物性和操作条件。虽然这样，一些典型的流态化现象，如鼓泡和节涌已得到复现[32~34,38]。本小节将进一步说明它的合理性，并展示它对理论探索和今后工程应用的意义。在下面的每个模拟实例中拟颗粒的性质将是相同的，即我们将不模拟多组分流体，虽然拟颗粒模拟完全能处理这样的情况。因此，为方便起见，我们将 m、r 和 Δt 分别作为质量、长度和时间的单位，从而将模拟量无量纲化。

1. 拟颗粒运动的“长时尾”效应

作为拟颗粒模拟相对于 DSMC 的一个重要优势，它复现气体分子在高浓度下速度自相关函数（VAF）的“长时尾”效应的能力应首先得到验证。此效应的模拟测量如图 7-1 所示。拟颗粒起初以相同的间距（l）呈 $N_x\times N_y$ 的阵列排布，并被赋予相同模值的随机速度（v_0），阵列周围是周期边界。系统的参数详见表 7-1。对每个系统，测量开始于系统达到平衡之后（t_b）。然后在每步的碰撞完成后计算各拟颗粒的 VAF 值，测量的时间区间（t_e-t_b）应足够长，以便观察到“长时尾”效应，而又不必太长，因为后期的 VAF 值越来越小。下一轮测量随即开始，并总共进行 M_t 次。各轮相应时刻函数值的算术平均作为最后的结果。鉴于模拟中能量的涨落是很小的（限于机器舍入误差），即 v_0 可视为常数，故这种处理是合理的。

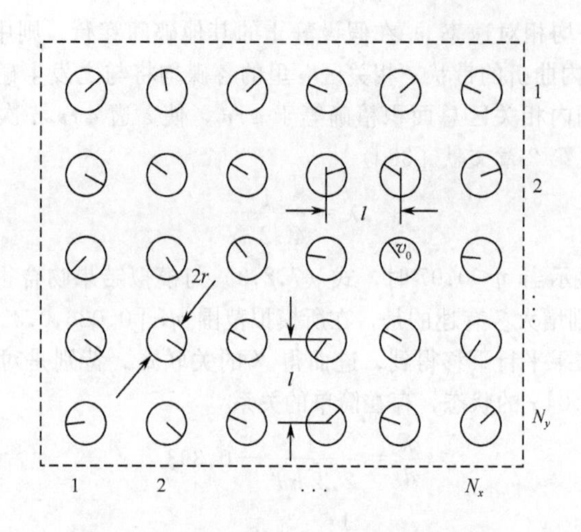

图 7-1 拟颗粒流体中长时尾效应的测量

表 7-1 长时尾效应测量中的参数

序号	l	N_x	N_y	N	v_0	t_b	$t_e - t_b$	M_t	碰撞次数
1	3	160	160	25 600	0.08	16 000	1 592 000	398	4 340 371
2	3	80	80	6400	0.08	16 000	384 000	96	1 086 142
3	3	160	160	25 600	0.04	16 000	384 000	96	2 227 738
4	3	160	160	25 600	0.16	16 000	384 000	96	8 277 006
5	2.5	160	160	25 600	0.08	16 000	384 000	96	9 396 670
6	4	160	160	25 600	0.08	16 000	228 000	57	1 779 464

我们分析了三个主要参数——由总拟颗粒数 N 表示的系统规模、由 $\frac{r}{l}$ 表示的拟颗粒体积份额和 v_0 对 VAF 的影响。测量的 VAF 绘制在图 7-2 中，采用的是双对数坐标，同时还显示了理想的幂和指数函数形式的 VAF（以 A 和 E 标记）供对比。我们可以发现在各系统中，测量曲线先期与 E 相近而后期与 A 相平行。这一转变随 $\frac{r}{l}$ 的降低而变得平滑，并使测量曲线的尾部下移，这与其他的模拟和实验结果完全相符。v_0 的作用与 $\frac{r}{l}$ 相反，但影响较小。其原因是 v_0 大时拟颗粒碰撞时的实际半径缩小。v_0 的增大在先期对 VAF 曲线几乎没有影响。

2. 平面槽流的模拟

平面槽流是最简单的流动之一，这也使它成为验证拟颗粒模型和研究微观流动机理的一个最方便的实例。我们先前的研究[34,38]已表明拟颗粒模型能精确地复现层流时抛物型的速度分布，并在远小于连续介质假设能成立的尺度上发现了

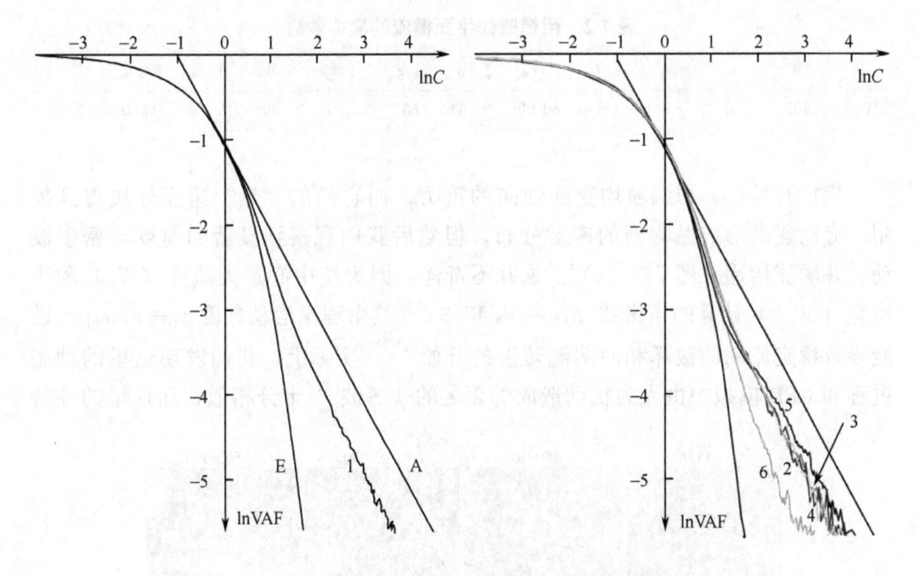

图 7-2　拟颗粒流体中长时尾效应的测量结果

明显的流动行为。这里介绍在更大规模上的平面槽流模拟，它已达到了连续介质规模。系统的布置及有关的参数见图 7-3 和表 7-2，拟颗粒的初始布置如图 7-1 所示，在流场中有 N_m 个自由运动的拟颗粒，而流场的侧壁由冻结的拟颗粒组成，其粗糙度（由 s_x 和 s_y 表征）与拟颗粒的平均自由程相当。文献［39］的研究表明，这种设置能自然地造成流体力学中的无滑移边界条件。

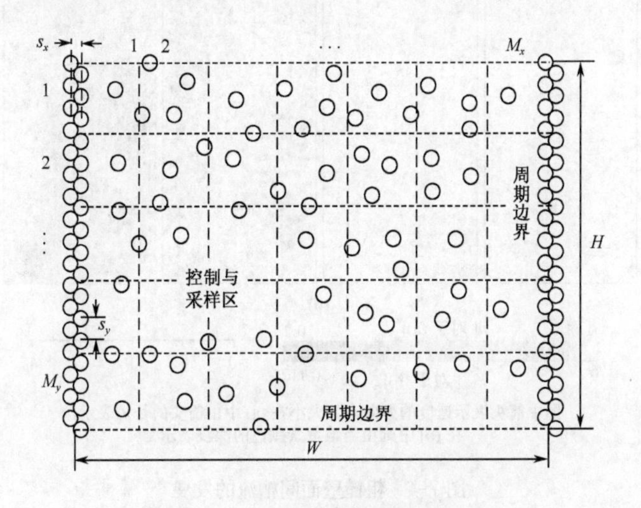

图 7-3　粗糙壁面平面槽流模拟的布置

表 7-2　粗糙壁面平面槽流的模拟参数

H	W	s_x	s_y	l	N_m	v_0	g	M_x	M_y	$V_{h,max}$	$Re_{h,max}$	δt
1200	603	1	2	3	80 000	0.04	10^{-5}	16	30	0.23	1380	500

模拟开始后，拟颗粒均受到轴向的重力，而它们的“热”速度分块得到控制。流动逐渐形成抛物型的速度分布，但然后我们观察到显著的速度与密度波动，并顺流传递［图 7-4 (a)］。这并不奇怪，因为按中心最大流速（V_h）和半槽宽（$W/2$）计算的雷诺数 $Re_h = V_h W/2\nu_t$（其中理论运动黏度 $\nu_t = \mu/mn$）已能导致稳定流动的破坏和向湍流转捩的开始[40]。实际上，我们发现这里的动态过程和 CFD 模拟中由人为扰动造成的著名的 T-S 波[41]十分相似，而这里的独特

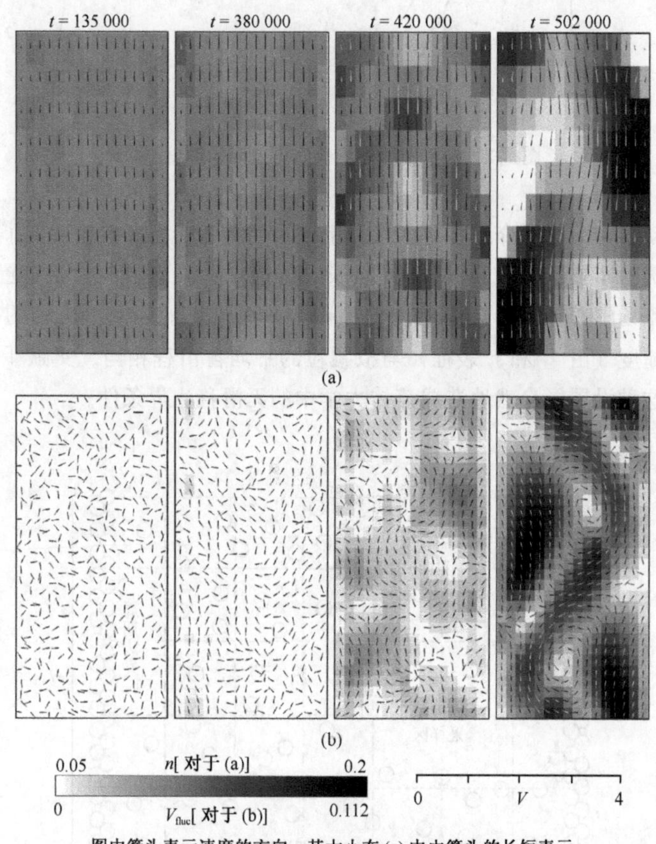

图 7-4　粗糙壁面间槽流的发展

（a）t 后 500 步内的平均流速分布；（b）与（a）相应的平均流速分布

现象是：在经历了初期的放大后，波动的幅度本身也进入了一个更长周期的变化，并缓慢衰减，如图 7-5 所示。其清楚的解释有待于对整个失稳过程的深入分析，但就目前而言，我们发现流体在冲向壁面而后反弹处受到了明显的压缩（由于模拟中为减少计算量而采用了压强很低的流体），这样的情况在一般的失稳分析中均未涉及[42]，在实验和模拟中也难以达到。一般来说，有两种过程对平面槽流中层流向湍流的转捩很重要。一是扰动从二维转向三维，二是近壁处的速度剖面出现拐点。前者在这里的纯二维模拟中显然是不存在的，而后者也受到的流体压缩效应的抑制，因为它增加了高剪切率处的密度从而增加了其黏度，而在低剪切率处黏度减小，这就对速度剖面的变形起到了抑制作用，而在变形最终能导致出现拐点之前，总体黏度的增加已使槽内的平均流速明显下降。然后提供波动能量的重力的功率变小，使波动减弱（图 7-5 中的 A 处）。然后相反的过程发生，使流速和波动重新增强（图 7-5 中的 B 处），如此往复。

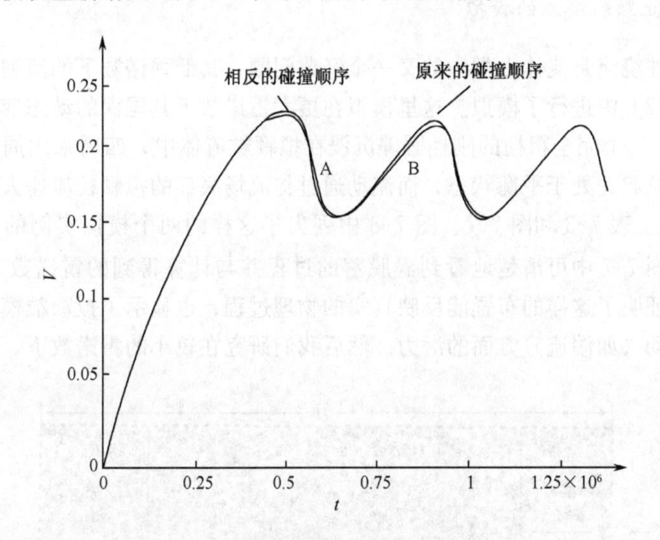

图 7-5　槽流模拟中的平均流速波动

作为研究层流向湍流转捩的一个理想实例，平面槽流的稳定性是流体力学中的一个热点。我们的模拟表明拟颗粒模型是这方面的一个很有希望的计算机实验工具。这里，我们想强调前面的模拟证实了微观的流动行为确实是在整体流动发展的早期就开始形成，而最终的流型是多种微观流型间竞争的结果。这一点在我们考察局部速度脉动的分布，即

$$V_{\mathrm{fluc}}(i,j,k)=V_{\mathrm{a}}(i,j,k)-\sum_{j=1\sim M_y}\frac{V_{\mathrm{a}}(i,j,k)}{M_y}$$

时能看得更清楚。$V_{\mathrm{a}}(i,j,k)$是控制区块的第 i 行 j 列在时间$(k-1)\delta t\sim k\delta t$中

的平均流速。如图 7-4（b）所示，经过初始一小段时间的随机分布后，脉动速度马上显示出相近区块间的相关性，然后发展为小的“涡”结构。这些“涡”通过复杂的运动，变形和合并，直到自组织为两个布满整个流场并顺流传播的大“涡”。也许人们会怀疑这是由模拟中对拟颗粒“热”运动的控制机制造成的，但我们发现在同样的控制下，如果不使拟颗粒受到重力，脉动将始终是随机的。当然正如长时尾效应所预示的那样，这时在小于控制区块的尺度上也会存在有序的脉动，但外部的非平衡约束（此处为重力）看来对初始结构的成长有重要作用。目前在保证拟颗粒间碰撞的均匀性和各向同性方面存在的一些问题也可能对流型的进化有影响，但当我们将碰撞和处理粒子的顺序改变后，并未见到明显的差别（图 7-5）。这表明流型的进化是由可以系统地改变的初始和边界条件所决定的，即我们所获得的流动的失稳过程和波动确实是实际物理过程的反映。

3. 静止颗粒绕流的模拟

单圆柱绕流是流体力学中的又一个经典问题，其低雷诺数下的流型和曳力已在文献［38］中进行了模拟。这里模拟在更大雷诺数下其尾涡的动态变化。如图 7-6 所示，一个完全粗糙的刚性圆碟沉浸在拟颗粒流体中，四周采用周期边界条件。拟颗粒起先处于平衡状态，而流动通过将流场底部的拟颗粒流速人为控制在 V_c 而引入。表 7-3 和图 7-7、图 7-8 中列出了这样的两个模拟实例的相关参数与结果。图 7-7 中可清楚地看到涡脱落的过程并与计算得到的雷诺数（Re）相符，从而证明了这样的布置能反映真实的物理过程，也显示了拟颗粒模拟在处理更复杂流动（如湍流）方面的潜力。然后我们研究在较小的雷诺数下，微观和瞬

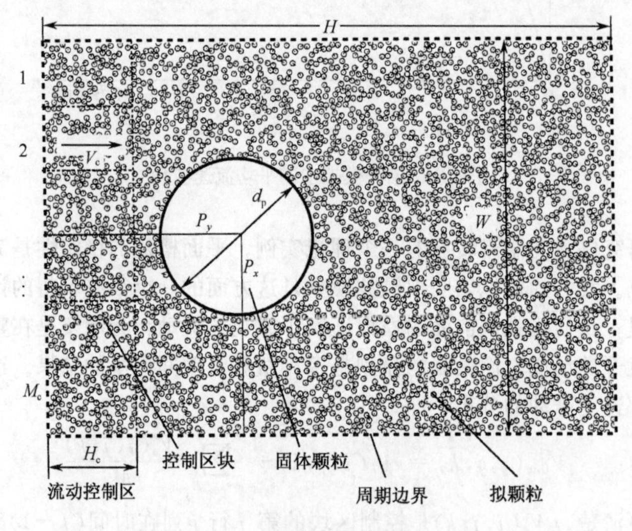

图 7-6　单颗粒绕流模拟的布置

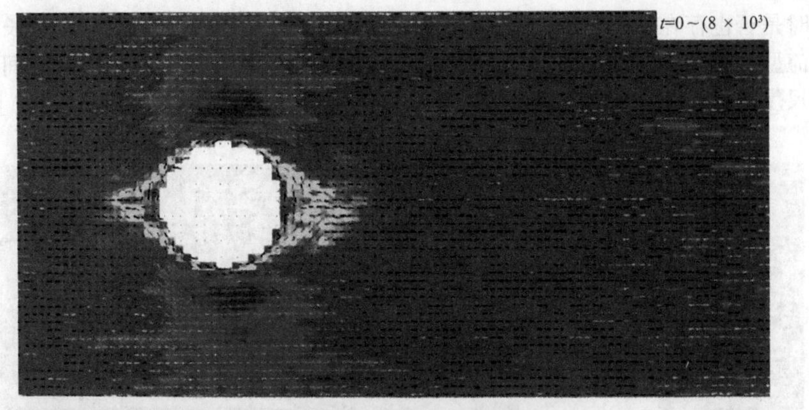

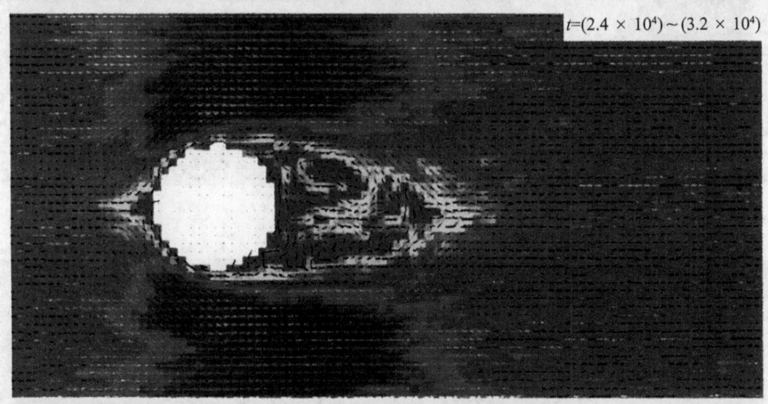

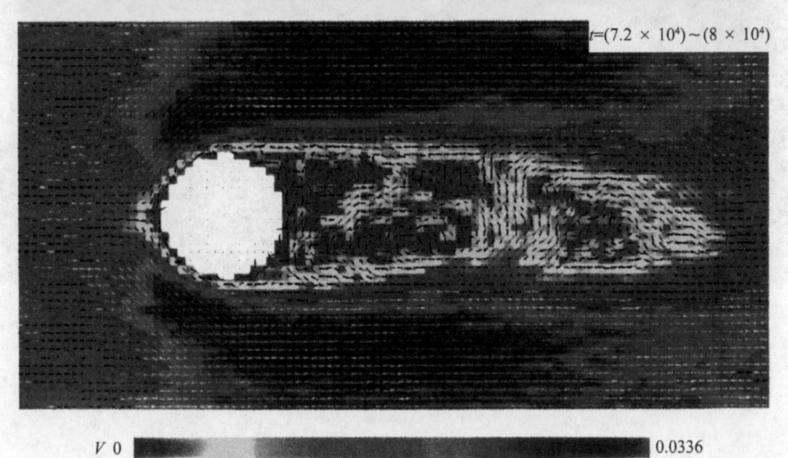

V 0 0.0336

图 7-7　单颗粒绕流的流动发展（$Re=51.2$）

时是否也存在动态的流动行为。图 7-8 给出了肯定的回答。其雷诺数和长期平均流型［图 7-8（a)］均显示流动处于稳定的对涡阶段。但随着观察的时间和空间尺度的缩小，我们可发现越来越复杂但仍然有序的流动行为［图 7-8（b)］。

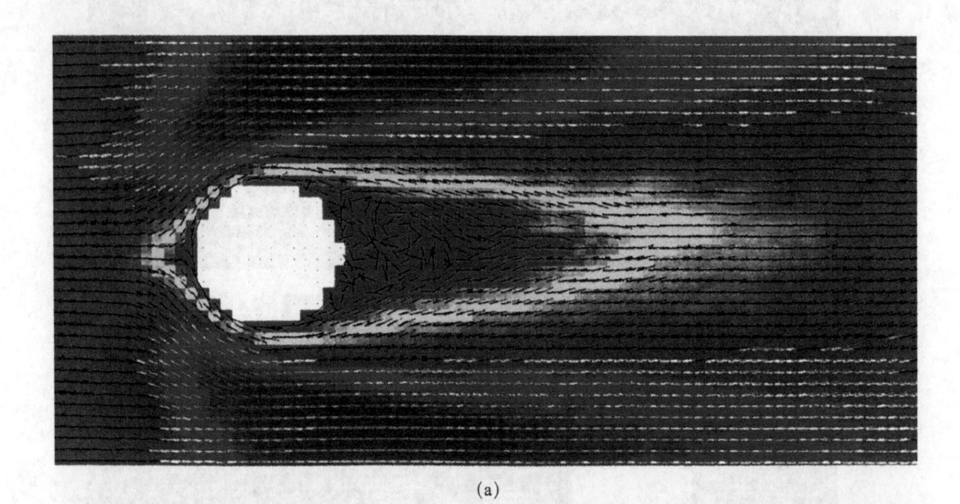

(a)

V 0 0.0172

(b)

图 7-8　不同时间尺度上的单颗粒绕流行为（$Re=12.8$）

(a) 较长时间内的平均流畅 $t=(2.4\times10^5)\sim(7.2\times10^5)$；

(b) 较短时间内的平均流场 $t=(4.8\times10^5)\sim(5.04\times10^5)$

表 7-3 单颗粒绕流模拟的参数

Re	H	W	H_c	P_x	P_y	D	l	M_c	V_c	v_0	M_x	M_y	N	C_d
12.8	720	360	40	200	180	120	3	40	0.008	0.04	0	80	27 497	6.04
51.2	1440	720	80	400	360	240	3	80	0.016	0.04	8	96	110 091	4.03

4. 拟颗粒模拟中的一些限制

在拟颗粒模拟中为保证复现所需的现象，一般应满足以下条件：

(1) 颗粒与拟颗粒间应保证足够的尺度差别。这在 MD 模拟中是用 Knudson 数 $Kn=\lambda/D<Kn_0$ 来刻画的；拟颗粒模拟可借鉴这一准则，Kn_0 约在 0.05～0.1，应视具体模拟目的而定。但在高 η 下 d 与 λ 一样成为传递过程的特征尺度，d/D 具备与 Kn 类似的物理意义，故此时还需 $d/D<Kn_0$。

(2) 作为一种显式的物理模拟方法，拟颗粒很难模拟严格的不可压缩流动，而压缩性对流动行为有很大影响，特别是在音速前后。为保证对不可压缩流动模拟的精度，参考其他方法在三维流动模拟中的处理和已有拟颗粒模拟的结果，一般取 $Ma<0.3$。但在定性模拟时为减少计算量，也可放宽至 $Ma<0.8$，即可压缩但保证不出现激波。

(3) 模拟结果表明拟颗粒在很高的体积份额 η 是会相变为固体，自然不再具有流体行为，因此要有 $\eta<\eta_c$。当 v_0 较小时 η_c 可参考硬球（碟）系统的数值。

(4) 颗粒必然受周围众多拟颗粒的影响而做布朗运动。如按能量均分原理估计，$m_p V_b^2=mv_0^2$，V_b 为颗粒布朗运动的平均速率。为在模拟中使这一效应能像在实际系统中一样可忽略，应有 $V_b\ll V$，即 $m_p V^2\gg mv_0^2$。

(5) 在颗粒流体系统的模拟中两相密度比 ρ_p/ρ_g 对系统行为有重要影响，必须保证与实际系统相同。

(6) 如果实际流场各处的物性变化很小，在拟颗粒模拟中还应保证流场中压强总的变化量 $\Delta p\ll p_a$，p_a 为平均压强。模拟中流体的温度可由分块温控或在拟颗粒间的碰撞中引入微小的人为能量损失而方便地控制在定值。但压强的变化是流体与颗粒作用的主要表现，不能也不应被消除。故需此条件使物性近似相同。但有时为节省计算量可突破这一限制，仅使之在绝大部分区域被满足。

除了这些限制条件，模拟的计算量（以二维系统为例）还与反映模拟规模的固体颗粒数 N_p、A_p（以 D^2 计的无因次流场面积）和 t_p（以 D/V 计的无因次模拟时间），以及反映模拟精度的 t_Δ（以 d/v_0 计的无因次模拟时间步长）相关。故模拟的计算量：$C_{sm}\propto C_c N_c+C_m N_t$，其中 C_c 为处理一次碰撞的操作数，包括相对位置和速度的计算、碰撞后速度的更新，在事驱算法中还包括事件队列的管理等，C_m 为移动一个颗粒一次所需的操作数，包括确定它的邻近网格和其中可能与之相碰的粒子、更新自由运动中的粒子速度及位置和所在格，N_t 为移动粒子的总次数。因模拟中 $N_g \gg N_p$ 且 $v_0 \gg V$，故 N_c 可近似为 PP 间的碰撞数 N_{cg}，即

$$N_c \approx N_{cg} = N_g \frac{\dfrac{t_p D}{V}}{\dfrac{\lambda}{v_0}} \tag{7.2.6}$$

$$N_g = nD^2\left(A_p - \frac{\pi}{4}N_p\right) \tag{7.2.7}$$

$$N_t \approx N_{tg} = N_g \frac{\dfrac{t_p D}{V}}{\dfrac{t_\Delta d}{v_0}} \tag{7.2.8}$$

式中：N_{tg}是移动拟颗粒的总次数。

由式（7.2.6）～式（7.2.8）可得

$$C_{sm} \propto \left(A_p - \frac{\pi}{4}N_p\right)\eta \frac{t_p}{Kn^3}\left(\frac{\lambda}{d}\right)^3\left(\frac{v_0}{V}\right)\left(C_c\frac{d}{\lambda} + \frac{C_m}{t_\Delta}\right) \tag{7.2.9}$$

由等温声速 $a = \sqrt{\dfrac{\partial p}{\partial \rho}}$[43] 及式（7.2.1）可推得

$$a = \sqrt{\left(1 - \eta - \frac{Z_1}{2}\right)}\frac{v_0}{Z_1} \tag{7.2.10}$$

再设 $C_r = \dfrac{C_c}{C_m} t_\Delta \dfrac{8\sqrt{2}}{\pi}$，则

$$C_{sm} \propto \frac{\left(A_p - \dfrac{\pi}{4}N_p\right)}{(MaKn^3)}\frac{t_p}{t_\Delta}\frac{(1-\sqrt{2}\eta)^2 Z_1}{(\eta\sqrt{2} - 2\eta - Z_1)}\left(C_r + \frac{1-\sqrt{2}\eta}{\eta}\right) \tag{7.2.11}$$

式（7.2.11）中除 η 外的其他量在具体的模拟中均可给定，故可单独就 η 优化计算量。计算表明在不同的 C_r 下（对事驱和时驱算法可分别认为 $C_r \gg 1$ 和 $C_r \ll 1$）C_{sm} 始终随 η 上升而减小。考虑到流场的不均匀性等，为确保 $\eta < \eta_c$，比较合理的 η 在 0.35 左右。

7.2.5 应用举例

作为拟颗粒方法的应用，我们考虑管内颗粒流体系统的径向分布问题。在真实系统中，此类系统会在局部颗粒团聚的同时表现出大尺度的径向不均匀性。对这一现象的解释不能只考虑颗粒的静态分布，否则只会发现中间的流体速度高，从而对颗粒产生向管道中心的升力。现在许多研究者注意到颗粒在近壁面处脉动较弱可能是其主要原因[44]。如气体分子一样，近壁处的颗粒需要较高的表观密

度（浓度）来获得与管道中心处相近的“压强”（由于流体升力的存在而不是完全相等），以保证径向的动量平衡。对距壁面 $\sqrt{\lambda_s}$距离内的颗粒（其中 λ_s 为颗粒的平均自由程），它们之间的碰撞概率会因与墙的额外碰撞而增加。因为这些碰撞一般是非弹性的，所以颗粒的脉动就会减弱。同时由于壁面能抑制流体的脉动（尽管最初它可能引发流体的失稳，但最后主要的脉动能量集中在管流的中心区域），这也反过来抑制颗粒的脉动。

上面的分析在拟颗粒模拟中得到了验证。这里模拟的布置类似前面的平面槽流模拟，只是流场中加入了起初静止并成阵列排列的颗粒。表 7-4 中列出了模拟的相关参量。模拟表明颗粒分布径向不均匀性的出现需要比颗粒在无边界流场中的团聚[34,38]长得多的时间。在此模拟中颗粒的体积份额约达 0.15，而 D 与 W 相比也难以完全忽略，所以，壁面会造成一个相当可观的颗粒无法进入的区域（面积为 DW），这也使近壁处颗粒间的碰撞进一步加强。当对颗粒间和颗粒与壁面间碰撞赋予相同的恢复系数 $e_{sw}=0.8$ 时，边壁处形成了较大的颗粒聚团［图 7-9（a）］，而假设颗粒与壁面的碰撞是弹性的时［图 7-9（b）］，我们并未发现径向的不均匀性。

表 7-4　径向不均匀性模拟的参数

W	D	l	V_c	v_0	g	e_{ss}	H	m_s	N_g	N_s
576	32	3	10^{-3}	0.04	10^{-8}	0.8	576	500	31 232	64

同时我们可以看到在流场中间的颗粒形成了较小的聚团，其中的颗粒大致呈倒 U 形或斜线排列，而在边壁的大聚团基本是半圆形的。前者与无边界流场中的模拟结果[32,38]和他人的实验结果[45]是完全吻合的，其根本原因在于颗粒受力的不平衡性和均匀分布的不稳定性[46]。图 7-10 中显示了更详尽的流场信息，它是通过截取某一时刻的系统状态作为输入，模拟得到的颗粒被固定时的稳态流场，虽然这不等价于当时的瞬态流场，但仍能提供流动的基本特征，并方便地通过延长模拟时间以提高空间分辨率。从图中能看到流体和颗粒相在非均匀结构的分布上存在明显的一致性，由单颗粒、颗粒聚团和径向分布形成的流体流动结构均相应存在。我们可以看到各颗粒的速度和作用在它们上的流体曳力确实都是相当分散的，正如我们已指出的，这种特点对双流体和颗粒轨道模型是相当大的挑战。事实上，我们的另一模拟说明即使对均匀系统，这样的挑战依然存在。颗粒均匀地散布在一定流速的流场中，并具有随机的初始速度，但无平均速度。我们设定它们的运动不受流体相的影响，但考虑流体对它们的曳力。如表 7-5 所示，在给定的流速下，颗粒受到的总时均曳力随颗粒的均方根速度（$V_{s,rms}$）的增加而增加。同时系统的瞬时状态也显示了不同颗粒上曳力方向的差异。这些动态的效应在颗粒轨道和双流体模型中还均未得到考虑。通过提供这些微观信息，拟颗

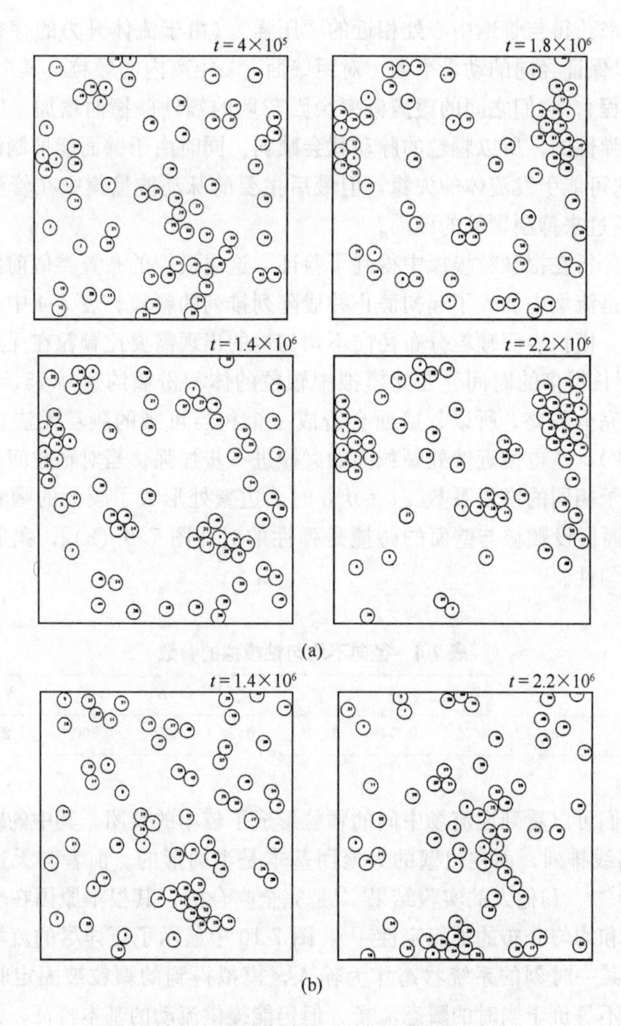

图 7-9　径向分布不均匀性的模拟结果

(a) 非弹性壁面（$e_{sw}=e_{ss}=0.8$）；(b) 弹性壁面

粒模拟对它们的改进将很有帮助，即使是仅凭单 CPU 上得到的定性数据。

表 7-5　重颗粒在流体中随机运动的模拟参数

W	D	l	V_c	v_0	$V_{s,rms}$	e_{ss}	H	10^4F	N_g	N_s
576	32	3	10^{-3}	0.04	0.002	0.8	576	0.8121	33 024	64
576	32	3	10^{-3}	0.04	0.004	0.8	576	0.8736	33 024	64
576	32	3	10^{-3}	0.04	0.008	0.8	576	1.0497	33 024	64

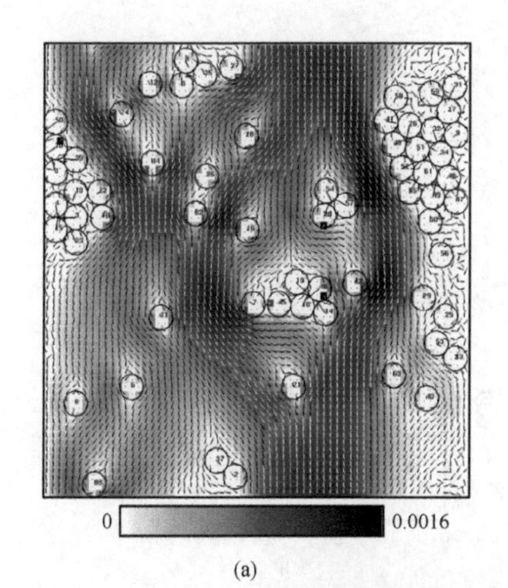

(a)

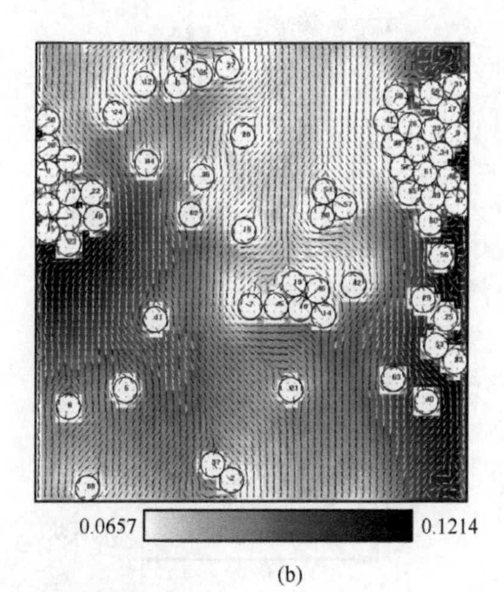

(b)

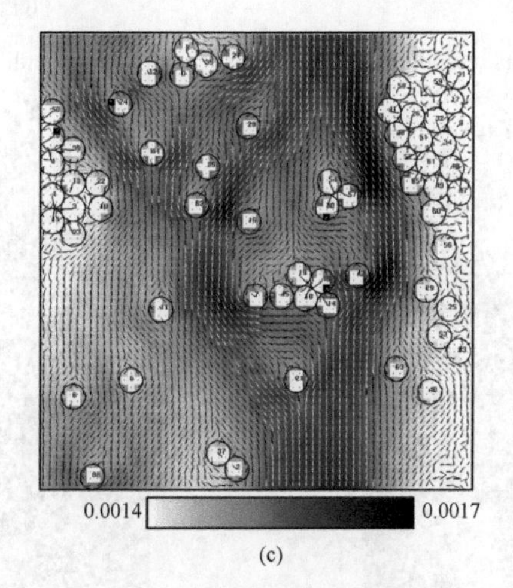

(c)

图 7-10　径向分布模拟中的详尽流场

(a) V；(b) ρ_g；(c) v^2

前面模拟中的一个缺陷是周期性边界条件的应用导致了进出口之间的人为的相互作用，这与实际系统有较大差别。因此，这些结果应看作流动的局部而不是全局行为。下面我们将设计一个接近真实的开放边界条件，并通过并行计算使规模得以扩大，由此一个完整流化床的总体特征得到了很好的模拟。模拟系统的布置如图 7-11（a）所示，边壁由沿折线布置的固定拟颗粒组成，墙的粗糙度与 λ 相当，以自然地实现无滑移的边界条件[39]。初始状态下，固体颗粒在分布板和上边界之间均匀布置，而拟颗粒按确定的压差随机分布在整个系统内的剩余空

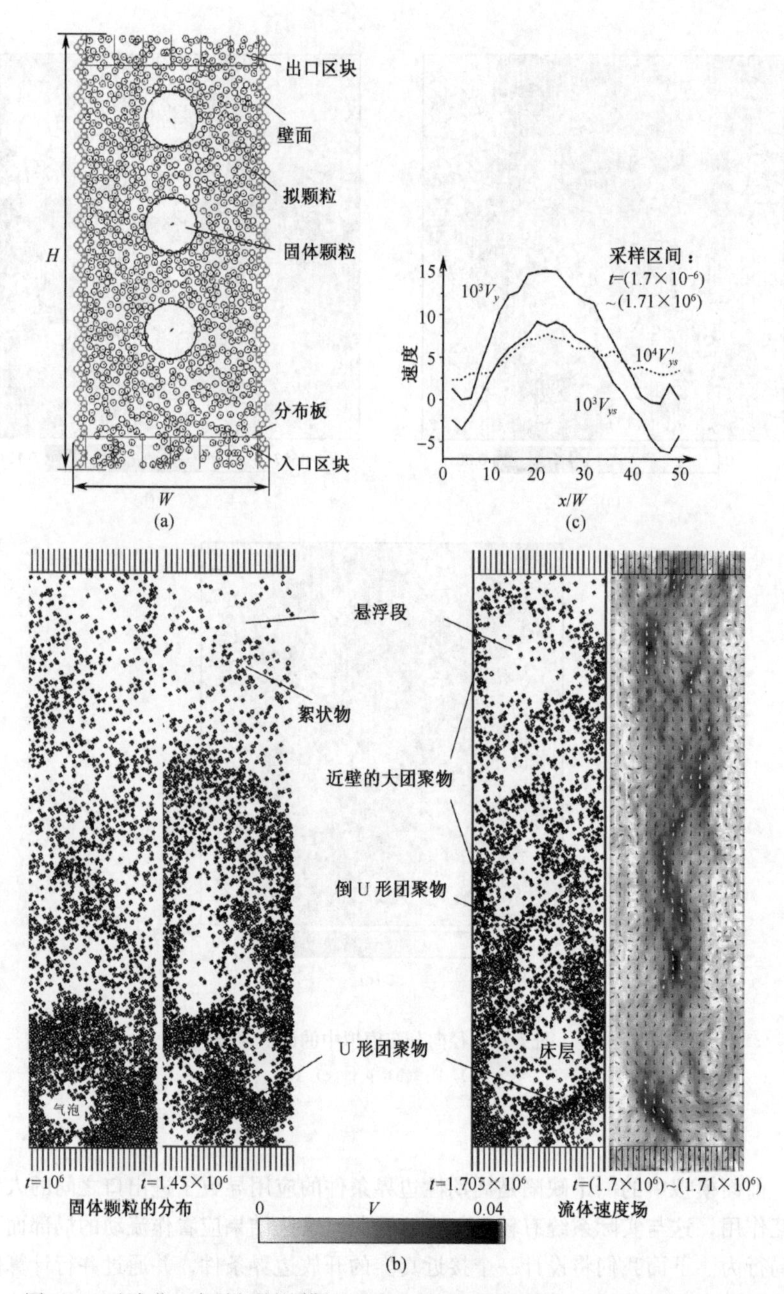

图 7-11 流态化现象的拟颗粒模拟（$H\times W=5200\times1240$，$\varepsilon=0.83$，$D_p=24$，$N_p=2500$，$v_0=0.16$，$g=10^{-7}$，$e_{ss}=0.8$）

(a) 模拟的布置；(b) 不同时刻的流场；(c) 轴向流速（V_y），轴向颗粒流速（V_{ys}）和轴向固体脉动速率 V'_{ys}分布间。流场的入口和出口区域分别被等分成几十个矩形区域，各区中的 p 和 v_0^2 以及流速（V）都被控制在确定的数值。特别是出入口之间的压降被控制到正好能平衡颗粒的重量。这是通过在这些区域中随时删增颗粒实现的。如图 7-11（b）所示，在工程上的中等流化速度下，典型的湍动流化现象得到了模拟复现。系统具有一个颗粒聚集的床层和相对较稀的悬浮段。这两者间的界面是模糊的。不规则形状的气泡从分布板产生，穿过床层后在悬浮段变形为团聚物，并引起固体颗粒的快速返混。固体颗粒的径向分布在图 7-11（c）中能看得比较清楚，即具有较大和较浓的下降的颗粒聚团的边壁区域和颗粒聚团较小、较稀并且上升的中心区域。流体速度一般在低固相浓度处较高并在颗粒聚团的表面出现显著的变化梯度。

上述模拟进一步确认了前面分析的不均匀结构出现的机理。如固体颗粒的脉动在边壁处的减弱［图 7-11（c）］。但对这样一个包含众多固体颗粒和交织着不同机制的复杂系统，对其行为的定量预测仍是非常困难的。拟颗粒模拟有望对此做出更多的贡献。在此我们特别指出两个课题：①虽然团聚物在不断地变形，我们从图 7-11（b）以及实验报道中可以发现它们在不同条件下倾向于不同的形状。小的絮状团聚物多出现在上部的核心区，而其边壁处的团聚物多为半球（圆）形，而下部的团聚物多为 U 形或倒 U 形。因此我们要问，除了作为诱因的不稳定性，还有哪些机制对团聚物的形状起着控制作用？②边壁区域的固体颗粒脉动较弱也是一个复杂的问题。颗粒的非完全弹性会带来一种不稳定性，即在确定的颗粒压强下，如果它们的浓度高，它们之间发生碰撞的概率就高，从而会损失更多的脉动能量并发生更多的碰撞。所以必然存在其他的机制来平衡这种不稳定性。另外，图 7-11（c）说明壁面附近的固体颗粒反弹和流体的高剪切率会增加固体颗粒间的碰撞概率，但高剪切率同时意味着高的流体动能耗散并会有部分成为固体颗粒的脉动能量。这些相互竞争的机制如何形成特定的颗粒浓度分布是一个需要深入研究的问题。

7.3 宏观拟颗粒模拟

7.2 节讨论的拟颗粒模拟是一种底层的粒子方法。虽然它已能在微机上实现微观颗粒流体系统的模拟，但对实际系统的模拟而言终究过于微观。为此，本节试图以类似 SPH 中所采用的流体微元间作用代替粒子间的碰撞，以扩散拟颗粒模拟，称为宏观拟颗粒模拟（MaPPM）。这方面的工作还在探索中，我们仅介绍其基本思想和一些初步的结果。

7.3.1 基本思想

SPH 的基本思想是将函数 f 在点（即粒子）a 的值表达为若干邻近点 i 上其值的加权平均，即

$$f_a = \sum_i f_i \frac{m_i}{\rho_i} W(\boldsymbol{r}_{ai}) \tag{7.3.1}$$

式中：m 是粒子的质量；$\boldsymbol{r}$ 是粒子的位置；ρ 是当地的密度；$\boldsymbol{r}_{ai} = \boldsymbol{r}_a - \boldsymbol{r}_i$（下同）。

通常邻域是 $r_{ai} = |\boldsymbol{r}_{ai}| < R$ 而权函数 W 各向同性，记 $W_{ai} = W(r_{ai})$。W 应满足归一性

$$\int_0^R W(r) A(r) \mathrm{d}r = 1 \qquad A(r) = 2(\text{一维}), 2\pi r(\text{二维}), 4\pi r^2(\text{三维}) \tag{7.3.2}$$

f 的各阶导数也由式（7.3.1）推出，如

$$\nabla f \Big|_a = \sum_i f_i \frac{m_i}{\rho_i} \nabla W(\boldsymbol{r} - \boldsymbol{r}_i) \Big|_a \tag{7.3.3}$$

式（7.3.1）提供了一种减轻粒子方法中因粒子分布不规则而引起的误差的有效手段，但到式（7.3.3）已失去了简明的数学意义。总体上 $\nabla W(\boldsymbol{r} - \boldsymbol{r}_i)$ 看似一个权函数，但不具有归一性；而式（7.3.3）的余部难以理解成一种差分。这显然不利于对它的分析与改进。同时，式（7.3.1）只当邻域足够大且 f 在邻域内的变化率很小时近似成立，因此考虑到重归一化的困难和误差放大，应避免采用其推导结果。所以与之相对，MaPPM 沿用式（7.3.1）但先以邻近点间的差分计算方向导数，然后以其矢量的加权平均计算梯度，即考虑一个可微的二维标量场 f，则按梯度的性质，相近两点间的方向导数的差分形式应近似满足

$$\frac{f_{ia}}{|\boldsymbol{r}_{ia}|} = -|\nabla f|_a| \cos\langle \boldsymbol{r}_{ia}, \nabla f|_a \rangle \Rightarrow$$

$$\frac{f_{ia}}{|\boldsymbol{r}_{ia}|^2} \boldsymbol{r}_{ai} = |\nabla f|_a| \cos\langle \boldsymbol{r}_{ia}, \nabla f|_a \rangle \frac{\boldsymbol{r}_{ia}}{|\boldsymbol{r}_{ia}|}$$

设 $r_{ai} = |\boldsymbol{r}_{ai}| = r_{ia} = |\boldsymbol{r}_{ia}|$，对 a 周围半径为 R 的范围内的各点应用上式并加权平均，则

$$\int_0^{2\pi}\int_0^R \frac{f_{ia}}{|\boldsymbol{r}_{ia}|^2} \boldsymbol{r}_{ai} W(r_{ai}) r_{ai} \mathrm{d}r_{ai} \mathrm{d}\varphi = \int_0^{2\pi}\int_0^R |\nabla f|_a| \cos\varphi \frac{\boldsymbol{r}_{ia}}{|\boldsymbol{r}_{ia}|} W(r_{ai}) r_{ai} \mathrm{d}r_{ai} \mathrm{d}\varphi$$

其中

$$\varphi = \langle \boldsymbol{r}_{ia}, \nabla f|_a \rangle$$

$$\int_0^{2\pi}\int_0^R W(r_{ai}) r_{ai} \mathrm{d}r_{ai} \mathrm{d}\varphi = 1$$

由此可得

$$\int_0^{2\pi}\int_0^R \frac{f_{ia}}{r_{ai}^2} \boldsymbol{r}_{ai} W(r_{ai}) r_{ai} \mathrm{d}r_{ai} \mathrm{d}\varphi = |\nabla f|_a| \int_0^{2\pi}\int_0^R \cos\varphi \frac{\boldsymbol{r}_{ia}}{r_{ai}} W(r_{ai}) r_{ai} \mathrm{d}r_{ai} \mathrm{d}\varphi$$

设 $\boldsymbol{i} = \frac{\nabla f|_a}{|\nabla f|_a|}$，单位矢量 $\boldsymbol{j} \perp \boldsymbol{i}$，将上式左边写成离散形式得

$$\sum_i \frac{f_{ia}}{r_{ai}^2}\boldsymbol{r}_{ia}W(r_{ai})\frac{m_i}{\rho_i}=|\nabla f|_a|\int_0^{2\pi}\int_0^R\cos\varphi(\cos\varphi\boldsymbol{i}+\sin\varphi\boldsymbol{j})W(r_{ai})r_{ai}\mathrm{d}r_{ai}\mathrm{d}\varphi$$

考虑到函数 $\cos\varphi\sin\varphi$ 的奇偶性可得

$$\sum_i \frac{f_{ia}}{r_{ai}^2}\boldsymbol{r}_{ia}W(r_{ai})\frac{m_i}{\rho_i}=\int_0^{2\pi}\cos^2\varphi\mathrm{d}\varphi\int_0^R W(r_{ai})r_{ai}\mathrm{d}r_{ai}\nabla f|_a$$

$$=\pi\int_0^R W(r_{ai})r_{ai}\mathrm{d}r_{ai}=\frac{\nabla f|_a}{2}$$

三维情况可类似证明，总之

$$\nabla f|_a=D\sum_i \frac{f_{ia}}{r_{ai}^2}\boldsymbol{r}_{ia}W(r_{ai})\frac{m_i}{\rho_i} \tag{7.3.4}$$

对于拉普拉斯算子，可先考虑二维的标量场 f，在以 a 为原点的直角坐标系中有差分式

$$\Delta f|_a=\frac{\dfrac{f_{i+}-f_a}{r_{i+}-r_a}+\dfrac{f_{i-}-f_a}{r_{i-}-r_a}}{\dfrac{r_{i+}-r_{i-}}{2}}+\frac{\dfrac{f_{j+}-f_a}{r_{j+}-r_a}+\dfrac{f_{j-}-f_a}{r_{j-}-r_a}}{\dfrac{r_{j+}-r_{j-}}{2}}$$

式中：i、j 分别表示两坐标轴上邻近 a 的点；+、-表示所处的半轴。其相应的极坐标形式为

$$\Delta f|_a=\frac{\dfrac{f(\theta,r)-f_a}{r}+\dfrac{f(-\theta,r)-f_a}{r}}{\dfrac{r}{2}-\dfrac{-r}{2}}+\frac{\dfrac{f\left(\theta+\dfrac{\pi}{2},r\right)-f_a}{r}+\dfrac{f\left(\theta-\dfrac{\pi}{2},r\right)-f_a}{r}}{\dfrac{r}{2}-\dfrac{-r}{2}}$$

如对 a 周围半径为 R 的范围内的各组点应用上式并加权平均，注意到上式各项间的对称性可得

$$\Delta f|_a=\int_0^{2\pi}\int_0^R\frac{f(\theta,r)-f_a}{r^2}W_1(r)r\mathrm{d}r\mathrm{d}\varphi$$

其中

$$\int_0^{\frac{\pi}{2}}\int_0^R W_1(r)r\mathrm{d}r\mathrm{d}\varphi=1$$

设 $W(r)=\dfrac{W_1(r)}{4}$，则 $\int_0^{2\pi}\int_0^R W(r)r\mathrm{d}r\mathrm{d}\varphi=1$，而

$$\Delta f|_a=4\int_0^{2\pi}\int_0^R\frac{f(\theta,r)-f_a}{r^2}W(r)r\mathrm{d}r\mathrm{d}\varphi$$

写成离散形式，即

$$\Delta f|_a=4\sum_i\frac{f_{ia}}{r_{ai}^2}W(r_{ai})\frac{m_i}{\rho_i}$$

同理可证三维和矢量函数的情况，总之

$$\Delta \boldsymbol{f}\big|_a = 2D\sum_i \frac{\boldsymbol{f}_{ia}}{r_{ai}^2} W(r_{ai}) \frac{m_i}{\rho_i} \tag{7.3.5}$$

式(7.3.4)和式(7.3.5)的成立要求邻近点的分布对于 a 各向同性,这实际已隐含在式(7.3.1)的成立前提中,故不影响模型的适用范围。此时,两式若省略 f_a 和 $\boldsymbol{f}_a$,理论上仍成立,但因 f(或 $\boldsymbol{f}$)通常描述粒子间的作用,故此简化只在不破坏作用的反对称性时才可行,否则数值误差极易导致不合理的结果。

现以 MaPPM 表达 Navier-Stokes 方程。为简单起见,我们假设流动是近似不可压缩的。这样因密度变化平缓,我们可取粒子均具有单位质量且分布近似均匀。同时假设流场等温(故压强 $p=k\rho$, k 为常数)且动力黏度 μ 恒定(这就排除了稠密气体,其 μ 还取决于 ρ[37])。由此 Navier-Stokes 方程简化为

$$\rho \boldsymbol{V} = \rho \boldsymbol{g} - \nabla p + \mu \Delta \boldsymbol{V} \tag{7.3.6}$$

式中:$\boldsymbol{V}$ 是粒子速度;$\boldsymbol{g}$ 是质量力强度。

对弱可压缩流,密度的变化量一般远小于其平均值 ρ_{m},故

$$\boldsymbol{V} = \boldsymbol{g} - k' \nabla \rho + \nu \Delta \boldsymbol{V} \tag{7.3.7}$$

其中

$$k' = \frac{k}{\rho_{\mathrm{m}}}$$

$$\nu = \frac{\mu}{\rho_{\mathrm{m}}}$$

而由式(7.3.4)和式(7.3.5)可得

$$\nabla \rho\big|_a = D\sum_i \frac{W_{ai}}{r_{ai}^2} \boldsymbol{r}_{ia} \tag{7.3.8}$$

$$\Delta \boldsymbol{V}\big|_a = \frac{2D}{\rho_{\mathrm{m}}} \sum_i \frac{\boldsymbol{V}_{ia}}{r_{ai}^2} W_{ai} \tag{7.3.9}$$

其中应用了 $m \equiv 1$ 并将 ρ_i 近似为 ρ_{m}。

此模型的实现与原 PPM 相同,均能完全并行。但因采用了更复杂的粒子间作用,使原作用成为其特例,即 MaPPM 是对 PPM 的扩展。

7.3.2 模型的检验与分析

我们从最简单的情况——轴向重力作用下无限长平面槽内的层流,即一维 Poiseuille 流——开始验证 MaPPM。这时 Navier-Stokes 方程简化为

$$V'_t = g + \nu V''_x \tag{7.3.10}$$

式中:g 是 $\boldsymbol{g}$ 的模。根据式(7.3.9)

$$V''_x\big|_a = \frac{2}{\rho_{\mathrm{m}}} \sum_i \frac{V_{ia}}{x_{ai}^2} W_{ai} \tag{7.3.11}$$

而相应的 SPH 表达式为

$$V''_x\big|_a = \sum_i \frac{V_{ia}}{\rho_i} W''_r\big|_{x_{ai}} \tag{7.3.12}$$

即若 $W''_r = 2W/x_{ai}^2$，则两模型的表达相同。一般来说 SPH 是 MaPPM 的一个特例，即其各阶微分的 W 间也存在微分关系。在 MaPPM 中，理论上式 (7.3.8) 和式 (7.3.9) 可用任何不同的 W，这就为提高精度提供了更多可能。但为便于对比，这里均采用高斯函数

$$W(r) = \frac{1}{\sqrt{\pi}\, h \exp\left(\frac{r^2}{h^2}\right)} \tag{7.3.13}$$

式中：h 是描述 W 影响范围的特征尺度。

式 (7.3.13) 常用于 SPH 中，并在 $r=3h$ 处被截断。

此例中，我们将粒子以单位长度的间距垂直于壁面排列（图 7-12），每个粒子代表无限长的一层流体，而它们只有轴向速度，故计算中无需实际移动粒子。这类似于 Euler 型的数值结点，但在 SPH 和 MaPPM 中，其速度直接依赖于更多的邻近点，因而难以实现壁面无滑移条件。为此我们采用了文献 [47] 的方法，即在墙内增设粒子（图 7-12 中的实心圆），它们与流场中粒子（空心）作用时速度为 $V_0 x_{1w}/x_{0w}$，其中 0、1 和 w 分别代表流体、墙体和壁面。

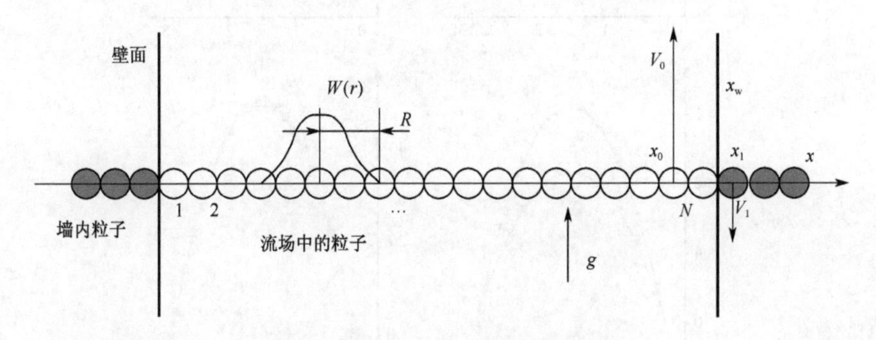

图 7-12　一维 Poiseuille 流模拟的流场设置

我们采用 SPH 和 MaPPM 分别模拟了不同参数下流体受 g 作用而从静止到形成抛物形速度剖面的过程。时间步长 Δt 取单位值，故 g 和 ν 的大小其实反映了 Δt 的疏密。但如表 7-6 和图 7-13 所示，在相当大的范围内它们对精度的影响有限（表中 E 是最大速度的模拟和理论值之比，用作精度指标）。在数值较小时，粒子数 N 和 R 的增加能显著提高精度，而此时 MaPPM 的精度明显优于 SPH。对 SPH，当 R 很小时，N 即使很大，精度也较差，而 R 增大又会使计算量显著增加，这在高维计算中将更突出。

表 7-6　一维 Poiseuille 流的模拟参数与精度

序号	$10^4 g$	10^4	N	R	E_{SPH}	E_{MaPPM}
1	1	1	3	1	17.38	1.11
2	1	1	3	2	0.78	1.11
3	1	1	5	1	16.27	1.04
4	1	1	5	2	0.73	1.04
5	1	1	10	2	0.70	1.00
6	10	10	10	2	0.70	1.00
7	10	10	20	2	0.70	1.00
8	10	10	20	4	1.01	1.00
9	10	10	40	4	1.00	1.00

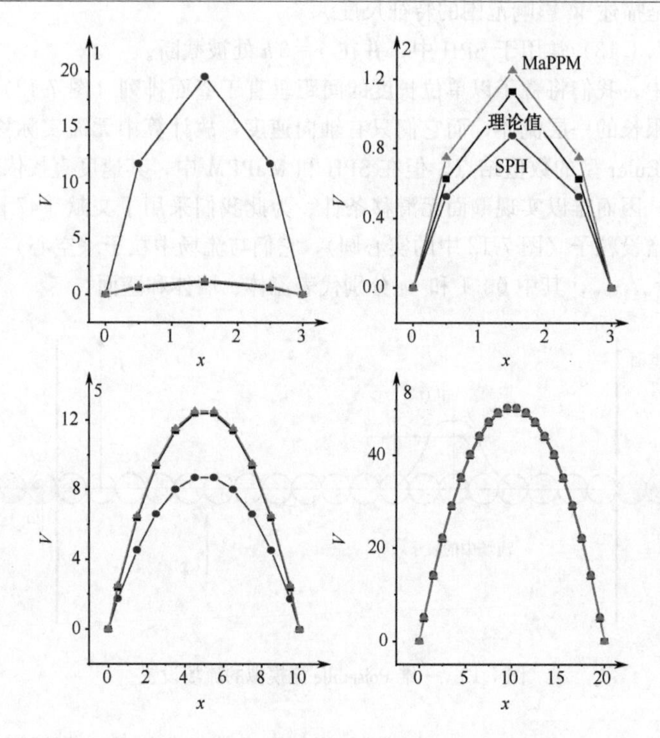

图 7-13　SPH 与 MaPPM 模拟的一维 Poiseuille 流的速度分布

7.3.3　应用举例

多颗粒动态模拟的初步结果展示了 MaPPM 的应用前景。图 7-14 显示了封闭腔体内两圆柱颗粒下落时流场的详细变化。图 7-15 描述了一个流化床的膨胀和节涌过程，但因规模所限，流场刻画的精度较低。两个算例中颗粒间以 0.8 的恢复系数在 $2R_s > 2R_c$ 的中心距上相碰，这能模仿真实的三维颗粒堆积时存在的流动空隙。颗粒每步的平移和转动通过作用在组成它的冻结粒子上的合力与合力矩计算，为减少计算量，图 7-15 中的颗粒是空心的。尽管还未与具体的理论或实验结果比较，但两例均反映了有关现象的一些基本特征，如图 7-14 中颗粒后的尾涡和图 7-15 中颗粒的成串排列等现象。通过进一步提高模拟精度，MaPPM

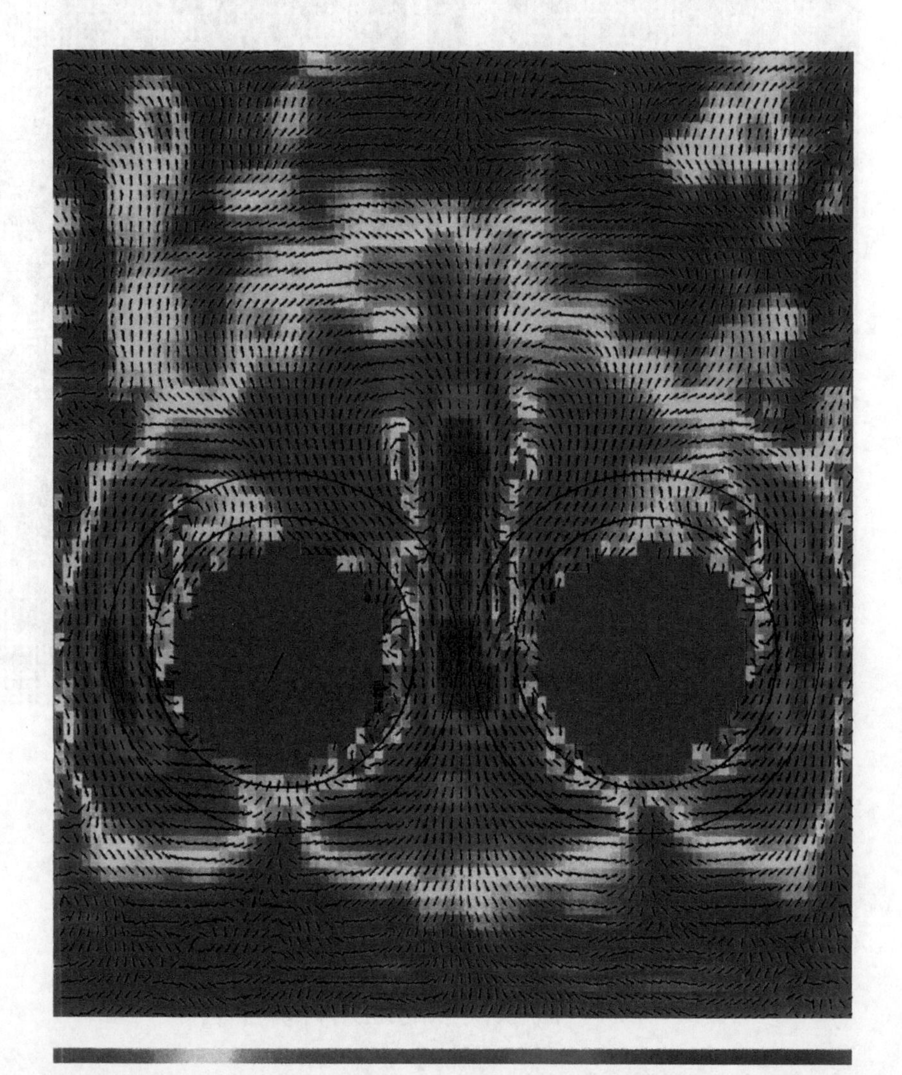

图 7-14 封闭腔体内两个圆碟下落的 MaPPM 模拟

将为揭示颗粒流体系统中不均匀结构的形成机理提供一种方便的模拟手段。

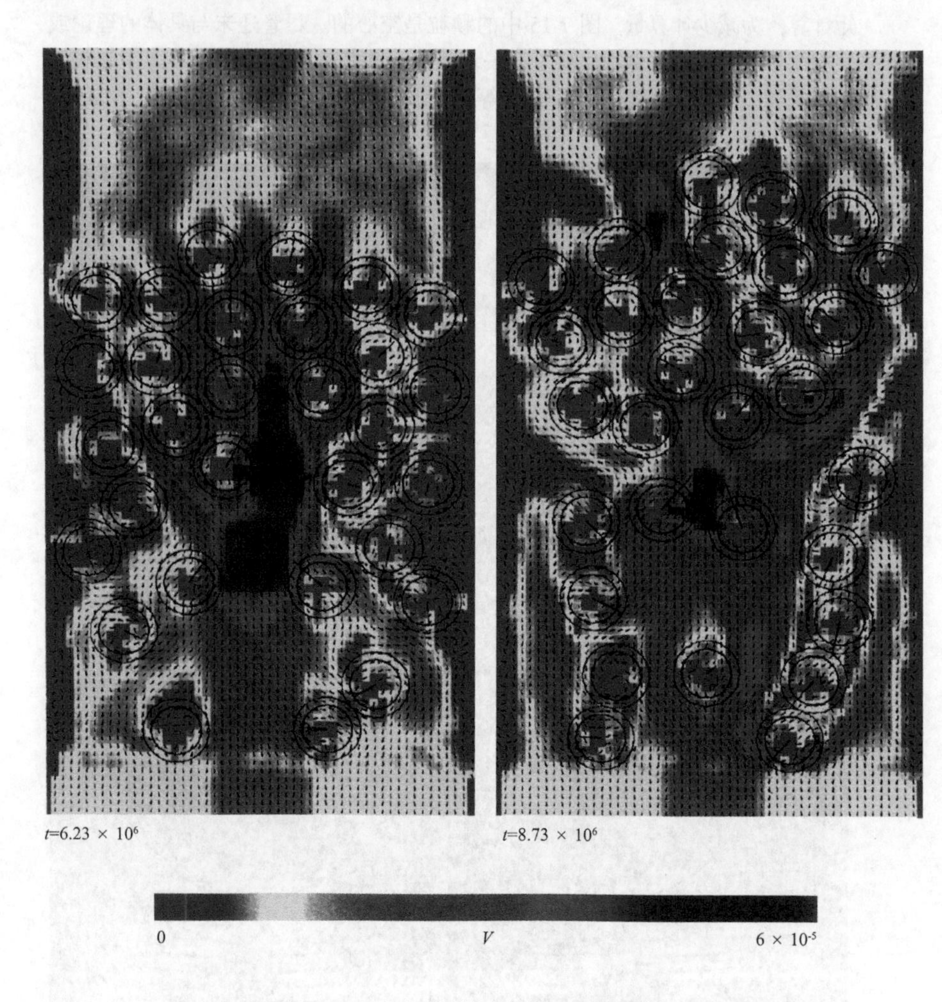

图 7-15　多个颗粒被流化的 MaPPM 模拟

7.4　离散模拟的通用计算平台

通过上面对拟颗粒模拟的介绍可以发现它的一个主要特征是计算量较大，而拟颗粒模拟与其他离散的粒子方法在算法上基本是相通的，因此有必要建立其通用计算平台。这里通用性和效率是一对主要矛盾，而这需要从不同层面上去解决。

首先是在平台的总体设计上，求解器最好是针对不同算例能够动态编译、连接而成的，这样就能始终选择最优的算法和数据结构，而同时为了不让用户涉及软件和系统的内部细节，方便其使用，我们需要提供一套描述语言及其解释器，使用户能专注于物理问题，简便地向平台输入算例和计算要求，而由解释器负责组合软件库内不同的模块和程序框架，调用系统编译器生成专门的用户程序。同时，用户还能通过算例描述语言输入比较简单的边界和初值条件，由解释器调用平台自带的前处理程序生成计算所需的大量数据，如粒子初始分布、活塞等简单运动边界的设置等。

其次在平台外围模块的设计上应留有较多接口，使平台能在不同环境下使用而用户能得到较多其他软件的支持，增强平台的应用范围。特别是要在平台的前后处理程序上设置数据格式转换接口，使之能调用成熟的计算机辅助设计和可视化软件完成复杂和高质量的处理，如桨叶、多孔介质运动和复杂边界的设置等。

图 7-16 体现了这种设计思想，在集成的用户界面下，用户先通过编辑器用算例描述语言表达计算对象的结构、物性、初值等条件，同时提出对算法和数据结构的选择或要求，形成脚本文件。然后运行脚本解释器，由它从库中选择合适的模块和程序框架进行组合并调用系统的编译器编译出可执行的求解器，同时调用前处理程序形成算例的输入数据。如果计算对象比较复杂，则可先用商品化的辅助设计和前处理软件完成主要的描述工作，输出到外部格式的文件中并通过数据接口转化为内部格式的文件。完成求解后输出的数据可由平台自带的后处理软件分析处理，也可通过数据格式的转换形成外部文件，再输入商品化软件处理。

粒子模拟通用算法的初步实现由图 7-17 示意[48,49]。每个粒子的详细信息存

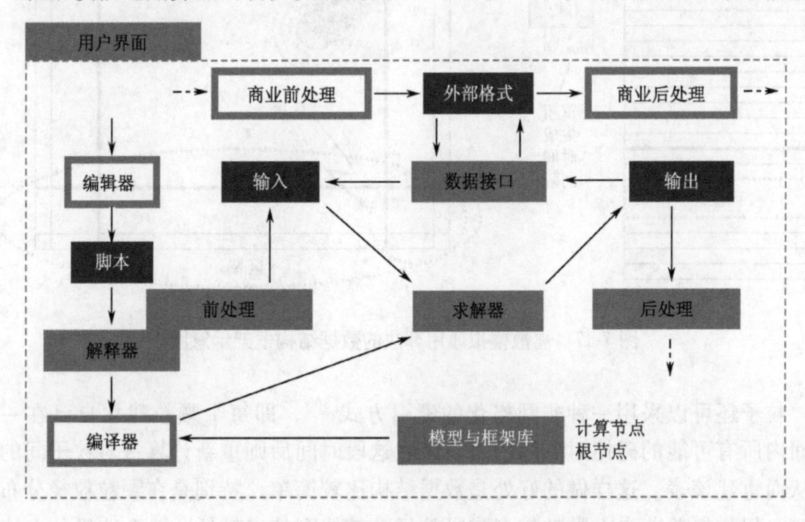

图 7-16　离散模拟通用软件平台示意图

储在一个记录的数组中，除了一些类型和索引标记，其中主要是状态变量的向量，其维数作为程序的参数。模拟的物理空间以正交网格（或其拓扑同构，即map）划分，以使任一粒子单步内只与同网格或其直接相邻网格内的粒子作用，当存在粒度相差很大的多种颗粒时可采用多组网格，但它们的网格尺寸见最好存在倍数关系且网格组数不能过多，否则数据结构会相当复杂。网格作为相应结构的矩阵存储，其元素是指向网眼（cell）内粒子记录的指针表。这样程序通过矩阵寻找数组中每个粒子的碰撞对象，并按两者的类型调用相应的函数计算它们的状态变化量，累计在各记录专设的临时变量中。这些函数只以状态变量为参数，因此，随不同应用而建立和更新的函数库可独立于主程序。为减少计算，最好将边界上粒子的记录存在特定的区段（section）中，若干区段组合成区域（area）以便集中传送。为此，记录数组每段必须留出一些空位，并建立相应的指针堆栈来管理其插入和删除，这也适用于改善网眼的指针表的内存局部性。

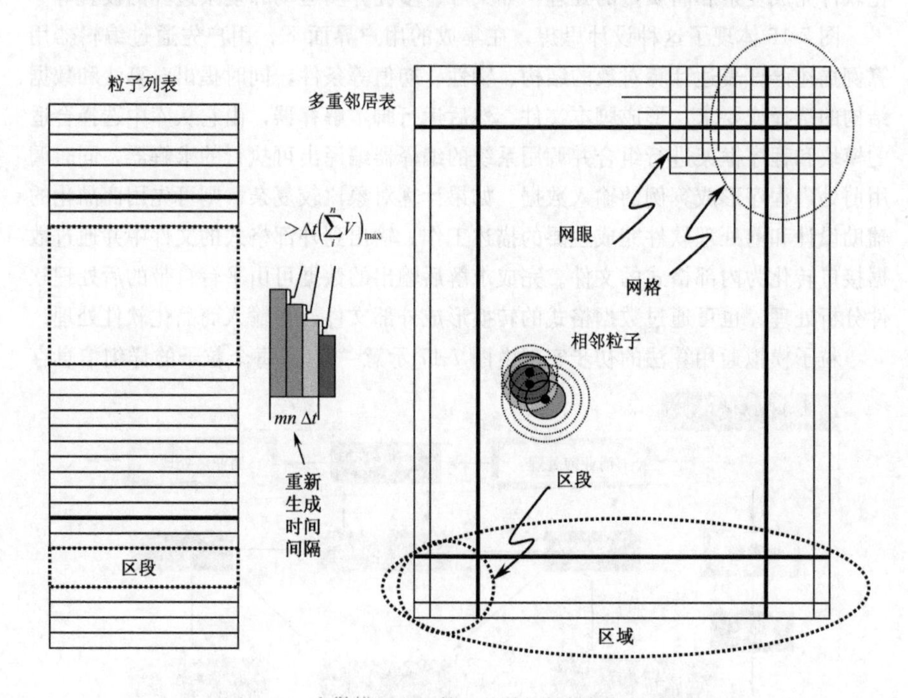

图 7-17　离散模拟通用算法的数据结构框架示意图

粒子还可以采用一种非网格化的索引方式[50]，即每个颗粒建立自己在一段时间内所有可能的碰撞对象的链表，经过这段时间后则重新计算每对粒子间的距离从而重建该表。这样做的好处是数据结构比较简单，特别是在颗粒粒径分布较宽时。但如果单节点上颗粒较多或颗粒运动较快则效率较低。一个改进的办法是如图 7-17 所示，在一次重构中建立多个相连时段的多重网络链表，然后依时间顺序逐步叠加使用，从而在相同的更新间隔下减小搜索范围，在较大时间间隔下这种改进是比较明显的。另外，如果颗粒分布比较细密而均匀，那么重构时就可以只对每个颗粒搜索它的邻居和它邻居的邻居，这可以极大地减少搜索量，但也存在漏检的危险，值得进一步探讨。

采用更复杂的粒子模型，PM 还能模拟传热、传质和反应过程相耦合的多相系统，而如在原框架下能放松可加性限制，并允许一些远程通信和广播，它应还能模拟更复杂的某些生物甚至社会现象，如计量经济学对特定条件下股市的预测中，投资者可处理为粒子。作为 PM 的微元，粒子能简洁而高效地表示为面向对象编程（OOP）中的对象，从而充分利用 C++等新兴语言的优势，而 FE 和 FD 仍拘泥于历经半个世纪的 Fortran。OOP 还使 PM 在共享内存模式下能方便地实现细粒度并行，通过适当的设计，每个粒子能无内存冲突地同时处理。若结合粗粒度的消息传递模式，PM 巨大的计算量已能为今日技术所及，并在近期得到普及。

参 考 文 献

1 Davidson J F. Symposium on fluidization—discussion. Transactions of the Institute of Chemical Engineers, 1961, 39(3): 230~232

2 Bolton L W, Davidson J F. Recirculation of particles in fast fluidized risers. In: Bolton L W, Davidson J F, Basu P, Large J F, ed Proceedings of the 2nd International Conference on Circulating Fluidized Beds. Oxford: Pergamon Press, 1988. 139~146

3 Li J, Kwauk M. Particle-Fluid Two-Phase Flow: Energy-Minimization Multi-Scale Method. Beijing: Metallurgical Industry Press, 1994

4 Osher S, Fedkiw R P. Level set methods: an overview and some recent results. Journal of Computational Physics, 2001, 169: 463~502

5 Happel J, Brenner H. Low Reynolds Number Hydrodynamics with Special Applications to Particulate Media. 2nd ed. Leyden: Noordhoff International Publishing, 1973

6 Hayakawa H, Nishimori H, Sasa S, Taguchi Y H. Dynamics of granular matter. Japanese Journal of Applied Physics, 1995, 34(Part Ⅰ, 2A): 397~408

7 Hayakawa H, Ichiki K. Statistical theory of disordered suspensions. Physical Review E, 1995, 51(5): 3815~3818

8 Alder B J, Wainwright T E. Phase transition for a hard sphere system. Journal of Chemical Physics, 1957, 27: 1208~1209

9 Bird G A. Molecular Gas Dynamics. Oxford: Clarendon Press, 1976. 17~21

10 Alder B J, Wainwright T E. Decay of the velocity autocorrelation function. Physical Review A, 1970, 1(1): 18~21

11 Evans D J. Flows far from equilibrium via molecular dynamics. Annual Review of Fluid Mechanics, 1986, 18: 243~264

12 Rapaport D C. Microscale hydrodynamics: discrete-particle simulation of evolving flow patterns. Physical Review A, 1987, 36(7): 3288~3299

13 Meiburg E. Comparison of the molecular dynamics method and the direct simulation Monte Carlo technique for flows around simple geometries. Physics of Fluids, 1986, 29(10): 3107~3113

14 Rapaport D C. Molecular-dynamics study of Reyleigh-Benard convection. Physical Review Letters, 1988, 60(24): 2480~2483

15 Bird G A. A contemporary implementation of the direct simulation Monte Carlo method. In: Mareschal M, Holian B L, ed. Proceedings of the NATO advanced study institute on microscopic simulations of complex hydrodynamic phenomena. New York: Plenum Press, 1992. 239~253

16 Rapaport D C. The event scheduling problem in molecular dynamic simulation. Journal of Computational Physics, 1980, 34(2): 184~201

17 Marin M, Risso D, Cordero P. Efficient algorithms for many-body hard particle molecular dynamics. Journal of Computational Physics, 1993, 109(2): 306~317

18 Boon J P. Statistical mechanics and hydrodynamics of lattice gas automata: an overview. Physical D, 1991, 47 (1-2): 3~8

19 Chen S, Doolen G D. Lattice Boltzmann method for fluid flows. Annual Review of Fluid Mechanics, 1998, 30: 329~365

20 Qi D. Simulation of fluidization of cylindrical multiparticles in a three-dimensional space. International Journal of Multiphase Flow, 2001, 27: 107~118

21 Harlow F H. Computer Physics Communications, 1988, 48: 1~11

22 Monaghan J J. Smoothed particle hydrodynamics. Annual Review in Astronautics and Astrophysics, 1992, 30: 543~574

23 Hoogerbrugge P J, Koelman J M V A. Simulating microscopic hydrodynamic phenomena with dissipative particle dynamics. Europhysics Letters, 1992, 19(3): 155~160

24 Espanol P. Fluid particle model. Physical Review E, 1998, 57: 2930~2948

25 Koelman J M V A, Hoogerbrugge P J. Dynamic simulations of hard-sphere suspensions under steady shear. Europhysics Letters, 1993, 21(3): 363~368

26 Marsh C A, Backx G, Ernst M H. Fokker-Planck-Boltzmann equation for dissipative particle dynamics. Europhysics Letters, 1997, 38: 411~415

27 Boon J P, Yip S. Molecular Hydrodynamics. New York: McGraw Hill, 1980. 1~4

28 Alder B J, Alley T E. Generalized hydrodynamics. Physics Today, 1984, 1: 56~63

29 自然科学大事年表编写组. 自然科学大事年表. 上海: 上海人民出版社, 1973. 64

30 自然科学大事年表编写组. 自然科学大事年表. 上海: 上海人民出版社, 1973. 73

31 Ge W, Li J. Pseudo-particle approach to hydrodynamics of gas/solid two-phase flow. In: Kwauk M, Li J, ed. Proceedings of the 5th International Conference on Circulating Fluidized Bed. Beijing: Science Press, 1997. 260~265

32 葛蔚, 李静海. 聚式流态化向散式流态化过渡的离散粒子模拟. 科学通报, 1997, 42(19): 2081~2083

33 Ge W, Zhang J, Li T, Li J. Pseudo-particle simulation of multi-scale heterogeneity in fluidization. Chinese Science Bulletin, 2003, 48(7): 634~636

34 Ge W, Li J. Macro-scale phenomena reproduced in microscopic systems-pseudo-particle modeling of fludization. Chemical Engineering Science, 2003, 58(8): 1565~1585

35 Santos A, Haro M L, Yuste S B. An accurate and simple equation of state for hard disks. Journal of Chemical Physics, 1995, 103(11): 4622~4625

36 Gass D M. Enskog theory for a rigid disk fluid. Journal of Chemical Physics, 1971, 54(5): 1898~1902

37 查普曼 S, 考林 T G. 非均匀气体的数学理论. 刘大有, 王伯懿译. 北京: 科学出版社, 1985

38 葛蔚．流态化系统的多尺度计算机模拟(博士学位论文)．哈尔滨：哈尔滨工业大学，1998

39 Mo G, Rosenberger F. Molecular-dynamics simulation of flow in a two-dimensional channel with atomically rough walls. Physical Review A, 1990, 42(8): 4688～4692

40 Drazin P G, Reid W H. Hydrodynamic Stability. Cambridge: Cambridge University Press, 1981. 452

41 Hwang G J, Wu S J. Direct numerical simulation of the amplification of a 2D temporal disturbance in plane Poiseuille flow. International Journal for Numerical Methods in Fluids, 1998, 26: 443～457

42 Grossmann S. The onset of shear flow turbulence. Reviews of Modern Physics, 2000, 72(2): 603～618

43 Lighthill M J. Waves in Fluids. London: The Imperial College of Science and Technology, 1965. 129

44 Senior R C, Grace J R. Integrated particle collision and turbulent diffusion model for dilute gas-solid suspensions. Powder Technology, 1998, 96: 48～78

45 Horio, M. Hydrodynamics. In: Grace J R, Avidan A A, Knowlton T M, ed. Circulating fluidized beds. New York: Chapman and Hall, 1997. 22～33

46 Happel J, Brenner H. Low Reynolds Number Hydrodynamics with Special Applications to Particulate Media. 2nd ed. Leyden: Noordhoff International Publishing, 1973. 235～280

47 Takeda H, Miyama S M, Sekiya M. Numerical simulation of viscous flow by smoothed particle hydrodynamics. Progress of Theoretical Physics, 1994, 92(5): 939～960

48 Ge W, Li J. General approach for discrete simulation of complex systems. Chinese Science Bulletin, 2002, 47(14): 1172～1175

49 葛蔚，李静海．近程作用离散系统大规模并行模拟概念模型．计算机与应用化学，2000，17(5)：385～388

50 Rapaport D C. The Art of Molecular Dynamics Simulation. Cambridge: Cambridge University Press, 1995

第 8 章　多尺度模拟方法的工业应用

近几年，随着对多尺度方法研究的深入和模型的逐步完善，多尺度方法在工业和研究领域得到了一些应用，如对工业反应器内的多相流动进行模拟以对反应器设计进行优化、对矿料的偏析过程进行设计等。本章介绍多尺度方法应用的一些实例。

8.1　双循环变径提升管反应器的辅助设计

这是一个工业规模的新型双循环变径提升管反应器，用于石油催化裂化。为达到使上部催化剂增浓的目的，需将第Ⅲ段改造为扩径段。为了给反应器设计提供依据，程从礼[1]将 EMMS 模型与环核模型结合建立了能量最小多尺度环核（EMMS/CA）模型。该模型可以预测循环流化床内气固轴向和径向速度分布、催化剂在提升管内的浓度分布以及固体的不均匀流动结构。采用该模型对该双循环变径提升管反应器的不同设计方案进行了计算，并给出了设备的最佳尺寸和工艺参数的操作范围。

本节介绍的研究工作主要由程从礼、张忠东和高士秋完成。

8.1.1　计算条件和参数

反应器的几何形状如图 8-1 所示。提升管反应器由下向上分为 4 段：第Ⅰ段，气体表观速度为 2m/s，催化剂的质量流率为 380kg/s。第Ⅱ段，床层直径加长，因为在此段喷入热油，气体由于温度升高发生膨胀，其速度急剧增加，表观气速变化范围是 5～16.5m/s。第Ⅲ段，床层直径大幅度增加，温度不变。第Ⅳ段，床层高度由提升管总高度确定，因管径变小，气体速度变大，为稀相输送状态。

系统的压力平衡通过调节再生滑阀的压降实现，压力调节允许裕度为 0.02MPa。系统循环量为 380～580kg/s。

在模拟计算中，采用 FCC 催化剂颗粒密度为 1400kg/m^3，颗粒直径 60μm；气体密度 2.89kg/m^3，气体黏度 1.7×10^{-5}kg/(m·s)。气体操作速度及颗粒循环量如表 8-1 所示。其中 $U_{g,2}$ 为 5m/s，代表的是开车工况；$U_{g,2}$ 为 15m/s，代表的是运行工况。

表 8-1　计算所用的气体表观速度、颗粒质量流率

第Ⅱ段出口气体表观速度 $U_{g,2}$为 5m/s									
	第Ⅰ段		第Ⅱ段		第Ⅲ段			第Ⅳ段	
W /(kg/s)	U_g /(m/s)	G_s /[kg/(m²·s)]	U_g /(m/s)	G_s /[kg/(m²·s)]	ΔW_3 /(kg/s)	U_g /(m/s)	G_s /[kg/(m²·s)]	U_g /(m/s)	G_s /[kg/(m²·s)]
380	2	597.3	5~5	286.3	0	0.83	47.2	5.87	336

第Ⅱ段出口气体表观速度 $U_{g,2}$为 15m/s									
	第Ⅰ段		第Ⅱ段		第Ⅲ段			第Ⅳ段	
W /(kg/s)	U_g /(m/s)	G_s /[kg/(m²·s)]	U_g /(m/s)	G_s /[kg/(m²·s)]	ΔW_3 /(kg/s)	U_g /(m/s)	G_s /[kg/(m²·s)]	U_g /(m/s)	G_s /[kg/(m²·s)]
					0		47.2		336
380	2	597.3	5~15	286.3	100	2.48	59.7	17.6	424.4
					200		72.1		512.8

第Ⅱ段出口气体表观速度 $U_{g,2}$为 16.5m/s									
	第Ⅰ段		第Ⅱ段		第Ⅲ段			第Ⅳ段	
W /(kg/s)	U_g /(m/s)	G_s /[kg/(m²·s)]	U_g /(m/s)	G_s /[kg/(m²·s)]	ΔW_3 /(kg/s)	U_g /(m/s)	G_s /[kg/(m²·s)]	U_g /(m/s)	G_s /[kg/(m²·s)]
					0		47.2		336
380	2	597.3	5~16.5	286.3	100	2.72	59.7	19.4	424.4
					200		72.1		512.8

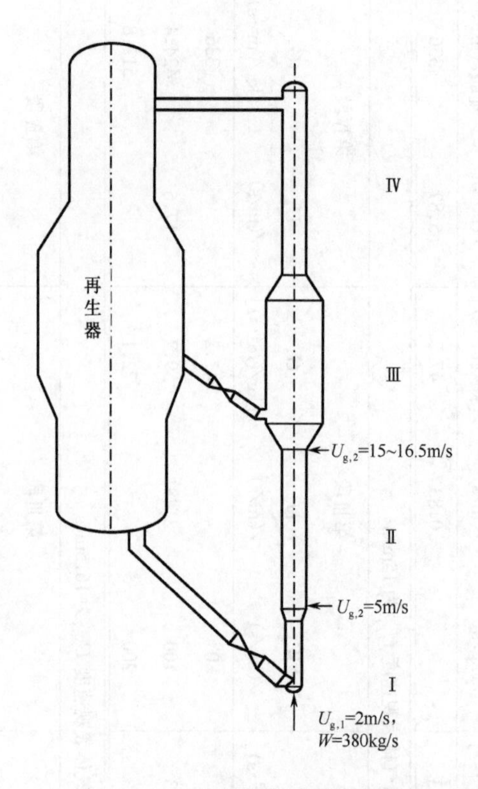

图 8-1　双循环变径提升管反应器

计算的目的是给出不同工况和补充颗粒流率条件下提升管各段颗粒浓度分布、颗粒返混通量和第Ⅲ段的操作气速范围。

8.1.2　各段噎塞计算

流化状态的正确判断对于模拟结果的准确性起到至关重要的作用，而流化状态的判断是根据噎塞的预测结果做出的。定性的来说，当噎塞发生时颗粒浓度沿床层轴向呈现上稀下浓的S形分布。一旦操作条件发生改变，颗粒流体系统就会过渡到密相流化或者是稀相输送状态。从量化的角度来看，噎塞发生时的气体操作速度为噎塞速度（U_{ck}），此时的颗粒循环量为饱和夹带量（K^*）。在颗粒流体性质一定时，U_{ck}与颗粒循环量 G_s 一一对应，K^* 与气体操作速度 U_g 一一对应。表 8-2 详细列举了第Ⅱ段出口速度 $U_{g,2}$分别为 5m/s、15m/s 和 16.5m/s 时，采用 EMMS 模型对提升管各段的操作状况的计算结果及与之相对应的噎塞条件。

具体说来，在 G_s 不变时，若 $U_g < U_{ck}$时，系统处于密相流化状态；若 $U_g > U_{ck}$时，系统处于稀相输送状态；只有当 $U_g = U_{ck}$时，颗粒浓度才会出现S形分布。在 U_g 不变时，若 $G_s > K^*$ 时，系统处于密相流化状态；若 $G_s < K^*$ 时，系统处于稀相输送状态；只有当 $G_s = K^*$ 时，颗粒浓度才会出现S形分布。因为理论预测与实验结果之间存在着一定的误差，所以无论上面哪种情况，只要 U_g 与 U_{ck} 接近时或者是 G_s 与 K^* 接近时，都可以被认为是S形分布。

对图8-1所示的工业装置，当第Ⅱ段出口速度改变时，势必会引起第Ⅲ段和第Ⅳ段内颗粒浓度分布的变化。尤其对于第Ⅲ段，因流体速度随着管径的不同而不同，相应流体速度下的饱和夹带量也会随之发生变化，所以该段内的流化状态也可能发生改变。由于各段的操作气速、颗粒循环量、流化状态及床层结构均不相同，所以应该分段进行计算，计算结果见表8-2。

在第Ⅰ段内，气体的操作速度 $U_g = 2\text{m/s}$，均小于质量流率为380kg/s时的噎塞速度8.65m/s，也就是说 $U_g < U_{ck}$，因而该段颗粒流体系统处于密相流化状态，运用 $N_{st} \rightarrow \min$ 模型。

在第Ⅱ段内，由于发生热膨胀，气体速度沿床高发生线性变化，其入口速度为5m/s，出口速度分别为5m/s、15m/s和16.5m/s。虽然流体速度在变化，但颗粒的质量流率不变，所以该质量流率下的噎塞速度不变，为6.03m/s。当 $U_g < U_{ck}$ 时，系统为密相流化状态，满足 $N_{st} \rightarrow \min$ 模型；当 $U_g > U_{ck}$ 时，系统为稀相输送状态，满足 $N_{st} \rightarrow \max$ 模型。

在第Ⅲ段内，管径扩大相应的流化状态也可能要发生变化。在第Ⅱ段出口速度为5m/s时，表8-2中所示的颗粒循环量47.2kg/(m^2·s)明显大于饱和夹带量4.33kg/(m^2·s)，因而系统为密相流化状态。在第Ⅱ段出口速度为15m/s时，表8-2中所示的三种补充颗粒质量流率 ΔW_3(0kg/s、100kg/s、200kg/s)的情况下，只有当 $\Delta W_3 = 0\text{kg/s}$ 时，颗粒循环量 G_s[47.2kg/(m^2·s)]接近于同样操作气速下的饱和夹带量 K^*[43.8kg/(m^2·s)]，此时只要提升管总静压 Δp_{imp} 在一定的范围内，第Ⅲ段内有可能呈现上稀下浓的S形分布。其他两种情况，颗粒循环量 G_s 远大于同样操作气速下的饱和夹带量 K^*，均为密相流化状态。同理，在第Ⅱ段出口速度为16.5m/s时，表8-2中所示的三种补充颗粒质量流率 ΔW_3(0kg/s、100kg/s、200kg/s)的情况下，只有当 $\Delta W_3 = 200\text{kg/s}$ 时，颗粒循环量 G_s[72.1kg/(m^2·s)]远大于同样操作气速下的饱和夹带量 K^*[53.8kg/(m^2·s)]，为密相流化状态。其他两种情况，颗粒循环量 G_s 均接近于同样操作气速下的饱和夹带量 K^*，此时只要提升管总静压 Δp_{imp} 在一定的范围内，第Ⅲ段内均有可能呈现上稀下浓的S形分布。

在第Ⅳ段，只有当第Ⅱ段出口气体速度为5m/s时，第Ⅳ段的操作气体速度(5.87m/s)小于该段质量流率下(380kg/s)的噎塞速度6.51m/s，也就是说 $U_g < U_{ck}$，因而该段颗粒流体系统处于密相相流化状态，运用 $N_{st} \rightarrow \min$ 模型。其

表 8-2　提升管各段操作状况及相应的噎塞条件

第Ⅰ段			第Ⅱ段			第Ⅲ段				第Ⅳ段		
第Ⅱ段出口气体表观速度 $U_{g,2}$为 5m/s												
U_g /(m/s)	U_{ck} /(m/s)	G_s /[kg/(m²·s)]	U_g /(m/s)	U_{ck} /(m/s)	G_s /[kg/(m²·s)]	ΔW_3 /(kg/s)	U_g /(m/s)	G_s /[kg/(m²·s)]	K^* /[kg/(m²·s)]	U_g /(m/s)	U_{ck} /(m/s)	G_s /[kg/(m²·s)]
2	<8.65	597.3	5～5	6.03	286.3	0	0.83	47.2	>4.33	5.87	<6.51	336
第Ⅱ段出口气体表观速度 $U_{g,2}$为 15m/s												
U_g /(m/s)	U_{ck} /(m/s)	G_s /[kg/(m²·s)]	U_g /(m/s)	U_{ck} /(m/s)	G_s /[kg/(m²·s)]	ΔW_3 /(kg/s)	U_g /(m/s)	G_s /[kg/(m²·s)]	K^* /[kg/(m²·s)]	U_g /(m/s)	U_{ck} /(m/s)	G_s /[kg/(m²·s)]
						0		47.2	≈43.8		6.51	336
2<	8.65	597.3	5～15	6.03	286.3	100	2.48	59.7	>43.8	17.6	>7.30	424.4
						200		72.1	>43.8		8.02	512.8
第Ⅱ段出口气体表观速度 $U_{g,2}$为 16.5m/s												
U_g /(m/s)	U_{ck} /(m/s)	G_s /[kg/(m²·s)]	U_g /(m/s)	U_{ck} /(m/s)	G_s /[kg/(m²·s)]	ΔW_3 /(kg/s)	U_g /(m/s)	G_s /[kg/(m²·s)]	K^* /[kg/(m²·s)]	U_g /(m/s)	U_{ck} /(m/s)	G_s /[kg/(m²·s)]
						0		47.2	≈53.8		6.51	336
2<	8.65	597.3	5～16.5	6.03	286.3	100	2.72	59.7	≈53.8	19.4>	7.30	424.4
						200		72.1	>53.8		8.02	512.8

他两种情况下（第Ⅱ段出口气体速度分别为15m/s和16.5m/s），第Ⅳ段的操作气体速度远大于噎塞速度，故此时系统处于稀相输送状态。

在每段之间衔接区，因横截面的面积发生了变化，气体与颗粒循环量也相应地发生变化，所以，对衔接区需进行单独计算。首先将衔接区沿床层高度方向均分成十等份，然后对各截面所处的流化状态进行判断。与前面叙述类似，当 $U_g < U_{ck}$时，系统为密相流化状态，满足 $N_{st}\rightarrow \min$ 模型；当 $U_g > U_{ck}$时，系统为稀相输送状态，满足 $N_{st}\rightarrow \max$ 模型。

8.1.3 模拟计算结果及讨论

开工时，第Ⅱ段并不发生热膨胀，气体出口速度与入口速度相同，均为5m/s。根据噎塞计算结果，知道各段的操作气速 U_g 均小于各段的噎塞速度 U_{ck}，因而整个提升管各段均处在密相流化状态。开工时，第Ⅲ段内不补充物料。由于提升管为密相流化状态，所以，该段内压降值较大。当再生滑阀压降调节到最小值时，推动力不足以将第Ⅲ段内密相颗粒经第Ⅳ段夹带出提升管，密相床层只能维持在高度为2.87m处，即形成了鼓泡床。此时，第Ⅲ段内颗粒的返混量为232.4kg/(m^2·s)，明显大于该段内颗粒外循环量47.2kg/(m^2·s)。

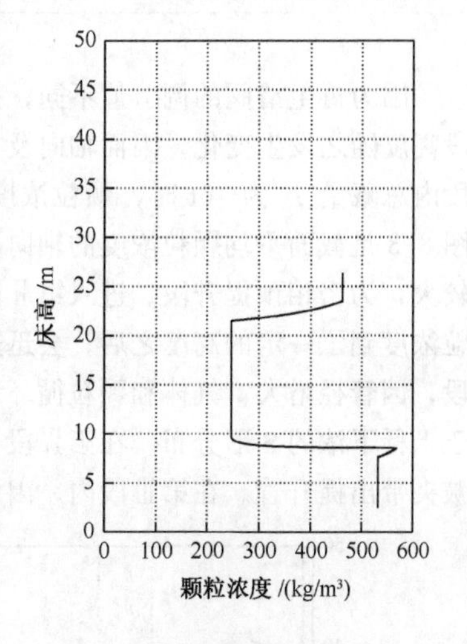

图8-2 提升管截面平均颗粒浓度的轴向分布

因整个提升管都为密相状态，所以，颗粒浓度的轴向分布及第Ⅲ段内径向颗粒浓度分布也较均匀。图8-2是提升管截面平均颗粒浓度的轴向分布。

在正常运行条件下，气液混合物在第Ⅱ段内发生汽化和热膨胀，出口速度远高于入口速度，达到15m/s。这时，根据第Ⅲ段补充颗粒质量流率 ΔW_3 的三种情况（0kg/s、100kg/s、200kg/s）分别进行模拟。

在第Ⅲ段补充颗粒质量流率 ΔW_3 为0kg/s时，根据表8-2知道，此时的第Ⅲ段内颗粒循环量［47.2kg/（m^2·s)］接近于饱和夹带量［43.8kg/(m^2·s)］，因而颗粒浓度沿轴向呈现上稀下浓的S形分布。密相段的高度 H_b 由提升管的总压降 Δp_{imp}确定，进而确定了截面平均颗粒浓度和颗粒返混量的轴向分布。表8-3显示第Ⅱ段出口气体速度为15m/s且 $\Delta W_3=0$kg/s时，第Ⅲ段内密相段高度 H_b、截面平均空隙率 $\bar{\varepsilon}_3$、平均颗粒浓度 $\bar{\rho}_{p,3}$、颗粒总质量 I_3 与 Δp_{imp}的对应关系。

虽然，第Ⅲ段内平均颗粒浓度和压降可以通过调节再生滑阀来改变，但在其他各段，由于气体操作速度和颗粒循环量均维持不变，所以它们的颗粒浓度、压降并不因此发生改变，如表 8-3 所示。

表 8-3　第Ⅱ段出口气体速度为 15m/s 且 $\Delta W_3=0$kg/s 时的各段模拟结果

区域	颗粒浓度/（kg/m³）	压降/kPa
第Ⅰ段	532.17	26.6
第Ⅰ段与第Ⅱ段衔接区	553.30	5.4
第Ⅱ段	55.27	7.0
第Ⅱ段与第Ⅲ段衔接区	27.84	0.5
第Ⅲ段与第Ⅳ段衔接区	19.67	0.4
第Ⅳ段	18.97	2.8
不包括第Ⅲ段的提升管总表压		42.7

因为再生滑阀的调节值不同，提升管总静压会发生改变，第Ⅲ段内底部密相段高度随之发生变化，因而轴向及径向颗粒浓度具有不同的分布。下面讨论第Ⅲ段内总藏量 I_3 为 10t 时，颗粒浓度的轴向和径向分布，以及颗粒的返混情况。图 8-3 是截面平均颗粒浓度的轴向分布图。从该图可以看出，第Ⅰ段内颗粒浓度较大，为密相预提升段。进入第Ⅱ段内，气体速度因热膨胀急剧增加，所以，颗粒浓度到了一定的高度之后，会迅速减小，系统转变成稀相输送状态。到了第Ⅲ段，因管径增大，气体和颗粒循环量均发生了变化，根据噎塞判断，知道该段处于上稀下浓的 S 形分布。在第Ⅳ段，出口管径变小，气体速度很大，低浓度颗粒被夹带出提升管。在第Ⅲ段内，因为截面平均颗粒浓度沿床层高度方向存在着 S

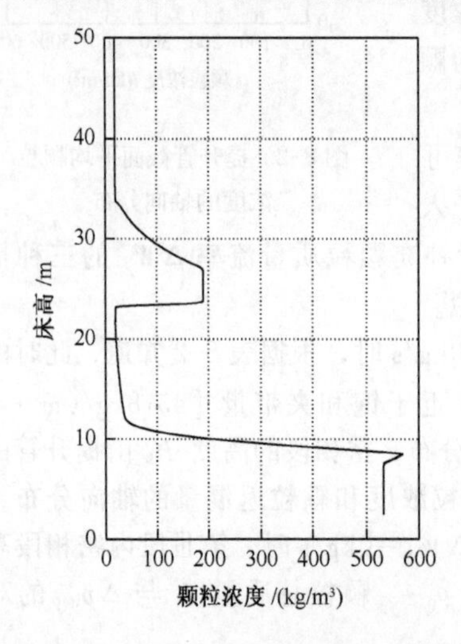

图 8-3　I_3＝10t 截面平均颗粒浓度的轴向分布

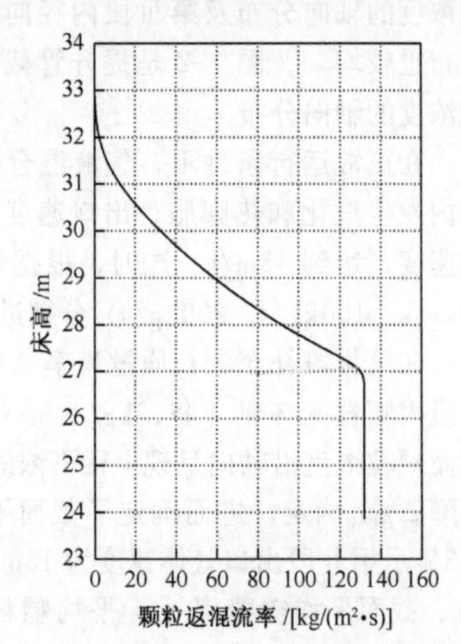

图 8-4　第Ⅲ段颗粒返混流率的轴向分布

形分布，因而各截面的径向颗粒浓度分布和返混情况也不尽相同。图 8-4 显示 $I_3=10\text{t}$ 时颗粒的返混情况。图 8-5 是床高为 25m 处颗粒浓度的径向分布。

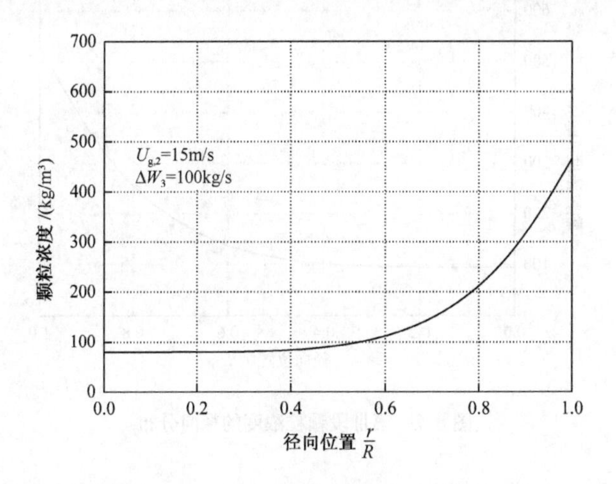

图 8-5　床高为 25m 处颗粒浓度的径向分布

在第Ⅲ段补充颗粒质量流率 ΔW_3 为 100kg/s时，根据表 8-2 中第二行的噎塞计算结果，颗粒的循环量［59.7kg/(m^2·s)］远大于饱和夹带量［43.8kg/(m^2·s)］，因而第Ⅲ段内颗粒处于密相流化状态，各段压降和颗粒平均密度如表 8-4 所示。此时，第Ⅲ段内颗粒返混量为 157.87kg/(m^2·s)。提升管内颗粒浓度的轴向分布如图 8-6 所示，第Ⅲ段内颗粒浓度的径向分布如图 8-7 所示。

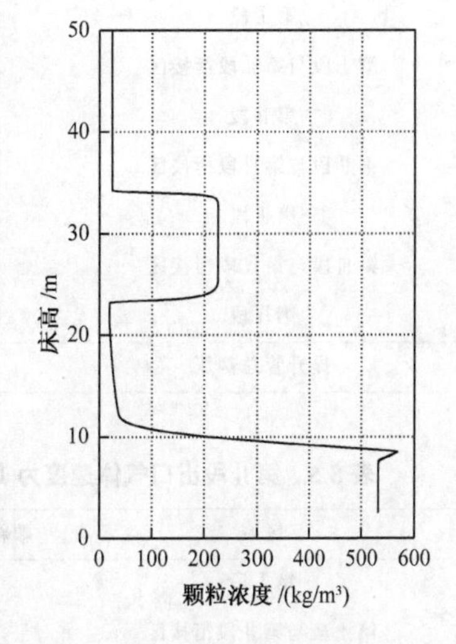

图 8-6　截面平均颗粒浓度的轴向分布

在第Ⅲ段补充 100kg/s 的颗粒流量后，该段处于密相流化状态，提升管总静压为 62.6kPa，通过调节再生滑阀的压降，可以达到要求。如果要在 S 形分布的条件下进行操作，第Ⅱ段出口气体速度应该由目前的 15m/s增大到 17.3m/s。表 8-5 是第Ⅱ段出口速度为 17.3m/s 且第Ⅲ段补充 100kg/s 的颗粒流量后，第Ⅲ段内密相段高度 H_b、截面平均空隙率 $\bar{\varepsilon}_3$、平均颗粒浓度 $\bar{\rho}_{p,3}$、颗粒总质量 I_3 与 Δp_{imp}的对应关系。

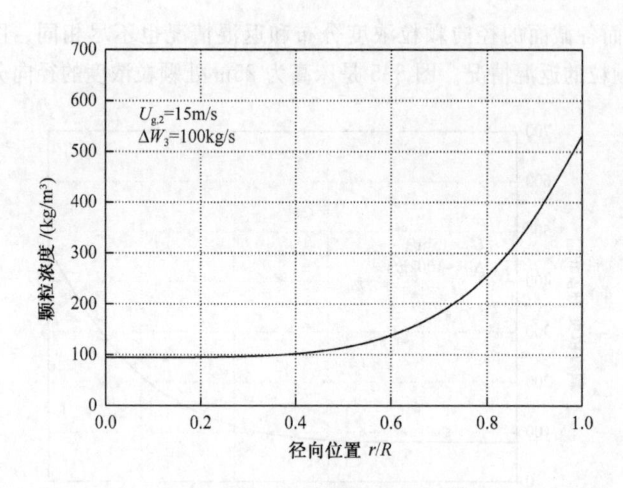

图 8-7 第Ⅲ段颗粒浓度的径向分布

表 8-4 第Ⅱ段出口气体速度为 15m/s 且 ΔW_3 = 100kg/s 时的各段模拟结果

区域	颗粒浓度/（kg/m³）	压降/kPa
第Ⅰ段	532.17	26.6
第Ⅰ段与第Ⅱ段衔接区	553.30	5.4
第Ⅱ段	55.27	7.0
第Ⅱ段与第Ⅲ段衔接区	27.84	0.5
第Ⅲ段	225.88	18.2
第Ⅲ段与第Ⅳ段衔接区	67.95	1.3
第Ⅳ段	23.87	3.6
提升管总静压		62.6

表 8-5 第Ⅱ段出口气体速度为 17.3m/s 且 ΔW_3 = 100kg/s 时的各段模拟结果

区域	颗粒浓度/（kg/m³）	压降/kPa
第Ⅰ段	532.17	26.6
第Ⅰ段与第Ⅱ段衔接区	553.30	5.4
第Ⅱ段	38.29	4.8
第Ⅱ段与第Ⅲ段衔接区	16.75	0.3
第Ⅲ段与第Ⅳ段衔接区	21.40	0.4
第Ⅳ段	20.73	3.1
不包括第Ⅲ段的提升管总静压		40.6

虽然，第Ⅲ段内平均颗粒浓度和压降可以通过调节再生滑阀来改变，但其他各段的颗粒浓度、压降并不因此发生改变，如表 8-5 所示。

因为再生滑阀的调节值不同，提升管总静压就会发生改变，第Ⅲ段内底部密相段高度随之发生变化，因而轴向及径向颗粒浓度具有不同的分布，下面是第Ⅲ段内总藏量 I_3 为 10t 时，颗粒浓度的轴向和径向分布，以及颗粒的返混情况。其中图 8-8 显示截面平均颗粒浓度的轴向分布；图 8-9 显示第Ⅲ段颗粒的返混情况；图 8-10 显示床高为 27.94m 处颗粒浓度的径向分布。

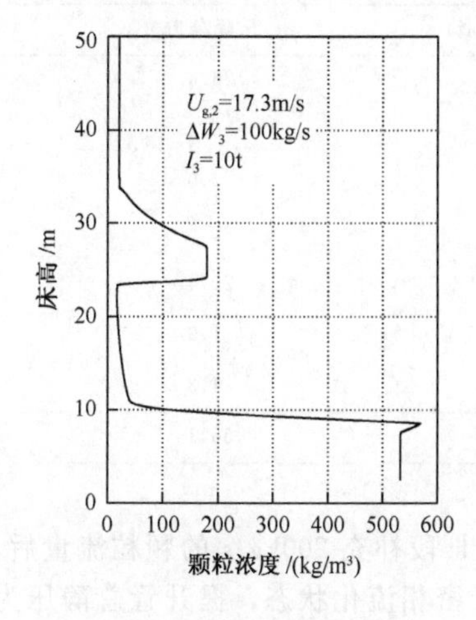

图 8-8　第Ⅲ段颗粒浓度的轴向分布

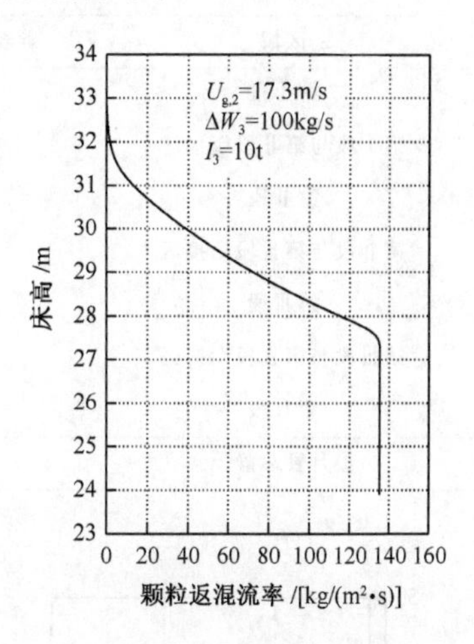

图 8-9　第Ⅲ段颗粒返混流率的轴向分布

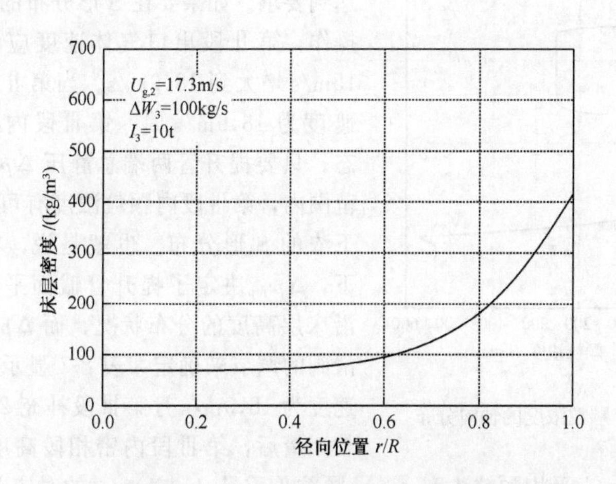

图 8-10　床高为 27.94m 时的第Ⅲ段颗粒浓度的径向分布

在第Ⅲ段补充颗粒质量流率 ΔW_3 为 200kg/s 时，根据表 8-2 中第二行的喹塞计算结果，颗粒的循环量［72.1kg/（m^2•s)］远大于饱和夹带量［43.8kg/(m^2•s)］，因而整个第Ⅲ段内颗粒均处于密相流化状态，各段的压降和颗粒平均密度如表 8-6 所示。此时，第Ⅲ段内颗粒返混量为 177.11kg/(m^2•s)。提升管内颗粒浓度的轴向分布如图 8-11 所示，第Ⅲ段内颗粒浓度的径向分布如图 8-12 所示。

表 8-6　第Ⅱ段出口气体速度为 15m/s 且 ΔW_3＝200kg/s 时的各段模拟结果

区域	颗粒浓度/（kg/m^3）	压降/kPa
第Ⅰ段	532.17	26.6
第Ⅰ段与第Ⅱ段衔接区	553.30	5.4
第Ⅱ段	55.27	7.0
第Ⅱ段与第Ⅲ段衔接区	27.84	0.5
第Ⅲ段	253.91	20.4
第Ⅲ段与第Ⅳ段衔接区	94.64	1.9
第Ⅳ段	28.74	4.3
提升管总静压		66.1

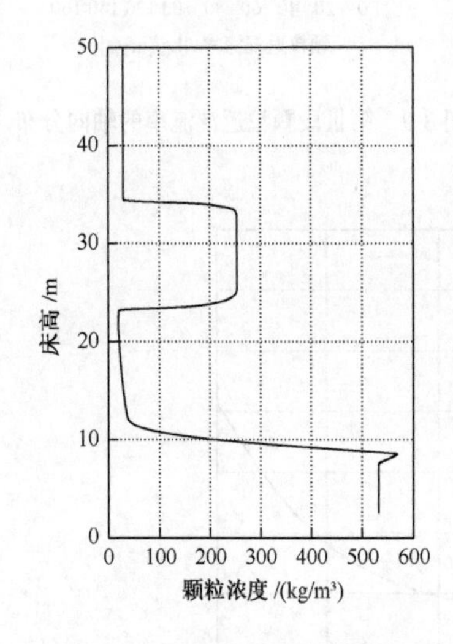

图 8-11　颗粒浓度的轴向分布

在第Ⅲ段补充 200kg/s 的颗粒流量后，该段处于密相流化状态，提升管总静压为 66.1kPa，通过调节再生滑阀的压降，可以达到要求。如果要在 S 形分布的条件下进行操作，第Ⅱ段出口气体速度应该由目前的 15m/s 增大到 18.9m/s。当第Ⅱ段出口气体速度为 18.9m/s 时，第Ⅲ段内处于噎塞状态，只要提升管两端总静压 Δp_{imp} 在一定的范围内，第Ⅲ段内颗粒浓度有可能出现上稀下浓的 S 形分布。也就是说，在噎塞状态下，Δp_{imp} 决定了提升管截面平均颗粒浓度沿床层高度的分布状况，而 Δp_{imp} 可由再生滑阀的调节来确定。表 8-7 显示第Ⅱ段出口速度为 18.9m/s 且第Ⅲ段补充 200kg/s 的颗粒流量后，第Ⅲ段内密相段高度 H_b、截面平均空隙率 $\bar{\varepsilon}_3$、平均颗粒浓度 $\bar{\rho}_{p,3}$、颗粒总质量 I_3 与 Δp_{imp} 的对应关系。表 8-8 说明在设备改造后，即使第Ⅲ段内被密相颗粒充满，Δp_{imp} 也比改造前的压降标定数据（77kPa）要小。

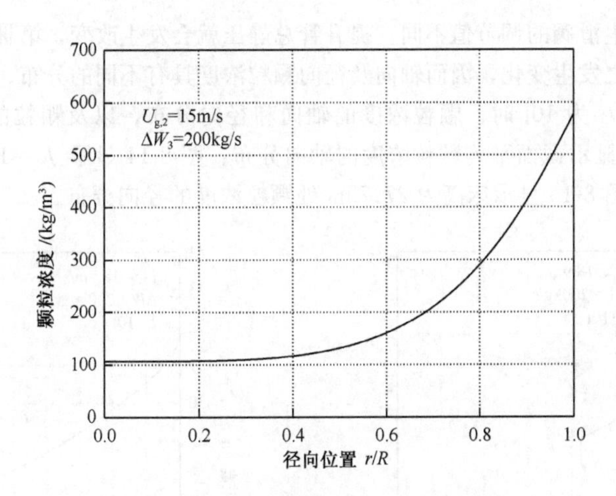

图 8-12　第Ⅲ段颗粒浓度的径向分布

表 8-7　第Ⅱ段出口气体速度为 18.9m/s 且 ΔW_3 = 200kg/s 时的第Ⅲ段模拟结果

H_b/m	$\bar{\varepsilon}_3$/（—）	$\bar{\rho}_{p,3}$/（kg/m³）	Δp_{imp}/kPa	I_3/t
0.0	0.9366	88.82	49.6	7.14
1.0	0.9314	96.09	50.3	7.73
2.0	0.9248	105.30	51.2	8.47
3.0	0.9170	116.22	52.2	9.35
4.0	0.9106	125.21	53.1	10.07
5.0	0.9041	134.29	54.0	10.80
6.0	0.8975	143.44	54.9	11.54
7.0	0.8909	152.67	55.8	12.28
8.0	0.8843	161.94	56.7	13.02
9.0	0.8800	167.96	57.3	13.51
10.0	0.8712	180.27	58.5	14.50

虽然，第Ⅲ段内平均颗粒浓度和压降可以通过调节再生滑阀来改变，但其他各段的颗粒浓度、压降并不因此发生改变，如表 8-8 所示。

表 8-8　第Ⅱ段出口气体速度为 18.9m/s 且 ΔW_3 = 200kg/s 时的各段模拟结果

区域	颗粒浓度/（kg/m³）	压降/kPa
第Ⅰ段	532.17	26.6
第Ⅰ段与第Ⅱ段衔接区	553.30	5.4
第Ⅱ段	36.83	4.7
第Ⅱ段与第Ⅲ段衔接区	15.32	0.3
第Ⅲ段与第Ⅳ段衔接区	23.56	0.5
第Ⅳ段	22.88	3.4
不包括第Ⅲ段的提升管总静压		40.9

因为再生滑阀的调节值不同，提升管总静压就会发生改变，第Ⅲ段内底部密相段高度随之发生变化，因而轴向及径向颗粒浓度具有不同的分布，下面是第Ⅲ段内总藏量 I_3 为 10t 时，颗粒浓度的轴向和径向分布，以及颗粒的返混情况。其中图 8-13 显示截面平均颗粒浓度的轴向分布；图 8-14 显示 I_3＝10t 时颗粒的返混情况；图 8-15 显示床高为 27.75m 处颗粒浓度的径向分布。

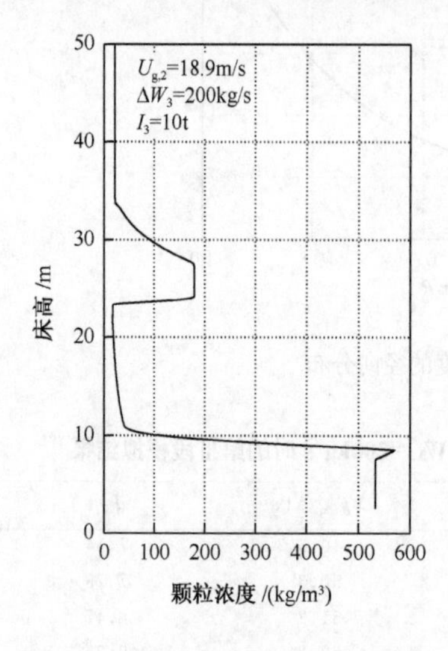

图 8-13　第Ⅲ段颗粒浓度的轴向分布

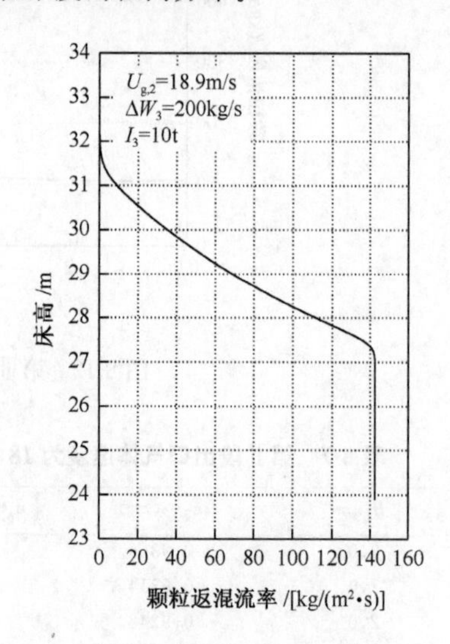

图 8-14　第Ⅲ段颗粒返混量的分布

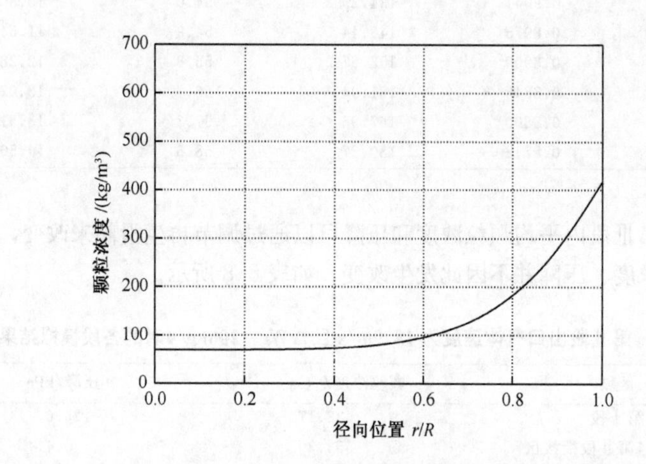

图 8-15　第Ⅲ段颗粒浓度的径向分布

8.1.4 小结

根据以上讨论的这些计算结果可以做出以下结论作为工业设计的参考依据，这些变化趋势应该在设计中给予考虑。

(1) 开工时，第Ⅱ段出口气体速度为 5m/s。此时，即使将再生滑阀调节到最小压降 20kPa，由于第Ⅱ段压降的急剧增加，施加于提升管两端的压降不足以将第Ⅲ段内密相颗粒携带出床层。因而，第Ⅲ段处于鼓泡流化状态，从第Ⅲ段底部开始的密相段高度为 2.87m。

(2) 第Ⅱ段出口气体速度为 15m/s，只有当第Ⅲ段补充颗粒质量流率为 0kg/s 时，该段内才有可能出现上稀下浓的 S 形分布。其他两种情况，第Ⅲ段补充颗粒质量流率分别为 100kg/s 和 200kg/s 时，第Ⅲ段均处于密相流化状态。

(3) 第Ⅱ段出口气体速度为 16.5m/s，第Ⅲ段补充颗粒质量流率为 0kg/s 和 100kg/s 时，该段内均有可能出现上稀下浓的 S 形分布，而第Ⅲ段补充颗粒质量流率为 200kg/s 时，第Ⅲ段则处于密相流化状态。

(4) 无论第Ⅲ段的操作状态是上稀下浓的 S 形分布还是密相流化状态，提升管反应器和再生器之间的压力平衡都可以通过调节再生滑阀来实现。

(5) 提升管内存在着径向颗粒浓度的不均匀分布，即床层边壁区颗粒浓度较大，而床中心区的颗粒浓度则较小。由于径向不均匀性的存在，存在着一定的颗粒返混。当第Ⅲ段内呈现上稀下浓的 S 形分布时，颗粒的返混量沿床层高度方向分布也不均匀。即底部密相段颗粒的返混量较大，而在顶部稀相区颗粒的返混量较小。

(6) 第Ⅱ段出口气体速度的操作范围控制在 15～18.9m/s 时，都可进行稳定操作。若想在上稀下浓的 S 形分布下进行操作，当补充颗粒质量流率为 0kg/s 时，第Ⅱ段出口气体速度应为 15m/s；当补充颗粒质量流率为 100kg/s 时，第Ⅱ段出口气体速度应为 17.3m/s；当补充颗粒质量流率为 200kg/s 时，第Ⅱ段出口气体速度应为 18.9m/s。

8.2 浆态床运行参数和结构的优化

浆态床（气液固三相流化床）因具有较好的相分散效果、较高的质量热量传递速率和相对较低的功率消耗在石油化工、生物化工、污水处理等领域被广泛使用。

为了开发一种新型的高效石油加工技术，某石油企业要将在实验室小型实验已获成功的浆态床环流反应器进行 50kt/a 工业规模放大实验。由于反应体系的特殊性，要求放大以后内部气含率分布均匀，流动顺畅无死区。但由于在冷态试验中发现传统环流反应器底部结构设计不能满足该反应体系的要求，有必要进行改进。

采用计算流体力学（CFD）数值模拟的方法考察反应器底部不同的结构设计对反应器整体流动的影响可以有效地加速新型反应器的开发过程并大量节约开发经费。但是多相流模拟计算一直是CFD计算中的难点，特别是在如何准确的处理相间作用的问题上。为了使模拟计算的结果更加准确，我们采用能量最小多尺度模型来预测该反应体系中相间作用所需的参数，如气泡直径等。然后结合CFD的方法对新的结构进行模拟，为反应器的设计和运行参数的选择提供参考。工作重点是：评价新的反应器形状和内构件设计方案对环流液速、气相含率等参数的影响。

计算区域为均匀温度场。湍流模型液相采用 k-ε 模型，气相（离散相）采用层流（零方程）模型。曳力模型采用Grace模型。在该模型中，密度修正按照文献报道及经验值取4，湍流耗散取0.1。模型中比较重要的输入参数是离散相（即气泡）的直径，这个值根据EMMS理论进行了预测，并将结果应用到CFD计算中。我们的计算结果得到了冷态实验结果的验证。我们提出的对反应器某些结构参数的改进也得到了设计院的肯定并在工程实施中得到应用。

本节介绍的研究工作是由赵辉、杨宁、麻景森和葛蔚共同完成的。

8.2.1 气泡直径的预测

了解气-液-固三相流化床的气泡行为如气泡大小及速度、气泡尾涡结构及特性等是理解复杂的相间作用机理的关键环节。但是气泡的行为是非常复杂的。如流化床内的气泡存在着生成、上升运动、聚并及破碎等动力学过程，而这些动力学过程又受流化床的几何尺寸、操作条件以及物性等因素的制约。流化床内气泡的大小及分布是这些复杂因素共同作用的结果，目前还难以精确描述。

气泡的大小因在浆态床中的位置不同而具有不同的决定性影响。在分布器区，气泡的尺寸主要由气泡的生成过程决定，而气泡的生成过程与分布器的设计尺寸及物性有关，如分布板孔径、液体黏度及表面张力等。同时分布器孔口气体的喷射速度也会显著的影响气泡的直径。随着气泡的上升，气泡远离分布器，上升气泡与周围其他气泡、颗粒以及周围液-固介质间相互作用而发生气泡的合并和破碎。此时，气泡的尺寸主要取决于气泡的聚并及破碎等动力学过程，而与气泡的生成过程关系不大。

对于工业多相反应器，各向同性湍流破碎控制着气泡的大小，而与气泡的生成关系不大。气泡破碎机理与反应器内的流体动力学密切相关。静止的液体中，气泡的破裂是由于气泡表面的不稳定性和尾涡运动引起的；在层流流动中，气泡表面的黏性应力将使气泡变形并最终破裂；在湍流流动中，破碎是由于包围于气泡表面的湍流波动造成。气泡周围的动力学应力不同，气泡破碎机理也必然不同。气泡破碎控制着反应器内气泡的尺寸。

一般说来，有三种单位面积上的力控制着气泡的变形及破碎。即外部变形力、反抗气泡表面变形的表面张力以及气泡内部的黏性应力。其中，外部变形力来源于液相的黏性应力或湍动压力。由力学平衡原理可以求得一定条件下，气泡的尺寸。从能量的观点来看，来自于液相的动能，耗散于气泡体系中。一方面用来增加气泡的表面能，另一方面用来克服气泡内部的黏性阻力。

Liu 等[2]采用多尺度方法将三相系统划分为悬浮输送子系统和能量耗散子系统，建立了适用于三相系统的 EMMS 模型。系统总能耗包括两个部分：悬浮输送能耗和耗散能耗。悬浮输送子系统可划分为如图 8-16 所示的三相：液固相、气泡相和相间相，则非均匀结构可用六个参数描述：ε_{lc}、f、u_{lc}、u_{dc}、u_b、d_b。

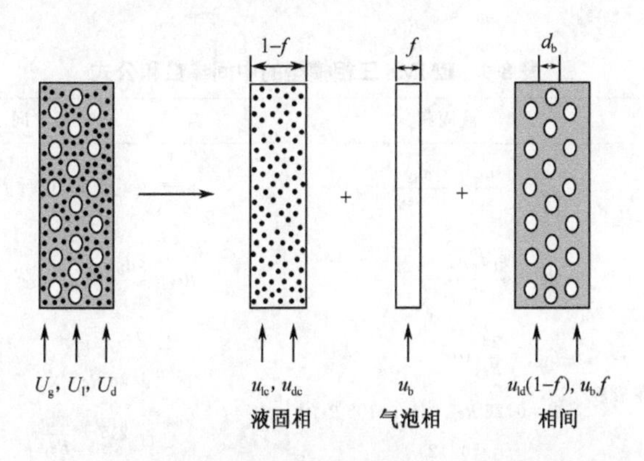

图 8-16　气/液/固三相系统中悬浮输送子系统的分解

在这里系统总的悬浮输送能耗 N_{st} 包括液固相能耗 N_{dense} 和相间能耗 N_{inter} 两个部分，系统的稳定性条件为 N_{st} 达到其最小值。忽略加速度和其他力的作用，只考虑稳态情形，气泡与液固拟均相之间的相互作用力平衡式为

$$\frac{\pi d_b^2}{4} \cdot C_{di} \cdot \frac{1}{2} \bar{\rho} u_r^2 = \frac{\pi}{6} d_b^3 (\bar{\rho} - \rho_g) g \tag{8.2.1}$$

液固相内部颗粒和液体之间的相互作用力平衡式为

$$\frac{\pi d_p^2}{4} \cdot C_{dc} \cdot \frac{1}{2} \rho_l u_{sc}^2 = \frac{\pi}{6} d_p^3 (\rho_p - \rho_l) g \tag{8.2.2}$$

由图 8-16 得三相的质量平衡关系式为

$$U_g = u_b f \tag{8.2.3}$$

$$U_l = u_{lc}(1 - f) \tag{8.2.4}$$

$$U_d = u_{dc}(1 - f) \tag{8.2.5}$$

以上方程组加上系统的稳定性条件形成一个非线性优化问题。Liu 等计算后认为 N_{st} 最小等价于气泡直径为最大，因此，稳定性条件可表达为气泡直径达到最大，则模型可由一非线性优化问题简化为求解一组非线性代数方程组。

Metkin 和 Sokolov[3] 修正了基于各向同性湍流理论[4] 的气泡直径关联式后得

$$d_b = 1.25\left[\frac{\sigma^{0.6}}{\bar{\rho}^{-0.4}\rho_g^{0.2}}\right]\xi^{-0.4}f^{0.37} \tag{8.2.6}$$

式中：ξ 是单位质量能耗速率。杨宁等[5] 认为，ξ 应与气泡相关的能量耗散有关，其值可用与气泡相关的相间能耗 N_{inter} 计算

$$\xi = N_{inter} \tag{8.2.7}$$

模型的中间参数和公式见表 8-9，由方程（8.2.1）～方程（8.2.6）可得 ε_{lc}、f、u_{lc}、u_{dc}、u_b、d_b 等参数值。

表 8-9　EMMS 三相模型的中间参数和公式

参　数	液固相	相　间
表观滑移速度	$u_{sc}=\left(\frac{u_{lc}}{\varepsilon_{lc}}-\frac{u_{dc}}{1-\varepsilon_{lc}}\right)\varepsilon_{lc}$	$u_r=(u_b-\bar{u})(1-f)$
特征雷诺数	$Re_c=\frac{\rho_l d_p u_{sc}}{\mu_l}$	$Re_l=\frac{\bar{\rho} d_b u_r}{\bar{\mu}}$
标准曳力系数（单颗粒或单气泡）	$C_{doc}=\frac{24}{Re_c}10^E$ $E=0.26Re_c^{0.369}-0.105Re_c^{0.451}-\frac{0.124}{1+(\lg Re_c)^2}$	$C_{dol}=\begin{cases}38Re_l^{-1.5} & Re_l\in(0,1.8)\\ 2.7+\frac{24}{Re_l} & Re_l\in(1.8,\infty)\end{cases}$
表观曳力系数	$C_{dc}=C_{doc}\varepsilon_{lc}^{-4.7}$	$C_{di}=C_{doi}(1-f)^{-0.5}$
单个颗粒或单个气泡所受曳力	$F_{dense}=C_{dc}\frac{\pi d_p^2}{4}\frac{\rho_l}{2}u_{sc}^2$	$F_{bulk}=C_{di}\frac{\pi d_b^2}{4}\frac{\bar{\rho}}{2}u_r^2$
单位质量颗粒的悬浮输送能耗	$N_{dense}=\frac{3}{4}C_{dc}\frac{\rho_l}{\rho_p}\frac{u_{lc}}{d_p}u_{sc}^2$	$N_{inter}=\frac{3}{4}C_{di}\frac{\bar{\rho}}{\rho_p}\frac{f^2}{(1-\varepsilon_{lc})(1-f)}\frac{u_b}{d_b}u_r^2$

图 8-17 显示表观气速和表观液速同时变化时空气-水-砂子体系的气泡直径变化。由图可看出，表观气速对气泡直径的影响较大。随着表观气速的增大，气泡直径增大，这种变化趋势与实验结论一致。随着表观液速的增加，开始时气泡直径显著下降，可能是由于液体对气泡的剪切作用使其破碎，而后气泡直径略有增加，变化相对稳定。这是由于小直径的气泡很难再被液体破碎，增加液体流速对气泡的影响有限，而气泡之间的聚并会对气泡直径产生一定的影响。需要指出的是，本模型并没有直接考虑到气泡之间聚并和破碎的作用机理，因此，计算结果与真实情况必然存在差异。但如果假设存在某种单一当量直径的气泡，其对液体的动力学影响等价于多个气泡直径分布的综合作用，则本模型可能提供这样一种气泡直径，其包含了等价的相间作用和动力学信息，可以被应用于 CFD 模型

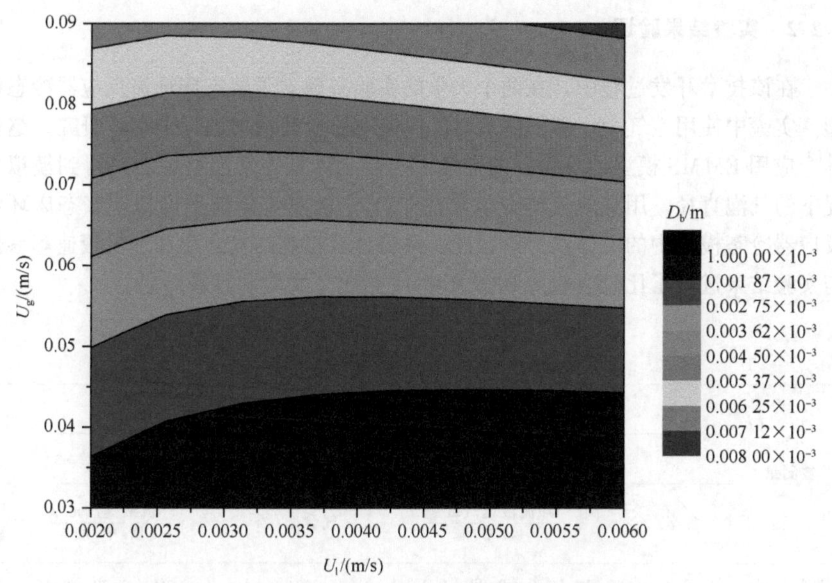

图 8-17 空气-水体系气泡直径与气液相表观速度的关系

的计算。

应用上述方法，对氢气-重油体系的气泡直径进行了预测，计算结果如图8-18所示。可见在计算参数变化范围内，气泡直径随着表观气速的增大而增大，随着表观液速的增加气泡直径显著下降，这种变化趋势与实验结论一致。

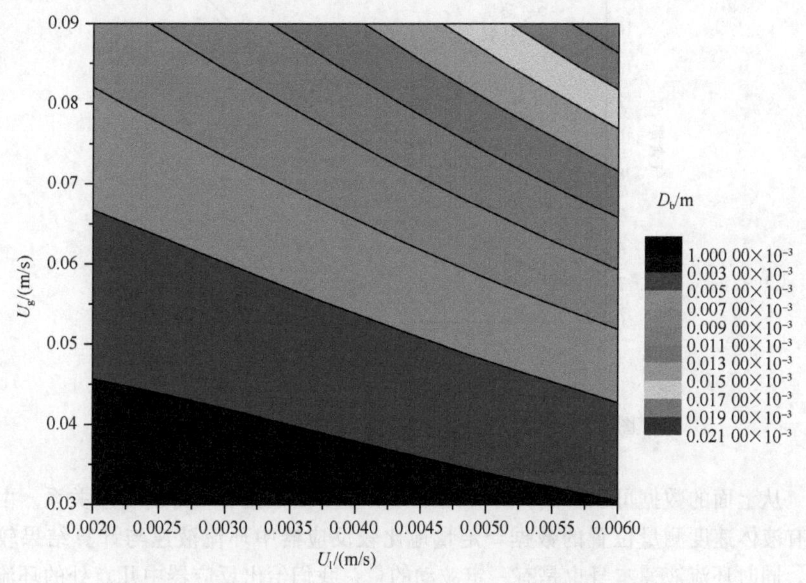

图 8-18 氢气-重油体系气泡直径与气液相表观速度的关系

8.2.2 实验结果验证

在该技术开发过程中，在两个大学的实验室建立了浆态床环流反应器冷态模型。实验中使用空气-水-砂子体系对反应器内的流动情况进行了实验研究。赵辉等[6]应用EMMS模型计算得到的空气-水-砂子体系的气泡直径结果得到模拟工况下的气泡直径，用商业流体力学软件CFX中的双流体模型模拟了浆态床环流反应器冷态模型中的流体动力学状况，并将计算得到的气含率和环流液速等参数与实验结果进行了比较。表8-10及图8-19给出了实验和计算结果。

表 8-10 模拟与实验结果对照

被测量	表观气速			
	2.5cm/s（工况 A）		4.8cm/s（工况 B）	
	气含率/%	环流液速/(m/s) 顶/中/底	气含率/%	环流液速/(m/s) 顶/中/底
计算结果	6.4	0.2 / 0.22 / 0.1	13.4	0.24 / 0.33 / 0.15
实验测量	5.1	0.3 / 0.28 / 0.24	11.5	0.33 / 0.37 / 0.25

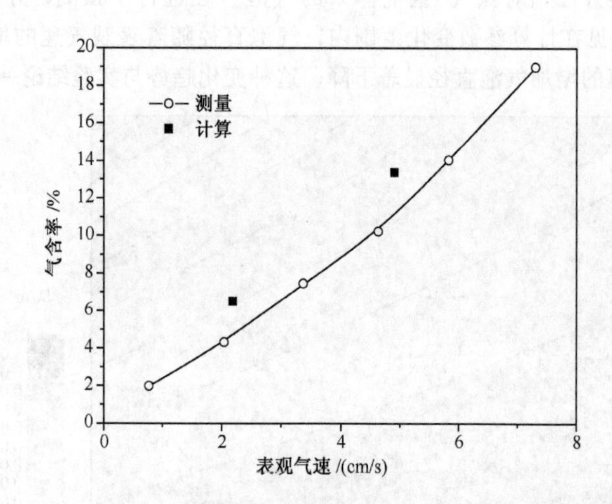

图 8-19 反应器内气含率的计算值与实验值的比较

从上面的数据可以看出，计算结果与实验实测数据有较好的对应关系。由于没有液体速度测量位置的数据，定量地比较反应器中环流液速与计算结果较困难，同时环流液速本身也是有一定波动的量，我们给出反应器中几点处的环流液速。分别在距反应器底部切线0.25m、1.2m、3.0m处提取环流液速的数值，与实验结果对照。在表观气速为4.8cm/s时，在这个位置上，由上到下环流液速分别为0.24m/s、0.33m/s、0.15m/s。与实验结果能够比较好地符合。但是在计算的过程中我们发现：随着表观气速的增加，环流液速有一定的增加。

以上计算结果表明，采用EMMS模型与商用计算流体力学软件CFX相结合的方法可以较为准确地模拟环流反应器内液固相与气相的流动情况。下面我们就采用这种方法来对环流反应器不同的设计方案进行计算和优化。

8.2.3 环流反应器的结构优化

应用EMMS模型计算了实际工艺体系（氢气-重油体系）的气泡直径，并将EMMS模型计算得到的气泡直径数据输入到CFD模拟中，可以预测未知实验数据体系的流体动力学状况。前面曾经介绍过，由于反应体系的特殊性要求放大后反应器内部气含率分布均匀，流动顺畅无死区，但在冷态试验中发现传统环流反应器底部结构设计不能满足该反应体系的要求。这里主要介绍通过改变内部导流筒长度和反应器底部形状来改善反应器内部的流动死区。

应用模拟计算的方法考察了不同的导流筒结构和反应器底部型式对整个反应器流体力学性能的影响。通过大量的计算和比较，提出了几种效果较好的结构型式供选择，这其中有导流筒低置、加折流板、改变底部结构形状和采用导流筒下部扩径等型式。同时我们还根据对环流反应器系统的分析，提出了底部流动状况的制约因素及优化手段。

1. *反应器底部形状的影响*

将反应器的椭球形底部改为锥形可有效减少流动死区。通过模拟计算考察了120°锥底结构底部的流场分布情况。计算结果表明，在内径不是很大的反应器中，通过采用锥底结构能够显著提高底部的流动状况，同时对反应器上部流场不会有明显影响。同时使用锥底结构和气液混进喷嘴，可以在反应器底部获得较好的流场。从图8-20也可以看出，模拟计算中反应器底部采用锥底结构，同时上部导流筒两段开孔并采用气液混进喷嘴，可以有效地改善反应器中的流动情况，消除底部流动死区。

还有一种改造方案是将底部设计为倒锥形。麻景森等[7]使用第7章所述的宏观拟颗粒方法采用大规模并行计算对这种底部结构的流场进行了优化设计。为了减少计算量，采用两个扣合的底部形状来模拟底部的详细流场分布。这时，流场中心的分布没有直接的物理意义，但两端与实际系统是对应的。同时为了提高计算整体的并行效率，采用“动态负载平衡区域分割法”进行流场的区域划分，并采用二维区域分解法进行数据交换。

图8-21显示了椭球形和倒锥形底部流场的模拟计算结果。可见，采用倒锥

图 8-20　椭球形和锥形底部流场

图 8-21　椭球形和倒锥形底部流场

形底部形状也可以有效地改善反应器底部的流动情况、减小流动死区。

2. 导流筒位置和开孔的影响

改变导流筒的放置高度可以影响反应器中的环流液速。计算结果表明通过适当的降低导流筒的高度可以提高反应器底部的环流液速，消除反应器中的死区。当然，导流筒的高度降低后会增大整个反应器的流动阻力，同时还要受到设备安装要求的限制。

除了降低了导流筒高度外，新的悬浮床加氢反应器设计方案还将导流筒开孔减少一排。虽然降低导流筒高度不利于提高反应器中的环流液速，但是同时由于开孔面积大幅度减少，反应器中的流动阻力降低，有利于环流液速的提高。计算结果表明，这两种因素作用的总的结果是提高了整个反应器的环流液速，但同时导致了环隙中的气含率降低。由于新的设计方案能够实现较高的环流液速，同时底部放置气液混进喷嘴的进料管线占据了一部分流动空间，这些因素的综合作用使得底部的液相流速得到提高。

这个方案中，改动最大的地方就是导流筒的开孔面积减少较多。由于导流筒上的开孔是为了保证环隙中保持较高的气含率，减少导流筒上的开孔会导致环隙中的气含率降低。不过也正是因为从导流筒上的开孔处流出的液体对环隙中向下流动的液体的冲击是流体在环隙中流动的主要阻力，减小开孔面积后可以显著影响流体在环隙中流动的阻力。环隙中的流体流速可以有明显的提高。

图 8-22、图 8-23 分别对比了原有的三段开孔椭球底反应器和新近提出的两段开孔的锥底反应器的气含率和流动速度情况。对结果进行分析可以得到：在原有设计方案中，反应器的整体气含率约为 11.6%，采用新的方案后，由于环隙中气含率降低，反应器的整体气含率降低为 10.3%。但同时环流液速有了明显的提高，环隙中的环流液速从 0.4m/s 左右提高到 0.6m/s 以上，有非常明显的提高。

气相含率
1.000 × 10⁻¹
7.525 × 10⁻²
5.050 × 10⁻²
2.575 × 10⁻²
1.000 × 10⁻³
(a)
(b)

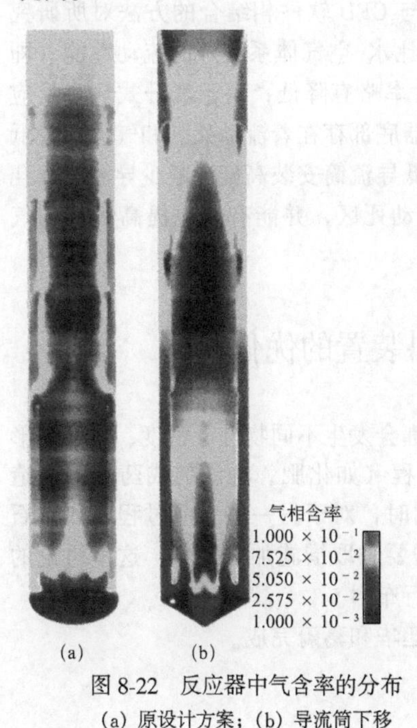

图 8-22　反应器中气含率的分布

(a) 原设计方案；(b) 导流筒下移

液相速度 /(m/s)
6.000 × 10⁻¹
4.500 × 10⁻¹
3.000 × 10⁻¹
1.500 × 10⁻¹
0
(a)
(b)

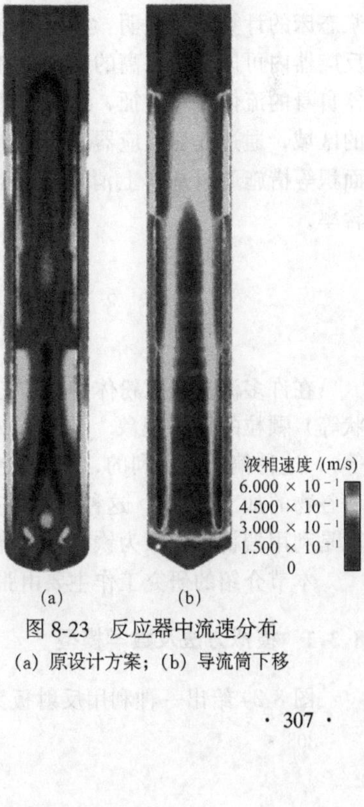

图 8-23　反应器中流速分布

(a) 原设计方案；(b) 导流筒下移

8.2.4 小结

气液固三相流流态化作为一种工业技术具有较好的相分散效果、较高的质量和热量传递速率、相对较低的功率消耗、结构简单以及易于连续操作等优点，在石油化工、生物化工和污水处理等方面有着广泛的应用。它的应用与理论研究迄今已有约 90 年的历史。但由于气液固三相流动的复杂性和现有分析方法的局限性，目前仍然十分缺乏能够有效描述其流动行为的数学模型。诸如气泡直径、相含率等重要设计参数仍然需要经验关联式或半理论模型，如统一尾涡模型等确定。这种强烈依赖于经验参数的设计、放大的方法不仅适用范围有限，而且不能给出准确的预测结果。

商业化流体力学计算软件一般是将流场划分为网格，在网格内部则将不同相的流体看作是相互渗透的，做平均化、无结构化处理。这样不能正确反映多相系统中的多尺度结构和相间作用，因此，在使用商业软件计算多相流动体系时经常会出现较大失真。多尺度方法充分考虑了多相流动结构对相间作用的影响，可以提供包含流动结构的信息。利用 EMMS 模型来计算整体流动参数，如相含率、气泡直径等，然后将这些参数用于商业化流体力学计算软件来计算多相流场，不仅可以减少模拟计算对经验关联式的依赖，而且可以使模拟的结果更真实。

采用将能量最小多尺度模型（EMMS）与 CFD 软件相结合的方法对所研究浆态床的计算结果表明：氢气-重油体系有着比水-空气体系更好的流动性能（即反应器内可以获得更高的流速），但整体气含率略有降低；由于气升式环流反应器自身的流体力学特征，在常规结构的反应器底部存在着流动死区和气含率较低的区域，通过改变反应器底部结构形状、降低导流筒安装高度和减少导流筒开孔面积等措施可以基本上消除反应器底部的流动死区，并能有效地提高底部的气含率。

8.3 磁力偏析布料装置的优化

在许多涉及颗粒粉体传送的工业过程中都会发生不同物性（密度、粒径、形状等）颗粒的偏析现象[8]。对于一些工业过程（如化肥、洗涤剂或药品的制造等），这种偏析是不利的，需要尽量消除。同时，对于另一些工业过程（如矿石和谷物的加工处理），这种偏析是有利的，需要采取措施加以强化。这里讨论的就是利用偏析现象来为铁矿石的烧结工序进行布料。

本节介绍的研究工作主要由张家元、李廷华和葛蔚完成。

8.3.1 模拟方法及数学模型

图 8-24 给出一种利用反射板为矿石烧结工序进行布料的示意图。矿石颗粒

从一定高度的料斗经滚筒倾倒至反射板上，矿石颗粒在反射板上的下落过程中，由于粒径大小的差异以及由此产生的动量的差异，大的颗粒在颗粒流的上层富集，而小颗粒在下层富集，从而达到大小颗粒偏析的效果。这样，在它们落到下方反方向运动的台车上时，细矿石主要在上面，而粗矿石主要在下面，这样的料层分布透气性较好，铁矿石可以更好地进行烧结。该法由于设备简单，在烧结生产中得到了广泛的应用。但这种方法对颗粒物料的偏析程度较小，不能满足生产效率提高的要求，因此往往需要添加附属设备，如在反射板的上部安装能振动的条形筛、网筛等。利用铁矿石的磁性，在反射板的背面安装磁体加强铁矿石的偏析是近来兴起的一种新方法[9]。采用这种办法前需要对磁场的分布及强度进行优化，利用数值模拟优化磁场的分布及强度不失为一种理想的降低成本的好方法。但是，究竟什么样的磁场分布及强度能达到最好的偏析效果呢，这也是本章要解决的主要问题。

张家元等[10,29]在离散模拟通用平台（见第 7 章）的基础上，采用离散单元法（discrete element method，DEM）[11]对不同磁场条件下，烧结物料在反射板上的偏析过程进行了模拟。离散单元法作为目前国际上普遍采用的一种模拟颗粒流的方法，自 20 世纪 70 年代被提出以来，已被广泛应用于岩土、矿业、建筑以及医药与食品加工工程[12～15]，在指导工程及工艺设计方面作用显著[15]。这里为了减少计算量，对布料系统进行了二维简化，因为侧向方向上（即图8-24中垂直纸面方向）颗粒的流动情况与偏析程度可认为是完全一样的。另外，由于与颗粒的尺寸相比，形状对偏析的影响很小，可以忽略[16]，因此在本模拟中，颗粒被最终简化为圆碟。DEM 的基本思想是将两个离散单元（如颗粒）之间的碰撞过程抽象为一个弹簧、一个阻尼器以及一个滑动摩擦器的共同作用[17,18]，如图 8-25 所示。

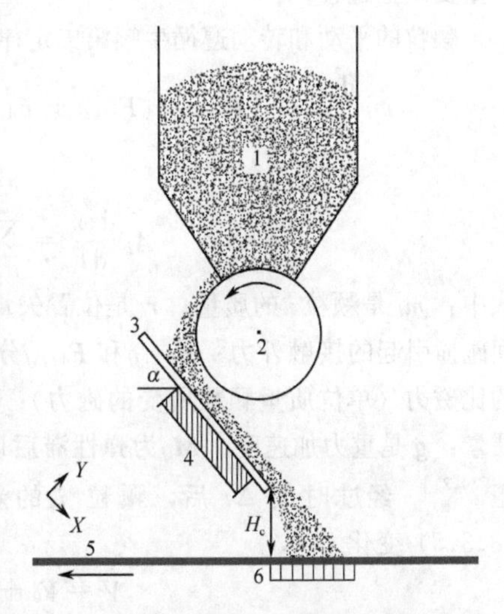

图 8-24 烧结布料系统示意图

1. 料斗；2. 辊轮加料器；3. 反射板；4. 磁场机构；5. 烧结台车；6. 采样栅格

在 DEM 方法中，颗粒的碰撞采用软球模型，在时间进程上采用时间驱动算法[19]。计算的基本步骤是：颗粒从初始位置以初始速度匀速运动；每隔一定的时间 Δt（时间步长），判断颗粒是否发生碰撞；如果碰撞，计算发生碰撞颗粒的形变 δ，利用接触力学以及弹性力学理论确定力-位移关系求出各个碰撞颗粒的

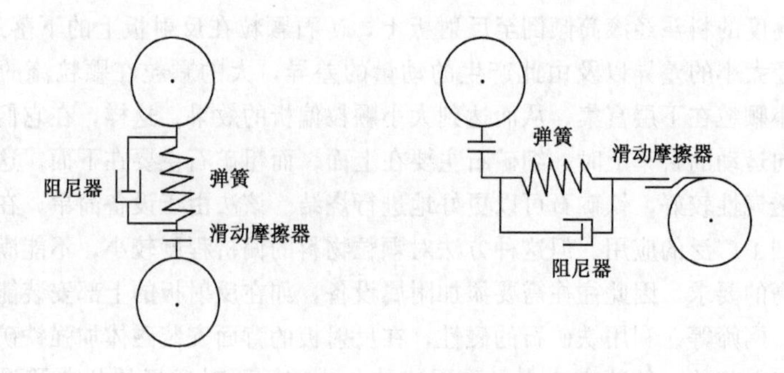

图 8-25　DEM 碰撞模型

受力 F；F 按牛顿第二定律对发生碰撞的颗粒作用，颗粒以新的速度运动，然后重复以上过程。

颗粒的平动和转动遵循牛顿第二定律，分别为

$$m_i \frac{\mathrm{d}^2 \boldsymbol{r}_i}{\mathrm{d} t^2} = (\boldsymbol{F}_{\mathrm{c}n,ij} + \boldsymbol{F}_{\mathrm{c}t,ij} + \boldsymbol{F}_{\mathrm{d}n,ij} + \boldsymbol{F}_{\mathrm{d}t,ij}) + m_i (\boldsymbol{f}_{\mathrm{mag},i} + \boldsymbol{g}) \tag{8.3.1}$$

$$\boldsymbol{A}_i \frac{\mathrm{d}\omega_i}{\mathrm{d}t} = \sum_{j=1}^{n} \boldsymbol{T}_{ij} + \boldsymbol{M}_{ij} \tag{8.3.2}$$

式中：m_i 是颗粒 i 的质量；$\boldsymbol{r}_i$ 是位置矢量；$\boldsymbol{F}_{\mathrm{c}n,ij}$和 $\boldsymbol{F}_{\mathrm{c}t,ij}$分别是法向和切向颗粒间碰撞引起的接触外力；$\boldsymbol{F}_{\mathrm{d}n,ij}$和 $\boldsymbol{F}_{\mathrm{d}t,ij}$分别是法向和切向的阻尼；$\boldsymbol{f}_{\mathrm{mag},i}$是所受的比磁力（单位质量颗粒所受的磁力）；$\omega$ 是角速度；$\boldsymbol{T}_{ij}$是力矩和；$\boldsymbol{A}_{ij}$为转动惯量；$\boldsymbol{g}$ 是重力加速度；$\boldsymbol{M}_{ij}$为弹性滞后以及变形所引起的滚动摩擦所产生的力矩[20,21]。经过时间 Δt 后，颗粒 i 的新速度和新位置按式（8.3.3）～式（8.3.5）变化

$$\boldsymbol{V} = \boldsymbol{V}_0 + \dot{\boldsymbol{V}}_0 \cdot \Delta t \tag{8.3.3}$$

$$\boldsymbol{r} = \boldsymbol{r}_0 + \boldsymbol{V} \cdot \Delta t \tag{8.3.4}$$

$$\omega = \omega_0 + \dot{\omega}_0 \cdot \Delta t \tag{8.3.5}$$

式中：$\boldsymbol{V}$ 表示颗粒的速度；顶标“•”表示时间导数；下标“0”表示上一个时间步。

张家元所采用的 DEM 模型主要是在 Cundall 等[11]的基础上，结合 Tsuji 等[18,22]、Longston 等[23,24]以及 Zhou 等[13,21]的工作，得到方程（8.3.1）和（8.3.2）中各力的计算式并汇总于表 8-11。表中 k 和 η 分别表示倔强系数和阻尼系数，$\boldsymbol{n}_{ij}$和 $\boldsymbol{t}_{ij}$分别为法向及切向单位向量，下标 n 和 t 分别表示法向和切向分量，$\delta_{n,ij}$和 $\delta_{t,ij}$分别表示法向及切向形变，$\boldsymbol{V}_{n,ij}$和 $\boldsymbol{V}_{t,ij}$分别为法向及切向相对速度，E 为法向杨氏弹性模量，ν 为 Poisson 比，R 为颗粒半径，μ_r 为滚动摩擦

系数。法向及切向方向的定义与图 8-20 中坐标 Y 和 X 所指的方向一致。

表 8-11　作用在颗粒 i 上的力和力矩

力和力矩		符号	方程
法向力	接触力[22]	$\boldsymbol{F}_{cn,ij}$	$-k_n\delta_{n,ij}^{3/2}\cdot\boldsymbol{n}$
	阻尼力[22]	$\boldsymbol{F}_{dn,ij}$	$-\eta_n\boldsymbol{V}_{n,ij}$
切向力	接触力[23]	$\boldsymbol{F}_{ct,ij}$	$-\mu_s\lvert\boldsymbol{F}_{cn,ij}\rvert[1-(1-\min\{\lvert\delta_{t,ij}\rvert/\delta_{t,\max},1\})^{3/2}]\boldsymbol{t}$
	阻尼力[25,26]	$\boldsymbol{F}_{dt,ij}$	$-\eta_t\boldsymbol{V}_{t,ij},\ \eta_t=2\eta_n/7$
转动力矩	接触力矩	$\boldsymbol{T}_{ij}$	$\boldsymbol{R}_i\times(\boldsymbol{F}_{ct,ij}+\boldsymbol{F}_{dt,ij})$
	摩擦力矩[27]	$\boldsymbol{M}_{ij}$	$-\mu_r\lvert\boldsymbol{F}_{cn,ij}\rvert\hat{\omega}$
保守力	比磁力	$\boldsymbol{f}_{mag,i}$	$\lambda\boldsymbol{H}\cdot\mathrm{grad}\,\boldsymbol{H}$
	重力	$\boldsymbol{G}_i$	$m_i\boldsymbol{g}$

$$k_n=\frac{4}{3}\left(\frac{1-\nu_i^2}{E_i}+\frac{1-\nu_j^2}{E_j}\right)^{-1}\left(\frac{R_iR_j}{R_i+R_j}\right)^{1/2},\ \eta_n=2\sqrt{m_{ij}k_n}\frac{\ln(1/e)}{\sqrt{\pi^2+[\ln(1/e)]^2}},\ m_{ij}=\frac{m_im_j}{m_i+m_j},\ \hat{\omega}=\frac{\omega_i}{\lvert\omega_i\rvert}$$

$$\boldsymbol{n}=\frac{\delta_{n,ij}}{\lvert\delta_{n,ij}\rvert},\ \boldsymbol{t}=\frac{\boldsymbol{V}_{t,ij}}{\lvert\boldsymbol{V}_{t,ij}\rvert},\ \delta_{t,\max}=\mu_s\frac{2-\nu}{2(1-\nu)}\delta_n,$$

$$\boldsymbol{V}_{ij}=\boldsymbol{V}_j-\boldsymbol{V}_i+\omega_j\times\boldsymbol{R}_j-\omega_i\times\boldsymbol{R}_i,\ \boldsymbol{V}_{n,ij}=(\boldsymbol{V}_{ij}\cdot\boldsymbol{n})\cdot\boldsymbol{n},\ \boldsymbol{V}_{t,ij}=\boldsymbol{V}_{ij}-\boldsymbol{V}_{n,ij}$$

磁场分布采用 Ansoft 软件计算，直接输出各网格点的 $\boldsymbol{H}\cdot\mathrm{grad}\,\boldsymbol{H}$ 值到一数据文件，计算时由程序自动读入该文件并以面积加权平均[25]的方式计算处于网格内部不同位置的颗粒所受的磁力。褐铁矿磁性较弱，磁性颗粒间的作用力要比磁场的作用力小 1～2 个数量级，因此，本研究中将颗粒的该部分受力忽略。另外，反射板上的弱磁性颗粒层对磁场机构的磁场强度及其分布几乎没有影响，计算中也被忽略。

8.3.2　磁场布置方案及其磁场分布

张家元对 7 种不同的磁场方案进行了计算。图 8-26 显示了其中三种方案的磁极数目及其排布方式，磁极的材质均为 N_d-F_e-B 永磁体，矫顽力 $B_r=1.23$ T (特斯拉)，相对导磁率 $\mu_r=1.04$。

由 Ansoft 计算得到的不同磁场方案的磁场强度及磁力线分布如图 8-26 所示。

从图 8-27 可更清楚地看出在不同方案下矿石颗粒所受磁力的大小及分布，法向磁力因磁极对称而沿对称轴对称，但切向磁力表现为中心对称，大小不变，但方向改变；法向磁力的大小按Ⅰ、Ⅱ、Ⅲ的顺序逐渐增大。因此，尽管磁极的磁性完全一样，不同的排列方式对磁场强度及其分布的影响很大。

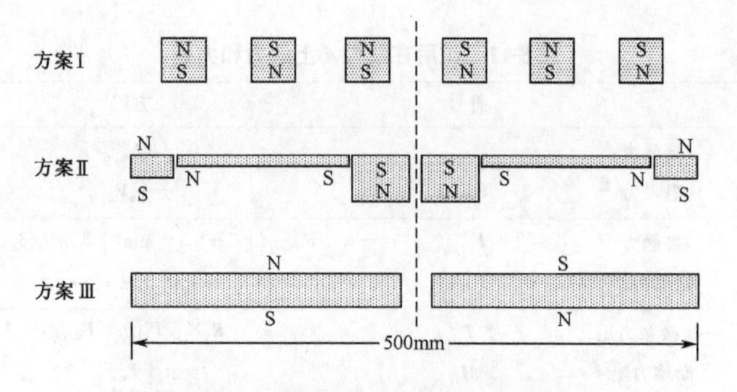

图 8-26　三种不同方案的磁极分布示意图

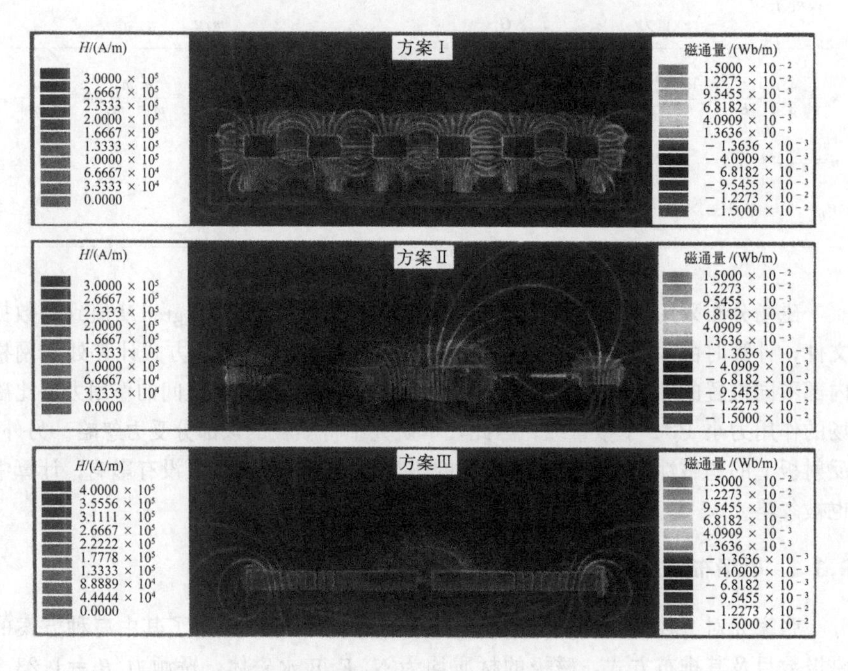

图 8-27　三种典型磁场方案的磁场强度及磁力线分布

8.3.3　数值计算和实验结果与讨论

整体布局与现场工艺条件的主要区别是：为了计算方便，避免颗粒重叠，进料采用了一种松散的、类似传送带的进料方式。颗粒从滚轮的出口速度与原工艺条件一致，为 0.336m/s。由于颗粒是与辊轮作用后再落到反射板上的，从理论上看，这种进料方式的改变不会改变颗粒在反射板上的运动特征，更不会对磁场的作用产生任何影响。计算结果证明这种改变是合理的，所有颗粒均落在了反射板的上部150mm的指定区域内。统计时的落料位置为反射板下150mm处。

烧结混合料的粒度分布较宽，如表8-12所示。计算中选取了占总质量83.2%的4种有代表性的颗粒（用阴影表示）。与前几章中两种颗粒的计算相比，这在一定程度上增加了算法的难度，同时也增加了尺寸偏析的复杂性[28]。实际上，为简化起见，目前的大多数关于偏析机理的离散模拟研究还都只考虑两种不同性质的颗粒。

表8-12　烧结混合料的粒度组成和分布

粒径/mm	中央值/mm	质量分数/%
>10	12.5	0.62
10.000～8.000	9.000	1.09
8.000～5.000	6.500	4.98
5.000～3.000	4.000	18.54
3.000～2.000	2.500	22.90
2.000～1.000	1.500	12.62
1.000～0.500	0.750	29.13
0.500～0.250	0.375	3.27
0.250～0.125	0.188	4.67
0.125～0.063	0.094	0.78
<0.063	0.032	1.40

本章所有计算参数见表8-13。表8-13中不同粒径矿石的质量分数是以该4种颗粒的质量为100%折算出来的，而数量分数是在质量分数的基础上，根据其粒径并按二维假设算出。质量流率是二维质量流率，且相对于侧向方向上单位长度的反射板而言。尽管这些参数的数值大小与实际情况有一定差别，但这不会影响针对不同磁场分布的偏析作用强弱的比较和分析。

表8-13　模拟所用主要参数

参数	反射板	矿　石	矿石组成		
弹性模量 E/GPa	200	10.9	直径/mm	比磁化系数 $\lambda/(10^{-4}g/cm^3)$	质量（数量）分数/%
Poisson比 ν	0.33	0.27	0.75 (d_1)	2.25	35.0 (83.2)
弹性恢复系数 e	0.8	0.60	1.50 (d_2)	2.00	15.2 (9.0)
滑动摩擦系数 μ_s	0.8	1.00	2.50 (d_3)	1.75	27.5 (5.9)
滚动摩擦系数 μ_r/mm	0.05	0.01	4.00 (d_4)	1.50	22.3 (1.9)
反射板厚度/mm	40	—			
反射板宽度/mm	700	—	当量直径 d_e/mm		0.981
倾斜角 α	50	—	密度/(kg/m^3)		1870
落料高度 H_c/mm	150	—	质量流率 S/[kg/(m·s)]		39.2

计算结果数据分析中将当量直径作为反映偏析程度的主要指标。当量直径定义为

$$d_e^i = \sum_{j=1}^{4}(n_j \cdot d_j)\sum_{j=1}^{4} n_j \tag{8.3.6}$$

式中：n_j 是第 i 个落料区域内粒径为 d_j 的颗粒的数量。很明显，当量直径在落料方向上变化越大，偏析程度越高。另外，还分别统计了不同磁场条件下四种颗粒在整个落料区内的质量流率分布。代表不同颗粒的每条曲线都有一最高点，将代表不同粒径颗粒的曲线之间的偏析度 R 作为偏析的另一个指标。在这里，偏析度 R 定义为两峰尖的距离除以两峰宽和的一半，即

$$R = \frac{\Delta w}{\frac{1}{2}(W_1 + W_2)} = 2 \cdot \frac{\Delta w}{(W_1 + W_2)} \tag{8.3.7}$$

式中：Δw、W_1、W_2 分别表示两峰尖的距离及两峰的宽度。本研究中主要讨论最小（d_1）与最大（d_4）粒径颗粒之间的偏析度 R_{14}。显然综合考虑 d_e 和 R_{14} 应该可以更准确地衡量不同条件下偏析程度的强弱。

1. 不同磁场方案对偏析的影响

前述 3 种磁场方案及无磁场条件下当量直径的计算结果以及无磁场条件下的计算结果汇总于图 8-28。从图 8-28 可以看出，无磁场时某些落料区域的当量直径大于均匀混合时的平均当量直径，说明没有磁场时颗粒也有一定程度的偏析，这与实际现象是基本一致的，尽管偏析程度较实验值[29]偏小。这一方面与二维假设有关[17]，同时是由于只考虑了 4 种粒径的颗粒，还有占总量约 10% 的更小

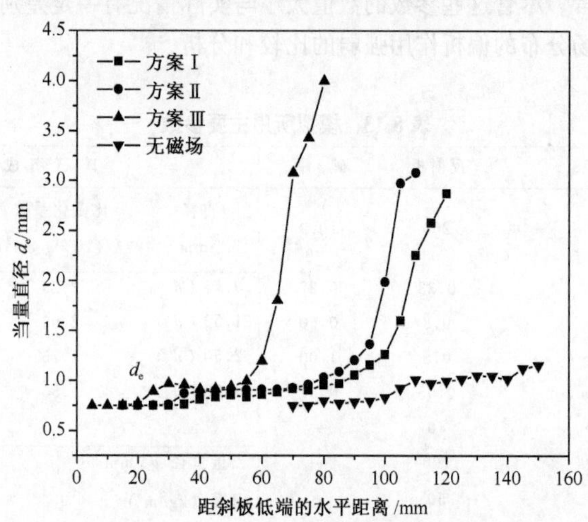

图 8-28　不同磁场条件下当量直径沿落料位置的变化

的颗粒，特别是约 6%更大的颗粒没有被考虑。一般来说，这将会减弱偏析效果，因为更大的颗粒更容易产生偏析。另外，方案Ⅰ的实验结果与计算值吻合较好，反映了数值计算的可信性。

磁场对偏析的影响非常明显，在全部布置有磁场的方案中偏析程度都有不同程度的提高，表现在当量直径 d_e 沿落料方向逐渐增大且最大值均比无磁场时要大。尤其是方案Ⅲ，反射板最上层的颗粒的当量直径均达到最大值 4mm。

图 8-29 给出了不同磁场条件下的质量流率分布曲线。图中的参数 S 是对 4 条曲线分别积分后求和得到的，实际上，它代表了颗粒的总质量流率。不难看出，计算值与给定值 39.2 kg/(m·s)基本一致，尽管由于极少数颗粒落到了反射板底端的左侧而未被统计在内以及加料时的数值波动，使得少数条件下的计算值偏小。因此，图 8-29 中各个颗粒的质量流率分布以及在此基础上得到的偏析度 R_{14}是合理的。

从图 8-29 可以看出，各方案的偏析度 R_{14} 依次为：0.19（Ⅰ）、0.22（Ⅱ）、0.32（Ⅲ），而无磁场时偏析度为 0.086。R_{14}越大，偏析效果越好。因此，综合

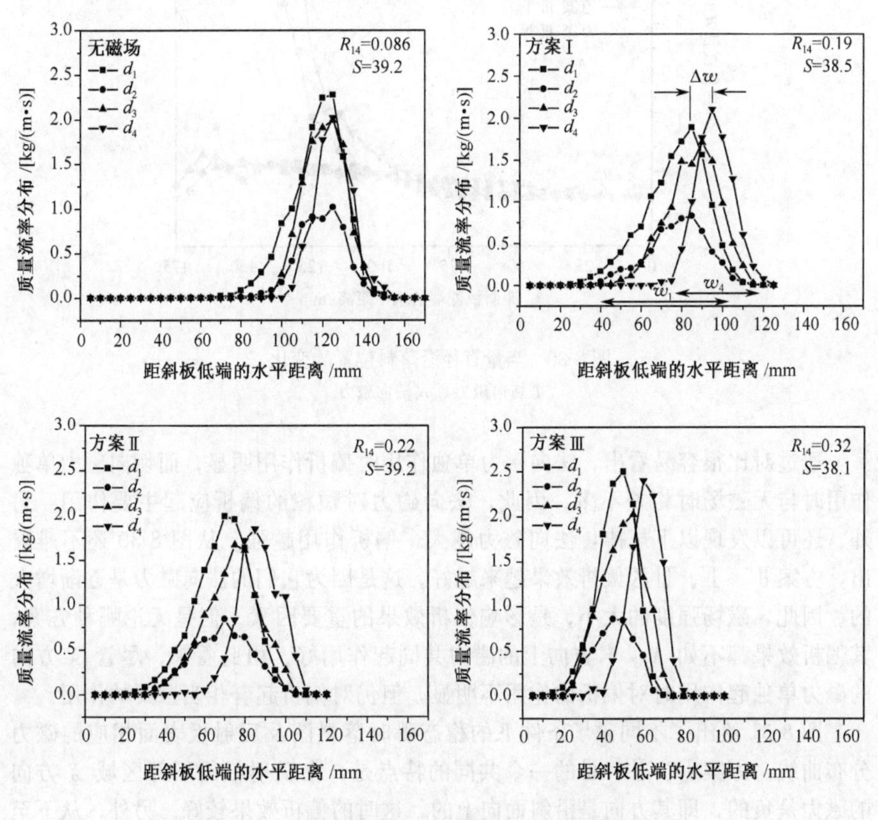

图 8-29　不同磁场条件下各粒径颗粒的质量流率分布

图 8-28 和图 8-29，最好的磁场方案是Ⅲ。

从以上计算结果的分析来看，为了达到较好的偏析效果，磁场分布要使矿石在反射板上的整个流动过程中都能受到磁场的作用，因为偏析是一个渐进的过程，与颗粒的相互作用时间以及磁场的作用时间有关。

2. 磁力的偏析作用

磁场对颗粒的作用体现在颗粒所受的磁力上，为了进一步了解磁力是如何对磁性颗粒的偏析起作用的，我们做了以下试验：分别只考虑垂直反射板方向（法向或 Y 方向）上及平行反射板方向（切向或 X 方向）上所受磁力的作用。这些实验基于磁场方案Ⅰ、Ⅱ、Ⅲ，当量直径的结果如图 8-30 所示。

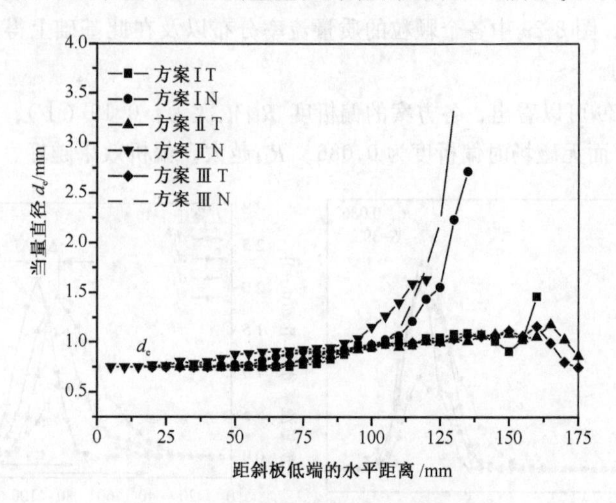

图 8-30 当量直径沿落料位置的变化

T 切向磁力；N 法向磁力

通过对比很容易看出，法向磁力单独作用时偏析作用明显，而切向磁力单独作用时与无磁场时相差不多。因此，法向磁力对颗粒的偏析应起主要作用。另外，还可以发现以下规律：法向磁力越大，偏析作用越强。从图 8-30 还不难看出，方案Ⅱ、Ⅰ、Ⅲ的偏析效果越来越好，这是因为它们的法向磁力是逐渐增大的。因此，磁场强度的大小，是影响偏析效果的重要因素。但是无论哪种方案，其偏析效果都不如 X、Y 方向上的磁力共同起作用好。由此看来，尽管 X 方向的磁力单独起作用时对偏析的作用不明显，但仍对偏析起着相当重要的作用。

图 8-31 给出了不同磁场条件下的稳态瞬时落料图及反射板表面相应的磁力分布曲线。方案Ⅰ、Ⅱ、Ⅲ的一个共同的特点是，在反射板的下部区域 X 方向的磁力是负的，即其方向是沿斜面向上的，这时的偏析效果较好。另外，从下至上，方向为负的切向磁力连续作用的区域越大，偏析作用越强。除此之外，切向

磁力还决定了矿料在反射板上的分布情况。如果说料层的厚度主要由法向磁力决定的话，切向磁力的不均匀分布则造成了料层的不均匀分布，主要是隆起的形成。隆起主要在切向磁力的方向发生变化的区域产生，这很容易理解，因为切向磁力的正、负分别表现为对矿石颗粒的拉力和阻力，在从拉力到阻力的转变过程中，势必形成隆起，并且该变化过程越快，隆起越大。另外，偏析应该是一个渐进的过程，需要一定的作用时间与空间，因此实际操作中，可根据工艺条件使磁场作用充满反射板上尽可能大的区域。

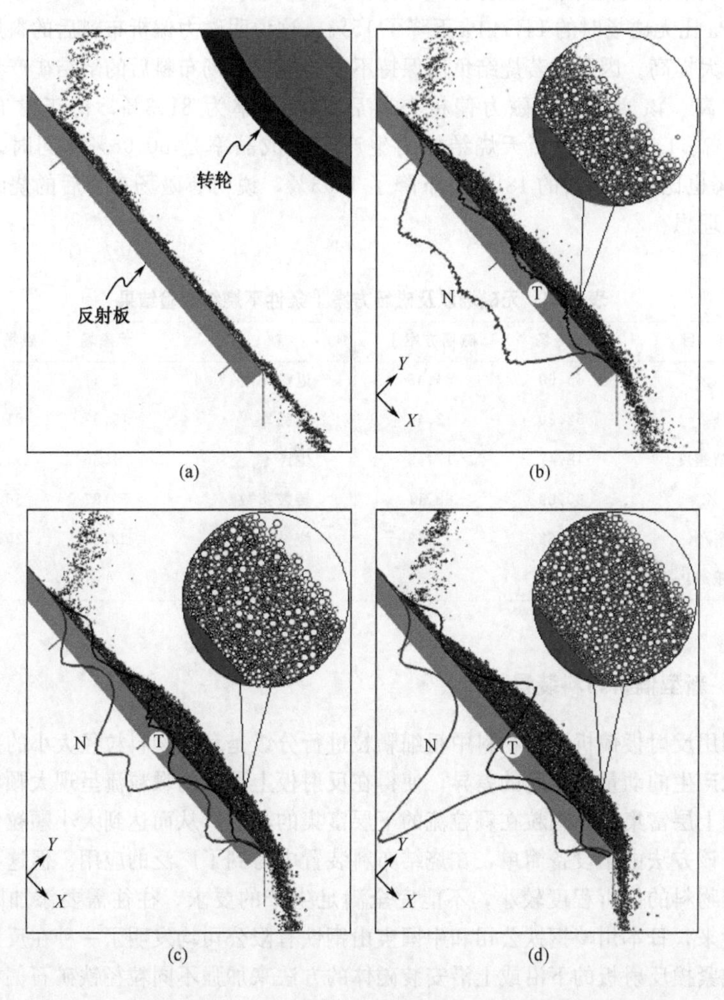

图 8-31 典型磁场条件下稳定时的瞬时落料图及相应的磁力分布曲线

(a) 无磁场；(b) 方案Ⅰ；(c) 方案Ⅱ；(d) 方案Ⅲ

3. 烧结实验对比

为了验证磁场对反射板布料的偏析作用以及磁场偏析布料后对烧结质量的影响，进行了有、无磁场的烧结对比实验，在有磁场的实验中采用磁场方案Ⅰ。

在烧结锅实验中[29]，在向烧结锅内铺料时，是将远离反射板仓格得到的料（富含大颗粒）铺在最底层，而将靠近反射板的仓料按顺序逐步铺在上层，这样可以模拟实际生产过程中的布料情况。如表8-14所示，在磁场方案Ⅰ条件下粒度偏析得到加强以后，在装料量和烧结时间几乎相同的情况下，烧结负压12.5kPa比无磁场时的14.7kPa下降了15%。这说明磁力偏析布料后的料层的透气性大大提高。因此，若烧结负压保持不变，经过磁场布料后的烧结矿产量将有较大提高。该实验中，磁力偏析布料后的成品率为81.3%，比正常布料的79.57%高1.73%，而当天烧结机的生产实际成品率是80.06%，同时，返矿16.48%也比正常布料的18.41%下降了1.93%，说明有磁场布料后的烧结矿质量也较理想。

表8-14　无磁场以及磁场方案Ⅰ条件下烧结实验结果

项　目	无磁场	磁场方案Ⅰ	项　目	无磁场	磁场方案Ⅰ
排矿量/kg	65.60	64.45	返矿率/%	18.41	16.48↓
成品量/kg	52.20	52.40	成品率/%	79.57	81.30↑
垂直烧结速度	18.47	17.42	生产率	1.364	1.292
烧结率/%	90.09	88.11	转鼓指数/%	59.87	56.52
锅成品率/%	71.68	71.63	烧结 MS/mm	28.80	29.17
烧结负压/kPa	14.7	12.5			

8.3.4　新型偏析布料装置

利用反射板偏析法对物料中粗细颗粒进行分级是利用物料粒径大小的差异以及由此产生的动量及速度的差异，使得在反射板上形成的颗粒流呈现大颗粒在颗粒流的上层富集而小颗粒在颗粒流的下层富集的状态，从而达到大小颗粒偏析的效果。该方法由于设备简单，在烧结布料装置中得到了广泛的应用。但这种方法对颗粒物料的偏析程度较小，不能完全满足生产的要求，往往需要添加附属设备。近来，日本川崎钢铁公司和中国宝山钢铁有限公司均发明了一种在反射板的背面或紧挨反射板的下沿或上沿安装磁体的方法来加强不同粒径铁矿石偏析的新方法。但实验表明，这种方法的实际效果强烈依赖于磁场的强度及其分布，设计不好，不但起不了偏析作用，还可能导致严重粘料从而影响正常生产。总的来说，这些附属设备有的结构复杂，有的不易操作，成本也较高。本节试图阐述一种更为简便的增强偏析的方法。

图 8-32 给出了由两种粒径不同（*d*、*D*）的颗粒混合物经反射板偏析后落地形成的不均匀分布。容易发现，大致以落地点为界，小颗粒逐渐往左边富集，而大颗粒逐渐往右边富集，随着颗粒的不断落下，整体形成一堆状物，尽管在中部由于颗粒下落的冲量形成了凹陷。当大小颗粒分别到达 *B* 点或 *A* 点时，各自的偏析度均已非常高，也就是说，如果从 *A* 点和 *B* 点将颗粒引出，将得到纯度很高的大颗粒（*D*）和小颗粒（*d*），从而较好地实现颗粒混合物的两级分级。

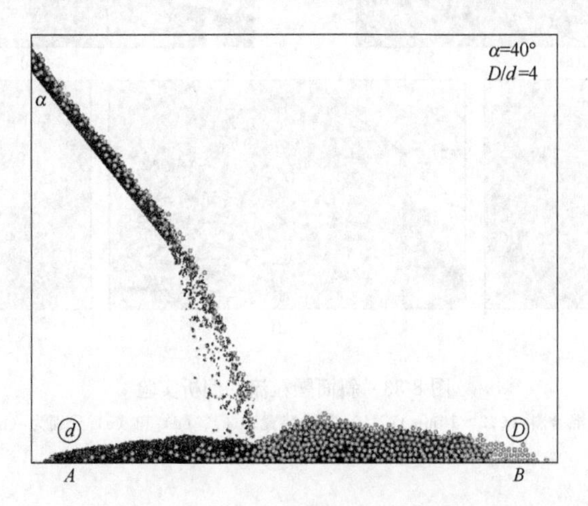

图 8-32　DEM 模拟：含两种不同粒径颗粒的混合物在经反射板偏析后形成的不均匀堆状物

以此为启发，我们设计了如图 8-33（b）所示的简易实验装置。反射板①向下倾斜放置，其倾斜角度可调。颗粒状的物料通过传送带或辊轮（图中未示出）落到反射板上。在反射板的下方以及颗粒流的运动路径上设置一平板②，其宽度比反射板①的宽度略宽一些，平板的高度及其与反射板①的水平距离均可调。从平板②两侧落下的物料用容器分别接收。实验所用颗粒物料为宝钢的烧结混合料，如图 8-33（a）所示。

实验结果显示平板②的分级作用非常明显，经平板②后，小颗粒主要从左侧落下，而大颗粒从右侧落下。这与上面基于模拟的推测完全一致。分析其原因，主要是颗粒在平板②上自然形成的楔状物起到了进一步偏析的作用。从图 8-33（d)可清楚地看到由大、小颗粒组成的分布具有角度 β 和 α 的两个斜面，由于反射板①有一定的偏析作用，颗粒从反射板①边缘落下时，大颗粒主要分布在上层，并具有较大的速度即动量，因而在落在楔状物上以后，容易越过楔顶，从平板的右侧落下，而小颗粒则滞留在左侧。实际上，从另一个角度说，自然形成的楔状物ⓓ在这里就像一个分水岭，将大小不同的颗粒分开。

图 8-33　斜面颗粒流的偏析实验

(a) 烧结混合料 (0.2～10mm)；(b) 实验装置；(c)、(d) 和 (e) 分别为 (b) 中ⓒ、ⓓ和ⓔ部分的放大

图 8-34 显示了在加平板 2 后，大、小颗粒分别从平板的两侧落下，然后再落到传送带 5 上形成层状分布的过程的模拟情况。从反射板落下的颗粒 A 在平板上进一步偏析富集为由小颗粒组成的 B 和由大颗粒组成 C。C 和 B 在先后落到传送带上后形成层状分布的 D。

至此，本节实际上阐述了一种在反射板下设置一平板，利用已产生一定偏析的颗粒混合物在平板上会自然形成楔形堆，从而进一步增强偏析，实现大、小不同的颗粒较好分级的方法。由于不涉及颗粒本身除大小之外的其他性质，该方法可普遍适用于粒度不同的颗粒混合物的两级分离。对烧结布料来说，该法也不失为一种可选择的增强偏析的方法，毕竟磁场机构成本相对较高。另外，烧结料的磁性容易受原料中铁矿石含量的影响，这时就需要调节磁极的距离，否则，磁性增强时易造成粘料，影响连续生产。

另外，如图 8-34 中 E 所示，如果必要，还可以在小颗粒富集的一侧再设置一辅助反射板 7，使其中的大颗粒再次偏析。

8.3.5　小结

本节用离散单元法对烧结生产中的反射板偏析布料过程进行了数值模拟，计算了不同的磁场条件对偏析的影响。计算结果的分析表明，磁场对偏析的作用非

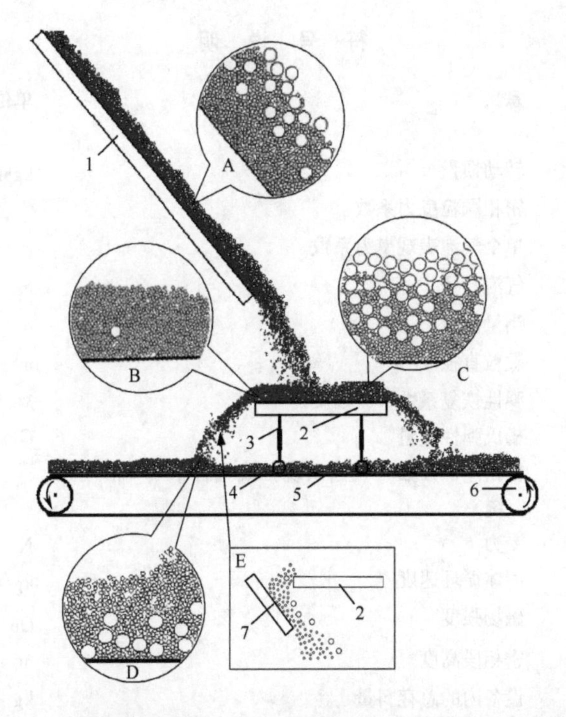

图 8-34　离散单元法模拟：斜面颗粒流经一平板后的进一步偏析

1. 反射板；2. 平板；3. 可调升降器；4. 滑轮/导轨；5. 传送带；6. 滚轮；7. 辅助反射板

常明显；磁场分布是影响偏析效果的关键因素，合适的磁场分布能显著提高偏析效果。

在一定的范围内，增加磁场的强度能提高偏析质量，但强度不能太高，否则会出现粘料现象。颗粒在垂直反射板方向（法向）上所受的磁力对颗粒的偏析起主导作用，而平行于反射板方向（切向）的磁力对偏析程度的提高也起着相当重要的作用，它还决定了料层在反射板上的形状。总体上，不同的磁场分布体现为磁力分布的不同，而不同的磁力分布对渗透作用及扩散作用的影响是造成不同偏析效果的根本原因。

随着计算机技术以及计算能力的日益提高，离散数值模拟在指导处理散体物料的工艺设计方面将发挥重要的作用。模型本身对实际情况进行了多方面的简化，因此，计算结果更多地是对实际情况的定性的反映。它能反映出不同磁场分布及强度对偏析效果的相对好坏，但对一些定量结果，如质量流率、偏析度以及最佳距离等与实际值还有一定的差距。

符 号 说 明

符号	意义	单位
英文字母		
A	转动惯量	$kg \cdot m^2$
C_{dc}	密相颗粒曳力系数	
C_{di}	单个气泡表观曳力系数	
d_b	气泡直径	m
d_e	当量直径	m
d_p	颗粒直径	m
e	弹性恢复系数，$0<e\leqslant 1$	
E	杨氏弹性模量	GPa
f	密相体积分数（气固系统）或气含率（气液固系统）	
$\boldsymbol{F}$	受力	N
G_s	固体循环速度	$kg/(m^2 \cdot s)$
H	磁场强度	Oe[①][①]
H_b	密相段高度	m
I	设备内的总存料量	kg
k	倔强系数	
K^*	饱和夹带量	$kg/(m^2 \cdot s)$
m	质量	kg
$\boldsymbol{M}$	力矩	$N \cdot m$
n	颗粒数目	
N_{st}	流体单位时间流过单位质量颗粒组成的床层消耗于悬浮和输送颗粒的能量	$J/(kg \cdot s)$
Δp_{imp}	提升管总压降	$kg/(m \cdot s^2)$
R	固体颗粒半径	m
R[式(8.3.7)]	偏析度[式(8.3.7)]	
$\boldsymbol{T}$	力矩	$N \cdot m$
U_{ck}	噎塞速度	m/s
U_l	液体表观速度	m/s
U_d	固体表观速度	m/s
U_g	表观流体速度	m/s
u_b	气泡相中气体表观速度	m/s
u_{dc}	液固相中固体表观速度	m/s

① Oe为非法定单位、1Oe=79.5775A/m，下同。

符号	意义	单位
u_{lc}	液固相中液体表观速度	m/s
u_{ld}	液固相平均表观速度	m/s
u_r	相间表观滑移速度	m/s
u_{sc}	密相表观滑移速度	m/s
$\boldsymbol{V}$	颗粒速度矢量	m/s
W	底部循环量	kg/(m^2·s)
ΔW_3	第Ⅲ段补充循环量	kg/(m^2·s)
希腊字母		
α	斜面倾角	(°)
δ	形变	m
ε_{lc}	液固相中液相体积份额	
$\bar{\varepsilon}$	截面平均空隙率	
η	阻尼系数	
μ_r	相对磁导率	
μ	摩擦系数	
ν	泊松比	
ρ_g	气相密度	kg/m^3
ρ_l	液相密度	kg/m^3
ρ_p	固相密度	kg/m^3
$\bar{\rho}$	液固相的平均密度	kg/m^3
$\bar{\rho}_p$	床内平均颗粒浓度	kg/m^3
ω	角速度	1/s

参 考 文 献

1 程从礼．循环流化床能量最小多尺度环核模型(博士学位论文)．北京：中国科学院过程工程研究所，2001

2 Liu M, Li J, Kwauk M. Application of the energy-minimization multi-scale method to gas-liquid-solid fluidized beds. Chem. Eng. Sci, 2001, 56: 6805～6812

3 Metkin V P, Sokolov V N. Effect of the gas content on bubble sizes in gas-liquid systems. Zhurnal Prikladnoi Khimii, 1985, 58: 1132～1134

4 Hesketh R P, Fraser R T W, Etchells A W. Bubble size in horizontal pipelines. AIChE J, 1987, 33: 663～667

5 杨宁．非均匀气固两相流动的计算机模拟——多尺度方法与双流体模型的结合(博士学位论文)．北京：中国科学院过程工程研究所，2003

6 赵辉，杨宁，葛蔚，李静海．中国科学院过程工程研究所研究报告．北京．2003

7 麻景森，葛蔚．中国科学院过程工程研究所研究报告．北京．2003

8 Rosato A, Blackmore D L. IUTAM Symposium on Segregation in Granular Flows. Solid Mechanics and Its

Applications. Dordrecht, Netherlands: Kluwer Acadamic Publishers, 2003.81

9 Oyama N, Nushiro K, Igawa K. Method of Feeding Sintering Material by Use of Magnetic Forces. USP: Kawasaki Steel Corporation, 2002

10 张家元.离散模拟及其在颗粒流体系统中的应用(博士学位论文).北京:中国科学院过程工程研究所, 2004

11 Cundall P A, Strack O D L. A discrete numerical model for granular assemblies. Geotechnique, 1979, 29: 47～65

12 Cleary P W. DEM simulation of industrial particle flows: case studies of dragline excavators, mixing in tumblers and centrifugal mills. Powder Technology, 2000, 109: 83～104

13 Zhou Y C, Xu B H, Yu A B, Zulli P. An experimental and numerical study of the angle of repose of coarse spheres. Powder Technology, 2002, 125: 45～54

14 Cleary P W, Sawley M L. DEM modelling of industrial granular flows: 3D case studies and the effect of particle shape on hopper discharge. Applied Mathematical Modelling, 2002, 26: 89～111

15 Cleary P W. Modelling comminution devices using DEM. Int. J. Numer. Anal. Meth. Geomech, 2001, 25: 83～105

16 Lawrence L R, Beddow J K. Powder segregation during die filling. Powder Technology, 1969, 2: 253～259

17 Walton O R. Particle-dynamics calculation of shear flow. In: Jenkins J T, Masao Stake, ed. B. V. U.S./Japan Seminar on New Models and Constitutive Relations in the Mechanics of Granular Materials. New York: Elsevier Science Publishers, 1983, 7: 327～338

18 Tsuji Y, Tanaka T, Ishida T. Lagrangian numerical simulation of plug flow of cohesionless particles in a horizonal pipe. Powder Technology, 1992, 71: 239～250

19 王泳嘉,邢纪波.离散单元法及其在岩土力学研究中的应用.沈阳:东北工学院出版社, 1991

20 Christian M D, Gerald H R Competition of mixing and segregation in rotationg cylinders. Physics of Fluids, 1999, 11: 1387～1394

21 Zhou Y C, Wright B D, Yang R Y et al. Rolling friction in the dynamic Simulation of Sandpile Formation. Physica A, 1999, 269: 536～553

22 Tsuji Y, Kawaguchi T, Tanaka T. Discrete particle simulation of two-dimentional fluidized bed. Powder Technology, 1993, 77: 79～87

23 Langston P A, Tuzun U, Heyes D M. Discrete elements simulation of granular flow in 2D and 3D hoppers: dependence of discharge rate and wall stress on particle interactions. Chem. Eng. Sci, 1995, 50: 967～987

24 Langston P A, Tuzun U. Continuous potential discrete particle simulations of stress and velosity fields in hoppers: transition from fluid to granular flow. Chem. Eng. Sci, 1994, 49: 1259～1275

25 Hoomans B P B, Kuipers J A M, Briels W J, van Swaaij W P M. Discrete particle simulation of bubble and slug formation in a two-dimentional gas-fluidised bed: a hard sphere approach. Chemical Engineering Science, 1996, 51: 99～118

26 邢纪波,俞良群,张瑞丰,王泳嘉.离散单元法的计算参数和求解方法选择.岩土力学学报, 1999, 16, 47～51

27 Thomas N. Reverse and intermediate segregation of large beads in dry granular media. Physical Review E, 2000, 62: 961～974

28 Hu Z, Zhang Y. Internal report. Shanghai: Equipment Research Institute, Baoshan Iron & Steel Co. Ltd. 2003

29 Zhang J, Hu Z, Ge W, Zhang Y et al. Application of the discrete approach to the simulation of size segregation in granular chute flow. Ind. Eng. chem. Res, 2004, 43: 5521～5528

第9章　回顾与体会

多尺度方法在分析复杂系统和多相流动的计算机仿真方面已显示出很大的潜力和优势。事实上，多相流动是一种典型的复杂系统。因此，在应用多尺度方法对多相流动进行计算机模拟的同时，也许更为重要的是在复杂系统的研究中扩展多尺度方法的应用。本书所涉及的多尺度方法和复杂系统的一些内容，尽管已经过艰辛的20年劳动，但仍然处于探索阶段。我们在看到其发展前景的同时，也越来越看到存在的困难和以前工作的不足和缺陷。与此同时，我们更体会到了多尺度方法的有效性和复杂性科学的重要性，也认识到科学上的任何进展，都需要经过长期的积累，需要几代人的艰辛劳动。20年来，从李静海师从郭慕孙先生开始直到现在的年轻学生，我们三代人共同奋斗，只不过在颗粒流体系统的多尺度研究方面取得了一点点进步。我们离成功还很远，还有很高的山峰需要攀登。为了鼓励青年学生为之奋斗，也为自勉能够锲而不舍，我们将20年的研究历程写出来，与大家共勉。并且，对于多尺度方法研究复杂系统的思路也谈些浅显的认识。

9.1　回　顾

无论认识科学规律还是开发新的技术，都必须经过一个逐步积累和不断完善的过程。任何新思想，一开始往往总是朦胧的，只有经过长期研究和不断修正才能逐步清晰、升华和成熟；科学上的已知和未知虽然只一线之隔，但两者之间的跨越需要有充分的准备才能实现。科学研究中的偶然突破是重要的，但长期积累是偶然突破的基础和前提。在提倡创新的同时，更应鼓励十年磨一剑的坚忍和毅力。当然，也应随时审视科研方向和目标是否明确。回想我们近20年来致力于颗粒流体系统多尺度研究的历程，是一个从朦胧的想法逐步发展成为一个可用于工业设备流型计算的方法的过程。

早在1984年，在郭慕孙先生的指导下，李静海就开始了颗粒流体系统中非均匀结构的多尺度研究。在多年的研究中，我们经历过偶然突破的喜悦，更体会到长期积累的重要。

1984～1991年为产生朦胧认识阶段。根据实验和分析，我们认识到，用传统的平均方法无法揭示颗粒流体系统中非均匀结构形成的机理。要研究非均匀结构，需要分析不同尺度的作用，更为重要的是必须认识不同尺度相互作用间的关系。因此，这种多尺度结构除应满足质量和动量守恒条件以外，还必须满足约束不同尺度之间相互关系的稳定性条件。但如何建立稳定性条件，没有现成理论可以借鉴。文献上的一些假设，并未考虑颗粒与流体的相互影响。针对这些问题，我们通过分析颗粒流体相互作用，强调了颗粒和流体各自运动的相互影响，初步提出了稳定性条件，建立了能量最小多尺度（energy-minimization multi-scale，EMMS）模型。严格说来，限于当时的认识水平，当时对稳定性的机理并不十分清楚，表述也不够确切，包括模型的名称也不够合理，由此也引起了一些误解，但分析多尺度作用及其各尺度之间相互关系的控制因素这一思想却成为以后一系列研究的核心。由此可见，选择正确方向、抓住事物的本质是科研工作的关键。

1992～1996年为认识逐步清晰和深化的阶段。从1992年开始，在第一阶段工作的基础上，我们逐步认识到该稳定性条件的内在机制是颗粒和流体两者的相互协调，它制约了不同尺度之间的关系，据此提出两者相对控制能力的改变可导致结构的突变，并建立了突变临界条件，解决了工程中计算气因两相流动突变的问题。这一进展加深了对稳定性机理的认识，并为研究其他系统的稳定性提供了重要的启示。后来，我们又认识到这种协调关系可以表述为颗粒和流体两者各自的极值趋势互取条件极值，为这一思想的推广应用创造了条件。这一看似简单的结论，从萌发概念到明确的表述，花费了十多年的时间。从而说明对科学规律的认识，需要一个不断思考、不断实践、逐步升华的过程。

在还未将稳定性条件与控制机制之间的协调很好联系起来之前，由于受传统认识的影响，我们提出的稳定性条件受到过一些质疑。虽然这些质疑都来源于传统的认识，但这促使我们进一步探索稳定性的机理，导致了对协调重要性的认识和更为明确的表述。因此，学术界坦诚的讨论，对深化科学规律的认识极为重要，一方面要敢于坚持真理，另一方面要深入分析别人提出的问题，用道理说服别人。

1996～1999年为认识进一步升华阶段，也是实现稳定性条件的物理表述并扩展其应用的阶段。在上述思想的启发下，我们探索了在其他系统中两种控制机制协调的问题，认识到流体流动中惯性和黏性也属互取条件极值的问题。对这一问题的思考始于1988年完成EMMS模型之后，但由于当时对控制机制之间协调的规律认识还不够深入，所以久无进展；另外，由于我们数学和物理知识欠缺，在表达这种协调时遇到困难。1997年，李静海在德国进行3个月访问期间，系统地查找了资料，找到了一个物理量的表述方法。在此后的一年中，经过深入的研究，我们对控制机制协调产生了新的认识，并使多尺度研究有了新的突破。这一方面说明学科交叉的重要性，另一方面也说明只有充分的积累和准备，才能捕捉到机遇。所有复杂系统都受两种以上控制机制的支配，两种不同的系统都符合控制机制协调的同一规律，预示了这一规律具有一定的共性。这一进展鼓励我们开始考虑EMMS模型在其他领域的推广应用。从个

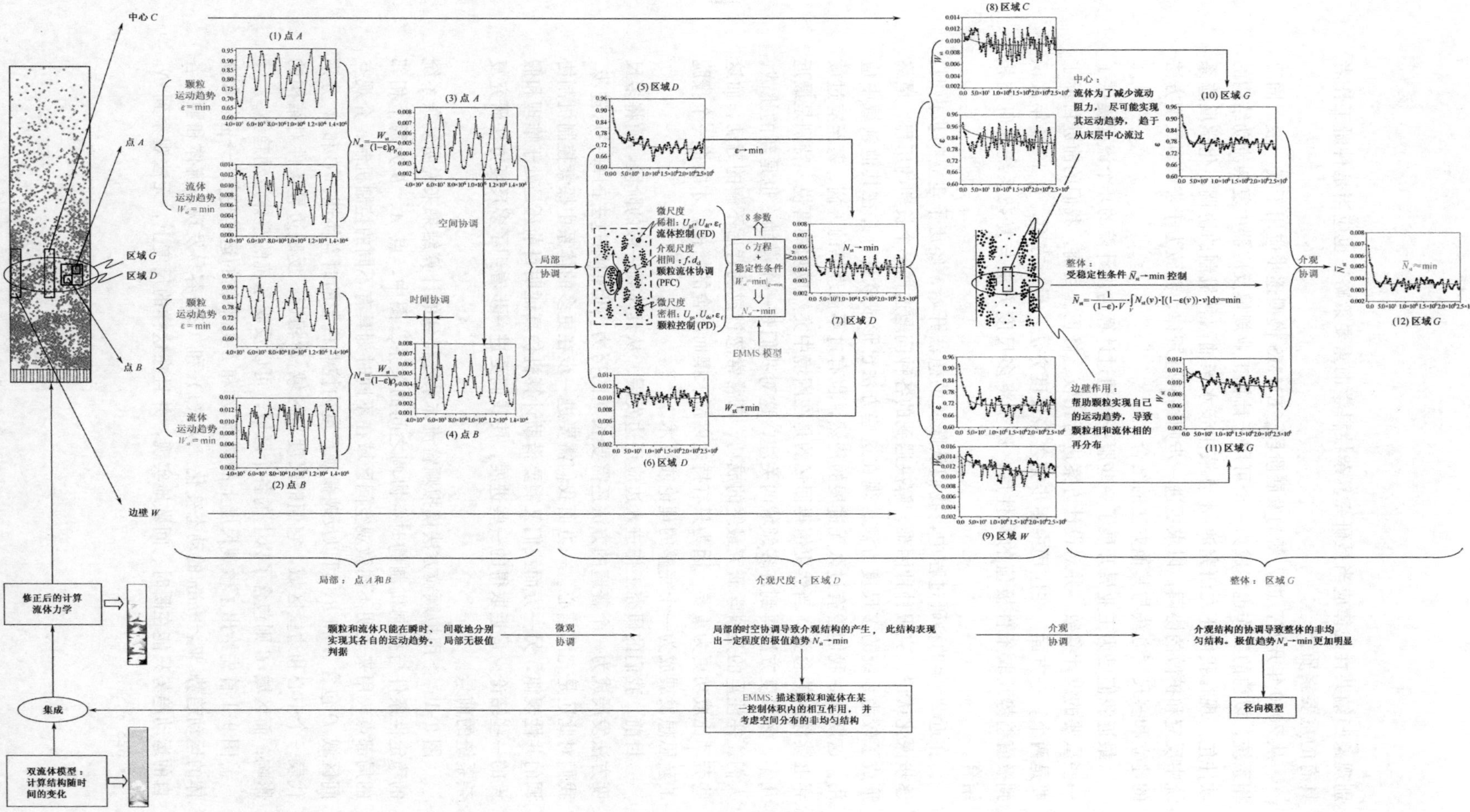

图 9-1　控制机制间的时空协调

别现象归纳共性规律应当是研究复杂性科学的重要策略，也应当是科研工作者具有的重要素质。

从 2000 年开始，进入新的发展阶段。EMMS 模型逐步应用于气－液－固三相系统，以前的工作也集成为一个可用于计算工业规模反应器中复杂流动结构的软件包。现在我们正在研究油/水乳液中亲水亲油两种机制的协调、化学反应系统中反应和扩散的协调，以求更进一步归纳共性规律，并致力于普适多尺度方法的建立和多尺度方法与其他方法的结合。

最近我们已为工业界开展了一些服务，通过计算为设计院的几个流程提供了一些重要的设计参数，并对设计方案进行比较、修正。目前，我们的前进目标主要是两个：一方面，在应用中逐步完善多尺度方法；另一方面，自 1996 年认识到极值趋势互取条件极值的共性后，逐步将多尺度方法与复杂系统的研究相结合。

在近 20 年的科研过程中，我们从朦胧的想法开始，经历了建立初步模型、逐步深化认识、克服种种困难、解决遇到的各种问题这样一个长期的历程，最终形成了较为系统的多尺度方法。现在这些方法已形成软件，并在其他领域中应用。这期间，我们曾有过久无进展的茫然，也有过不被理解的苦恼，甚至有过放弃继续深入的念头，当然更值得回忆的是在困境中突然成功的喜悦。特别是最近几年，多尺度方法得到许多领域的关注，这对我们是一个激励，也是新的挑战。人们往往注重的是科学研究最终的成功，却常常忽视成功背后不懈的劳动，而这些劳动比成功更为重要。因为只有持之以恒、锲而不舍的精神，才能将一个朦胧的新思想发展成为一个完整的理论或技术。

目前，我们的研究工作进入边应用边发展、从具体到一般的阶段，而将多尺度方法发展成为一个普遍的方法还需要长期的努力。但回顾过去的每一点进步，我们对此还是充满信心。一方面我们需要进一步在更多的体系中探索控制机制协调的共性规律，另一方面我们又需要借助计算机仿真证明目前还是处于推理和假设的一些结论。最近取得的一些进展，使我们更进一步看到了多尺度方法研究复杂系统的前景。

图 9-1[1~3]用拟颗粒方法模拟颗粒流体系统得到的计算结果来说明复杂系统的稳定性条件与控制机制的时空协调之间的关系。图中，点 A、B 为两个相邻的局部点，用来表明不同微观空间区域在不同时刻具有不同的控制机制；介观空间区域 D 包含 A 和 B，可以反映微观尺度内控制机制的时空协调；C 和 W 分别代表一个中心和边壁区域，它们的尺度与区域 D 相近，反映边界条件对结构的影响；而区域 G 则包含了以上的各个区域，可以反映系统的整体运动趋势。

图 9-1 首先给出了微观尺度上的两点 A 和 B 处颗粒的运动趋势 $\varepsilon \to \min$ 和流体的运动趋势 $W_{st} \to \min$ 的动态变化。从（1）和（2）容易发现，流体和颗粒各自的运动趋势只能在瞬时、间歇地实现，并且在这样的尺度上，无法观察到 N_{st}

极值趋势［见（3）和（4）］。但由于微观尺度上的时空协调，导致了更大尺度区域 D 上介观结构的产生。此时，颗粒和流体的运动趋势在密相和稀相中分别实现［见（5）和（6）］，并且这两种控制机制的协调导致极值趋势 $N_{st}=W_{st}/\rho_p(1-\varepsilon)\rightarrow\min$ 的出现（7），这就是我们 20 年前封闭 EMMS 数学模型的稳定性条件，尽管此时该极值趋势仍有一定程度的波动，但第 4 章介绍的 EMMS 模型在区域 D 这样具有两相结构的介观尺度上已可适用。在更大的尺度上，边壁、出入口等边界条件影响系统整体的非均匀结构，促进了 N_{st} 的最小化。在中心区域 C，颗粒浓度较稀，流体速度较大，更多地表现为流体控制（8）；另外，在边壁区域 W 却更多地表现为颗粒控制（9），这种介观尺度上的协调导致整体非均匀结构的形成，使系统的极值趋势更加明显（12），相对（7）而言，$\overline{N}_{st}$ 进一步减小，其波动幅度也随之变小。

因此，不同控制机制的时空协调是复杂系统稳定性条件产生的根源，该图也从侧面证明了 EMMS 方法的正确性。过去我们假设 $N_{st}\rightarrow\min$ 完全是工程师的一种推断，而现在的研究表明：$N_{st}\rightarrow\min$ 是一种整体行为，它不适用于太小的局部。

9.2 对复杂系统研究的体会

复杂性科学的重要性已得到广泛认可，甚至被认为是 21 世纪的科学，它的产生来源于人们对自然界和工程中一些共性科学问题的认识。随着科学技术的进步，人们逐步认识到，各个学科各个领域遇到的难题多数都具有以下一些共性：属于开放系统；由很多相互作用的单元构成；具有对周围环境的自适应能力和时空动态结构；具有很强的非线性非平衡作用。具有这些共性的系统涉及各个领域，既有自然现象，又有社会行为；既有工程问题，又有基础问题。

事实上，科学技术在继续向基本粒子和宇宙空间两个方面继续扩展和深入的同时，在介于这两者之间遇到了很多难题。基本粒子组成了百余种元素，而物质世界正是建立在这些元素的基础上。它一方面构成自然界中各种各样的现象、物质和结构；另一方面又形成生命、物种和社会。与此同时，人类的活动创造了各种各样的工业过程、重大工程和结构，这些现象、生命、过程和结构体现出如图 9-2 所示的不同层次的多尺度结构。这种多尺度结构难以用传统的平均、线性和还原论方法实现量化分析，因而导致复杂性科学的产生。可以预料，复杂性科学的任何进展，都会有力推动当前各领域各学科一些疑难问题的解决。因此，对复杂工程系统的研究，应当是工程科学领域研究的前沿问题之一。

复杂系统充满整个自然界和工程部门。按照复杂系统的起因，大致可以分为以下三类。

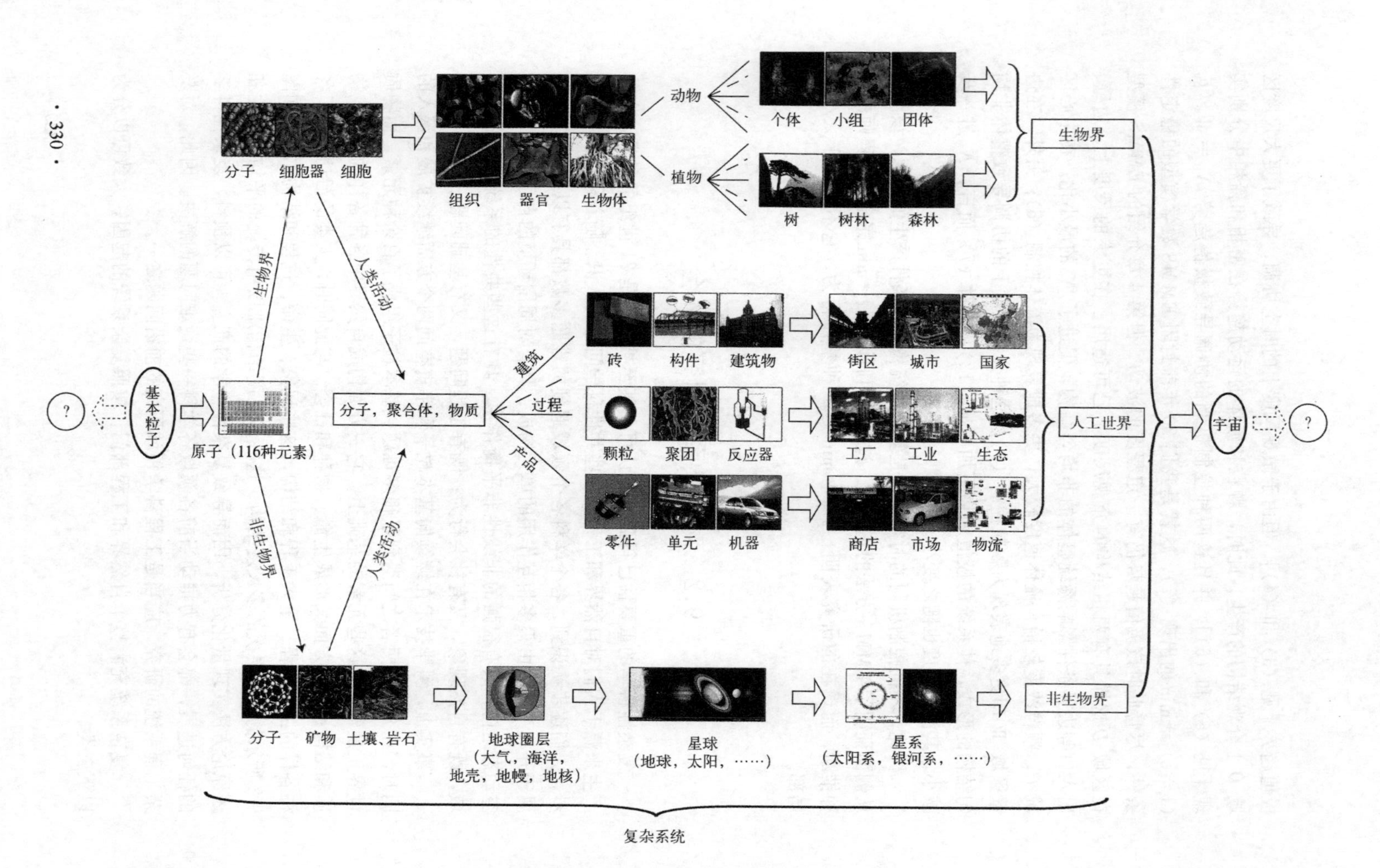

图9-2　不同层次的多尺度结构

(1) 自然界演化过程中形成的复杂系统：既包括各种生命、物种、植物、动物等，也包括宇宙演化过程中形成的各种物系、景观、星球、星系以及其中各种各样的自然现象。

(2) 社会复杂系统：生命行为导致的复杂系统，包括认知、社会行为、物种作用、生态环境、金融、市场、军事等。

(3) 工程和过程复杂系统：人类改造自然过程中创建的复杂系统，如各种各样的重大工程、各种各样的生产过程以及使用中的网络、交通系统等。

从科学问题看，自然界中所有现象可分为平衡和非平衡两类，非平衡又分为线性和非线性两类。平衡过程和线性非平衡过程已有现成理论，分别满足熵最大和熵产率最小；而非线性非平衡过程则难以建立普适的理论，由于这类系统的普遍性和重要性，导致复杂性科学的产生。复杂系统的一个重要属性是必须受两种以上作用机制共同控制，这是导致非线性非平衡作用的根本原因。不同机制遵循不同规律，而不同的复杂系统涉及的控制机制也各不相同，这种形形色色的控制机制难以找到统一规律，这是复杂系统研究的难点所在。

此外，复杂系统的研究涉及不同的领域和学科。事实上，其他学科长期对具体系统的研究积累，为复杂性的研究奠定了坚实的基础。只不过这些积累需要在复杂性科学的框架下加以归纳和升华。因此，复杂系统的研究必须注重以下策略。

(1) 从具体到一般：由于复杂系统形形色色、各式各样，因此，从上到下、推而广之的策略很难奏效，必须通过对具体系统的研究归纳共性规律，建立普适方法，并在应用中逐步完善。

(2) 学科交叉：不同学科和领域都是复杂性科学的对象，与此同时，每一个学科的积累都是复杂性科学的基础，充分利用不同学科各自的优势，提取共性问题，归纳共性规律，优势互补，才能推动复杂性科学的进步。

(3) 注重不同方法的综合：还原论无法了解复杂系统的整体性能，而整体论又对局部细节缺乏了解。为此，还原论与整体论结合、微观与宏观的贯通是复杂性科学重要的研究策略。多尺度方法尤其重要，但应重视不同方法的结合。

不同类型的复杂系统虽然表现出一些共同的属性和特征，但是相互之间也存在很大的差别。能否建立统一的理论？仍然没有定论。但是建立一些共同的研究方法还是可能的。本书中介绍的多尺度方法和控制机制的协调等就显示了其一定的共性，值得进一步探索。最近，我们提出复杂系统的概念性模型可以表达为一个多目标变分问题：即对于可用 n 个参数 $X=\{x_1, x_2, \cdots, x_n\}$ 描述且具有 m 个自由度和 k 个控制机制的复杂系统可以表达为：

在

$$\min \begin{bmatrix} E_1(\boldsymbol{X}) \\ E_j(\boldsymbol{X}) \\ \vdots \\ \vdots \\ E_k(\boldsymbol{X}) \end{bmatrix} \qquad k \geqslant 2$$

的条件下，求

$$\boldsymbol{X}(\boldsymbol{r}, t) = \{x_1, x_2, \cdots, x_n\}$$

使得

$$F_i(\boldsymbol{X}) = 0 \qquad (i = 1, 2, \cdots, m, m < n)$$

式中：$E_j(\boldsymbol{X})$是第 j 个控制机制单独作用时的极值趋势；$F_i(\boldsymbol{X})$是动量和质量守恒条件；$\boldsymbol{X}(\boldsymbol{r}, t)$是时空的函数。这其中有复杂的时空耦合问题，如何求解是一个具有挑战性的问题。

对于复杂系统，在物理机制上，我们应当针对不同尺度的现象，分析主要特征，建立不同尺度的描述及其相互关系，实现各种控制机制极值趋势的表达，认识不同机制协调的过程。在数学模型上，我们必须解决多目标变分问题，而这一数学模型，即使对数学家而言，也是一个挑战。就我们现在的认识程度，一种通用的极值多尺度方法应当具有如图 9-3 所示的基本框架。

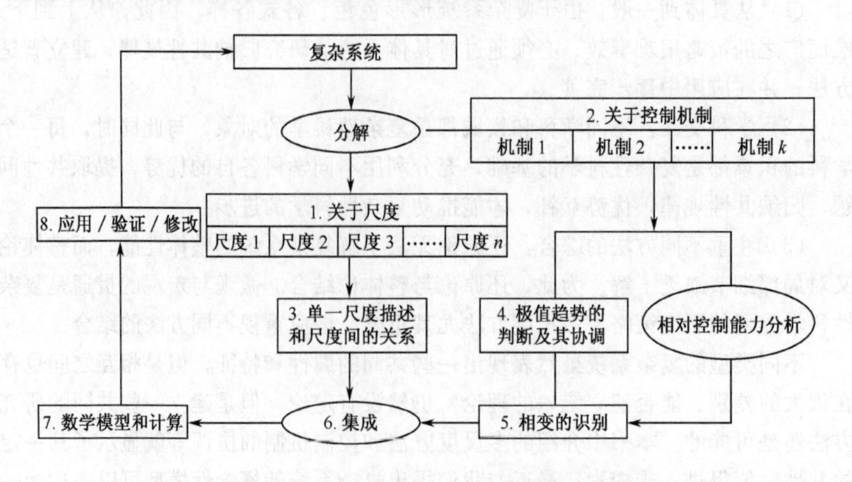

图 9-3　多尺度方法框架图

20 年前，我们只知道观察不同尺度的现象。经过 20 年的努力，现在我们可以从图 9-3 的思路出发，继续进行工作。但将这样一个思路发展为一个有用的方法，还要走更长的路。我们生活在多尺度世界，面临不同的多尺度现象，所以我们必须了解多尺度特性。多尺度方法有助于复杂性科学的研究，而复杂性科学的进步又将为工程研究开创新的纪元。

随着计算技术的发展和对微观机理认识的深入，计算机模拟已成为与实验和理论分析并列的研究手段，并显示出越来越强大的能力。但是计算精度和计算规模永远是一个矛盾，多尺度分析方法则为解决这一矛盾提供了可能。然而，最大的困难又是如何关联不同尺度的描述。这是复杂性科学的关键问题之一，也将是以后研究工作的重点。

作者曾经在不同的场合介绍过用多尺度思想研究复杂系统的思路，得到不同的反馈。一般讲，在化学工程学科的场合，大家认为太抽象、欠具体，而在复杂系统科学的场合，大家又认为很具体，甚至太具体。这两种反响使作者感到不安，当见到效果时，也时有一些欣慰，一个强烈的感觉就是学科交叉已势在必行。一个领域中的难题，也许对另一个领域是常识；一个领域也许习以为常的方法，可能会在另一个领域导致突破性的进展。目前科学技术正在显示出集成和综合的趋势，在这种背景下，多尺度方法和复杂系统作为一个共同的研究内容将引起更大的关注。正如有人认为的那样，复杂性科学是21世纪的科学，多尺度科学是21世纪的挑战。

符号说明

符号	意义	单位
英文字母		
$E_j(\boldsymbol{X})$	对应控制机制 j 的目标函数	
F	目标优化函数	
N_{st}	流体单位时间流过单位质量颗粒组成的床层消耗于悬浮和输送颗粒的能量	J/(kg·s)
$\boldsymbol{r}$	空间参量	
t	时间参量	
W_{st}	流体单位时间流过单位体积床层消耗于悬浮和输送颗粒的能量	J/(m^3·s)
X	状态参量	
希腊字母		
ε	空隙率	

参考文献

1 张家元. 离散模拟及其在颗粒流体系统中的应用(博士学位论文). 北京:中国科学院过程工程研究所, 2004

2 Li J, Kwauk M. Exploring complex system in chemical engineering—the multi-scale methodology. Chem. Eng. Sci, 2003, 58: 521～535

3 Li J, Ge W, Zhang J, Kwauk M. Multi-scale compromise and multi-level correlation in complex systems-challenges and opportunities for chemical engineering. Keynote speech at the 7th World Congress of Chemical Engineering, Glasgow, Scotland, 2005.10～14